高等职业教育土建类"十四五"系列教材

平法识图与钢筋算量

PINGFA SHITU YU GANGJIN SUANLIANG

主　编　张艳球　牛余琴

副主编　沈小峰

参　编　谢红娟　刘丽丽

电子课件
（仅限教师）

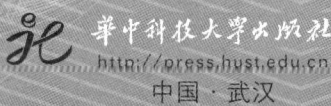

华中科技大学出版社
http://press.hust.edu.cn
中国·武汉

内 容 简 介

本书依据 22G101 和 18G901 系列图集及相关最新规范编写,融入了"1+X"建筑工程识图职业技能等级证书识图部分内容以及建筑工程识图技能大赛内容。为落实"三教"改革要求,本书由院校和企业共同编写,并根据课程特点及岗位要求,融入课程思政。

本书分为 7 个项目,有 30 个工作任务,主要内容包括柱、梁、板、墙、基础、楼梯等构件的识图规则、钢筋构造和钢筋算量,每个构件根据岗位实际工作流程组织内容编写,即按照"施工图识图—钢筋节点构造—钢筋算量"的顺序进行编写。为了将"教、学、做"融为一体,每个项目均设置了学习引导,读者完成学习引导任务即掌握了该项目的教学内容。

为方便读者学习,本书以图集为根本、以实际图纸为载体、以教材为基础、以在线课程为辅助、以 BIM 技术为手段构建"五位一体"课程资源体系,图文并茂,课程资源可以在"超星泛雅"平台(https://mooc1-1.chaoxing.com/mooc-ans/mycourse/teachercourse? moocId=213331035&clazzid=60516932&edit=true&v=0&cpi=5069776&pageHeader=0)上查阅。

本书可作为职业院校建筑工程类专业教材和教学参考书,也可作为从事建筑行业工作的相关人员的参考用书。

图书在版编目(CIP)数据

平法识图与钢筋算量/张艳球,牛余琴主编. —武汉:华中科技大学出版社,2023.8
ISBN 978-7-5680-9640-9

Ⅰ. ①平… Ⅱ. ①张… ②牛… Ⅲ. ①钢筋混凝土结构-建筑构图-识图-教材 ②钢筋混凝土结构-结构计算-教材 Ⅳ. ①TU375

中国国家版本馆 CIP 数据核字(2023)第 169503 号

平法识图与钢筋算量   张艳球 牛余琴 主编
Pingfa Shitu yu Gangjin Suanliang

策划编辑:康 序
责任编辑:刘 静
封面设计:孢 子
责任监印:朱 玢
出版发行:华中科技大学出版社(中国·武汉)   电话:(027)81321913
　　　　　武汉市东湖新技术开发区华工科技园   邮编:430223
录　　排:华中科技大学惠友文印中心
印　　刷:武汉市洪林印务有限公司
开　　本:787mm×1092mm 1/16
印　　张:21.75
字　　数:555 千字
版　　次:2023 年 8 月第 1 版第 1 次印刷
定　　价:58.00 元

前言
Preface

混凝土结构是当前我国建筑工程应用较为广泛的结构，在施工过程中相关岗位人员要熟悉施工图纸的识读和钢筋的算量与翻样工作，因此"平法识图与钢筋算量"是职业院校建筑类专业的专业基础课程，也是一门实践性极强的职业技能课。目前，结构施工图均采用"混凝土结构施工图平面整体表示方法"，中国建筑标准设计研究院 2022 年 5 月推出 22G101 图集取代 16G101 图集，本书基于 22G101 和 18G901 系列图集及相关规范编写。

随着信息化技术的不断发展和学生学情的不断变化，传统教材和教学模式已不能适应当前教学的需求。本书编写团队根据国家高职高专人才培养目标、建筑行业对卓越技能人才的岗位能力需求，认真总结一线教师的教学经验，充分吸收近年来的理实一体化的教学研究及改革成果，利用已有线上、线下教学资源，着力编写一本融入岗位技能、职业技能、课程思政的教材。本书每个项目根据岗位能力的需求，编制学习引导，学生只要按照学习引导的流程完成学习任务即可达到岗位能力要求。每个学习引导后，根据图集梳理相应的学习知识，帮助学生完成学习引导任务。

为帮助读者学习，本书在编写过程中，以图集为根本、以实际图纸为载体、以教材为基础、以在线课程为辅助、以 BIM 技术为手段构建"五位一体"课程资源体系，相应的图纸、图集、BIM 模型等课程资源均可在"超星泛雅"平台上（https://moocl-1. chaoxing. com/mooc-ans/mycourse/teachercourse? moocId＝213331035&clazzid＝60516932&edit＝true&v＝0&cpi＝5069776&pageHeader＝0）查阅下载。

本书由徐州工业职业技术学院张艳球、牛余琴担任主编，襄阳职业技术学院沈小峰担任副主编，江苏和信工程咨询有限公司谢红娟、徐州市爱立特工程造价咨询事务所有限公司刘丽丽参与了编写工作。具体编写分工如下：张艳球和沈小峰共同编写项目 1，张艳球编写项目 2、4、5、7，牛余琴编写项目 3、6，谢红娟参与编写项目 3，刘丽丽参与编写项目 7。全书由张艳球统稿。江苏和信工程咨询有限公司、徐州市爱立特工程造价咨询事务所有限公司提供了相关案例和素材，全书由谢红娟主审，项目图纸由彭启超根据 22G101 图集修改。

　　为了方便教学，本书还配有电子课件等资料，任课教师可以发邮件至 husttujian@163.com 索取。

　　由于编写时间仓促，编者的学术水平和实践经验有限，书中难免存在不妥和疏漏之处，敬请同行专家和广大读者批评指正，不胜感激。

课程介绍

目录 Contents

项目 1

平法识图基础知识

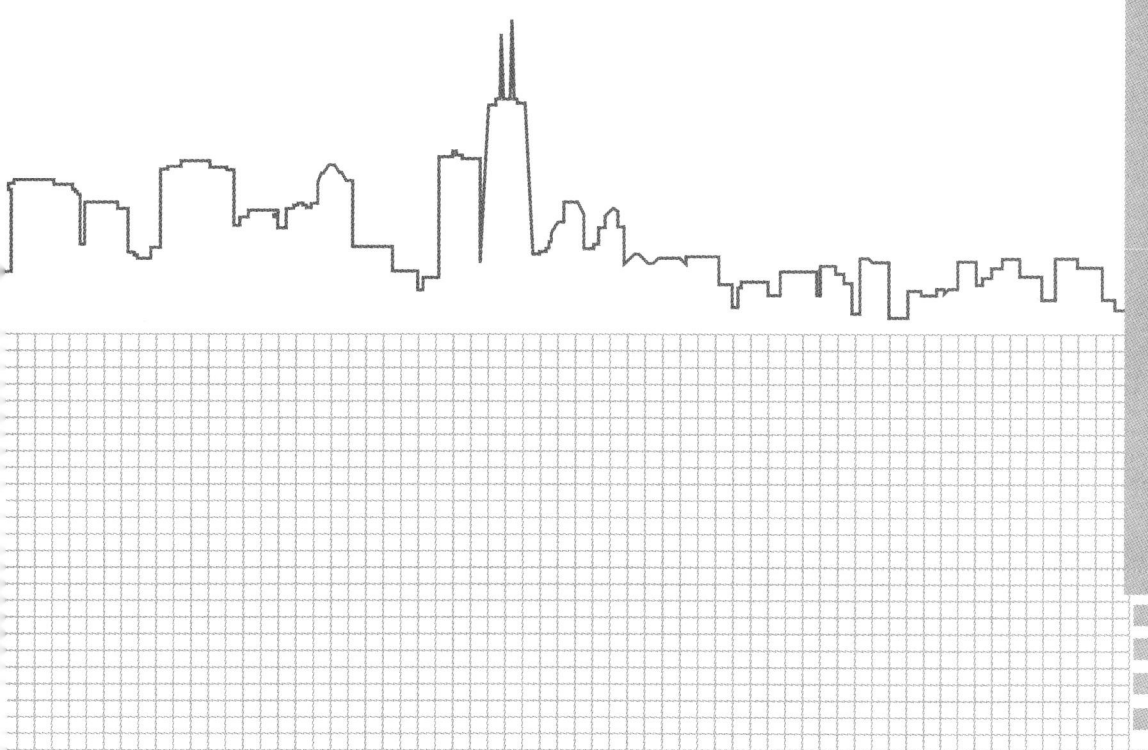

1.1　学习任务描述

1.1.1　项目概况

　　某学校图书综合楼,主体五层(房屋高度为 20.8 m)、局部二层(房屋高度为 10.9 m),主体结构形式为框架结构,局部结构形式为框剪结构,结构嵌固部位为基础顶部,总建筑面积为 4760 m²。结构设计说明的图纸信息详见如下。

　　1. 混凝土构件的环境类别

　　室内正常干燥环境为一类;卫生间等室内潮湿环境为二 a 类;雨篷、构架等室外干湿交替环境为二 b 类;±0.0000 m 以下与水、土接触部位为三 a 类。

　　2. 抗震等级

　　该学校图书综合楼抗震等级如表 1-1 所示。

表 1-1　抗震等级

序列	轴线	抗震等级
1	1 轴到 6 轴	剪力墙、连梁(与剪力墙相连的框架梁)抗震等级为二级
2	1 轴到 6 轴	框架梁、柱抗震等级为三级
3	7 轴到 15 轴	框架梁、柱抗震等级为二级

　　3. 混凝土强度等级

　　该学校图书综合楼混凝土强度等级如表 1-2 所示。

表 1-2　混凝土强度等级

构件	高度	混凝土强度等级
基础垫层		C15
基础	含±0.00 m 以下梁、板	C35
圈梁、构造柱、过梁		C25
电梯基坑外墙	−0.05 m 以下	C35、P6 抗渗
墙柱	基顶～±0.00 m(含)	C35
	±0.00 m(不含)以上	C30
梁、板	±0.00 m 以上	C30

　　4. 普通钢筋的混凝土最小保护层厚度

　　该学校图书综合楼普通钢筋的混凝土最小保护层厚度如表 1-3 所示。

表 1-3　普通钢筋的混凝土最小保护层厚度

环境类别	最小保护层厚度	
	板、墙、壳	梁、柱、杆
一	15 mm	20 mm
二 a	20 mm	25 mm
二 b	25 mm	35 mm
三 a	30 mm	40 mm

注：①混凝土最小保护层厚度是指最外层钢筋的外边缘至混凝土表面的距离。

②混凝土强度等级不大于 C25 时，表中最小保护层厚度数值应增加 5 mm。

③纵向受力钢筋外边缘至混凝土表面的距离，除符合表中规定外，不应小于钢筋的公称直径。

④机械连接套筒的保护层厚度满足有关钢筋最小保护层厚度的规定。机械连接套筒的横向净间距不宜小于 25 mm。

⑤基础底面钢筋保护层厚度为 50 mm。

5. 钢筋搭接与锚固

（1）轴心受拉及小偏心受拉杆件的纵向受力钢筋不得采用绑扎搭接；其他构件中的钢筋采用绑扎搭接时，受拉钢筋直径不宜大于 25 mm，受压钢筋直径不宜大于 28 mm。

（2）上部结构的梁板上部钢筋可在跨中三分之一范围内连接，下部钢筋在支座处连接。

（3）放置于地基上的筏板、抗水板及相应的地梁按倒置板、倒置梁要求，上部纵筋在支座处连接，下部纵筋在跨中连接。

（4）混凝土结构中受力钢筋的连接接头宜设置在受力较小处。在同一根受力钢筋上宜少设接头。在结构的重要构件和关键传力部位，纵向受力钢筋不宜设置连接接头。同一构件中相邻纵向受力钢筋的接头应相互错开，当采用绑扎搭接接头时从任一接头中心至 1.3 倍搭接长度的区段范围内、当采用焊接或机械连接接头时从任一接头中心至长度为钢筋直径的 35 倍且不小于 500 mm 的区段范围内，有接头的受力钢筋面积占受力钢筋总面积的百分率应符合表 1-4 的规定。

表 1-4　钢筋接头搭接百分率

接头型式	受拉区	受压区
绑扎搭接接头	25%	50%
焊接及机械连接接头	50%	不限

（5）在梁、柱类构件的纵向受力钢筋搭接长度范围内应配置箍筋，其直径不应小于搭接钢筋较大直径的 0.25。箍筋间距不应大于搭接钢筋较小直径的 5 倍，且不应大于 100 mm。当受压钢筋直径 $d > 25$ mm 时，尚应在搭接接头两个端面外 100 mm 范围内各设置两道箍筋。

（6）当锚固钢筋的保护层厚度不大于 5d 时，锚固长度范围内应配置横向构造钢筋，其直径不应小于 $d/4$；对梁、柱、斜撑等构件间距不应大于 5d，对板、墙等平面构件间距不应大于 10d，且均不应大于 100 mm，此处 d 为锚固钢筋的直径。横向构造钢筋的直径按最大锚固钢筋的直径确定；横向构造钢筋的间距，按最小锚固钢筋的直径确定。

（7）钢筋的搭接长度、钢筋的锚固长度及构造要求详见 22G101 图集。

1.1.2 项目目标

(1)熟悉结构施工图的识读。

(2)理解钢筋混凝土基本概念、钢筋算量公式。

(3)掌握钢筋锚固和搭接长度计算和查询。

1.1.3 课程思政

钢筋混凝土的问世,引起了建筑材料的一场革命。然而,令人惊奇的是,发明钢筋混凝土的既不是建筑业的科学家,也不是著名的工程师,而是一个和建筑不搭界的园艺师。他就是法国的约瑟夫·莫尼哀。

约瑟夫·莫尼哀(Joseph Monier,1823—1906)是 19 世纪中期法国巴黎的一位普通花匠。最初,花盆都是由一些普通的泥土和低级陶土烧制而成的,也就是常见的瓦盆。这些花盆不坚固,一碰就破。莫尼哀去咨询他的花匠朋友,可他们也都面临着同样的困扰;去找专门制作盆罐的工人,他们也没什么好办法。那时候,水泥开始作为建筑材料使用,人们用水泥加沙子制成混凝土,盖楼房、修桥梁。混凝土有良好的黏结性,变硬固化后又具有很高的强度,渐渐引起了其他行业的注意。

莫尼哀决定自己想办法改进花盆。他想到了当时比较流行的混凝土材料,便用水泥加上沙子制造水泥花盆,按现在的说法就是混凝土花盆。混凝土花盆果然非常坚固,尤其是不怕压。但混凝土花盆和瓦盆一样也有缺点,就是经不起拉伸和冲击,有时,对花木进行松土和施肥也会导致花盆破碎。

"再想办法改进!"莫尼哀勉励自己。有一次,他又摔碎了一个花盆。不过,他有了一个发现:花盆的碎片虽然七零八落,可花盆里的泥土却抱成一团,仍然保持着原状,好像比水泥还要结实。莫尼哀仔细观察,原来是植物的根系在泥土中蜿蜒盘绕、相互勾连,使松散的泥土抱成了坚实的一团。后来莫尼哀用铁丝做骨架,然后在铁丝骨架外面抹上水泥,硬结后就成了坚固美观的花盆。基于这种花盆的构造,钢筋混凝土诞生了。

(1)约瑟夫·莫尼哀制作花盆的故事对你有何启示?

(2)对于本课程,你的学习目标是什么? 如何坚定信念完成课程目标?

1.1.4 项目分析

为完成本项目,基于实际岗位能力要求设置 2 个任务,理论知识与实践操作在"做中学,学中做"中相互嵌套。平法识图基础知识学习任务课程设计如表 1-5 所示。

表 1-5 平法识图基础知识学习情境设计表

序列	学习任务	学习任务简介	学时
1	结构施工图识读	了解结构施工图的表示方式,理解结构施工图的组成与识读	0.5

续表

序列	学习任务	学习任务简介	学时
2	钢筋算量基本知识	了解建筑结构类型,理解钢筋算量基本公式,掌握钢筋搭接和锚固表查询	1.5

1.2　结构施工图识读

1.2.1　结构施工图识读学习引导

1.2.1.1　学习任务描述

完成某学校图书综合楼结构施工图初步识读,学习任务涉及如下三方面:一是结构施工图的表达方式;二是结构施工图的组成;三是结构施工图的识读。

1.2.1.2　学习目标

(1)能描述结构施工图的组成。
(2)能初步识读结构施工图,完成识读报告。

1.2.1.3　任务书

对本教材案例某学校图书综合楼结构施工图纸进行识读,完成识读报告。

1.2.1.4　任务分组

结构施工图识读学生任务分配表如表1-6所示。

表 1-6　结构施工图识读学生任务分配表

班级		组号		指导老师	
小组	姓名	学号	任务		
组长					
组员					
备注					

1.2.1.5 任务准备

阅读工作任务书,小组预习本节基础知识,并完成表 1-7。

表 1-7 结构施工图识读资料准备明细表

学习情境	结构施工图识读		
学习成果名称	结构施工图识读资料准备明细	难易程度	易
参考文献	《平法识图与钢筋算量》等相关教材		
完成时间	＿＿＿年＿＿＿月＿＿＿日＿＿＿之前提交全部识读明细		
任务说明	根据某学校图书综合楼结构施工图纸识读任务,完成心理、资料准备		
任务完成明细	课程学习目标		
	学习团队是否已组建		
	课程教材是否齐全		
	课程案例图纸是否齐全		
	课程学习使用的图集		
	课程学习的其他资料		

1.2.1.6 任务实施

1.平法相关知识

引导问题 1:什么是平法?

_____

_____

引导问题 2:图集 22G101 包括哪三部分?

_____

_____

2.结构施工图初步识读

引导问题 3:结构施工图一般包括哪些图纸?

_____

_____

引导问题 4:结构施工图的识读步骤是怎样的?

_____

_____

3.案例识读报告

案例工程结构施工图识读报告如表 1-8 所示。

表 1-8　案例工程结构施工图识读报告

识读内容	识读结论	备注
本工程的名称		
本工程的图纸共几张		
本工程结构设计说明主要包括的内容		
本工程的平面布置图具体包括哪些		
本工程的结构详图包括哪些		
本工程的基础形式		
本工程的上部结构形式		
本工程的层数及每层结构标高		
本工程的楼板的类型		
本工程的檐高		

1.2.1.7　评价反馈

学生进行自评,评价自己是否能完成本节基础知识的预习、是否能按时完成报告内容等成果资料、有无任务遗漏。老师对学生的评价内容,可对接课程标准、江苏省"建筑工程识图"技能大赛和"1+X"建筑工程识图职业技能等级证书、关于建筑结构设计说明评分标准和规范成果,主要包括报告书是否工整规范、报告内容数据是否真实合理、阐述是否详细、认识体会是否深刻、绘制图纸是否规范。

(1)学生进行自我评价,将结果填入表 1-9 中。

表 1-9　结构施工图识读学生自评表

班级:		姓名:	学号:		日期:	
学习情境	结构施工图识读					
评价项目	评价标准				分值	得分
信息检索	能有效查询图纸相关信息;能用自己的语言有条理地去解释、表述所学知识;能将找到的信息有效转换到图纸识读过程中				15	
引导问题完成情况	能准确完成引导问题,表述清晰				25	
识读报告完成情况	能准确利用图纸,准确完成识读报告				25	
工作态度	态度端正,无无故缺勤、迟到、早退现象				10	
工作质量	能按计划完成工作任务				10	
协调能力	与小组成员、同学之间能合作交流、协调工作				5	
职业素质	全面细致,一丝不苟,树立职业从业意识				10	

（2）学生以小组为单位，对工作过程与工作结果进行互评，将互评结果填入表1-10中。

表1-10　结构施工图识读学生互评表

学习情境		结构施工图识读												
评价项目	分值	等级							评价对象（组别）					
									1	2	3	4	5	6
计划合理	10	优	10	良	7	中	6	差	4					
方案合理	10	优	10	良	7	中	6	差	4					
团队合作	10	优	10	良	7	中	6	差	4					
组织有序	10	优	10	良	7	中	6	差	4					
工作质量	10	优	10	良	7	中	6	差	4					
工作效率	10	优	10	良	7	中	6	差	4					
工作完整	10	优	10	良	8	中	6	差	4					
工作规范	20	优	20	良	12	中	8	差	4					
拓展成果	10	优	10	良	8	中	6	差	4					
合计	100													

（3）教师对学生的工作过程与工作结果进行评价，并将评价结果填入表1-11中。

表1-11　结构施工图识读教师综合评价表

班级：　　　　　　　　姓名：　　　　　　　　学号：

学习情境		结构施工图识读		
评价项目		评价标准	分值	得分
考勤（10%）		无无故迟到、早退、旷课现象	10	
工作过程（60%）	课程目标确定	能确定清晰的课程学习目标	10	
	结构施工图识读资料准备明细	能完整准备课程资料	15	
	识图报告	能完整完成识图报告	20	
	工作态度	态度端正，工作认真、主动	5	
	协调能力	与小组成员、同学之间能合作交流、协调工作	5	
	职业素质	全面细致，一丝不苟，树立职业从业意识	5	
项目成果（30%）	工作完整	能按时完成任务	5	
	工作规范	能按规范要求识读	5	
	读图报告	能正确识读图纸报表	10	
	拓展成果	能有效完成拓展内容预习	10	
合计			100	
综合评价	自评（20%）	小组互评（30%）	教师评价（50%）	综合得分

1.2.1.8　拓展思考题

(1)G101 系列图集和 G901 系列图集的关系是怎样的? 各自的应用范围是怎样的?

(2)和传统施工图相比,平法施工图有哪些优点?

1.2.2　结构施工图识读相关知识点

1.2.2.1　平法的概念及发展历程

平法是建筑结构平面整体表示方法的简称。平法的表达形式,概括来讲是把结构构件的尺寸和配筋等,按照平面整体表示方法制图规则,整体直接表达在各类构件的结构平面布置图上,再与标准构造详图相配合,构成一套完整的结构设计。

山东大学陈青来教授(现已退休)是我国平法创始人。"混凝土结构施工图平面整体表示方法"在 1995 年 7 月通过建设部科技成果鉴定,被国家科委列为"九五"国家级科技成果重点推广计划项目,也是国家重点推广的科技成果。由中国建筑标准设计研究院编制,并经中华人民共和国住房和城乡建设部批准的《混凝土结构施工图平面整体表示方法制图规则和构造详图》系列图集是国家建筑标准设计图集。该系列图集自 1996 年开始推广应用于设计、施工、监理、造价等各个领域,自 2003 年开始在全国范围内广泛推广应用。

该系列图集至今已经经历了 96G101、00G101、03G101、11G101、16G101、22G101 六次修版。目前,建筑行业使用的 22G101 系列图集的实施时间是 2022 年 5 月 1 日。它是在16G101 系列图集基础上修编的。本次修编依据《工程结构通用规范》(GB 55001—2021)、《建筑与市政工程抗震通用规范》(GB 55002—2021)、《建筑与市政地基基础通用规范》(GB 55003—2021)、《混凝土结构通用规范》(GB 55008—2021)等最新标准,结合近年来工程实践对图集提出的反馈意见,对图集原有内容进行了系统的梳理、修订。

1.2.2.2　图集的组成

该系列图集适用范围如下:抗震设防烈度为 6～9 度地区的现浇混凝框架、剪力墙、框架-剪力墙和部分框支剪力墙等主体结构施工图的设计;抗震设防烈度为 6～9 度地区的现浇钢筋混凝土板式楼梯结构施工图的设计;现浇混凝土独立基础、条形基础、筏形基础(分为梁板式和平板式)及桩基础施工图的设计。

在该系列图集中:图集 22G101-1 包括基础顶面以上的现浇混凝土柱、剪力墙、梁、板;图集 22G101-2 包括现浇钢筋混凝土楼梯;图集 22G101-3 包括独立基础、条形基础、筏形基础及桩基承台等构件。每本图集均包括平法制图规则和标准构造详图两大部分内容。

1.2.2.3　结构施工图的组成及识读

建筑物的工程施工图通常包括建筑施工图、结构施工图、设备施工图等图纸。其中,结构施工图表达的是结构设计的内容和相关工种对结构的要求,是作为施工放线,基槽开挖,绑扎钢筋,浇筑混凝土,安装混凝土梁、板、柱等各类构件,计算工程造价,编制施工组织设计的依据。

结构施工图的基本内容包括:结构设计总说明、结构布置图、结构详图;对于复杂的混凝土构件需要给出模板图,模板图着重表示预留洞、预埋件的位置、形状及数量;必要时增加轴测图。

混凝土结构施工图结构设计总说明是结构施工图的纲领性文件。它是结合现行规范的要求,针对工程结构的特殊性,将设计依据、材料选用、标准图选用以及对施工的特殊要求等,用文字的表达方式形成的设计文件。它主要包括以下几大项内容:工程概况、设计依据、结构设计主要技术指标、主要荷载(作用)取值、主要结构材料、地基基础及地下室概况、混凝土结构构造要求、非结构构件构造要求、混凝土结构施工要求。此外,根据具体的工程要求,施工图结构设计总说明中还可以加入沉降观测的要求、设计采用的计算软件、部分构件构造示意图、节点示意图等。

结构布置图包括基础施工图、柱(剪力墙)结构施工图、梁结构施工图、板结构施工图、楼梯施工图等。

结构详图包括平面布置图中未表示清楚的梁、板、柱详图,基础详图,楼梯详图,屋架详图,模板、支撑、预埋件详图,以及选用的构件标准图等。

1.2.2.4　结构施工图的识读步骤

在识读结构施工图前,必须先阅读建筑施工图,建立起建筑物的轮廓概念,了解和明确建筑施工图平面、立面、剖面的情况以及构造连接和构造做法。

在识读结构施工图时,通常先阅读结构设计总说明,再按施工顺序看图纸,先粗看再细看。对于具体某一张结构施工图纸,通常先看定位轴线,再从左向右、自下而上,按照构件编号顺序阅读构件的相关信息。

在识读结构施工图时,要养成做记录的习惯,以便为以后的工作提供技术资料。由于各工种的分工不同,各工种的侧重点也不同,要学会总揽全局,这样才能不断提高识读结构施工图的能力。

1.3　钢筋算量基本知识

1.3.1　钢筋算量基本知识学习引导

1.3.1.1　学习任务描述

按照《混凝土结构施工图平面整体表示方法制图规则和构造详图》(22G101)中有关钢筋混凝土算量基础知识,针对某学校图书综合楼进行如下三方面内容的学习:一是建筑基础知识;二是钢筋锚固长度;三是钢筋搭接长度。

1.3.1.2　学习目标

(1)能对建筑结构类型的特点进行归纳总结。
(2)能查询混凝土最小保护层厚度。

(3)能对钢筋锚固长度进行准确理解,完成锚固长度的查询。

(4)能对钢筋搭接长度进行准确理解,完成搭接长度的查询。

1.3.1.3 任务书

对某学校图书综合楼结构设计说明(见图1-1)进行平法识读。

1.3.1.4 任务分组

钢筋算量基本知识学生任务分配表如表1-12所示。

表1-12 钢筋算量基本知识学生任务分配表

班级		组号		指导老师	
小组	姓名	学号	任务		
组长					
组员					
备注					

1.3.1.5 任务准备

(1)阅读工作任务书,小组填写建筑结构类型表(见表1-13)。

表1-13 钢筋混凝土基础知识表

学习情境	钢筋算量基本知识		
学习成果名称	建筑结构类型	难易程度	易
完成时间	____年____月____日____之前提交		
任务说明	根据建筑的层数、造价、施工等来决定建筑结构类型,结合"建筑构造与识图"课程内容,完成建筑结构类型特点汇总		
任务完成明细	序号	结构类型	结构特点
	1	砖混结构	
	2	框架结构	
	3	剪力墙结构	
	4	框架-剪力墙结构	
	5	筒体结构	
	6	钢结构	

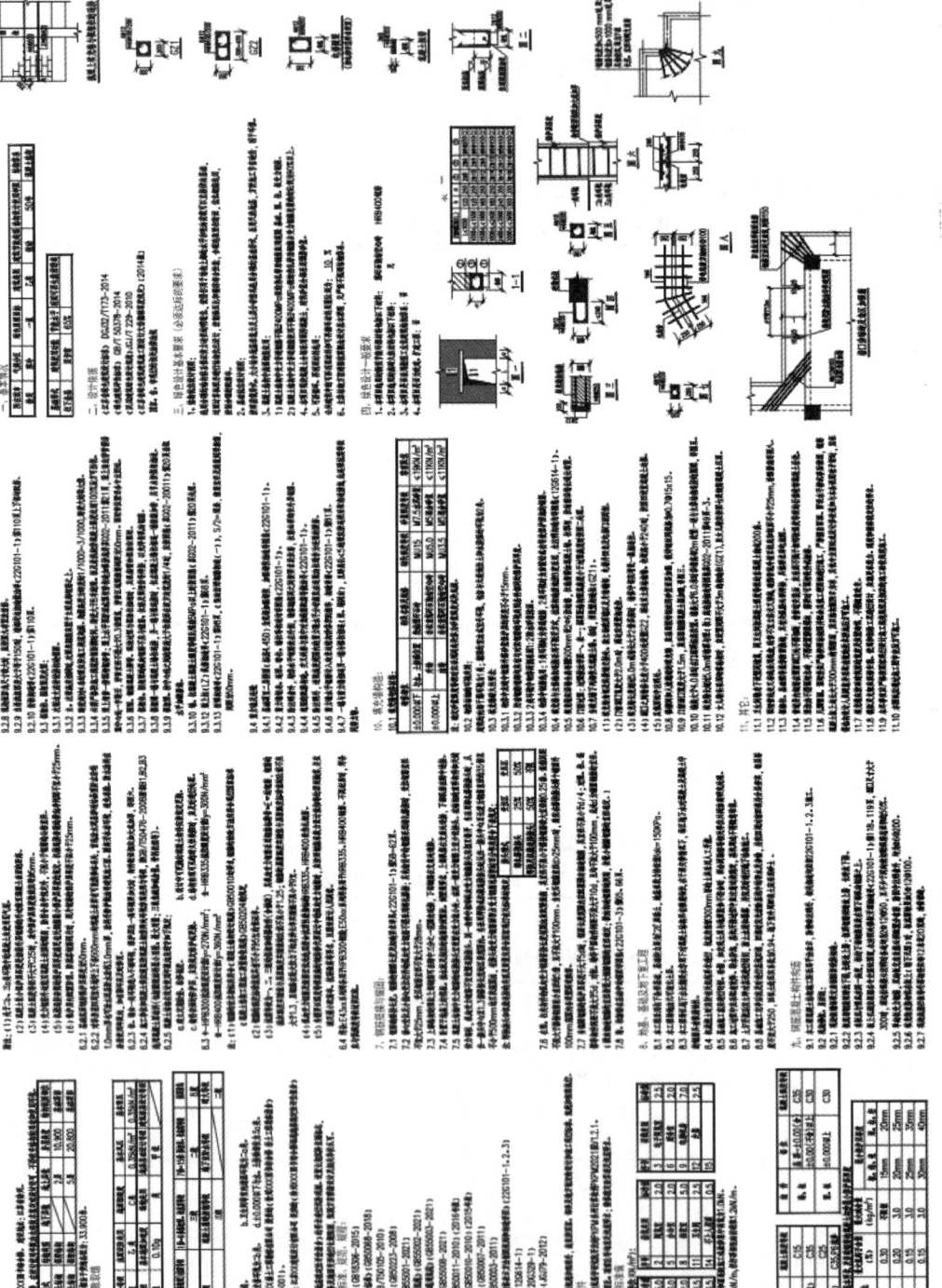

图 1-1　某学校图书综合楼结构设计说明

(2)收集确定工程造价的指导规范《房屋建筑与装饰工程工程量计算规范》(GB 50854—2013),查询现浇构件钢筋的项目编码、项目特征、计量单位、工程量计算规则,填表 1-14。

表 1-14　钢筋算量清单规范

项目编码	项目名称	项目特征	计量单位	工程量计算规则	工程内容
	现浇构件钢筋				1. 钢筋制作、运输 2. 钢筋安装 3. 焊接(绑扎)

1.3.1.6　任务实施

1.钢筋算量思路

引导问题 1:钢筋工程量计算与哪些因素有关?

_____

_____

_____

2.钢筋分类

引导问题 2:根据图集 22G101,钢筋分为 _____、_____ 和 _____ 三种。

钢筋按轧制外形分光面钢筋、带肋钢筋、钢线及钢绞线、冷轧扭钢筋。其中:光面钢筋是 _____ 级钢筋,均为 _____ 圆形截面;带肋钢筋有螺旋形、人字形和月牙形三种,一般 _____ 级钢筋为人字形,_____ 级钢筋轧制成螺旋形及月牙形。

引导问题 3:结合钢筋图例(见表 1-15)和图集 22G101 分析钢筋表示方法,填写钢筋图例名称。

表 1-15　钢筋图例

名称	图例	说明
		表示长、短钢筋投影重叠时,短钢筋的端部用 45°斜划线表示
		—
		—
		—
		—

3. 最小保护层厚度

引导问题 4：混凝土保护层厚度与混凝土结构的环境类别有关，请查询图集 22G101，填写完整混凝土结构的环境类别表（见表 1-16）。

表 1-16 混凝土结构的环境类别表

环境类别		条件
一		
二	二	室内潮湿环境； 非严寒和非寒冷地区的露天环境； 非严寒和非寒冷地区与无侵蚀性的水或土壤直接接触的环境； 严寒和寒冷地区的冰冻线以下与无侵蚀性的水与土壤直接接触的环境
		干湿交替环境； 水位频繁变动环境； 严寒和寒冷地区的露天环境； 严寒和寒冷地区冷冻线以上与无侵蚀性的水或土壤直接接触的环境
三	三 a	严寒和寒冷地区冬季水位变动区环境； 受除冰盐影响环境； 海风环境
三	三 b	盐渍土环境； 受除冰盐作用环境； 海岸环境
四		
五		

引导问题 5：混凝土保护层在建筑混凝土结构中用于保护钢筋。C 是混凝土的强度等级，主要是指混凝土的抗压强度。根据图集 22G101 相关内容，填写完整混凝土保护层的最小厚度表（见表 1-17）。

表 1-17 混凝土保护层的最小厚度表 单位：mm

环境类别	板、墙		梁、柱		基础梁 （顶面和侧面）		独立基础、条形基础、 筏形基础（顶面和侧面）	
	≤C25	≥C30	≤C25	≥C30	≤C25	≥C30	≤C25	≥C30
一		15	25		25		—	—
二 a	25	20		25	30	25	25	20
二 b		25	40		40	35	30	
三 a	35		45	40	45		35	30
三 b	45	40			55	50		40

4.钢筋锚固长度

引导问题6：钢筋锚固长度是受力钢筋依靠其表面与混凝土的粘接作用或端部构造的挤压作用而达到设计承受应力所需要的长度。钢筋锚固长度包括受拉钢筋基本锚固长度_____、抗震受拉钢筋基本锚固长度_____、受拉钢筋锚固长度_____、抗震受拉钢筋锚固长度_____四类。

5.钢筋搭接长度

引导问题7：混凝土结构中受力钢筋的连接接头宜设置在受力较小处。在同根受力钢筋上宜少设接头。在结构的重要构件处和关键传力部位，纵向受力钢筋不宜设置连接接头。纵向受力钢筋接头面积百分率是指同一连接区段内有连接接头的纵向受力钢筋截面面积与全部纵向受力钢筋截面面积的比值。

绑扎连接同一连接区段长度为_____。

焊接连接同一连接区段长度为_____。

机械连接同一连接区段长度为_____。

1.3.1.7　评价反馈

学生进行自评，评价自己是否能完成本节基础知识的预习和按时完成报告内容等成果资料、有无任务遗漏。老师对学生的评价内容，可对接江苏省"建筑工程识图"技能大赛和"1＋X"建筑工程识图职业技能等级证书、关于建筑结构设计说明评分标准和规范成果，主要包括报告书是否工整规范、报告内容数据是否真实合理、阐述是否详细、认识体会是否深刻、绘制图纸是否规范。

（1）学生进行自我评价，将结果填入表1-18中。

表 1-18　钢筋算量基本知识学生自评表

班级：	姓名：		学号：		日期：	
学习情境	钢筋算量基本知识					
评价项目	评价标准				分值	得分
信息检索	能有效利用图纸结构设计说明、图集22G101查找有效信息；能用自己的语言有条理地去解释、表述所学知识；能将找到的信息有效转换到图纸识读过程中				15	
钢筋锚固长度查询	能准确利用图纸、图集22G101查询钢筋锚固长度，理解 l_a、l_{ab}、l_{abE}、l_{aE} 之间的关系				25	
钢筋搭接长度查询	能准确利用图纸、图集22G101查询钢筋搭接长度，理解 l_l、l_{lE} 之间的关系				25	
工作态度	态度端正，无无故缺勤、迟到、早退现象				10	
工作质量	能按计划完成工作任务				10	
协调能力	与小组成员、同学之间能合作交流、协调工作				5	
职业素质	全面细致，一丝不苟，树立职业从业意识				10	

（2）学生以小组为单位，对工作过程与结果进行互评，将互评结果填入表 1-19 中。

表 1-19　钢筋算量基本知识学生互评表

学习情境		钢筋算量基本知识											
评价项目	分值	等级							评价对象（组别）					
									1	2	3	4	5	6
计划合理	10	优	10	良	7	中	6	差	4					
方案合理	10	优	10	良	7	中	6	差	4					
团队合作	10	优	10	良	7	中	6	差	4					
组织有序	10	优	10	良	7	中	6	差	4					
工作质量	10	优	10	良	7	中	6	差	4					
工作效率	10	优	10	良	7	中	6	差	4					
工作完整	10	优	10	良	8	中	6	差	4					
工作规范	20	优	20	良	12	中	8	差	4					
拓展成果	10	优	10	良	8	中	6	差	4					
合计	100													

（3）教师对学生的工作过程与工作结果进行评价，并将评价结果填入表 1-20 中。

表 1-20　钢筋算量基本知识教师综合评价表

班级：　　　　　　　　姓名：　　　　　　　　学号：

学习情境		钢筋算量基本知识		
评价项目		评价标准	分值	得分
考勤（10%）		无无故迟到、早退、旷课现象	10	
工作过程（60%）	钢筋算量基础知识体系	能在图集 22G101 中读取结构设计说明基础信息	5	
	钢筋锚固长度查询	能准确查询钢筋锚固长度	20	
	钢筋搭接长度查询	能准确查询钢筋搭接长度	20	
	工作态度	态度端正，工作认真、主动	5	
	协调能力	与小组成员、同学之间能合作交流、协调工作	5	
	职业素质	全面细致，一丝不苟，树立职业从业意识	5	
项目成果（30%）	工作完整	能按时完成任务	5	
	工作规范	能按规范要求识读	5	
	读图报表	能正确识读图纸报表	10	
	拓展成果	能有效完成拓展内容预习	10	
合计			100	
综合评价	自评（20%）	小组互评（30%）	教师评价（50%）	综合得分

1.3.1.8   拓展思考题

(1)钢筋连接方式有几种？分别是什么？

(2)封闭箍筋及拉筋弯钩构造要点有哪些？

1.3.2   钢筋算量基本知识

建筑结构及分类

1.3.2.1   建筑结构类型

建筑结构一般是指建筑的承重结构和围护结构两个部分。在建设建筑之前，一般根据建筑的层数、造价、施工等来决定建筑的结构类型。不同结构的建筑耐久性、抗震性、安全性和空间使用性能不同。建筑结构类型包括砖混结构、框架结构、剪力墙结构、框架-剪力墙结构、筒体结构、钢结构，如表 1-21 所示。

建筑结构按
受力特点分类

表 1-21   建筑结构类型

序号	结构类型	结构特点
1	砖混结构	墙体承重，抗震能力差，隔音效果差，层数不超过 6 层；造价便宜，就地取材，施工难度低
2	框架结构	由梁、板、柱组成，墙体不承重；在强震荷载下，水平位移较大，高度受限；适用于大规模工业化施工情形
3	剪力墙结构	抗震能力和承风荷载能力强，侧向位移小，适用于建高层；间距不大，平面布置灵活性差，多用于开间小的房屋
4	框架-剪力墙结构	平面布置灵活，具有足够大的刚度；造价较高，施工周期长；适用于高层建筑
5	筒体结构	利用房间四周墙体形成封闭筒体，主要抵抗水平荷载，多用于高层或超高层公共建筑中；空间分隔自由；成本高
6	钢结构	强度高，自重轻，刚度大，密封性、耐热性好；适用于建造大跨度和超高、超重型的建筑物；不耐火，耐腐蚀性差，而且钢材较贵，所以成本较高

某学校图书综合楼，主体五层、局部二层，主体结构为框架结构、局部结构为框剪结构。本书重构教学内容，以实际工程为依托，主讲框架结构、剪力墙结构；将教学内容进行构件模块化划分，其中板、基础、楼梯构件一致，区别在于框架结构的承重体系是梁、柱构件，而剪力墙结构的承重体系是剪力墙构件。

1.3.2.2   钢筋算量基础知识

1.钢筋算量业务分类

钢筋基础知识

从设计到竣工，建筑工程建设可以分为设计、招投标、施工、竣工结算四个阶段。在建筑工程建设的各个阶段，都要进行造价的确定。建筑工程建设各阶段的钢筋算量业务详见表 1-22。

表 1-22　建筑工程建设各阶段的钢筋算量业务

阶段	工程造价内容	说明
设计	设计概算	在设计过程中,编制设计概算以对工程的经济性进行评估,比如计算出工程的钢筋用量,可以评估构件的含钢量
招投标	招标方:标底、招标控制价	招标方和投标方编制招投标需要的工程造价文件,需要先计算出工程中人、材、机的用量,然后乘以单价,再结合规费和税金,最后确定工程造价。 在这个过程中,需要计算工程的钢筋用量
	投标方:投标报价	
施工	材料备料	在施工过程中,需要进行钢筋采购、加工等,需要编制材料计算表、钢筋配料单等
竣工结算	结算造价	在竣工结算过程中,确定工程造价,同样需要计算工程量钢筋用量

　　钢筋算量贯穿于整个建设过程,是确定工程造价的重要环节。钢筋算量业务主要包括钢筋算量和钢筋翻样两类。钢筋算量业务的计算依据和方法、目的、关注点如表 1-23 所示。

表 1-23　钢筋算量业务的计算依据和方法、目的、关注点

业务名称	钢筋算量	钢筋翻样
计算依据和方法	按照相关规范、设计图纸及工程量清单和定额要求,以设计长度进行计算	按照相关规范、设计图纸,以实际长度进行计算
	对于同一根弯锚钢筋而言,灰色直线(设计图纸算量长度)大于黑色弧线(钢筋翻样下料长度)	
	对于同一组弯锚钢筋而言,设计图纸钢筋算量按照所有钢筋距离一个保护层开始弯锚	对于同一组弯锚钢筋而言,钢筋翻样下料长度外侧钢筋要距离一个保护层开始弯锚,内侧钢筋要预留钢筋间距
目的	确定工程造价	指导实际施工
关注点	要高效率、快速度确定工程钢筋总用量,用以确定工程造价	既要符合相关规范和设计要求,又要满足方便施工、降低成本等施工需求

本书主要围绕确定工程造价的钢筋算量,而不是钢筋翻样,旨在使在校的工程相关专业高校学生掌握钢筋算量基本技能。

2.钢筋用量的计算规则

确定工程造价的钢筋算量,以确定工程造价的指导规范《房屋建筑与装饰工程工程量计算规范》(GB 50854—2013)描述的钢筋计算规则(见表1-24)为依据。

表1-24 钢筋算量清单规范

项目编码	项目名称	项目特征	计量单位	工程量计算规则	工程内容
010515001	现浇构件钢筋	钢筋种类、规格	t	按设计图示钢筋(网)长度(面积)乘以单位理论质量计算	1.钢筋制作、运输; 2.钢筋安装; 3.焊接(绑扎)
010515002	预制构件钢筋				
010515003	钢筋网片				1.钢筋网制作、运输; 2.钢筋网安装; 3.焊接(绑扎)
010515004	钢筋笼				1.钢筋笼制作、运输; 2.钢筋笼安装; 3.焊接(绑扎)

3.钢筋算量具体方法

钢筋算量具体方法如下:识读混凝土构件图纸,依据制图规则,理解混凝土和钢筋的基本信息;分析钢筋混凝土的受力情况,明晰钢筋骨架的排布;查阅图集22G101,明晰构件的节点构造;根据图纸和图集规范,完成钢筋工程量计算,如表1-25所示。

表1-25 钢筋算量具体方法

名称	步骤
识图	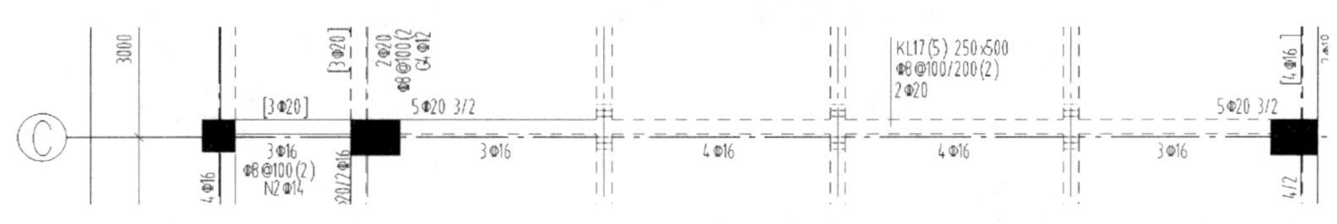
受力分析	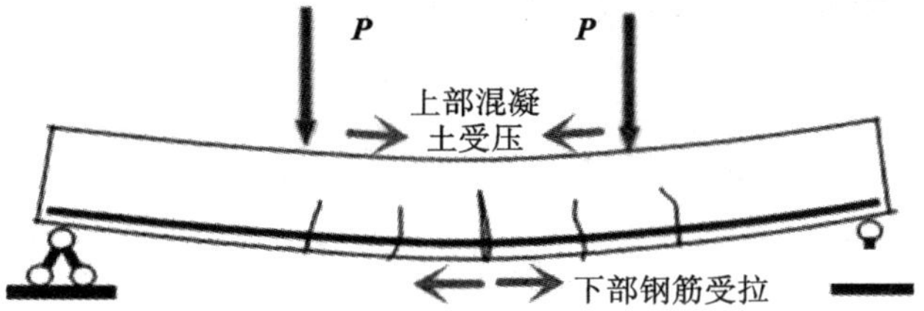

名称	步骤
钢筋骨架	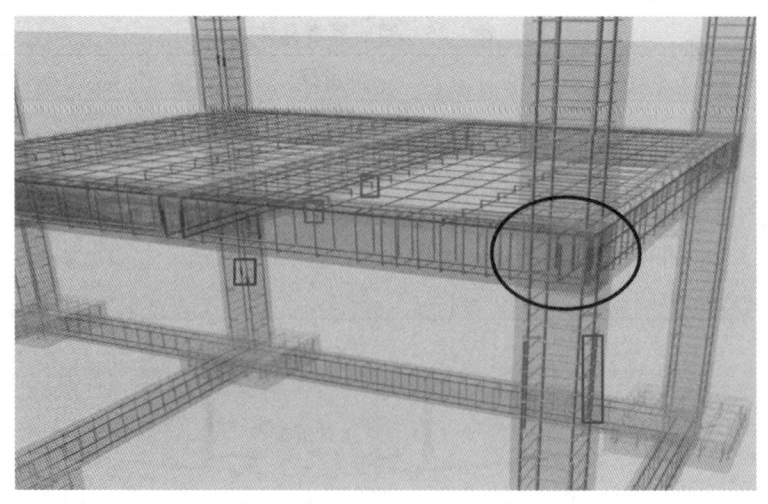

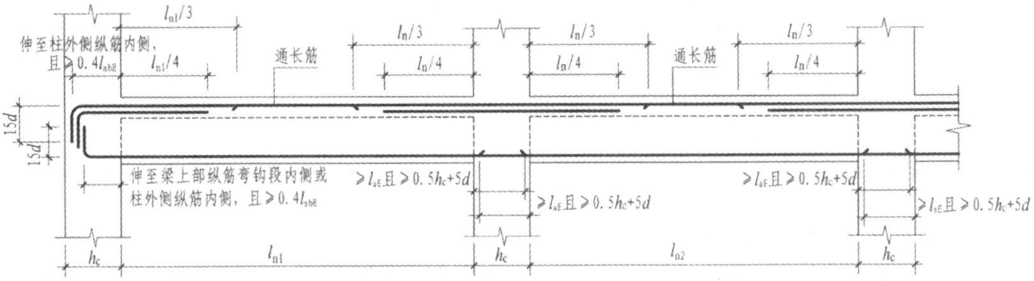

楼层框架梁KL纵向钢筋构造

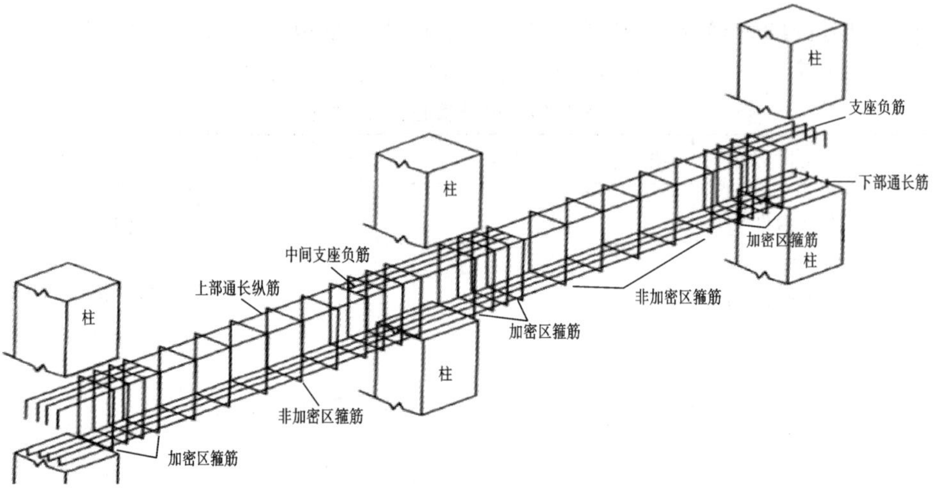

名称	步骤
节点构造	
钢筋算量	

钢筋算量基本方法是按设计长度乘以理论重量,以重量进行统计。钢筋理论重量不用专门计算,在五金手册等相关资料中查表即可得到;设计长度同钢筋所属的构件类型、节点构造、受力特点、钢筋种类等有关。

续表

名称	步骤
钢筋算量	钢筋混凝土构件中包括基础、柱、梁、板、墙、楼梯等。一幢完整的建筑物,构件与构件相互关联,共同承受荷载。 　　构件与构件相交位置称为节点。例如,上图圆圈内的位置为节点,也是我们常说的支座。基础与柱相交,基础是支座;梁、柱相交,柱是支座;梁与板相交,梁是板的支座;墙与板相交,墙是板的支座。 　　钢筋骨架根据受力特点可分为不同种类,同类别钢筋存在一定的数量。常见的钢筋有光圆钢筋和螺纹钢筋两类。光圆钢筋末端常设置弯钩,而螺纹钢筋末端可采取弯折处理。部分钢筋需要伸入支座,不伸入支座内钢筋部分即为构件内净长;结合钢筋 9 m 或 12 m 定尺长度,钢筋可能存在连接

4. 钢筋算量公式

$$钢筋工程量 = 钢筋设计长度 = 单根钢筋设计长度 × 钢筋根数 \qquad (1\text{-}1)$$

$$单根钢筋设计长度 = 构件内净长 + 支座内锚固长度 + 连接长度 \qquad (1\text{-}2)$$

上式中,构件内净长根据设计图纸定位轴线长度直接计算即可。钢筋伸入支座的长度为支座内锚固长度,根据图集节点构造计算。当钢筋设计长度超过钢筋出厂定尺长度时,需要进行连接,须计算连接长度。钢筋根数=分布范围/钢筋间距+1,可以通过识图和节点构造获取。

5. 钢筋分类

钢筋(普通)分类如表 1-26 所示。

表 1-26　钢筋分类

序号	钢筋种类	代号	软件里常用代号	图形
1	HPB300(一级钢筋)	Φ	A	
2	HRB400、HRBF400 RRB400(三级钢筋)	Φ	C	
3	HRB500、HRBF500 (四级钢筋)	Φ	D	

按轧制外形,钢筋分为光面钢筋、带肋钢筋、钢线及钢绞线、冷轧扭钢筋。其中:光面钢筋是一级钢筋,均为光面圆形截面;带肋钢筋有螺旋形、人字形和月牙形三种,一般三级钢筋为人字形,四级钢筋轧制成螺旋形及月牙形。

　　按配置在混凝土结构中的作用,钢筋可分为:受力筋,即承受拉、压应力的钢筋;箍筋,用以承受一部分斜拉应力,并固定受力筋位置;架立筋,用以固定箍筋位置,构成梁内的钢筋骨架;分布筋,用于屋面板、楼板内,与板的受力筋垂直布置,将承受的重量均匀地传给受力筋,并固定受力筋位置,以及抵抗热胀冷缩所引起的温度变形。

　　钢筋在图纸中的一般表示方法如表 1-27 所示。

表 1-27　钢筋图例

名称	图例	说明
钢筋端部截断		表示长、短钢筋投影重叠时,短钢筋的端部用 45°斜划线表示
钢筋搭接连接		—
钢筋焊接		—
钢筋机械连接		—
端部带锚固板的钢筋		—

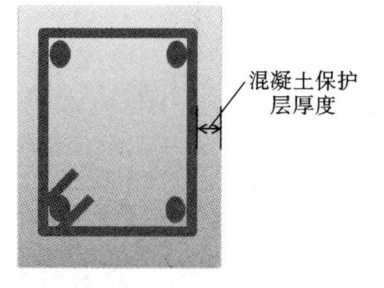

图 1-2　混凝土保护层厚度

6. 混凝土最小保护层厚度

　　混凝土保护层在建筑混凝土结构中用于保护钢筋。从混凝土碳化、脱钝和钢筋锈蚀的耐久性角度考虑,不再以纵向受力钢筋的外缘,而以最外层钢筋(包括箍筋、构造筋、分布筋等)的外缘计算混凝土保护层厚度,如图 1-2 所示。

　　混凝土保护层厚度与混凝土结构的环境类别有关,具体查表信息如表 1-28、表 1-29 所示。

表 1-28　混凝土结构的环境类别

环境类别		条件
一		室内干燥环境; 无侵蚀性静水浸没环境
二	a	室内潮湿环境; 非严寒和非寒冷地区的露天环境; 非严寒和非寒冷地区与无侵蚀性的水或土壤直接接触的环境; 严寒和寒冷地区的冰冻线以下与无侵蚀性的水与土壤直接接触的环境
	b	干湿交替环境; 水位频繁变动环境; 严寒和寒冷地区的露天环境; 严寒和寒冷地区冷冻线以上与无侵蚀性的水或土壤直接接触的环境

续表

环境类别		条件
三	a	严寒和寒冷地区冬季水位变动区环境； 受除冰盐影响环境； 海风环境
	b	盐渍土环境； 受除冰盐作用环境； 海岸环境
四		海水环境
五		受人为或自然的侵蚀性物质影响的环境

注：①室内潮湿环境是指构件表面经常处于结露或湿润状态的环境。

②严寒和寒冷地区的划分应符合现行国家标准《民用建筑热工设计规范》(GB 50176)的有关规定。

③海岸环境和海风环境宜根据当地情况，考虑主导风向及结构所处迎风、背风部位等因素的影响，由调查研究和工程经验确定。

④受除冰盐影响环境是指受到除冰盐盐雾影响的环境；受除冰盐作用环境是指被除冰盐溶液溅射的环境以及使用除冰盐地区的洗车房、停车楼等建筑。

⑤混凝土结构的环境类别是指混凝土暴露表面所处的环境条件。

表 1-29 混凝土保护层的最小厚度　　单位：mm

环境类别	板、墙		梁、柱		基础梁 （顶面和侧面）		独立基础、条形基础、 筏形基础（顶面和侧面）	
	≤C25	≥C30	≤C25	≥C30	≤C25	≥C30	≤C25	≥C30
一	20	15	25	20	25	20	—	—
二 a	25	20	30	25	30	25	25	20
二 b	30	25	40	35	40	35	30	25
三 a	35	30	45	40	45	40	35	30
三 b	45	40	55	50	55	50	45	40

注：①表中混凝土保护层厚度指最外层钢筋外边缘至混凝土表面的距离，适用于设计工作年限为50年的混凝土结构。

②构件中受力钢筋的保护层厚度不应小于钢筋的公称直径。

③一类环境中，设计工作年限为100年的结构最外层钢筋的保护层厚度不应小于表中数值的1.4倍；二、三类环境中，设计工作年限为100年的结构应采取专门的有效措施。对于四类和五类环境类别的混凝土结构，耐久性要求应符合国家现行有关标准的规定。

④基础底面钢筋的保护层厚度，有混凝土垫层时应从垫层顶面算起，且不应小于40 mm。

7.混凝土强度等级

混凝土的强度等级是指混凝土的抗压强度。按《混凝土强度检验评定标准》(GB/T 50107—2010)，混凝土的强度等级应按照其立方体抗压强度标准值确定，采用符号C与立方体抗压强度标准值（以 N/mm² 或 MPa 计）表示。

　　按照《混凝土结构设计规范》(GB 50010—2010)规定，普通混凝土划分为十四个等级，即C15、C20、C25、C30、C35、C40、C45、C50、C55、C60、C65、C70、C75、C80。

8.抗震等级类别

抗震等级是设计部门依据国家有关规定，按建筑物重要性分类与设防标准，根据设防类别、结构类型、设防烈度和房屋高度，而采用不同抗震等级进行的具体设计。

(1)地震震级。

地震震级是地震的属性，是地震释放能量级别的对数表示。一次地震只有一个震级。

(2)地震烈度。

地震烈度是建筑物受地震影响破坏的程度。同一次震级的地震，可能造成不同烈度的破坏。比如唐山大地震，震中唐山的烈度为 11 度，天津的烈度是 8 度，北京的烈度为 6 度。

(3)抗震设防烈度。

抗震设防烈度可以简单理解成某个地区 475 年内所能发生的最强烈的地震烈度。它是某个地区的属性，比如北京地区的抗震设防烈度是 8 度，广州地区的抗震设防烈度是 7 度。

(4)抗震设防类别。

甲类建筑：涉及国家公共安全的重大建筑工程。

乙类建筑：生命线工程及大型公共建筑。

丙类建筑：大量的民用建筑及工业建筑。

丁类建筑：抗震次要工程。

(5)抗震等级。

抗震等级根据设防类别、结构类型、设防烈度、房屋高度四个因素确定，如表 1-30 所示。

表 1-30　现浇钢筋混凝土房屋的抗震等级

结构类型			设防烈度 6		7			8			9	
框架结构	高度/m		≤24	>24	≤24	>24		≤24	>24		≤24	
	框架		四	三	三	二		二	一		一	
	大跨度框架		三		二			一			一	
框架-抗震墙结构	高度/m		≤60	>60	≤24	25～60	>60	≤24	25～60	>60	≤24	25～50
	框架		四	三	四	三	二	三	二	一	二	一
	抗震墙		三		三		二	二		一	一	
抗震墙结构	高度/m		≤80	>80	≤24	25～80	>80	≤24	25～80	>80	≤24	25～60
	抗震墙		四	三	四	三	二	三	二	一	二	一
部分框支抗震墙结构	高度/m		≤80	>80	≤24	25～80	>80	≤24	25～80			
	抗震墙	一般部位	四	三	四	三	二	三	二			
		加强部位	三	二	三	二	一	二	一			
	框支层框架		二		二			一				

续表

结构类型		设防烈度					
		6		7		8	9
框架-核心筒结构	框架	三		二		一	一
	核心筒	二		二		一	一
筒中筒结构	外筒	三		二		一	一
	内筒	二		二		一	一
板柱-抗震墙结构	高度/m	≤35	>35	≤35	>35	≤35	>35
	框架-板柱的柱	三	二	二	二	一	一
	抗震墙	二	二	二	一	二	一

注:①建筑场地为Ⅰ类时,除6度外,应允许按表内降低一度所对应的抗震等级采取抗震构造措施,但相应的计算要求不应降低。

②接近或等于高度分界时,应允许结合房屋不规则程度及场地、地基条件确定抗震等级。

③大跨度框架指跨度不小于18 m的框架。

④高度不超过60 m的框架-核心筒结构按框架-抗震墙的要求设计时,应按表中框架-抗震墙结构的规定确定其抗震等级。

9.钢筋锚固长度

(1)钢筋锚固基本概念。

钢筋锚固长度是受力钢筋依靠其表面与混凝土的黏结作用或端部构造的挤压作用而达到设计承受应力所需要的长度。弯折锚固长度包括直线段和弯折段两部分。

根据《混凝土结构设计规范》(GB 50010—2010)的规定,在混凝土中受拉钢筋的锚固长度为

$$l = \alpha \times (f_y / f_t) \times d \tag{1-3}$$

式中:f_y——钢筋的抗拉设计强度;

f_t——混凝土的轴心抗拉设计强度;

α——钢筋外形系数,光圆钢筋取0.16,带肋钢筋取0.14;

d——钢筋的直径。

(2)钢筋锚固表逻辑关系。

钢筋锚固长度包括受拉钢筋基本锚固长度l_{ab}、抗震受拉钢筋基本锚固长度l_{abE}、受拉钢筋锚固长度l_a、抗震受拉钢筋锚固长度l_{aE}四类。

上述各字母的含义如下:l,length,长度;a,anchorage,锚固;b,basic,基本;E,earthquake,地震。

l_a是在l_{ab}基础上进行系数ε_a的修正而得到的。当带肋钢筋的公称直径大于25时,系数为1.10;环氧树脂涂层带肋钢筋,系数为1.25;施工过程中易受扰动的钢筋,系数为1.10;锚固区保护层厚度为3d时,系数为0.8;锚固区保护层厚度不小于5d时,系数为0.7。

l_{abE}是在l_{ab}基础上进行抗震系数的修正而得到的。l_{aE}是在l_{abE}基础上进行系数ε_a的修正而得到的。一、二级抗震系数是1.15,三级抗震系数是1.05,四级抗震系数是1.00。

以混凝土强度等级 C25 为例,进行受拉钢筋基本锚固长度 l_{ab}、抗震受拉钢筋基本锚固长度 l_{abE}、受拉钢筋锚固长度 l_a、抗震受拉钢筋锚固长度 l_{aE} 四类数据计算,如图 1-3 所示。数据以整数统计,且以四舍五入计数。

受拉钢筋基本锚固长度 l_{ab}

钢筋种类	混凝土强度等级
	C25
HPB300	$34d$
HRB400 HRBF400 RRB400	$40d$
HRB500 HRBF500	$48d$

受拉钢筋锚固长度 l_a

钢筋种类	混凝土强度 等级 C25	
	$d \leqslant 25$	$d > 25$
HPB300	$34d$	—
HRB400 HRBF400 RRB400	$40d$	$40d \times 1.1$ $= 44d$
HRB500 HRBF500	$48d$	$48d \times 1.1$ $= 53d$

抗震受拉钢筋基本锚固长度 l_{abE}

钢筋种类		混凝土 强度等级
		C25
HPB300	一、二级	$34d \times 1.15$ $= 39d$
	三级	$34d \times 1.05$ $= 36d$
HRB400 HRBF400 RRB400	一、二级	$40d \times 1.15$ $= 46d$
	三级	$40d \times 1.05$ $= 42d$
HRB500 HRBF500	一、二级	$48d \times 1.15$ $= 55d$
	三级	$48d \times 1.05$ $= 50d$

抗震受拉钢筋锚固长度 l_{aE}

钢筋种类		混凝土强度 等级 C25	
		$d \leqslant 25$	$d > 25$
HPB300	一、二级	$39d$	—
	三级	$36d$	
HRB400 HRBF400 RRB400	一、二级	$46d$	$46d \times 1.1$ $= 51d$
	三级	$42d$	$42d \times 1.1$ $= 46d$
HRB500 HRBF500	一、二级	$55d$	$55d \times 1.1$ $= 61d$
	三级	$50d$	$50d \times 1.1$ $= 56d$

图 1-3　受拉钢筋锚固长度数据计算过程

(3)受拉钢筋锚固长度数据表。

工程有抗震构件和不抗震构件,抗震时有抗震等级,但即使在一级抗震的工程中,有的构件也是不起抗震作用的。

抗震构件包括剪力墙、框架柱、框架梁、桩基础。

不抗震构件包括板、楼梯、独立基础、条形基础、筏形基础、非框架梁。

受拉钢筋基本锚固长度如表 1-31、表 1-32 所示。

表 1-31　受拉钢筋基本锚固长度 l_{ab}

钢筋种类	混凝土强度等级							
	C25	C30	C35	C40	C45	C50	C55	≥C60
HPB300	$34d$	$30d$	$28d$	$25d$	$24d$	$23d$	$22d$	$21d$
HRB400 HRBF400 RRB400	$40d$	$35d$	$32d$	$29d$	$28d$	$27d$	$26d$	$25d$
HRB500 HRBF500	$48d$	$43d$	$39d$	$36d$	$34d$	$32d$	$31d$	$30d$

表 1-32　抗震受拉钢筋基本锚固长度 l_{abE}

钢筋种类		混凝土强度等级							
		C25	C30	C35	C40	C45	C50	C55	≥C60
HPB300	一、二级	$39d$	$35d$	$32d$	$29d$	$28d$	$26d$	$25d$	$24d$
	三级	$36d$	$32d$	$29d$	$26d$	$25d$	$24d$	$23d$	$22d$
HRB400 HRBF400	一、二级	$46d$	$40d$	$37d$	$33d$	$32d$	$31d$	$30d$	$29d$
	三级	$42d$	$37d$	$34d$	$30d$	$29d$	$28d$	$27d$	$26d$
HRB500 HRBF500	一、二级	$55d$	$49d$	$45d$	$41d$	$39d$	$37d$	$36d$	$35d$
	三级	$50d$	$45d$	$41d$	$38d$	$36d$	$34d$	$33d$	$32d$

注：①四级抗震时，$l_{abE}=l_{ab}$。

②混凝土强度等级应取锚固区的混凝土强度等级。

③当锚固钢筋的保护层厚度不大于 $5d$ 时，锚固钢筋长度范围内应设置横向构造钢筋，其直径不应小于 $d/4$（d 为锚固钢筋的最大直径）；对梁、柱等构件间距不应大于 $5d$，对板、墙等构件间距不应大于 $10d$，且均不应大于 $100\ mm$（d 为锚固钢筋的最小直径）。

受拉钢筋锚固长度如表 1-33、表 1-34 所示。

表 1-33　受拉钢筋锚固长度 l_a

钢筋种类	混凝土强度等级															
	C25		C30		C35		C40		C45		C50		C55		≥C60	
	$d\leqslant 25$	$d> 25$	$d\leqslant 25$	$d> 25$	$d\leqslant 25$	$d> 25$	$d\leqslant 25$	$d> 25$	$d\leqslant 25$	$d> 25$	$d\leqslant 25$	$d> 25$	$d\leqslant 25$	$d> 25$	$d\leqslant 25$	$d> 25$
HPB300	$34d$	—	$30d$	—	$28d$	—	$25d$	—	$24d$	—	$23d$	—	$22d$	—	$21d$	—
HRB400 HRBF400 RRB400	$40d$	$44d$	$35d$	$39d$	$32d$	$35d$	$29d$	$32d$	$28d$	$31d$	$27d$	$30d$	$26d$	$29d$	$25d$	$28d$
HRB500 HRBF500	$48d$	$53d$	$43d$	$47d$	$39d$	$43d$	$36d$	$40d$	$34d$	$37d$	$32d$	$35d$	$31d$	$34d$	$30d$	$33d$

表 1-34　抗震受拉钢筋锚固长度 l_{aE}

钢筋种类		混凝土强度等级															
		C25		C30		C35		C40		C45		C50		C55		≥C60	
		$d\leqslant25$	$d>25$	$d\leqslant25$	$d>25$	$d\leqslant25$	$d>25$	$d\leqslant25$	$d>25$	$d\leqslant25$	$d>25$	$d\leqslant25$	$d>25$	$d\leqslant25$	$d>25$	$d\leqslant25$	$d>25$
HPB300	一、二级	$39d$	—	$35d$	—	$32d$	—	$29d$	—	$28d$	—	$26d$	—	$25d$	—	$24d$	—
	三级	$36d$	—	$32d$	—	$29d$	—	$26d$	—	$25d$	—	$24d$	—	$23d$	—	$22d$	—
HRB400 HRBF400	一、二级	$46d$	$51d$	$40d$	$45d$	$37d$	$40d$	$33d$	$37d$	$32d$	$36d$	$31d$	$35d$	$30d$	$33d$	$29d$	$32d$
	三级	$42d$	$46d$	$37d$	$41d$	$34d$	$37d$	$30d$	$34d$	$29d$	$33d$	$28d$	$32d$	$27d$	$30d$	$26d$	$29d$
HRB500 HRBF500	一、二级	$55d$	$61d$	$49d$	$54d$	$45d$	$49d$	$41d$	$46d$	$39d$	$43d$	$37d$	$40d$	$36d$	$39d$	$35d$	$38d$
	三级	$50d$	$56d$	$45d$	$49d$	$41d$	$45d$	$38d$	$42d$	$36d$	$39d$	$34d$	$37d$	$33d$	$36d$	$32d$	$35d$

注：①当纵向受拉普通钢筋锚固长度修正系数多于一项时，可按连乘计算。

②受拉钢筋的锚固长度 l_a、l_{aE} 计算值不应小于 200 mm。

③四级抗震时，$l_a=l_{aE}$。

④当锚固钢筋的保护层厚度不大于 $5d$ 时，锚固钢筋长度范围内应设置横向构造钢筋，其直径不应小于 $d/4$（d 为锚固钢筋的最大直径）；对梁、柱等构件间距不应大于 $5d$，对板、墙等构件间距不应大于 $10d$，且均不应大于 100 mm（d 为锚固钢筋的最小直径）。

⑤HPB300 钢筋末端应做 180°弯钩。

⑥混凝土强度等级应取锚固区的混凝土强度等级。

10.钢筋搭接长度

（1）钢筋连接接头面积百分率。

混凝土结构中受力钢筋的连接接头宜设置在受力较小处（是受力较小处，而不是受力最小处。接头设置在受力最小处不容易做到，一是受接头面积百分率的限制，二是受钢筋接头间距的限制，三是受钢筋定尺的限制。任何形式的钢筋接头传力性能均不如整根钢筋，所以尽量把接头设置在受力较小处而不是受力较大部位）。在同根受力钢筋上宜少设接头（不是说只能有一个接头，只是限制接头数量）。在结构的重要构件和关键传力部位（如柱端、梁端的箍筋加密区等），纵向受力钢筋不宜设置连接接头。

对于一级接头，可以不限制位置，但是规范规定一级接头尽量避开节点核心区。二级接头一般要求 50% 的接头错开轴心受拉及小偏心受拉杆件的纵向受力钢筋不得采用绑扎搭接（只能采用机械连接或焊接）；其他构件中的钢筋采用绑扎搭接时，受拉钢筋直径不宜大于 25 mm，受压钢筋直径不宜大于 28 mm（通常情况下，大规格钢筋不宜采用绑扎搭接）。

钢筋连接接头面积百分率是指同一连接区段内有连接接头的纵向受力钢筋截面面积与全部纵向钢筋截面面积的比值。当钢筋直径相同时，直接用同一连接区段内接头的数量和接头总数做比即可；如果钢筋直径不同，就用钢筋截面面积进行比较。

$$钢筋连接接头面积百分率 = \frac{同一连接区段搭接接头的纵向钢筋截面面积}{该区段全部纵向钢筋截面面积} \tag{1-4}$$

同一连接区段是一个区段长度，是一个动态的概念。

如果是绑扎连接，同一连接区段长度为 $1.3l_l$ 或 $1.3l_{lE}$，如图 1-4 所示。

如果是焊接或机械连接，则焊接同一连接区段长度为 $\max(35d,500)$，机械连接同一连接区段长度为 $35d$，如图 1-5 所示。

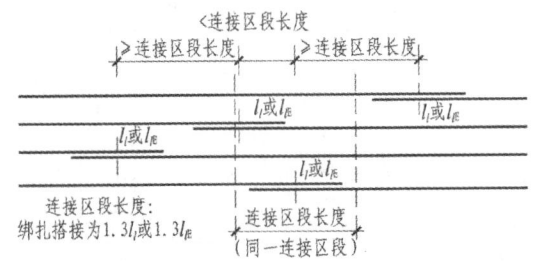

图 1-4 同一连接区段内纵向受拉钢筋绑扎搭接接头

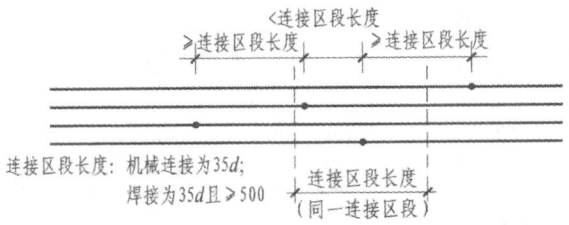

图 1-5 同一连接区段内纵向受拉钢筋机械连接、焊接接头

（2）钢筋搭接长度计算。

纵向受拉钢筋搭接长度 l_l 是在受拉钢筋锚固长度 l_a 基础上进行同一连接区域系数调整而得到的；纵向受拉钢筋搭接长度 l_{lE} 是在受拉钢筋锚固长度 l_{aE} 基础上进行同一连接区域系数调整而得到的。当同一连接区域搭接钢筋接头面积百分率为 25% 时，系数是 1.2；当同一连接区域搭接钢筋接头面积百分率为 50% 时，系数是 1.4；当同一连接区域搭接钢筋接头面积百分率为 100% 时，系数是 1.6。

以 HPB300，混凝土强度等级 C25 为例，进行纵向受拉钢筋搭接长度 l_l 计算；以一、二级抗震等级、直径小于 25 且同一连接区域搭接钢筋接头面积百分率小于 25% 为例，进行纵向受拉钢筋抗震搭接长度 l_{lE} 计算，如图 1-6 所示。

纵向受拉钢筋搭接长度 l_l

钢筋种类	混凝土强度等级 C25	
	$d \leqslant 25$	$d > 25$
HPB300 25%	$34d \times 1.2$ $= 41d$	—
HPB300 50%	$34d \times 1.4$ $= 48d$	—
HPB300 100%	$34d \times 1.6$ $= 54d$	—

纵向受拉钢筋搭接长度 l_{lE}

钢筋种类	混凝土强度等级 C25	
	$d \leqslant 25$	$d > 25$
HPB300	$39d \times 1.2$ $= 47d$	—
HRB400 HRBF400	$46d \times 1.2$ $= 55d$	$51d \times 1.2$ $= 61d$
HRB500 HRBF500	$55d \times 1.2$ $= 66d$	$61d \times 1.2$ $= 73d$

图 1-6 纵向受拉钢筋搭接长度计算过程

（3）纵向钢筋搭接长度表。

纵向钢筋搭接长度表如表 1-35、表 1-36 所示。

表 1-35   纵向受拉钢筋搭接长度 l_l

钢筋种类及同一区段内搭接钢筋接头面积百分率		混凝土强度等级														
		C25		C30		C35		C40		C45		C50		C55		C60	
		$d\leqslant 25$	$d>25$	$d\leqslant 25$	$d>25$	$d\leqslant 25$	$d>25$	$d\leqslant 25$	$d>25$	$d\leqslant 25$	$d>25$	$d\leqslant 25$	$d>25$	$d\leqslant 25$	$d>25$	$d\leqslant 25$	$d>25$
HPB300	$\leqslant 25\%$	$41d$	—	$36d$	—	$34d$	—	$30d$	—	$29d$	—	$28d$	—	$26d$	—	$25d$	—
	50%	$48d$	—	$42d$	—	$39d$	—	$35d$	—	$34d$	—	$32d$	—	$31d$	—	$29d$	—
	100%	$54d$	—	$48d$	—	$45d$	—	$40d$	—	$38d$	—	$37d$	—	$35d$	—	$34d$	—
HRB400 HRBF400 RRB400	$\leqslant 25\%$	$48d$	$53d$	$42d$	$47d$	$38d$	$42d$	$35d$	$38d$	$34d$	$37d$	$32d$	$36d$	$31d$	$35d$	$30d$	$34d$
	50%	$56d$	$62d$	$49d$	$55d$	$45d$	$49d$	$41d$	$45d$	$39d$	$43d$	$38d$	$42d$	$36d$	$41d$	$35d$	$39d$
	100%	$64d$	$70d$	$56d$	$62d$	$51d$	$56d$	$46d$	$51d$	$45d$	$50d$	$43d$	$48d$	$42d$	$46d$	$40d$	$45d$
HRB500 HRBF500	$\leqslant 25\%$	$58d$	$64d$	$52d$	$56d$	$47d$	$52d$	$43d$	$48d$	$41d$	$44d$	$38d$	$42d$	$37d$	$41d$	$36d$	$40d$
	50%	$67d$	$74d$	$60d$	$66d$	$55d$	$60d$	$50d$	$56d$	$48d$	$52d$	$45d$	$49d$	$43d$	$48d$	$42d$	$46d$
	100%	$77d$	$85d$	$69d$	$75d$	$62d$	$69d$	$58d$	$64d$	$54d$	$59d$	$51d$	$56d$	$50d$	$54d$	$48d$	$53d$

注:①表中数值为纵向受拉钢筋绑扎搭接接头的搭接长度。

②两根不同直径钢筋搭接时,表中 d 取较细钢筋直径。

③当为环氧树脂涂层带肋钢筋时,表中数据尚应乘以 1.25。

④当纵向受拉钢筋在施工过程中易受扰动时,表中数据尚应乘以 1.1。

⑤当搭接长度范围内纵向受力钢筋周边保护层厚度为 $3d$(d 为锚固钢筋的直径)时,表中数据可乘以 0.8;保护层厚度不小于 $5d$ 时,表中数据可乘以 0.7;保护层厚度位于上述二者之间时按内插取值。

⑥当上述修正系数(注③~注⑤)多于一项时,可按连乘计算。

⑦当位于同一连接区段内的钢筋搭接接头面积百分率为表中数据中间值时,搭接长度可按内插取值。

⑧任何情况下,搭接长度不应小于 300 mm。

⑨HPB300 钢筋末端应做 180°弯钩。

表 1-36   抗震纵向受拉钢筋搭接长度 l_{lE}

钢筋种类及同一区段内搭接钢筋接头面积百分率			混凝土强度等级														
			C25		C30		C35		C40		C45		C50		C55		C60	
			$d\leqslant 25$	$d>25$	$d\leqslant 25$	$d>25$	$d\leqslant 25$	$d>25$	$d\leqslant 25$	$d>25$	$d\leqslant 25$	$d>25$	$d\leqslant 25$	$d>25$	$d\leqslant 25$	$d>25$	$d\leqslant 25$	$d>25$
一、二级抗震等级	HPB300	$\leqslant 25\%$	$47d$	—	$42d$	—	$38d$	—	$35d$	—	$34d$	—	$31d$	—	$30d$	—	$29d$	—
		50%	$55d$	—	$49d$	—	$45d$	—	$41d$	—	$39d$	—	$36d$	—	$35d$	—	$34d$	—
	HRB400 HRBF400	$\leqslant 25\%$	$55d$	$61d$	$48d$	$54d$	$44d$	$48d$	$40d$	$44d$	$38d$	$43d$	$37d$	$42d$	$36d$	$40d$	$35d$	$38d$
		50%	$64d$	$71d$	$56d$	$63d$	$52d$	$56d$	$46d$	$52d$	$45d$	$50d$	$43d$	$49d$	$42d$	$46d$	$41d$	$45d$
	HRB500 HRBF500	$\leqslant 25\%$	$66d$	$73d$	$59d$	$65d$	$54d$	$59d$	$49d$	$55d$	$47d$	$52d$	$44d$	$48d$	$43d$	$47d$	$42d$	$46d$
		50%	$77d$	$85d$	$69d$	$76d$	$63d$	$69d$	$57d$	$64d$	$55d$	$60d$	$52d$	$56d$	$50d$	$55d$	$49d$	$53d$

续表

钢筋种类及同一区段内搭接钢筋接头面积百分率			混凝土强度等级														
			C25		C30		C35		C40		C45		C50		C55		C60	
			$d\leqslant25$	$d>25$	$d\leqslant25$	$d>25$	$d\leqslant25$	$d>25$	$d\leqslant25$	$d>25$	$d\leqslant25$	$d>25$	$d\leqslant25$	$d>25$	$d\leqslant25$	$d>25$	$d\leqslant25$	$d>25$
三级抗震等级	HPB300	$\leqslant25\%$	$43d$	—	$38d$	—	$35d$	—	$31d$	—	$30d$	—	$29d$	—	$28d$	—	$26d$	—
		50%	$50d$	—	$45d$	—	$41d$	—	$36d$	—	$35d$	—	$34d$	—	$32d$	—	$31d$	—
	HRB400 HRBF400	$\leqslant25\%$	$50d$	$55d$	$44d$	$49d$	$41d$	$44d$	$36d$	$41d$	$35d$	$40d$	$34d$	$38d$	$32d$	$36d$	$31d$	$35d$
		50%	$59d$	$64d$	$52d$	$57d$	$48d$	$52d$	$42d$	$48d$	$41d$	$46d$	$39d$	$45d$	$38d$	$42d$	$36d$	$41d$
	HRB500 HRBF500	$\leqslant25\%$	$60d$	$67d$	$54d$	$59d$	$49d$	$54d$	$46d$	$50d$	$43d$	$47d$	$41d$	$44d$	$40d$	$43d$	$38d$	$42d$
		50%	$70d$	$78d$	$63d$	$69d$	$57d$	$63d$	$53d$	$59d$	$50d$	$55d$	$48d$	$52d$	$46d$	$50d$	$45d$	$49d$

注:①表中数值为纵向受拉钢筋绑扎搭接接头的搭接长度。

②两根不同直径钢筋搭接时,表中 d 取较细钢筋直径。

③当为环氧树脂涂层带肋钢筋时,表中数据尚应乘以 1.25。

④当纵向受拉钢筋在施工过程中易受扰动时,表中数据尚应乘以 1.1。

⑤当搭接长度范围内纵向受力钢筋周边保护层厚度为 $3d$(d 为锚固钢筋的直径)时,表中数据可乘以 0.8;保护层厚度不小于 $5d$ 时,表中数据可乘以 0.7;保护层厚度位于上述二者之间时按内插取值。

⑥当上述修正系数(注③~注⑤)多于一项时,可按连乘计算。

⑦当位于同一连接区段内的钢筋搭接接头面积百分率为 100% 时,$l_{lE}=1.6l_{aE}$。

⑧当位于同一连接区段内的钢筋搭接接头面积百分率为表中数值中间值时,搭接长度可按内插取值。

⑨任何情况下,搭接长度不应小于 300 mm。

⑩四级抗震等级时,$l_{lE}=l_l$。

⑪HPB300 钢筋末端应做 180°弯钩。

项目 2

柱平法识图与钢筋算量

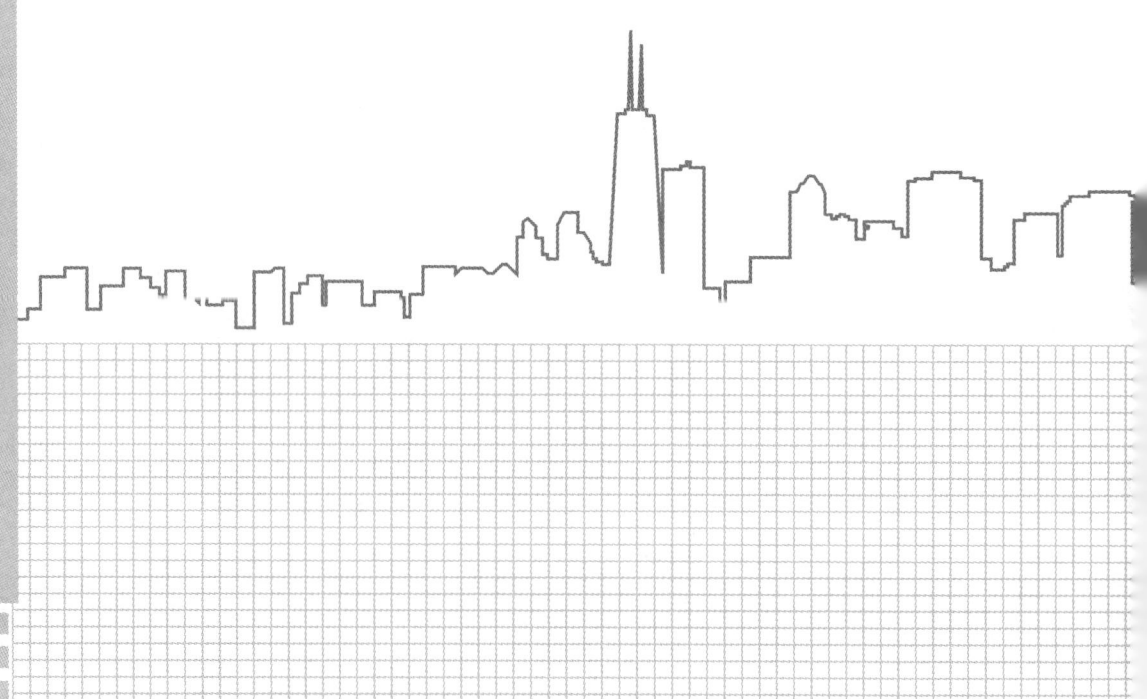

2.1　学习任务描述

2.1.1　项目概况

某学校图书综合楼,主体五层、局部二层,主体结构形式为框架结构、局部结构形式为框剪结构,总建筑面积为 4760 m²。本工程 1 轴到 6 轴,框架梁、柱抗震等级为三级;7 轴到 15 轴,框架梁、柱抗震等级为二级。框架柱编号共 31 种,主要通过列表方式进行注写,除常用节点外,还有变钢筋节点和变截面节点。

2.1.2　项目目标

(1)熟悉柱构件平法施工图的表示方式;
(2)掌握常用的柱构件钢筋标准节点构造;
(3)掌握柱构件钢筋工程量的计算方法。

2.1.3　课程思政

悬空寺(见图 2-1)始建于北魏年间,是一座建在峭壁上的庙宇。悬空寺历经千年风雨,却依旧屹立不倒,这和它所采用的精巧的建筑结构息息相关。它在结构上使用全榫卯结构,不含一颗铁钉。

图 2-1　悬空寺

悬空寺发展了我国的建筑传统和建筑风格,全寺为木质框架式结构,依照力学原理,以榫卯和半插横梁为基,巧借岩石暗托,梁柱上下一体,廊栏左右紧连,是"全球十大危险建筑"。榫卯结构中凸出部分叫榫,凹进部分叫卯,榫和卯咬合起到连接作用。一代代匠人的不断传承,使得榫卯结构工艺日趋精湛。在这一榫一卯之间、一转一折之际,是工匠精神的传承。

(1)体会中国古建筑中蕴含的智慧,感受中国古建筑的工匠精神。

(2)柱是建筑物主要的竖向受力构件,混凝土中箍筋与纵筋协力合作才能正常工作。作为当代大学生,我们的担当有哪些?

(3)结合柱结构的特点,在课程内容中适当融入工匠精神、责任意识、担当精神、安全意识等课程思政要素。

2.1.4　项目分析

为完成本项目,基于实际岗位能力要求设置 3 个任务,理论知识与实践操作在"做中学,学中做"中相互嵌套。柱平法识图与钢筋算量学习任务课程设计如表 2-1 所示。

表 2-1　柱平法识图与钢筋算量学习情境设计表

序列	学习任务	学习任务简介	学时
1	柱构件平法识图	了解柱构件类型及钢筋骨架,理解列表注写和截面注写,明确钢筋在构件中的位置	2
2	柱构件钢筋节点构造	熟悉框架柱构件钢筋节点构造,学会分析图纸,完成项目工程中框架柱钢筋节点构造分析与绘制	4
3	柱构件钢筋算量	明确柱构件钢筋算量方法,学会分析图纸,完成项目工程中相应的柱构件钢筋算量	2

2.2　柱构件平法识图

2.2.1　柱构件平法识图学习引导

2.2.1.1　学习任务描述

按照《混凝土结构施工图平面整体表示方法制图规则和构造详图(现浇混凝土框架、剪力墙、梁、板)》(22G101-1)、《混凝土结构施工图平面整体表示方法制图规则和构造详图(独立基础、条形基础、筏形基础、桩基础)》(22G101-3)中有关柱构件结构施工图部分知识,完成某学校图书综合楼柱构件结构施工图的初步识读。具体学习任务涉及以下三个方面:一是结构施工图的表达方式;二是结构施工图的组成;三是结构施工图的识读。

柱构件平法识图学习内容如图 2-2 所示。

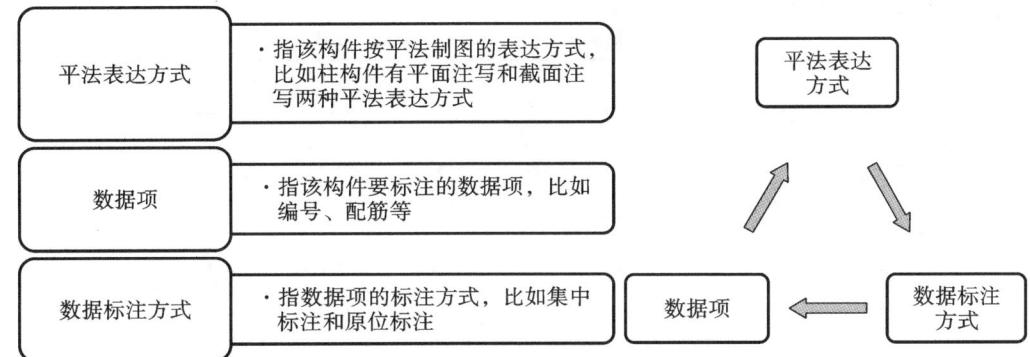

图 2-2 柱构件平法识图学习内容

2.2.1.2 学习目标

(1)能按照图集 22G101-1 对柱构件进行分类。

(2)能梳理柱构件平法识图知识。

(3)能识读柱平法结构施工图。

2.2.1.3 任务书

对某学校图书综合楼柱平面布置图、框架柱配筋图(见图 2-3)内的柱构件进行平法识读,绘制完成 KZ-26 一层和三层非连接区的截面图。

柱 号	标 高	$b \times h$	角 筋	b边一侧中部筋	h边一侧中部筋	箍筋类型号	箍 筋	节点核心区箍筋
KZ-24	基顶～0.400	550x550	4⊕20	2⊕18	2⊕18	1.(4x4)	⊕10@100	
	0.400～10.450	550x550	4⊕20	2⊕18	2⊕18	1.(4x4)	⊕8@100/200	
	10.450～12.800	550x550	4⊕18	2⊕18	2⊕18	1.(4x4)	⊕10@100	
KZ-25	基顶～10.450	550x550	4⊕18	2⊕18	2⊕18	1.(4x4)	⊕8@100/200	
	10.450～12.800	550x550	4⊕18	2⊕18	2⊕18	1.(4x4)	⊕10@100	
KZ-26	基顶～4.450	600x800	4⊕25	3⊕20	3⊕25	1.(5x4)	⊕10@90	
	4.45～10.450	600x800	4⊕25	3⊕20	3⊕25	1.(5x4)	⊕8@100/200	
	10.450～12.800	550x550	4⊕18	2⊕18	2⊕18	1.(4x4)	⊕10@100	
KZ-27	基顶～4.450	500x500	4⊕18	2⊕18	2⊕18	1.(4x4)	⊕8@100/200	
KZ-28	基顶～10.450	550x550	4⊕20	3⊕18	2⊕18	1.(4x4)	⊕8@100/200	
KZ-29	基顶～10.450	550x550	4⊕20	2⊕18	2⊕18	1.(4x4)	⊕8@100/200	
	10.450～12.800	550x550	4⊕18	2⊕18	2⊕18	1.(4x4)	⊕10@100	
KZ-30	基顶～10.450	600x800	配筋见详图					
	10.450～12.800	550x550	4⊕20	2⊕18	2⊕18	1.(4x4)	⊕10@100	
KZ-31	基顶～2.050	400x400	4⊕22	1⊕22	1⊕22	1.(3x3)	⊕10@100	

图 2-3 框架柱配筋图

2.2.1.4　任务分组

柱构件平法识图学生任务分配表如表 2-2 所示。

表 2-2　柱构件平法识图学生任务分配表

班级		组号		指导老师	
小组	姓名	学号	任务		
组长					
组员					
备注					

2.2.1.5　任务准备

(1)阅读工作任务书,小组识读某学校图书综合楼图纸,填写柱构件的基础知识表(见表 2-3)。

表 2-3　柱构件的基础知识表

学习情境	柱构件平法识图		
学习成果名称	柱构件基础知识明细	难易程度	易
参考文献	《混凝土结构施工图平面整体表示方法制图规则和构造详图(现浇混凝土框架、剪力墙、梁、板)》(22G101-1)等		
完成时间	____年____月____日____之前提交全部识读明细		
任务说明	结合某学校图书综合楼结构施工图纸和结构基础知识,查取柱构件环境等级、最小保护层厚度、抗震等级、混凝土强度等级		
任务完成明细	环境等级		
	最小保护层厚度		
	抗震等级		
	混凝土强度等级		

（2）收集《混凝土结构施工图平面整体表示方法制图规则和构造详图（现浇混凝土框架、剪力墙、梁、板）》(22G101-1)中有关柱构件平法制图部分知识，完成 22G101-1 柱构件平法识图知识体系表（见表 2-4）。

表 2-4 22G101-1 柱构件平法识图知识体系表

柱构件平法识图知识体系		22G101-1 页码
平法表达方式	平面注写方式	
	截面注写方式	
平面注写数据项	编号	
	柱段起止标高	
	几何尺寸	
	配筋	
截面注写数据项	编号	
	截面尺寸	
	角筋或全部纵筋	
	箍筋	
	截面与轴线关系数据	

2.2.1.6 任务实施

1.柱构件类型

引导问题 1：柱构件有哪些类型？

_____

_____

2.柱构件识读内容

引导问题 2：柱构件的平法表达方式分_____和_____两种。

两种注写方式注写内容基本相同，本书以列表注写方式为例进行介绍。柱构件的截面注写方式，需要读者在掌握学习方法的基础上自行整理。

引导问题 3：以框架柱为例，结合图 2-4 和图集 22G101-1 分析钢筋骨架钢筋种类，指出数字所指钢筋的类型，即 1 为_____，2 为_____。

3.柱构件列表注写方式

引导问题 4：基于梁构件 KZ-26，采用列表注写方式填表 2-5。

图 2-4　柱骨架钢筋

表 2-5　梁构件 KZ-26 列表注写

序号	细项		表示方法	识图内容
1	编号			
2	柱段起止标高			
3				
4	几何尺寸			
5	配筋	角筋		
		b 边		
		h 边		
		箍筋		

4.截面注写

引导问题 5：用 CAD 或手绘 KZ-26 一层、三层非连接区的截面图，填表 2-6。

注：①截面图必须绘制柱截面轮廓；②标注符合柱截面注写方式。

表 2-6　KZ-26 一层、三层非连接区的截面图

序号	柱名称	截面图名称	截面图
1			
2			

2.2.1.7　评价反馈

学生进行自评，评价自己是否能完成施工图识读的学习、是否能完成柱构件施工图的识读、是否能按时完成报告内容等成果资料、有无任务遗漏。老师对学生的评价内容，可对接江苏省"建筑工程识图"技能大赛和"1＋X"建筑工程识图职业技能等级证书、关于柱构件评分标准和规范成果，主要包括报告书是否工整规范、报告内容数据是否真实合理、阐述是否详细、认识体会是否深刻、绘制图纸是否规范。

（1）学生进行自我评价，将结果填入表 2-7 中。

表 2-7　柱构件平法识图学生自评表

班级：		姓名：	学号：		日期：
学习情境		柱构件平法识图			
评价项目		评价标准		分值	得分
信息检索		能有效利用图纸、图集 22G101-1 查找有效信息；能用自己的语言有条理地去解释、表述所学知识；能将找到的信息有效转换到图纸识读过程中		15	
柱构件列表注写识读		能正确识读，准确理解柱构件的作用、图示内容		25	
柱构件截面图的绘制		图例正确，标注完整、正确		25	
工作态度		态度端正，无无故缺勤、迟到、早退现象		10	
工作质量		能按计划完成工作任务		10	
协调能力		与小组成员、同学之间能合作交流、协调工作		5	
职业素质		全面细致，一丝不苟，树立职业从业意识		10	

（2）学生以小组为单位，对工作过程与工作结果进行互评，将互评结果填入表 2-8 中。

表 2-8　柱构件平法识图学生互评表

学习情境		柱构件平法识图													
评价项目	分值	等级							评价对象（组别）						
									1	2	3	4	5	6		
计划合理	8	优	8	良	7	中	6	差	4						
方案合理	8	优	8	良	7	中	6	差	4						
团队合作	8	优	8	良	7	中	6	差	4						
组织有序	8	优	8	良	7	中	6	差	4						
工作质量	8	优	8	良	7	中	6	差	4						
工作效率	8	优	8	良	7	中	6	差	4						
工作完整	10	优	10	良	8	中	6	差	4						
工作规范	16	优	16	良	12	中	8	差	4						
识读报告	16	优	16	良	12	中	8	差	4						
拓展成果	10	优	10	良	8	中	6	差	4						
合计	100														

（3）教师对学生的工作过程与工作结果进行评价，并将评价结果填入表 2-9 中。

表 2-9　柱构件平法识图教师综合评价表

班级：		姓名：	学号：	
学习情境		柱构件平法识图		
评价项目		评价标准	分值	得分
考勤（10%）		无无故迟到、早退、旷课现象	10	
工作过程（60%）	柱构件平法识图知识体系	能在图集 22G101-1 中有效定位柱构件平法制图页码、明晰基本内容	5	
	柱构件列表注写方式	能正确识读，准确理解柱构件的作用、图示内容	20	
	柱构件截面注写方式	能正确识读，准确绘制柱截面	20	
	工作态度	态度端正，工作认真、主动	5	
	协调能力	与小组成员、同学之间能合作交流、协调工作	5	
	职业素质	全面细致，一丝不苟，树立职业从业意识	5	
项目成果（30%）	工作完整	能按时完成任务	5	
	工作规范	能按规范要求识读	5	

续表

	评价项目	评价标准	分值	得分
项目成果(30%)	读图报告	能正确识读图纸并按照图纸完成读图报告	5	
	拓展成果	能用 CAD 准确完成柱构件截面注写绘制	15	
		合计	100	
综合评价	自评(20%)	小组互评(30%)	教师评价(50%)	综合得分

2.2.1.8　拓展思考题

(1)柱的平面注写方式与截面注写方式有何区别?柱平面注写包括的具体内容有哪些?

(2)什么是非连接区?非连接区的取值是多少?非连接区的取值受到哪些因素的影响?

(3)复合箍筋与非复合箍筋有何区别?

2.2.2　柱构件平法识图相关知识点

2.2.2.1　混凝土结构柱基本知识

混凝土柱结构基础

在建筑结构中,柱支承水平构件构成空间,并逐层传递上部荷载至基础。柱主要承受压力、弯矩和风与地震力作用下的剪切力,以承受轴向压力为主。

根据轴向压力作用位置不同,受压柱分为轴心受压柱和偏心受压柱。当轴向压力通过柱截面重心时,称为轴心受压柱。当柱截面同时作用有通过截面重心的轴向压力 N 和弯矩 M 时,称为偏心受压柱。在实践工程中,主要是偏心受压柱。

根据图集 22G101,柱分为框架柱、转换柱、芯柱,柱编号规定和柱特征见表 2-10。此前的图集将梁上柱和墙上柱分别表述为梁上起框架柱和剪力墙上起框架柱,图集 22G101 将此两种柱类型合并到框架柱中。

表 2-10　柱类型及编号规定与特征

柱类型	代号	序号	特征
框架柱	KZ	××	柱根嵌固在基础或地下结构上,并与框架梁刚性连接构成框架结构
转换柱	ZHZ	××	是支持转换梁的柱子,框支结构以上转换成剪力墙结构
芯柱	XZ	××	是设置了内部加强筋的柱,即柱内部中心位置的暗柱

为满足混凝土结构柱的力学性能,混凝土柱内必须设置钢筋。柱内钢筋分为纵筋和箍筋。其中,纵筋协助混凝土承受压力、承受弯矩,以减小构件尺寸,防止构件脆性破坏。受压钢筋的最大抗压强度为 400 N/mm^2,一般采用 HRB335 级以上钢筋,沿截面的四周均匀放置,且不少于 4 根。箍筋保证纵向钢筋的位置正确,防止纵向钢筋压屈。箍筋直径不应小于 $d/4$(d 为纵筋直径),周边箍筋形式应做成封闭式。

由于柱位置不同,因而柱所起的作用不同,钢筋的构造和类型也不同。钢筋的具体分类如表 2-11 所示。

表 2-11　框架柱钢筋分类

钢筋名称	钢筋位置	钢筋详称
纵筋	基础层	柱插筋
	中间层	柱身纵筋
	顶层	柱顶层纵筋
箍筋	基础层	插筋范围内箍筋
	柱的上下端	加密区内箍筋
	柱的中间范围	非加密区内箍筋

2.2.2.2　混凝土结构柱平法识图

柱平法布置图的主要功能是表示柱在平面图上布置的位置、平面尺寸和钢筋信息,可用列表注写方式或截面注写方式表达。柱平面布置图可采用适当比例单独绘制,也可与剪力墙平面布置图合并绘制。在柱平法施工图中,除应注明各结构层的楼面标高、结构层高及相应的结构层号外,尚应注明上部结构嵌固部位位置。

1. 柱的列表注写方式

柱钢筋平法
表示方法

柱的列表注写方式是指在柱平面布置图上,分别在同一编号的柱中选择一个(或几个)截面标注几何参数代号,在柱表中注写柱编号、柱段起止标高、几何尺寸(含柱截面对轴线的定位情况)和配筋的具体数值,并配以各种柱截面形状及其箍筋类型的方式来表达柱平法施工图,如图 2-5 所示。

其中,柱表包括以下内容。

(1)柱编号:由类型代号和序号组成,应符合表 2-10 的规定。

(2)柱段起止标高:各段柱的起止标高,自柱根部往上以变截面位置或截面未变但配筋改变处为界分段注写。例如,在图 2-5 中,在 -0.03 m 标高处,截面未变但配筋改变,需要分段;在 37.47 m 处截面有变化,也需要分段。

(3)柱截面尺寸:对丁矩形柱,注写柱截面尺寸 $b×h$ 及与轴线关系的几何参数代号 b_1、b_2 和 h_1、h_2 的具体数值,需对应于各段柱分别注写。其中,$b=b_1+b_2$,$h=h_1+h_2$。当截面的某一边收缩变化至与轴线重合或偏到轴线的另一侧时,b_1、b_2、h_1、h_2 中的某项为零或负值。对于圆柱,以 d 打头注写圆柱直径。

(4)柱纵筋:当柱纵筋直径相同、各边根数也相同时,可将纵筋注写在"全部纵筋"一栏中;除此之外,柱纵筋分角筋、截面 b 边中部筋和截面 h 边中部筋三项分别注写。

(5)箍筋:注写箍筋类型编号、钢筋级别、直径和间距。当为抗震设计时,用斜线"/"区分柱端箍筋加密区与柱身非加密区长度范围内箍筋的不同间距。

2. 柱的截面注写方式

柱的截面注写方式是指在柱平面布置图的柱截面上,分别在同一编号的柱中选择一个截面,以直接注写截面尺寸和配筋具体数值的方式来表达柱平法施工图,如图 2-6 所示。直接标注的内容包括柱编号、柱标高(选注)、截面尺寸、角筋或全部纵筋、箍筋,在柱截面配筋图上标注柱截面与轴线关系、中部筋信息。

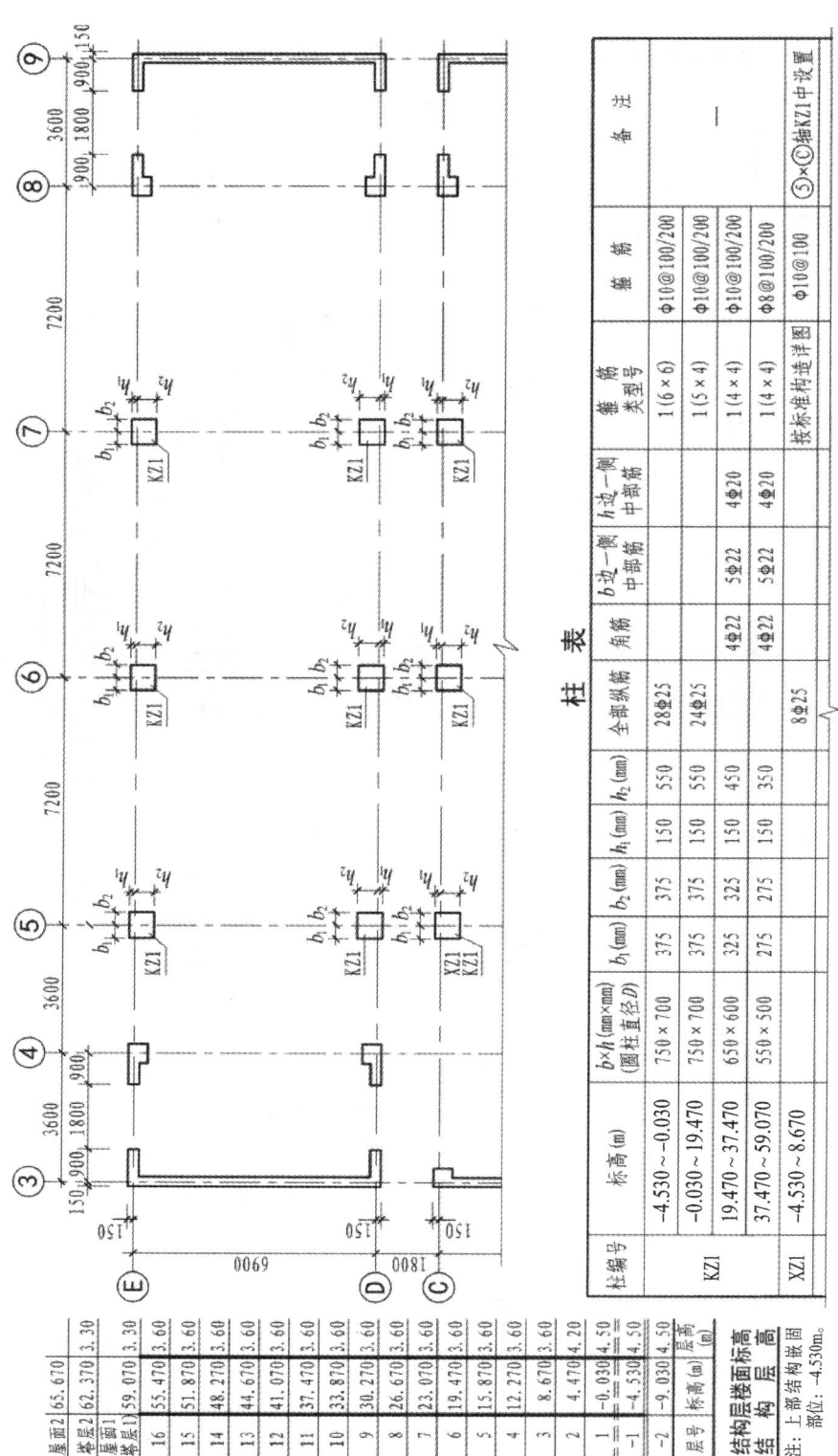

柱 表

柱编号	标高 (m)	$b \times h$ (mm×mm)(圆柱直径D)	b_1 (mm)	b_2 (mm)	h_1 (mm)	h_2 (mm)	全部纵筋	角筋	b边一侧中部筋	h边一侧中部筋	箍筋类型号	箍 筋	备 注
KZ1	-4.530~-0.030	750×700	375	375	150	550	28Φ25				1(6×6)	Φ10@100/200	
	-0.030~19.470	750×700	375	375	150	550	24Φ25				1(5×4)	Φ10@100/200	
	19.470~37.470	650×600	325	325	150	450		4Φ22	5Φ22	4Φ20	1(4×4)	Φ10@100/200	—
	37.470~59.070	550×500	275	275	150	350		4Φ22	5Φ22	4Φ20	1(4×4)	Φ8@100/200	
XZ1	-4.530~8.670						8Φ25				按标准构造详图	Φ10@100	⑤×ⓒ插KZ1中设置

-4.530~59.070柱平法施工图（局部）

图 2-5 柱平法施工图（列表注写方式）

层号	结构层楼面标高结构层高	层高(m)
屋面2	65.670	
塔层2	62.370	3.30
屋面1(塔层1)	59.070	3.30
16	55.470	3.60
15	51.870	3.60
14	48.270	3.60
13	44.670	3.60
12	41.070	3.60
11	37.470	3.60
10	33.870	3.60
9	30.270	3.60
8	26.670	3.60
7	23.070	3.60
6	19.470	3.60
5	15.870	3.60
4	12.270	3.60
3	8.670	3.60
2	4.470	4.20
1	-0.030	4.50
-1	-4.530	4.50
-2	-9.030	4.50
层号	标高(m)	层高(m)

结构层楼面标高结构层高

注：上部结构嵌固部位：-4.530m。

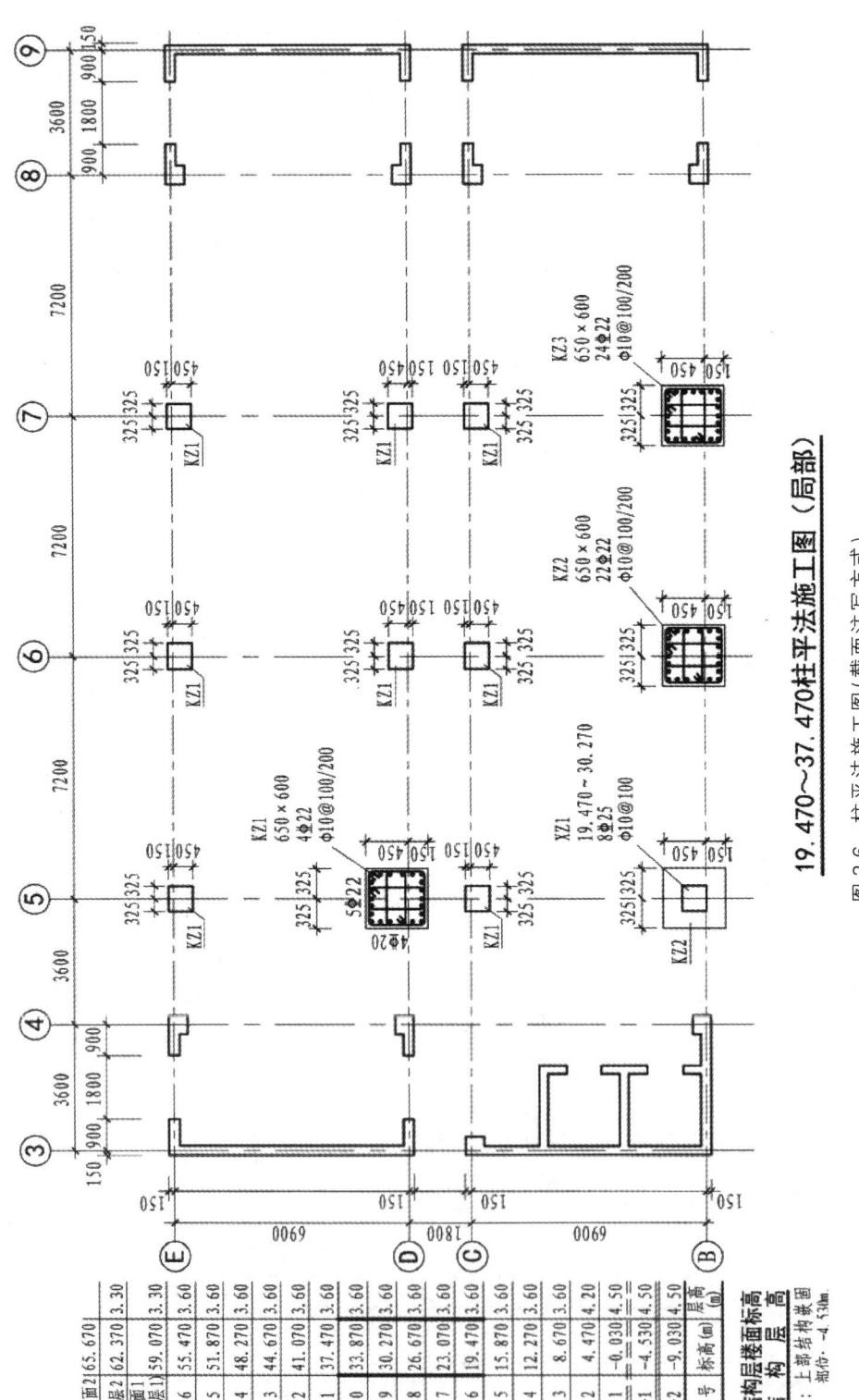

19.470～37.470柱平法施工图（局部）

图 2-6 柱平法施工图（截面注写方式）

结构层楼面标高	结构层高

层号	标高(m)	层高(m)
屋面2	65.670	
塔层2	62.370	3.30
屋面1(塔层1)	59.070	3.30
16	55.470	3.60
15	51.870	3.60
14	48.270	3.60
13	44.670	3.60
12	41.070	3.60
11	37.470	3.60
10	33.870	3.60
9	30.270	3.60
8	26.670	3.60
7	23.070	3.60
6	19.470	3.60
5	15.870	3.60
4	12.270	3.60
3	8.670	3.60
2	4.470	4.20
1	-0.030	4.50
-1	-4.530	4.50
-2	-9.030	4.50

注：上部结构嵌固部位：-4.530m。

2.3 柱构件钢筋节点构造

2.3.1 柱构件钢筋节点构造学习引导

2.3.1.1 学习任务描述

按照《混凝土结构施工图平面整体表示方法制图规则和构造详图（现浇混凝土框架、剪力墙、梁、板）》(22G101-1)、《混凝土结构施工图平面整体表示方法制图规则和构造详图（独立基础、条形基础、筏形基础、桩基础）》(22G101-3)中有关柱构件结构施工图部分知识，完成框架柱钢筋节点构造的梳理，绘制某学校图书综合楼 KZ-26 的各种节点构造详图。

2.3.1.2 学习目标

(1)能按照图集对柱构件钢筋节点进行归类总结。
(2)能描述柱身、柱顶钢筋构造要点。
(3)能描述变钢筋、变截面柱钢筋构造要点。
(4)能够绘制柱构件钢筋节点构造详图。

2.3.1.3 任务书

手绘（或用 CAD 软件绘制）完成某学校图书综合楼 KZ-26 基础内插筋及首层、中间层和顶层纵筋节点构造详图。

2.3.1.4 任务分组

柱构件钢筋节点构造学生任务分配表如表 2-12 所示。

表 2-12 柱构件钢筋节点构造学生任务分配表

班级		组号		指导老师	
小组	姓名	学号		任务	
组长					
组员					
备注					

2.3.1.5　任务准备

收集《混凝土结构施工图平面整体表示方法制图规则和构造详图（现浇混凝土框架、剪力墙、梁、板）》(22G101-1)、《混凝土结构施工图平面整体表示方法制图规则和构造详图（独立基础、条形基础、筏形基础、桩基础）》(22G101-3)中有关框架柱节点构造知识，完成框架柱节点构造知识体系表（见表 2-13）。

表 2-13　框架柱节点构造知识体系表

钢筋	框架柱节点构造	图集及页码
纵筋	基础内柱插筋	
	梁上柱 KZ、墙上柱 KZ 纵筋	
	抗震柱纵筋连接构造	
	抗震柱纵筋变化连接构造	
	抗震柱变截面纵筋连接构造	
	边、角柱柱顶钢筋构造	
	中柱柱顶钢筋构造	
箍筋	复合方式	
	加密区范围	

2.3.1.6　任务实施

1. 基础内柱插筋的构造

引导问题 1：基础内柱插筋构造的类型有：_____

引导问题 2：基础内插筋构造(22G101-3 第 2-10 页图(a))的构造要点是：_____

_____

_____

引导问题 3：基础内插筋构造(22G101-3 第 2-10 页图(b))的构造要点是：_____

_____

_____

引导问题 4：基础内插筋构造(22G101-3 第 2-10 页图(c))的构造要点是：_____

_____

_____

引导问题 5：基础内插筋构造(22G101-3 第 2-10 页图(d))的构造要点是：_____

_____

_____

2. 中间层钢筋的构造

引导问题 6：中间层钢筋无变化连接构造的类型有：_____

引导问题7:中间层钢筋绑扎连接的构造要点是:_____

_____

_____

中间层钢筋机械连接的构造要点是:_____

_____

_____

中间层钢筋焊接连接的构造要点是:_____

_____

_____

3.中间层钢筋变化的构造

引导问题8:中间层钢筋变化连接构造的类型有:_____

引导问题9:中间层钢筋变化连接图1(见22G101-1第2-9页)的构造要点是:_____

_____

_____

中间层钢筋变化连接图2(见22G101-1第2-9页)的构造要点是:_____

_____

_____

中间层钢筋变化连接图3(见22G101-1第2-9页)的构造要点是:_____

_____

_____

中间层钢筋变化连接图4(见22G101-1第2-9页)的构造要点是:_____

_____

_____

4.中间层柱变截面钢筋的构造

引导问题10:中间层柱变截面钢筋连接构造的类型有:_____

引导问题11:中间层柱变截面钢筋连接构造的要点有哪五点?

(1)_____

(2)_____

(3)_____

(4)_____

(5)_____

5.顶层中柱钢筋的构造

引导问题12:顶层中柱钢筋连接构造的类型有:_____

引导问题 13：顶层中柱钢筋连接构造要点有哪四点？

(1) _____

(2) _____

(3) _____

(4) _____

6. 顶层中柱和边、角柱钢筋的构造

引导问题 14：顶层中柱钢筋连接构造的类型有：_____

引导问题 15：顶层边、角柱钢筋连接的构造要点分别是什么？

(1) _____

_____

_____

(2) _____

_____

_____

(3) _____

_____

_____

2.3.1.7　任务成果

手绘（或 CAD 软件绘制）完成某学校图书综合楼 KZ-26 基础内插筋及首层、中间和顶层纵筋节点构造详图，并填表 2-14。

注：①图例准确；②标注符合柱注写要求。

表 2-14　某学校图书综合楼 KZ-26 基础内插筋及首层、中间层和顶层纵筋节点构造详图

序号	柱名称	截面图名称	截面图
1			
2			
3			

序号	柱名称	截面图名称	截面图
4			

2.3.1.8 评价反馈

学生进行自评,评价自己是否能完成柱节点构造的梳理与学习、是否能完成 KZ-26 节点的绘制、能否按时完成报告内容等成果资料、有无任务遗漏。老师对学生的评价内容,可对接江苏省"建筑工程识图"技能大赛和"1+X"建筑工程识图职业技能等级证书、关于柱节点构造评分标准和规范成果,主要包括报告书是否工整规范、报告内容数据是否真实合理、阐述是否详细、认识体会是否深刻、绘制图纸是否规范。

(1)学生进行自我评价,将结果填入表 2-15 中。

表 2-15 柱构件钢筋节点构造学生自评表

班级:		姓名:	学号:		日期:	
学习情境		柱构件钢筋节点构造				
评价项目		评价标准			分值	得分
信息检索		能有效利用图集 22G101-1 查找有效信息;能用自己的语言有条理地去解释、表述所学知识			15	
柱构件节点构造		能有效利用图集 22G101-1、22G101-3 查找有效信息,能用自己的语言总结混凝土柱各种节点构造			25	
柱截面图绘制		能正确识读图纸,准确理解图示内容,准确绘制柱截面图			25	
工作态度		态度端正,无无故缺勤、迟到、早退现象			10	
工作质量		能按计划完成工作任务			10	
协调能力		与小组成员、同学之间能合作交流、协调工作			5	
职业素质		全面细致,一丝不苟,树立职业从业意识			10	

(2)学生以小组为单位,对工作过程与工作结果进行互评,将互评结果填入表 2-16 中。

表 2-16 柱构件钢筋节点构造学生互评表

学习情境		柱构件钢筋节点构造												
评价项目	分值	等级							评价对象(组别)					
									1	2	3	4	5	6
计划合理	8	优	8	良	7	中	6	差	4					
方案合理	8	优	8	良	7	中	6	差	4					
团队合作	8	优	8	良	7	中	6	差	4					
组织有序	8	优	8	良	7	中	6	差	4					

续表

评价项目	分值	等级								评价对象（组别）					
										1	2	3	4	5	6
工作质量	8	优	8	良	7	中	6	差	4						
工作效率	8	优	8	良	7	中	6	差	4						
工作完整	10	优	10	良	8	中	6	差	4						
工作规范	16	优	16	良	12	中	8	差	4						
识读报告	16	优	16	良	12	中	8	差	4						
拓展成果	10	优	10	良	8	中	6	差	4						
合计	100														

（3）教师对学生的工作过程与工作结果进行评价，并将评价结果填入表 2-17 中。

表 2-17　柱构件钢筋节点构造教师综合评价表

班级：		姓名：		学号：	
学习情境		柱构件钢筋节点构造			
评价项目		评价标准		分值	得分
考勤（10%）		无无故迟到、早退、旷课现象		10	
工作过程（60%）	框架柱节点构造知识体系	能利用图集 22G101-1 有效梳理框架柱节点构造知识体系		5	
	柱构件节点构造	能有效利用图集 22G101-1、3 查找有效信息，能用自己的语言总结混凝土柱各种节点构造		20	
	柱截面图绘制	能正确识读图纸，准确理解图示内容，准确绘制柱截面图		20	
	工作态度	态度端正，工作认真、主动		5	
	协调能力	与小组成员、同学之间能合作交流、协调工作		5	
	职业素质	全面细致，一丝不苟，树立职业从业意识		5	
项目成果（30%）	工作完整	能按时完成任务		5	
	工作规范	能按规范要求识读		5	
	读图报告	能正确识读图纸并按照图纸完成读图报告		5	
	拓展成果	能准确完成柱构件截面注写绘制		15	
合计				100	
综合评价	自评（20%）	小组互评（30%）	教师评价（50%）		综合得分

2.3.1.9　拓展思考题

（1）柱里面的钢筋有哪些？这些钢筋如何形成柱的钢筋骨架？

（2）什么是中柱、边柱、角柱？它们有什么区别？为什么要对它们进行区分？

（3）什么是嵌固部位？

2.3.2 柱构件钢筋节点构造相关知识

框架柱构件的钢筋构造分布在 22G101-1 和 22G101-3 中,汇总见表 2-18。

表 2-18 框架柱钢筋构造汇总表

构造名称	节点具体构造名称	在图集中的页码
柱身钢筋构造	柱纵向钢筋连接构造	22G101-1 中 2-9
	柱箍筋构造	22G101-1 中 2-11、2-17
柱节点钢筋构造	柱插筋构造	22G101-3 中 2-10
	柱变截面节点构造	22G101-1 中 2-16
	柱变钢筋节点构造	22G101-1 中 2-9
	顶层中柱钢筋构造	22G101-1 中 2-16
	顶层边、角柱钢筋构造	22G101-1 中 2-14、2-15

2.3.2.1 柱插筋构造

图集中将柱插筋构造分为 4 种。这 4 种构造是按 2 个维度划分的,一个维度是纵筋保护层厚度是否大于 5d,另一个维度是基础高度是否满足直锚,如图 2-7~图 2-10 所示。

柱插筋构造
与钢筋计算

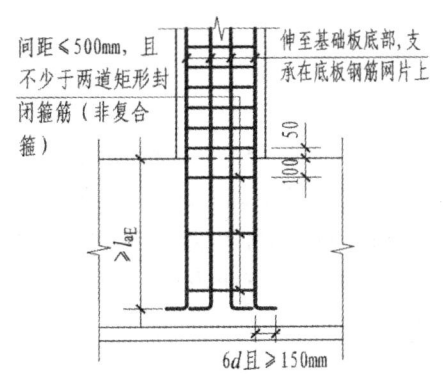

图 2-7 保护层厚度>5d;基础高度满足直锚

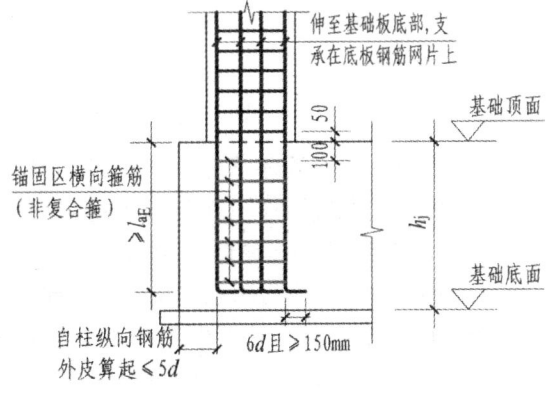

图 2-8 保护层厚度≤5d;基础高度满足直锚

图 2-7 所示构造是柱子在基础中部,插筋保护层厚度大于 5d 且基础高度满足直锚要求,即基础高度减保护层厚度大于抗震锚固长度。钢筋构造要点有:一是柱插筋插至基础板底部,支承在底板钢筋网片上;二是插筋底部弯折长度取 6 倍钢筋直径和 150 中的大值,弯折方向不同;三是基础内箍筋间距不大于 500,且不少于两道矩形封闭箍筋(非复合箍,非复合箍是指仅有外部的大箍)。

图 2-8 所示构造是柱子在基础端部,柱外侧插筋保护层厚度不大于 5d 且基础高度满足直锚。钢筋构造要点有:一是柱插筋插至基础板底部,支承在底板钢筋网片上;二是插筋底部弯折长度取 6 倍钢筋直径和 150 中的大值,弯折方向相同并朝向基础内部;三是插筋保护层厚度不大于 5d 的部位应设置锚固区横向箍筋,锚固区横向箍筋应满足直径不小于 $d/4$(d

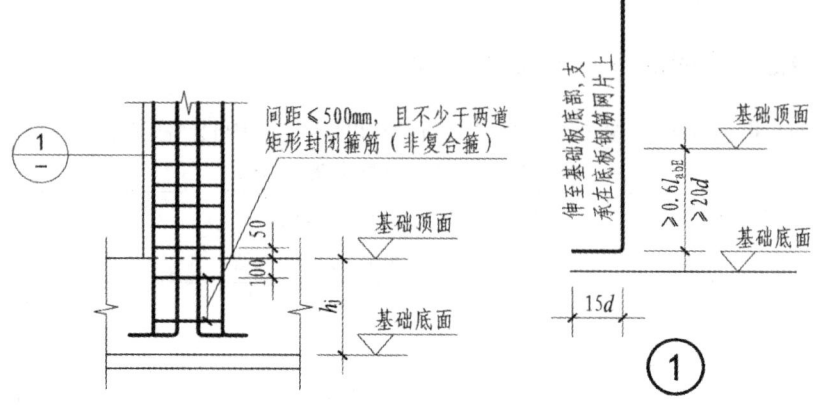

图 2-9 保护层厚度 $>5d$；基础高度不满足直锚

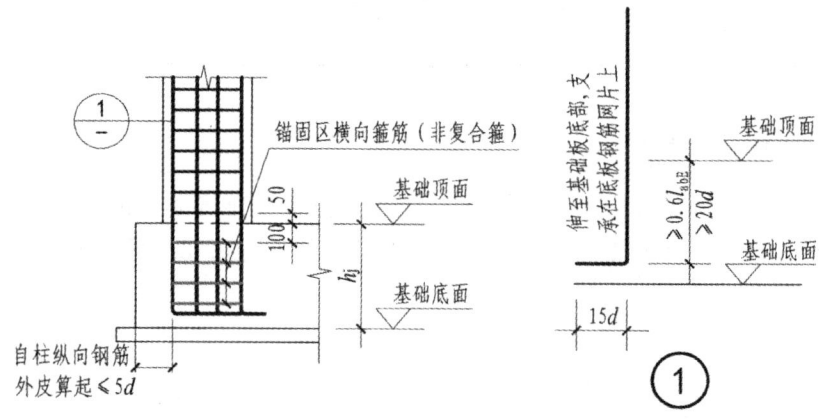

图 2-10 保护层厚度 $\leqslant 5d$；基础高度不满足直锚

为插筋最大直径）、间距不大于 $5d$（这里的 d 为插筋最小直径）且不大于 100 的要求。

图 2-9 所示构造是柱子在基础中部，插筋保护层厚度大于 $5d$ 但基础高度不满足直锚。钢筋构造要点有：一是柱插筋插至基础板底部，支承在底板钢筋网片上，且在基础内的竖直段长度不小于 $0.6l_{abE}$ 且不小于 $20d$；二是插筋底部弯折长度为 $15d$，弯折方向不同；三是基础内箍筋间距不大于 500，且不少于两道矩形封闭非复合箍。

图 2-10 所示构造是柱子在基础端部，柱外侧插筋保护层厚度不大于 $5d$ 且基础高度不满足直锚。钢筋构造要点有：一是柱插筋插至基础板底部，支承在底板钢筋网片上，且在基础内的竖直段长度不小于 $0.6l_{abE}$ 且不小于 $20d$；二是插筋底部弯折长度为 $15d$，弯折方向相同并朝向基础内部；三是插筋保护层厚度不大于 $5d$ 的部位应设置锚固区横向箍筋，锚固区横向箍筋应满足直径不小于 $d/4$（d 为插筋最大直径）、间距不大于 $5d$（d 为插筋最小直径）且不大于 100 的要求。

2.3.2.2 框架柱纵向钢筋构造

1. 柱纵筋的常规连接构造

抗震 KZ 纵向钢筋连接构造共分为绑扎搭接、机械连接、焊接连接三种情况，如图 2-11 所示。

中间层柱钢筋
构造与计算

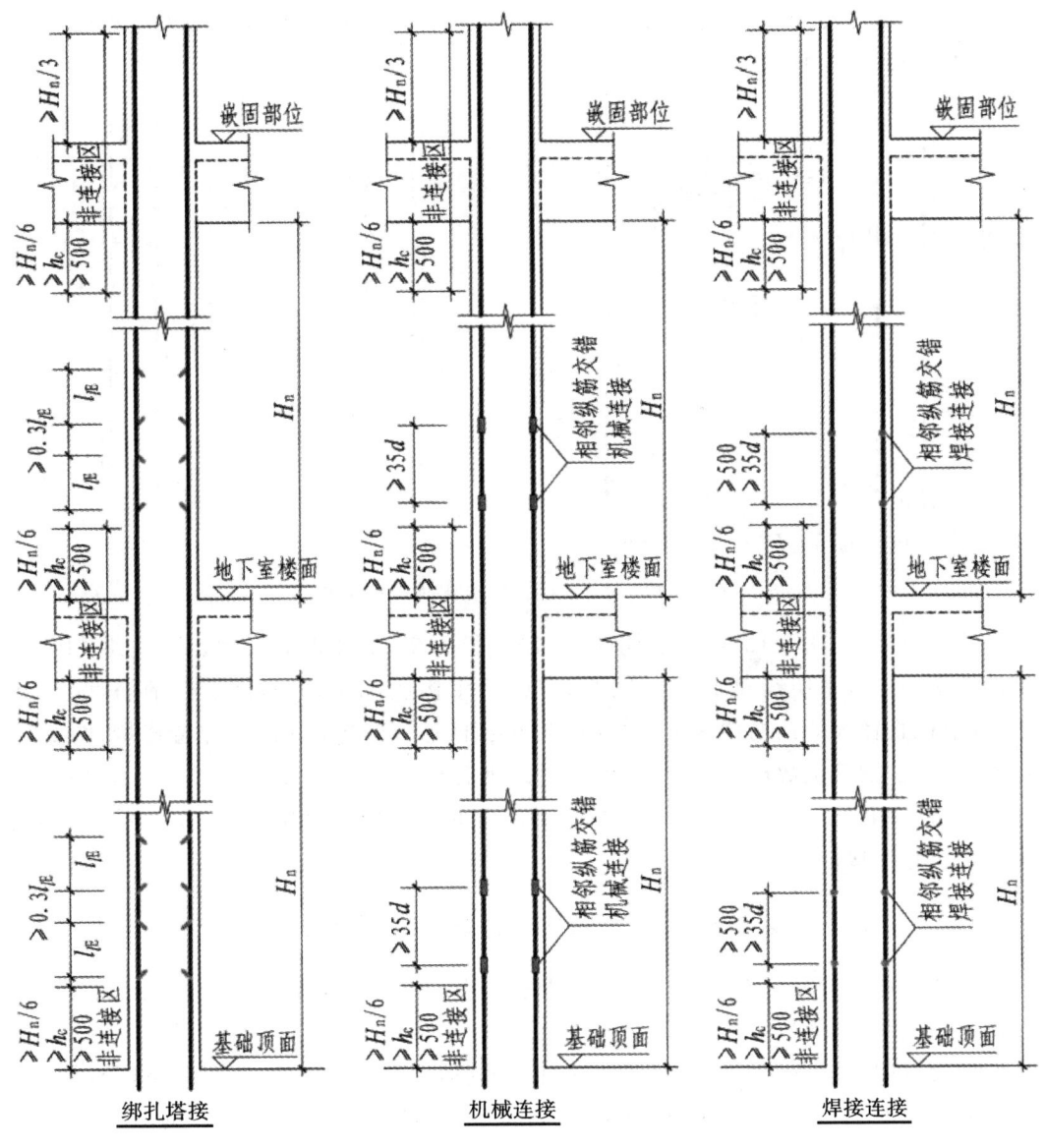

图 2-11 框架柱钢筋连接构造

构造要点如下。

(1)非连接区包括:柱上、下箍筋加密区,梁柱节点。

(2)柱上部结构为嵌固部位时,柱纵筋非连接区高度为 $\geqslant H_n/3$。

(3)柱上部结构为非嵌固部位时,柱纵筋非连接区高度为 $\max(H_n/6, h_c, 500)$。

(4)柱相邻纵向钢筋连接接头相互错开,在同一截面内钢筋搭接接头面积百分数不宜大于 50%。

(5)柱相邻纵向钢筋连接接头相互错开的距离要求如下:绑扎连接搭接长度 $\geqslant 0.3l_{lE}$,机械连接接头错开距离 $\geqslant 35d$,焊接连接接头错开距离 $\geqslant 35d$ 且 $\geqslant 500$ mm。

2. 抗震框架柱纵筋变化(数量或直径变化)时钢筋连接构造

当柱受力发生变化时,为节约钢筋,上柱和下柱钢筋的数量或直径会发生变化,构造主要有 4 种,如图 2-12 所示。

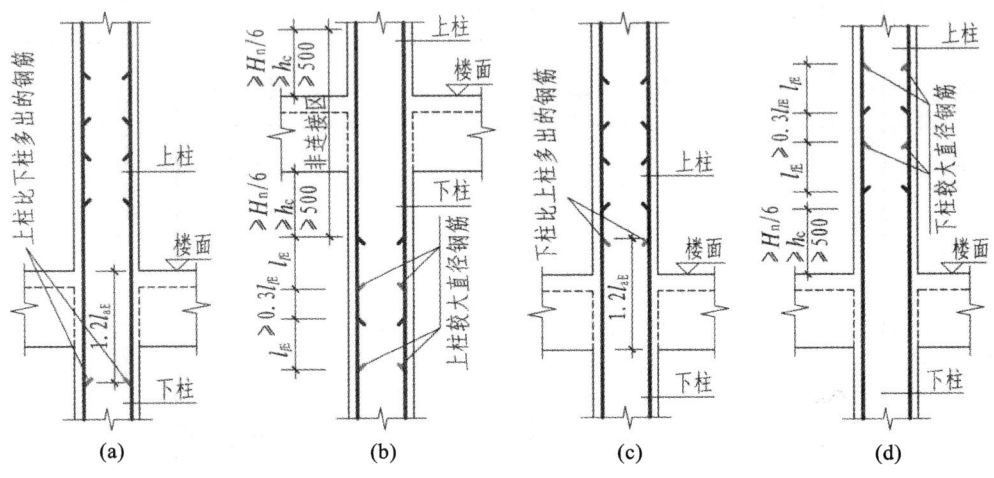

图 2-12　上、下柱钢筋变化时连接构造

构造要点如下:图 2-12(a)所示构造,钢筋直径不变,上柱钢筋根数比下柱多,上柱多出的钢筋自楼面伸入下层锚固 $1.2l_{aE}$;图 2-12(b)所示构造,上柱钢筋比下柱钢筋直径大但根数相同,上柱直径大的钢筋伸入下层柱内,在下层的上部非连接区以下位置连接;图 2-12(c)所示构造,下柱钢筋根数比上柱多,下柱多出的钢筋自梁底面伸入上层 $1.2l_{aE}$;图 2-12(d)所示构造,下柱钢筋比上柱钢筋直径大,下柱直径大的钢筋伸入上层柱内,在上层的下部非连接区以上位置连接。

2.3.2.3　抗震框架柱楼层节点处变截面纵向钢筋构造

变截面构造是指柱截面大小有变化时钢筋节点构造。楼层节点处柱变截面钢筋构造共有五种,如图 2-13 所示。

构造要点如下:构造①,Δ(上柱缩进尺寸)$/h_b$(框架梁截面高度)$>1/6$,下层柱纵筋伸入该层框架梁内不小于 $0.5l_{abE}+12d$,上层柱纵筋自楼面伸入下层 $1.2l_{aE}$。构造②,$\Delta/h_b\leqslant1/6$,下层柱纵筋斜弯连续伸入上层,且不断开。构造③,$\Delta/h_b>1/6$,平齐一侧,按基本构造处理;不平齐一侧,按图示构造。构造④,$\Delta/h_b\leqslant1/6$,平齐一侧,按基本构造处理;不平齐一侧,下层柱纵筋斜弯连续伸入上层,且不断开。构造⑤和前 4 种相比没有变化条件,均是外侧缩进,里侧平齐。此构造相当于顶层端节点构造,不平齐一侧,上层柱纵筋伸入该层框架梁内 $1.2l_{aE}$,下层柱纵筋伸入层顶层弯折 $\Delta+l_{aE}$;平齐一侧,下层柱纵筋连续伸入上层。

2.3.2.4　柱顶钢筋构造

根据顶层柱在建筑物中的平面位置以及柱两侧有无梁,可以将顶层柱分为中柱、边柱和角柱,具体分类和图例如表 2-19 所示。表图例中黑点表示无梁侧柱纵筋。

柱顶钢筋构造
与计算

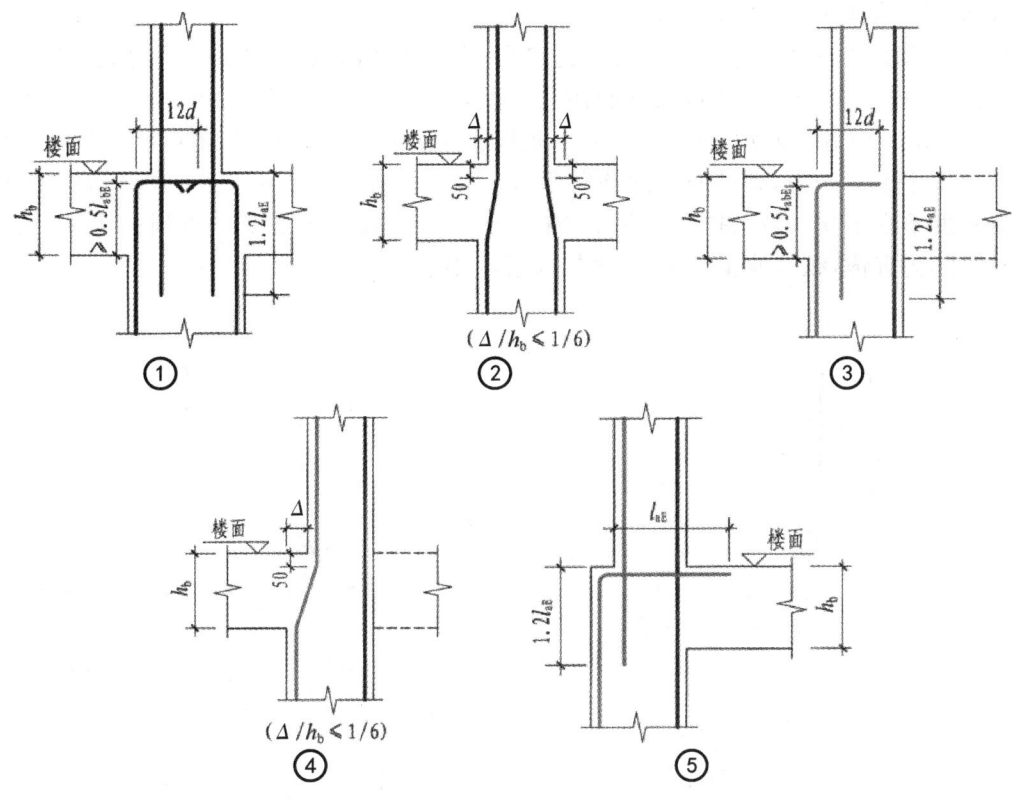

图 2-13 抗震框架柱楼层节点处变截面纵向钢筋构造

表 2-19 顶层柱分类

顶层柱类型	特点	图例
中柱	柱四个方向有梁,在建筑物的中间	
边柱	柱三个方向有梁,在建筑物的外墙位置	
角柱	柱两个方向有梁,梁相互垂直,在建筑物的角上	

1. KZ 中柱柱顶纵向钢筋构造

图 2-14 所示为 KZ 中柱柱顶纵向钢筋构造,共有 4 种,要点分别如下。构造①为收敛锚固,其特点是板厚<100 mm 时,柱纵筋伸至柱顶,且梁内锚固竖直段≥0.5l_{abE};柱纵筋顶部内向弯折 12d。构造②为发散锚固,其特点是板厚≥100 mm 时,柱纵筋伸至柱顶,且梁内锚固竖直段不小于 0.5l_{abE},柱纵筋顶部外向弯折 12d。构造③为锚板锚固,柱纵筋伸至柱顶,且直锚长度不小于 0.5l_{abE},柱纵筋端头加锚头(锚板)。此种方法是一种新的工艺,使用较少。构造④为直锚,纵筋伸至柱顶,且直锚长度不小于 l_{aE}。

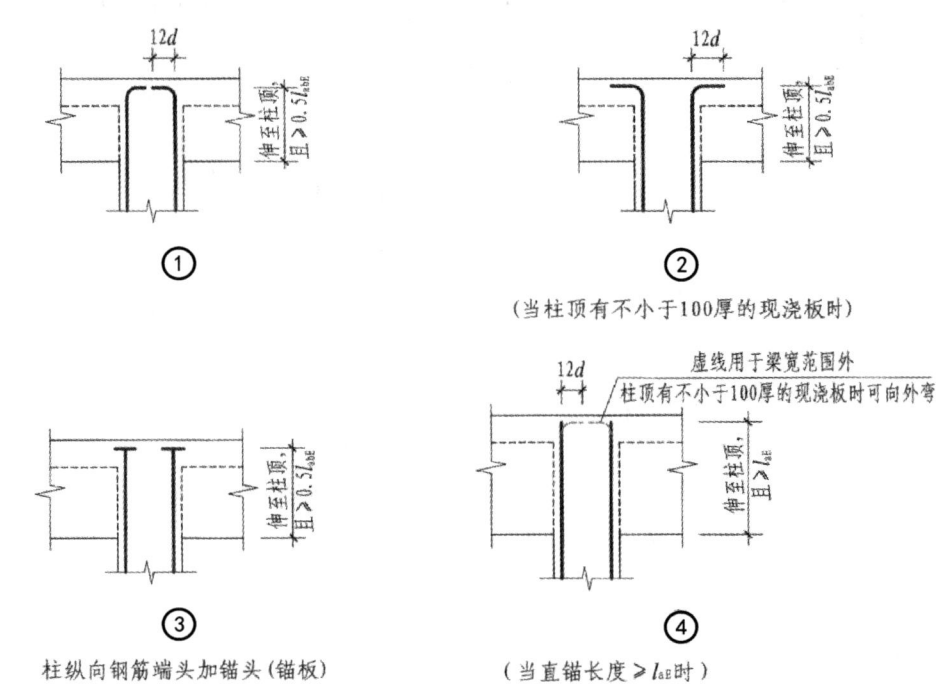

图 2-14 KZ 中柱柱顶纵向钢筋构造

2. KZ 边柱和角柱柱顶纵向钢筋构造

KZ 边柱和角柱柱顶纵向钢筋构造分为 3 种,分别是:柱外侧纵向钢筋和梁上部纵向钢筋在节点外侧弯折搭接构造、柱外侧纵向钢筋和梁上部钢筋在柱顶外侧直线搭接构造、梁宽范围内柱外侧纵向钢筋弯入梁内作梁筋构造。

(1)柱外侧纵向钢筋和梁上部纵向钢筋在节点外侧弯折搭接构造,即俗称的柱包梁,如图 2-15 所示。当柱外侧纵向钢筋内自梁底弯入梁内不小于 1.5l_{abE}且超过柱内边时,构造如图 2-15(a)所示。当柱外侧纵向钢筋内自梁底弯入梁内不小于 1.5l_{abE}且不超过柱内边时,构造如图 2-15(b)所示,柱内水平弯折长度不小于 15d。具体构造要点为:柱外侧纵向钢筋配筋率大于 1.2%时,分两批截断,两批截断点位置至少间隔 20d;柱内侧纵向钢筋同中柱柱顶纵向钢筋构造;柱宽范围内的柱箍筋内侧设置间距不大于 150 mm 且不少于 3 根直径不小于 10 mm 的角部附加钢筋;梁上部纵向钢筋伸至柱外侧纵向钢筋的内侧向下弯折,弯折长度不小于 15d。在梁宽范围外柱外侧纵向钢筋构造如图 2-15(c)、(d)所示。其中:图 2-15(c)构造要点为柱顶第一层钢筋伸至柱内边下弯 8d,柱顶第二层钢筋伸至柱内边;图 2-15(d)的构造要点为柱顶钢筋伸入屋面板内,满足≥1.5l_{abE},且超过柱内侧不小于 15d(现浇板厚不小于 100 mm)。

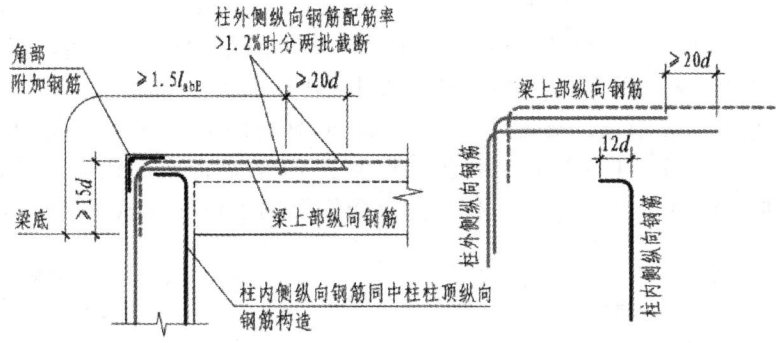

(a) 梁宽范围内钢筋
[伸入梁内柱纵向钢筋做法（从梁底算起$1.5l_{abE}$超过柱内侧边缘）]

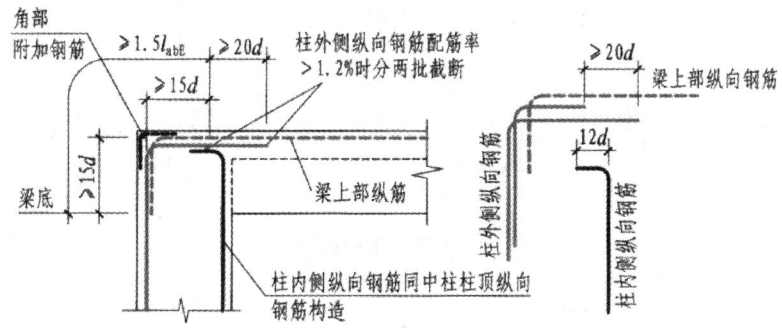

(b) 梁宽范围内钢筋
[伸入梁内柱纵向钢筋做法（从梁底算起$1.5l_{abE}$未超过柱内侧边缘）]

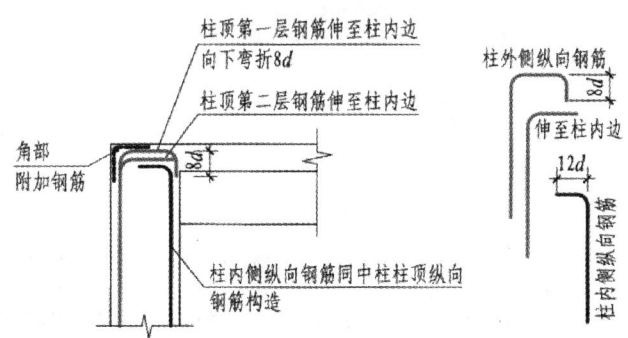

(c) 梁宽范围外钢筋在节点内锚固

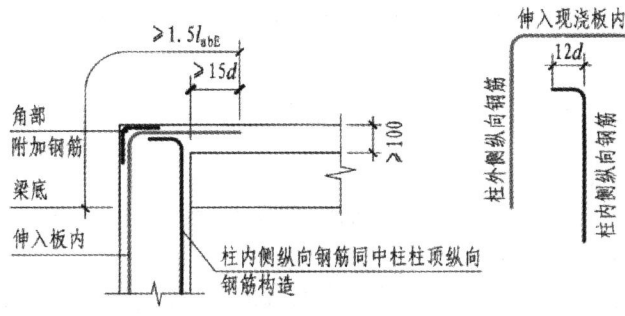

(d) 梁宽范围外钢筋伸入现浇板内锚固
（现浇板厚度不小于100mm时）

图 2-15　柱外侧纵向钢筋和梁上部纵向钢筋在节点外侧弯折搭接构造

（2）柱外侧纵向钢筋和梁上部钢筋在柱顶外侧直线搭接构造，即俗称的梁包柱，如图2-16所示。梁上部纵向钢筋伸至柱外侧纵向钢筋的内侧向下弯折不小于 $1.7l_{abE}$，且至梁底。梁上部纵向钢筋配筋率大于 1.2% 时，分两批截断，两批截断点位置至少间隔 $20d$。当梁上部纵向钢筋为两排时，先断第二排钢筋。柱外侧纵向纵筋伸至柱顶，在柱宽范围内的柱箍筋内侧设置间距不大于 150 且不少于 3 根直径不小于 10 的角部附加钢筋。梁宽范围外的柱外侧纵向钢筋伸入柱顶向内弯折 $12d$，柱内侧纵向钢筋同中柱柱顶纵向钢筋构造。

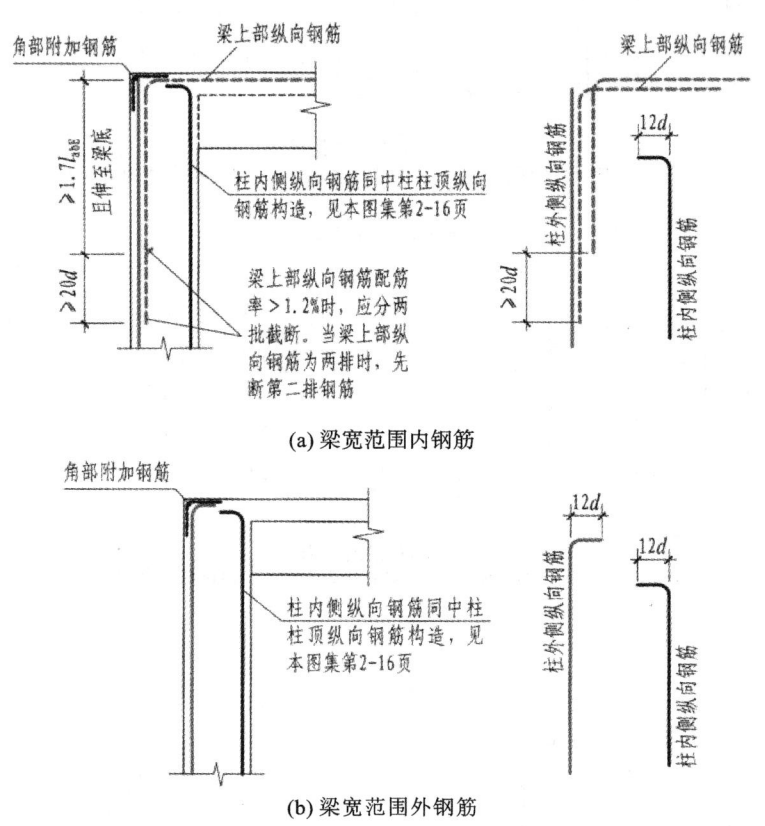

(a) 梁宽范围内钢筋

(b) 梁宽范围外钢筋

图 2-16　柱外侧纵向钢筋和梁上部钢筋在柱顶外侧直线搭接构造

（3）梁宽范围内柱外侧纵向钢筋弯入梁内作梁筋构造。柱外侧纵向钢筋直径不小于梁上部钢筋直径，伸至梁内作梁上部钢筋使用。在柱宽范围内的柱箍筋内侧设置间距不大于150且不少于 3 根直径不小于 10 的角部附加钢筋。这种构造由于加工和安装不方便，实际施工中使用较少。

2.3.2.5　柱箍筋构造

（1）箍筋的加密区范围。

地下室 KZ 箍筋加密区范围、KZ 箍筋加密区范围如图 2-17 所示。

（2）框架柱箍筋的复合方式。

柱箍筋构造与计算

框架柱箍筋的复合方式如图 2-18 所示。若柱结构图纸采用截面注写方式，则在截面图中设计人员已经确定好了箍筋的组合方式。列表注写方式中没有确定箍筋的组合方式，工程人员可以按图2-18及箍筋复合原则进行确定。箍筋的复合原则主要有大箍套小箍、隔一拉一、对称性原则、内箍短肢尺寸最小原则、内箍做成标准格式、纵横方向的内箍要贴近外箍放置等。

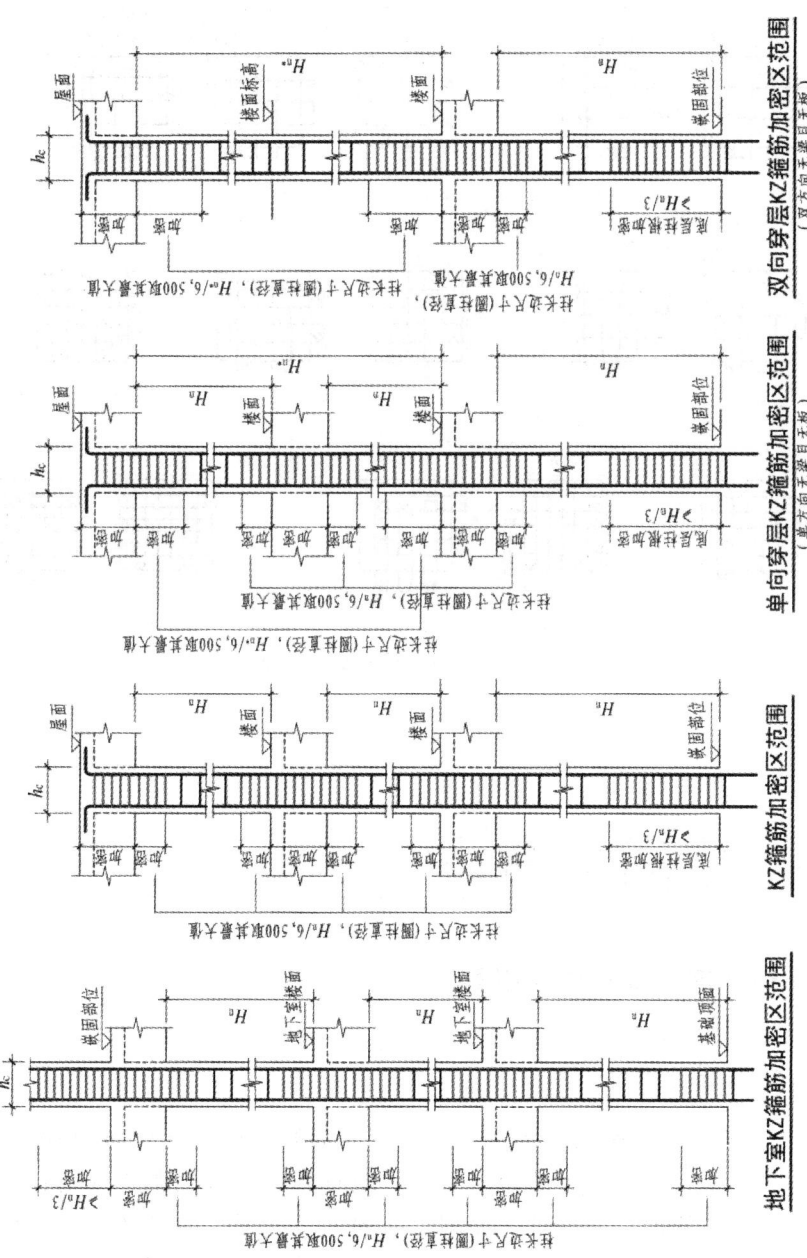

图 2-17 KZ 箍筋加密区范围

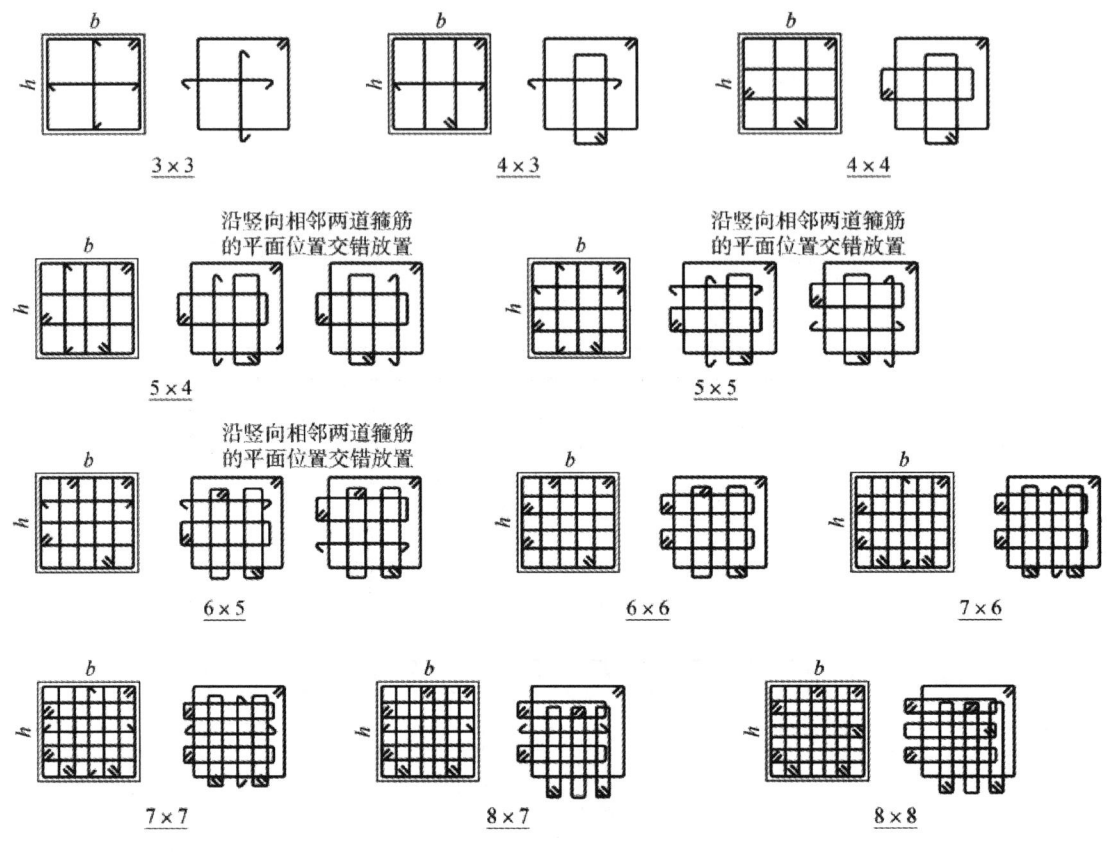

图 2-18　框架柱箍筋的复合方式

2.4　柱构件钢筋算量

2.4.1　柱构件钢筋算量学习引导

2.4.1.1　学习任务描述

按照《混凝土结构施工图平面整体表示方法制图规则和构造详图（现浇混凝土框架、剪力墙、梁、板）》(22G101-1)、《混凝土结构施工图平面整体表示方法制图规则和构造详图（独立基础、条形基础、筏形基础、桩基础）》(22G101-3)中有关柱构件结构施工图部分知识,完成框架柱钢筋工程量计算知识的梳理,编制某学校图书综合楼 KZ-26 钢筋工程量计算书。

2.4.1.2　学习目标

（1）能按照图集总结柱内各钢筋的工程量计算公式。

（2）能结合图纸信息,完成框架柱钢筋工程量的计算。

2.4.1.3 任务书

计算 KZ-26 的钢筋工程量,并将结果填入计算书。

2.4.1.4 任务分组

柱构件钢筋算量学生任务分配表如表 2-20 所示。

表 2-20 柱构件钢筋算量学生任务分配表

班级		组号		指导老师	
小组	姓名	学号	任务		
组长					
组员					
备注					

2.4.1.5 任务准备

根据《混凝土结构施工图平面整体表示方法制图规则和构造详图(现浇混凝土框架、剪力墙、梁、板)》(22G101-1)、《混凝土结构施工图平面整体表示方法制图规则和构造详图(独立基础、条形基础、筏形基础、桩基础)》(22G101-3)中相关要求,完成 KZ-26 计算基础信息表(见表 2-21)。

表 2-21 KZ-26 计算基础信息表

序号	信息项	具体内容
1	纵筋的锚固长度	
2	混凝土强度等级	
3	纵筋的连接方式	
4	柱的嵌固部位	
5	柱纵筋伸入基础的锚固形式	
6	变截面处的节点形式	
7	柱顶的节点形式	

2.4.1.6 任务实施

根据计算公式计算 KZ-26 钢筋工程量,并将计算结果填入钢筋工程量计算书。

1.基础内柱插筋算量

引导问题 1:根据图 2-19 分析,基础内插筋由 _____、_____、

_____、_____等几个部分组成。

插筋工程量的计算公式为:_____

_____

2.中间层钢筋算量

引导问题 2:根据图 2-20 分析,柱中间层纵筋由 _____、_____

等几个部分组成。

柱中间层纵筋工程量的计算公式为:_____

_____

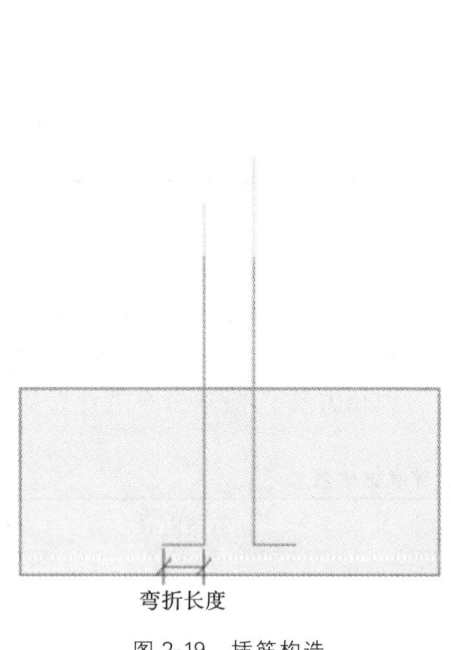

弯折长度

图 2-19   插筋构造

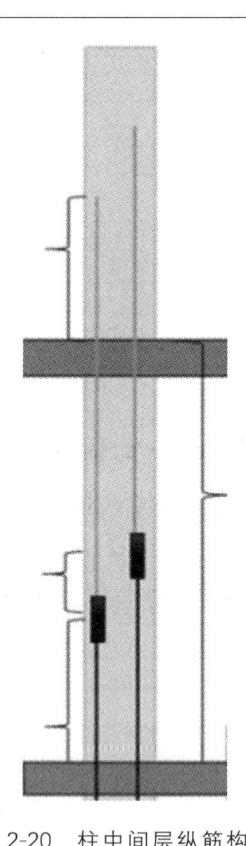

图 2-20   柱中间层纵筋构造

3.中间层变钢筋构造钢筋算量

引导问题 3:中间层变钢筋共有 4 种构造,分为 2 类,根据图 2-12 分析,上柱钢筋比下柱
钢筋多时,多出的钢筋由 _____、_____、_____等几个
部分组成。上柱钢筋比下柱钢筋直径大时,直径变大的钢筋由 _____、

_____、_____、_____等几个部分组成。

下柱钢筋比上柱钢筋多时钢筋工程量计算公式分别为:_____

_____

上柱钢筋比下柱钢筋直径大时钢筋工程量计算公式分别为:_____

_____

4.中间层柱变截面钢筋算量

引导问题4:柱变截面钢筋共有5种构造,分析图2-13中当$\Delta/h_b>1/6$时变截面钢筋构造,上柱纵筋由_____、_____、_____三个部分组成,下柱纵筋由_____、_____两个部分组成。

上柱纵筋工程量计算公式为:_____

下柱纵筋工程量计算公式为:_____

5.顶层中柱钢筋算量

引导问题5:根据图2-14分析,顶层中柱直锚钢筋由_____、_____两个部分组成,顶层中柱弯锚钢筋由_____、_____、_____等几个部分组成。

构造①钢筋工程量计算公式为:_____

构造②钢筋工程量计算公式为:_____

构造③钢筋工程量计算公式为:_____

构造④钢筋工程量计算公式为:_____

6.顶层边、角柱钢筋算量

引导问题6:柱外侧纵向钢筋和梁上部纵向钢筋在节点外侧弯折搭接构造(见图2-15,记为构造①),柱外侧纵向钢筋由_____、_____等几个部分组成,内侧纵向钢筋由_____、_____、_____等几个部分组成。柱外侧纵向钢筋和梁上部钢筋在柱顶外侧直线搭接构造(见图2-16,记为构造②),柱外侧纵向钢筋由_____、_____几个部分组成,内侧纵向钢筋由_____、_____、_____等几个部分组成。

构造①外侧纵向钢筋工程量计算公式:_____

构造①内侧纵向钢筋工程量计算公式:_____

构造②外侧纵向钢筋工程量计算公式:_____

构造②内侧纵向钢筋工程量计算公式:_____

2.4.1.7　任务成果

填写KZ-26的钢筋工程量计算书(见表2-22)。

表2-22　KZ-26钢筋工程量计算书

构件名称	钢筋名称		钢筋规格	计算公式	根数	总长/m
KZ-26	纵筋	插筋				
		一层				
		二层				
		三层				
	箍筋					

2.4.1.8 评价反馈

学生进行自评,评价自己是否能完成施工图识读的学习、是否能完成柱构件施工图的识读、是否能按时完成报告内容等成果资料、有无任务遗漏。老师对学生的评价内容,可对接江苏省"建筑工程识图"技能大赛和"1+X"建筑工程识图职业技能等级证书、关于柱构件评分标准和规范成果,主要包括报告书是否工整规范、报告内容数据是否真实合理、阐述是否详细、认识体会是否深刻、绘制图纸是否规范。

(1)学生进行自我评价,将结果填入表 2-23 中。

表 2-23　柱构件钢筋算量学生自评表

班级:		姓名:	学号:		日期:	
学习情境	柱构件钢筋算量					
评价项目	评价标准				分值	得分
信息检索	能有效利用图纸、图集 22G101-1 查找有效信息;能准确完成计算基础信息表				15	
柱构件钢筋工程量计算公式梳理	能利用图集 22G101-1 梳理总结钢筋工程量计算公式;能准确完成引导问题				25	
柱构件钢筋工程量计算	能正确识读项目图纸,完成钢筋工程量计算书				25	
工作态度	态度端正,无无故缺勤、迟到、早退现象				10	
工作质量	能按计划完成工作任务				10	
协调能力	与小组成员、同学之间能合作交流、协调工作				5	
职业素质	全面细致,一丝不苟,树立职业从业意识				10	

(2)学生以小组为单位,对工作过程与工作结果进行互评,将互评结果填入表 2-24 中。

表 2-24　柱构件钢筋算量学生互评表

学习情境		柱构件钢筋算量												
评价项目	分值	等级							评价对象(组别)					
									1	2	3	4	5	6
计划合理	8	优	8	良	7	中	6	差	4					
方案合理	8	优	8	良	7	中	6	差	4					
团队合作	8	优	8	良	7	中	6	差	4					
组织有序	8	优	8	良	7	中	6	差	4					
工作质量	8	优	8	良	7	中	6	差	4					
工作效率	8	优	8	良	7	中	6	差	4					
工作完整	10	优	10	良	8	中	6	差	4					
工作规范	16	优	16	良	12	中	8	差	4					

评价项目	分值	等级							评价对象（组别）					
									1	2	3	4	5	6
学习报告	16	优	16	良	12	中	8	差	4					
拓展成果	10	优	10	良	8	中	6	差	4					
合计	100													

（3）教师对学生的工作过程与工作结果进行评价，并将评价结果填入表 2-25 中。

表 2-25　柱构件钢筋算量教师综合评价表

班级：		姓名：		学号：	
学习情境		柱构件钢筋算量			
评价项目		评价标准		分值	得分
考勤（10%）		无无故迟到、早退、旷课现象		10	
工作过程（60%）	信息检索	能有效利用图纸、图集 22G101-1 查找有效信息；能准确完成计算基础信息表		5	
	柱构件钢筋工程量计算公式梳理	能利用图集 22G101-1 梳理总结钢筋工程量计算公式；能准确完成引导问题		20	
	柱构件钢筋工程量计算	能正确识读项目图纸，完成钢筋工程量计算书		20	
	工作态度	态度端正，工作认真、主动		5	
	协调能力	与小组成员、同学之间能合作交流、协调工作		5	
	职业素质	全面细致，一丝不苟，树立职业从业意识		5	
项目成果（30%）	工作完整	能按时完成任务		5	
	工作规范	能按规范要求识读		5	
	读图报告	能正确识读图纸并按照图纸完成读图报告		5	
	拓展成果	能准确完成柱构件截面注写绘制		15	
合计				100	
综合评价	自评（20%）	小组互评（30%）	教师评价（50%）		综合得分

2.4.1.9　拓展思考题

（1）柱构件钢筋算量的思路有哪些？

（2）边柱、中柱、角柱的钢筋工程量计算有什么区别？

（3）柱构件钢筋的接头工程量如何计算？

2.4.2　框架柱钢筋工程量计算相关知识

1.柱插筋构造计算

从图 2-21 中可以总结出,插筋长度由弯折长度、基础内长度、伸出基础非连接区高度和连接长度四个部分组成。

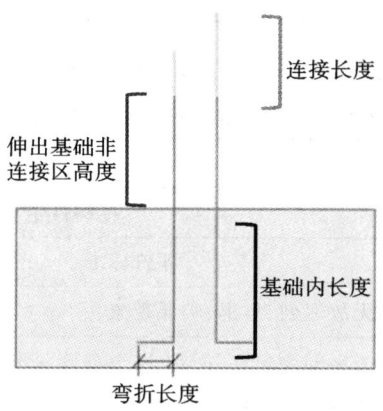

图 2-21　基础内插筋组成构成图

插筋弯折长度的取值如下:当基础高度满足直锚时,弯折长度取 6 倍钢筋直径和 150 中的大值;当基础高度不满足直锚时,弯折长度等于 $15d$。

插筋基础内长度等于 $h_j - c$。

伸出基础非连接区高度的取值如下:当基础上部为嵌固部位时,取 1/3 柱净高;当基础上部为非嵌固部位时,取 1/6 柱净高、柱长边长、500 三者中的大值。

连接长度分低位钢筋和高位钢筋两种情况。当为绑扎连接时,低位钢筋连接长度为抗震连接长度,高位钢筋连接长度为 2.3 倍的抗震连接长度;当为机械连接时,低位钢筋连接长度为 0,高位钢筋连接长度为 $35d$;当为焊接连接时,低位钢筋连接长度为 0,高位钢筋连接长度取 $35d$ 和 500 中的大值。

例 2-1:柱平法施工图如图 2-22 所示。已知环境类别为一类,梁、柱保护层厚度为 20,基础保护层厚度为 40,筏板基础纵横钢筋直径均为 20,混凝土强度等级为 C30,抗震等级为二级,嵌固部位为地下室顶板,柱纵筋接头采用焊接连接。试计算 KZ1 插筋的长度。

层号	顶标高	层高	梁高
3	10.800	3.600	700
2	7.200	3.600	700
1	3.600	3.600	700
−1	±0.000	4.200	700
筏板基础	−4.200	基础厚800	

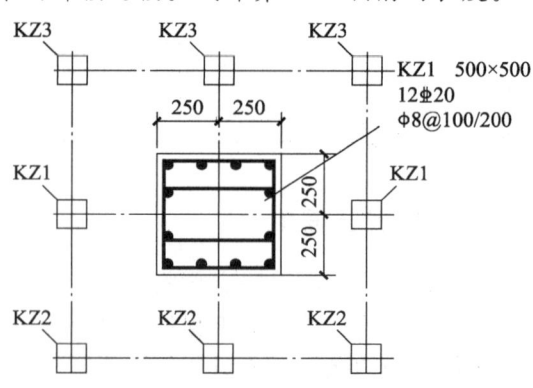

图 2-22　柱平法施工图

解：(1)由图 2-22 可知基础插筋构造形式为柱插筋锚固构造。

(2)根据公式有

低位钢筋长度＝基础内长度 h_1＋弯折长度 a＋伸出基础非连接区长度

＋低位错开连接长度

＝(760＋300＋584＋0) mm＝1644 mm

其中：h_1＝(800－40) mm＝760 mm；弯折长度 a＝15×d＝300 mm。

由于基础顶部为非嵌固部位，因此有

伸出基础非连接区长度＝max{$H_n/6, h_c, 500$}

＝max{(4200－700)/6, 500, 500}＝584 mm

低位错开连接长度＝0 mm

(3)根据公式有

高位钢筋长度＝基础内长度 h_1＋弯折长度 a＋伸出基础非连接区长度

＋高位错开连接长度

＝(760＋300＋584＋700) mm＝2344 mm

其中，高位错开连接长度＝max{35d, 500}＝max{35×20, 500}＝700 mm。

2. 框架柱纵向钢筋计算

中间层纵筋构成示意图如图 2-23 所示。

低位纵筋长度＝本层层高－本层底部非连接区长度＋上层底部非连接区长度

高位纵筋长度＝本层层高－本层底部非连接区高度－错开接头长度

＋上层的非连接区长度＋错开接头长度

其中，非连接区长度根据节点构造确定。

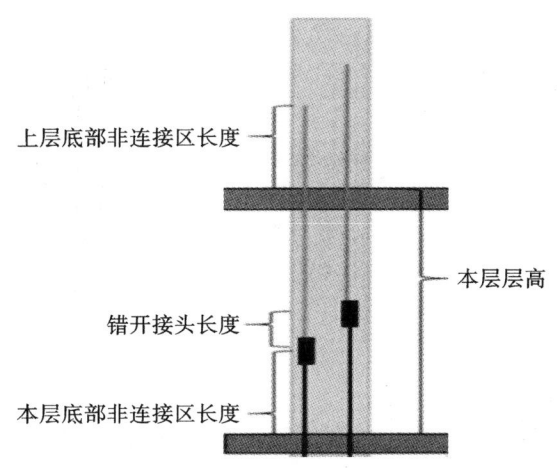

图 2-23　中间层纵筋构成示意图

例 2-2：试计算例 2-1 题中，KZ1 在－1、1 和 2 层钢筋的长度。

(1)－1 层中部钢筋长度。

－1 层纵筋长度(低位)＝本层层高－本层底部非连接区长度

＋上层底部非连接区长度

其中，基础上部为非嵌固部位，故

本层底部非连接区长度=max{$H_n/6,h_c,500$}

$\qquad$=max{$(4200-700)/6,500,500$}=584 mm

1层为嵌固部位,故

$\qquad$上层底部非连接区长度=$H_n/3$=[$(3600-700)/3$] mm=967 mm

$\qquad$—1层纵筋长度(低位)=$(4200-584+967)$ mm=4583 mm

$\quad$—1层纵筋长度(高位)=$(4200-584-35\times20+967+35\times20)$ mm=4583 mm

(2)1层纵筋长度。

$\qquad$1层纵筋长度(低位)=$(3600-967+500)$ mm=3133 mm

$\qquad$1层纵筋长度(高位)=$(3600-967-700+500+700)$ mm=3133 mm

(3)2层纵筋长度。

$\qquad$2层纵筋长度(低位)=$(3600-500+500)$ mm=3600 mm

$\qquad$2层纵筋长度(高位)=$(3600-500-700+500+700)$ mm=3600 mm

3.抗震框架柱纵向变化时钢筋长度计算

以上柱钢筋根数比下柱钢筋多、上柱钢筋直径比下柱钢筋大为例进行介绍。上柱钢筋根数比下柱钢筋多时,多出的钢筋长度为锚入下层的长度($1.2l_{aE}$)+本层的层高+上柱非连接区的长度 max{$H_n/6,h_c,500$}。上柱钢筋直径比下柱钢筋大时,变大钢筋长度为本层非连接区的长度 max{$H_n/6,h_c,500$}+梁高+上柱层高+再上一层非连接区的长度 max{$H_n/6,h_c,500$}。

4.抗震框架柱楼层节点处变截面纵向钢筋长度计算

根据图 2-24 可知,下柱纵筋长度=层高-下层非连接区的长度 max{$H_n/6,h_c,500$}-c+12d;上柱钢筋长度=$1.2l_{aE}$+上柱层高+再上一层非连接区的长度 max{$H_n/6,h_c,500$}。

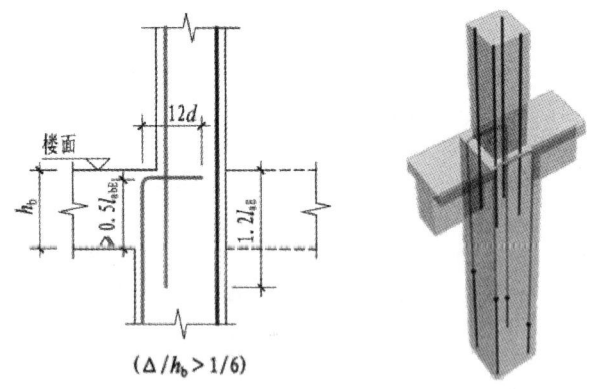

图 2-24　抗震框架柱楼层节点处变截面纵向钢筋构造

5.顶层中柱顶纵筋长度计算

根据图 2-25 中中柱纵筋的锚固形式,结合构件节点分析,钢筋长度计算公式如下。

$\qquad$钢筋长度(弯锚)=层高-本层非连接区长度-c+12d

$\qquad$钢筋长度(直锚)=层高-本层非连接区长度-c

6.顶层边、角柱顶纵筋长度计算

$\qquad$2节点外侧纵筋长度=净高 H_n-本层非连接区长度+$1.5l_{abE}$

$\qquad$3节点外侧钢筋长度=净高 H_n-本层非连接区长度+max{$1.5l_{abE},H_b-c+15d$}

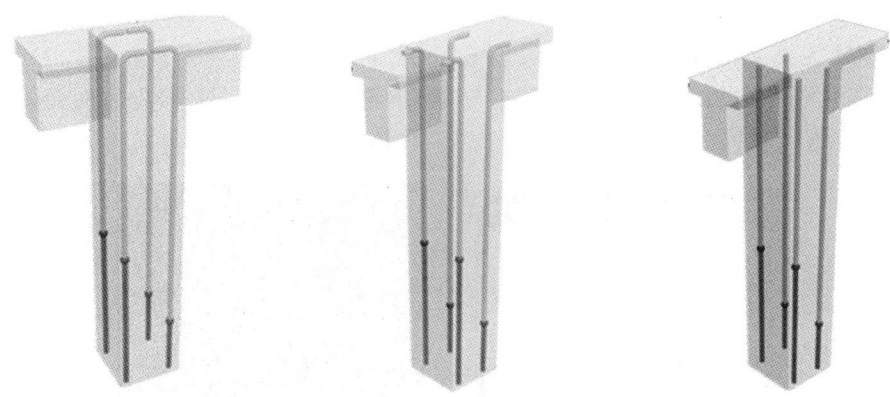

图 2-25　框架柱两侧有梁时的柱钢筋节点构造

内侧纵筋同中柱。

顶层角柱三维示意图如图 2-26 所示。

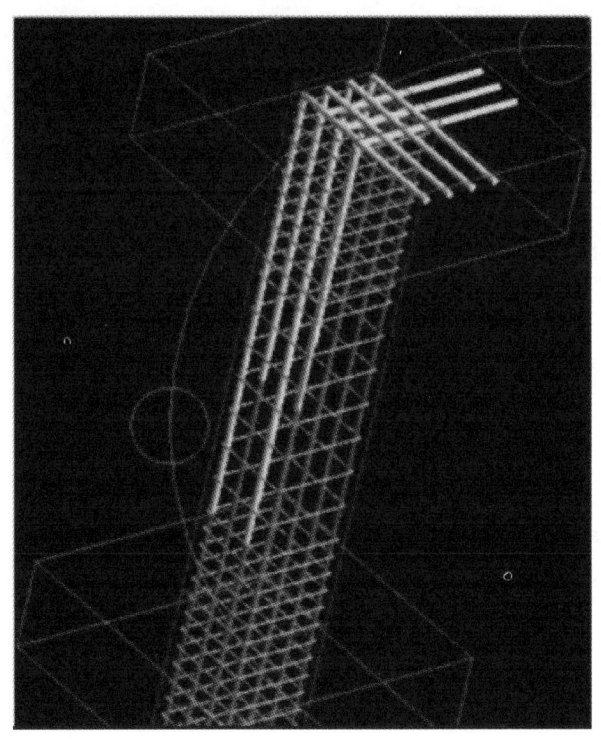

图 2-26　顶层角柱三维示意图

7. 箍筋的计算

箍筋的计算包括根数和长度两部分,和梁箍筋的计算方法相同,这里首先学习箍筋根数的计算。在计算柱构件钢筋工程量时,思路是按照每一根柱从基础到柱顶分层计算。梳理图集可以得到下列结论。

(1)基础内箍筋根据图集分如下两种情况:柱纵筋保护层厚度$>5d$ 时,箍筋根数为 2 根且间距≤500,或箍筋根数=(基础高度-基础保护层-100)/间距+1。

(2)加密区箍筋根数在加密区的范围按图集确定。箍筋根数=(加密区长度-50)/加密间距＋1,其中 50 是指箍筋的起步距。

(3)非加密区箍筋根数＝非加密区长度/非加密间距－1。

柱箍筋长度按中心线长度计算,箍筋有外箍、内箍和拉筋,以图 2-27 为例介绍箍筋长度算法。设柱宽为 B,柱高为 H,保护层厚度为 C,钢筋直径为 d。

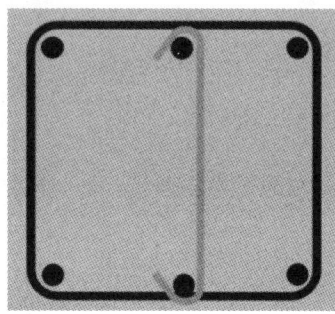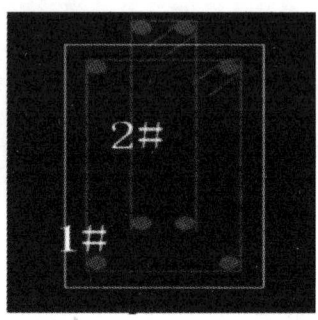

图 2-27　箍筋示意图

$$柱外箍长度=[(H-C\times2-d/2\times2)+(B-C\times2-d/2\times2)]\times2+1.9d\times2$$
$$+\max\{10d,75 \text{ mm}\}\times2$$

$$拉筋长度=(H-C\times2-d/2\times2)+1.9d\times2+\max\{10d,75 \text{ mm}\}\times2$$

$$内箍筋长度=\{[(B-2C-2d-D)/3+D+d]+(H-C\times2-d)\}\times2$$
$$+1.9d\times2+\max\{10d,75 \text{ mm}\}\times2$$

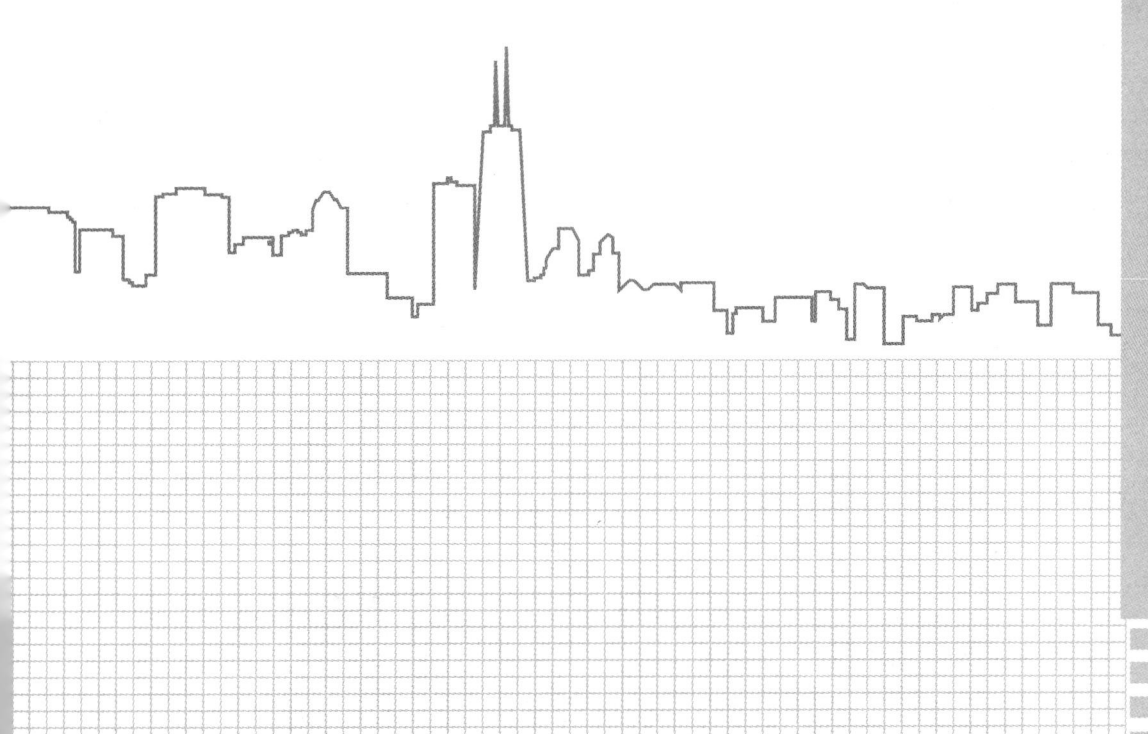

项目 3

梁平法识图与钢筋算量

3.1 学习任务描述

3.1.1 项目描述

某学校图书综合楼,主体五层、局部二层,主体结构形式为框架结构、局部结构形式为框剪结构,总建筑面积为 4760 m²。其中:1 轴到 6 轴,框架梁、柱抗震等级为三级;7 轴到 15 轴,框架梁、柱抗震等级为二级。本项目学习任务包括梁构件平法识图(梁构件受力分析、梁钢筋骨架组成、梁平法施工图识图)、梁构件钢筋节点构造、梁构件钢筋算量。

3.1.2 项目目标

(1)熟悉梁平法施工图的表示方式。
(2)掌握常用的梁钢筋构造。
(3)掌握梁钢筋工程量的计算方法。

3.1.3 课程思政

港珠澳大桥(见图 3-1)是超大型基础设施项目,大桥东接香港特别行政区,西接广东省(珠海市)和澳门特别行政区,全长 55 公里,主体工程集"桥-岛-隧"于一体,包括 22.9 公里的钢结构桥梁,6.7 公里建设在海平面以下 40 米深处的、世界最长的沉管隧道,以及连接隧道和桥梁的东西人工岛。港珠澳大桥是粤港澳大湾区互联互通的"脊梁"和跨境通往世界的大通道。

图 3-1　港珠澳大桥

（1）观看纪录片《港珠澳大桥》,讨论港珠澳大桥建造技术,培养中国特色社会主义的道路自信、理论自信、制度自信、文化自信和民族荣誉感等。

（2）国之栋梁是各行各业的领军人物和高素质技能型人才。在建筑行业,国之栋梁也是不可或缺的。引导学生要爱岗敬业、不负众望、奋发图强,努力成为国家栋梁,与"顶梁柱"并肩建设美好家园。

（3）思考梁与柱在结构中如何相互联系,结合梁结构的特点,在课程内容中适当融入工匠精神、团队意识、担当精神、安全意识等课程思政要素。

3.1.4　项目分析

为完成本项目,以实际岗位能力要求设置 3 个任务,理论知识与实践操作在"做中学,学中做"中相互嵌套。梁平法识图与钢筋算量学习任务课程设计如表 3-1 所示。

表 3-1　梁平法识图与钢筋算量学习情境设计表

序列	学习任务	学习任务简介	学时
1	梁构件平法识图	了解梁构件类型及钢筋骨架,理解列表注写和截面注写,明确钢筋在图纸中的位置	2
2	梁构件钢筋节点构造	学会楼层框架梁构件钢筋构造,能分析图纸,并完成实际工程中框架梁钢筋节点构造图绘制	4
3	梁构件钢筋算量	学会屋面框架梁、非框架梁及连梁构件钢筋构造,能分析图纸,并完成实际工程中相应梁钢筋长度及根数计算	2

3.2　梁构件平法识图

3.2.1　梁构件平法识图学习引导

3.2.1.1　学习任务描述

按照《混凝土结构施工图平面整体表示方法制图规则和构造详图（现浇混凝土框架、剪力墙、梁、板）》(22G101-1)等图集中有关梁构件结构施工图部分知识,对某学校图书综合楼进行以下三方面内容的学习:一是该构件按平法制图有几种表达方式;二是该构件有哪些数据项;三是这些数据项具体如何标注。

3.2.1.2　学习目标

（1）能按照图集 22G101-1 对梁构件进行分类。

(2)能梳理梁构件平法识图知识。

(3)能识读梁平法结构图。

3.2.1.3 任务书

对某学校图书综合楼二层楼面梁配筋图(见图 3-2)内的梁构件进行平法识读。

3.2.1.4 任务分组

梁构件平法识图学生任务分配表如表 3-2 所示。

表 3-2　梁构件平法识图学生任务分配表

班级		组号		指导老师	
小组	姓名	学号	任务		
组长					
组员					
备注					

3.2.1.5 任务准备

(1)阅读工作任务书,小组识读某学校图书综合楼图纸,填写梁构件基础知识表(见表 3-3)。

表 3-3　梁构件基础知识表

学习情境	梁构件平法识图		
学习成果名称	梁构件基础知识明细	难易程度	易
参考文献	《混凝土结构施工图平面整体表示方法制图规则和构造详图(现浇混凝土框架、剪力墙、梁、板)》(22G101-1)		
完成时间	____年____月____日____之前提交全部识读明细		
任务说明	结合某学校图书综合楼结构施工图纸和结构基础知识,查取梁构件环境等级、最小保护层厚度、抗震等级、混凝土强度等级		
任务完成明细	环境等级		
	最小保护层厚度		
	抗震等级		
	混凝土强度等级		

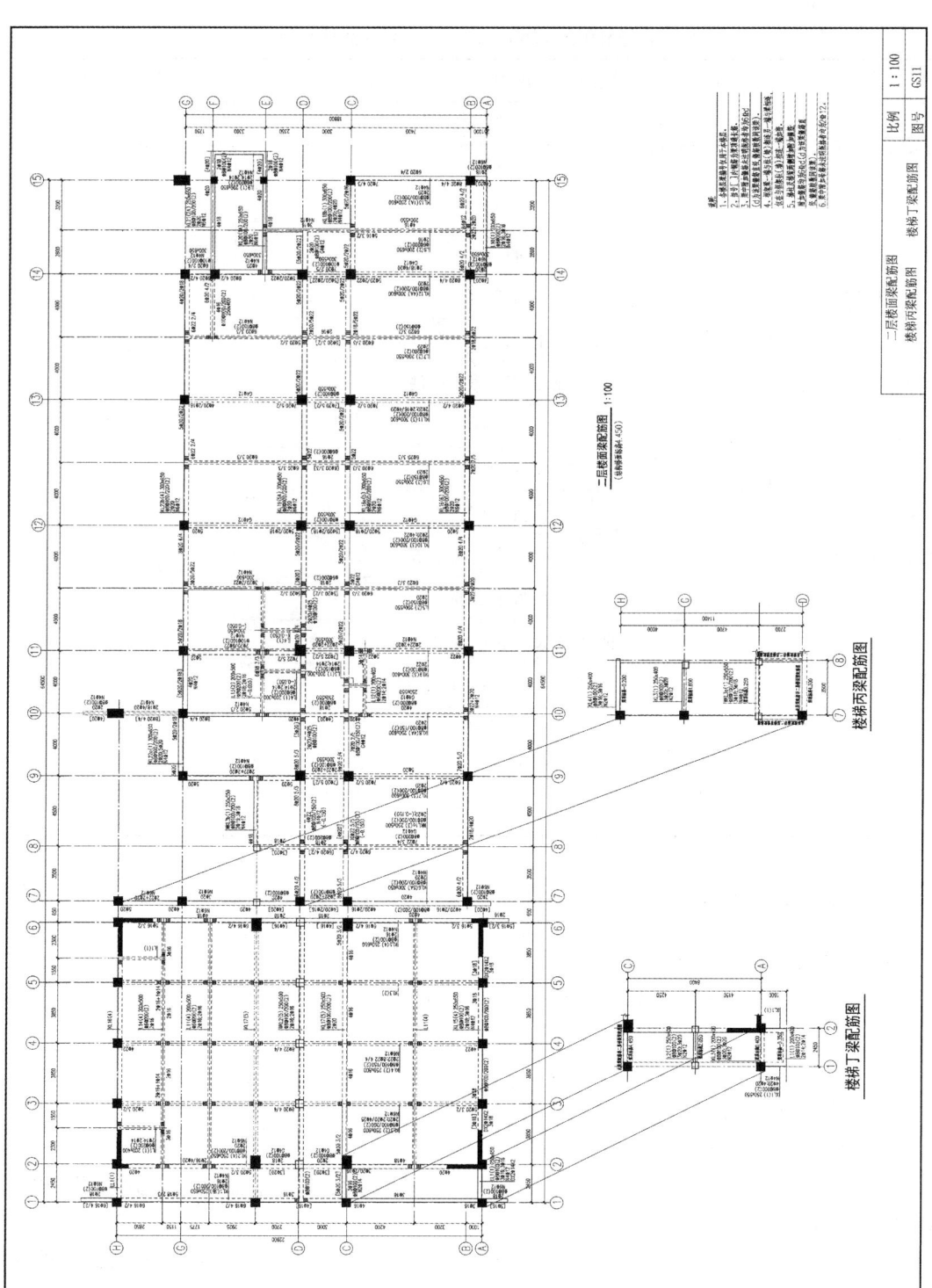

图 3-2 框架梁配筋图

(2)收集《混凝土结构施工图平面整体表示方法制图规则和构造详图(现浇混凝土框架、剪力墙、梁、板)》(22G101-1)中有关梁构件平法制图部分知识,完成 22G101-1 梁构件平法识图知识体系表(见表 3-4)。

表 3-4　22G101-1 梁构件平法识图知识体系表

梁构件平法识图知识体系		22G101-1 页码
平法表达方式	平面注写方式	
	截面注写方式	
数据项	编号	
	截面尺寸	
	配筋	
	梁顶面标高高差(选注)	
	必要的文字注解(选注)	
梁构件集中标注	编号	
	截面尺寸	
	箍筋	
	上部通长筋或架立筋	
	下部通长筋	
	侧面构造钢筋或受扭钢筋	
	梁顶面标高高差(选注)	
梁构件原位标注	梁支座上部筋	
	梁下部筋	
	附加吊筋或箍筋	

3.2.1.6　任务实施

1.梁构件类型

引导问题 1:梁构件可分为哪些类型?

_____

2.梁构件识读内容

引导问题 2:梁构件的平法表达方式分_____和_____两种。

在实际工程中,大多数都采用平面注写方式,故本书主要讲解平面注写方式。对于梁构件的截面注写方式,需要读者自行学习。

引导问题 3:以框架梁为例,结合图 3-3 和图集 22G101-1 分析钢筋骨架中钢筋的种类,填写数字所标注的钢筋的类型名称:1,_____;2,_____;3,_____;4,_____;5,_____;6,_____;7,_____。

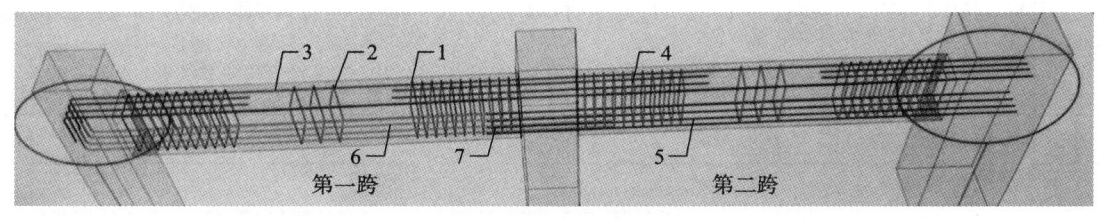

图 3-3 梁骨架钢筋

引导问题 4：梁构件识读包括_____和_____两类。

引导问题 5：以某学校图书综合楼二层梁配筋图为例，将 KL19a(1)集中标注与原位标注数据项填入图 3-4 中准确位置。

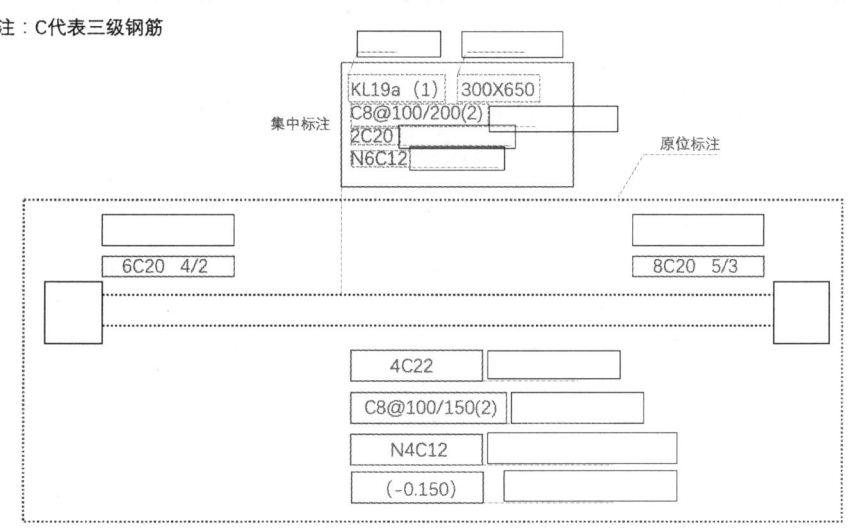

图 3-4 KL19a(1)数据项填写图

3.梁构件的平面注写方式

引导问题 6：完成梁构件 KL19a(1)集中标注的注写(22G101-1 中第 1-22～1-25 页)，填表 3-5。

表 3-5 梁构件 KL19a(1)集中标注

序号	细项	表示方法	识图内容
1	编号	KL19a(1)	
2	截面尺寸	300×650	
3	箍筋	C8@100/200(2)	
		C8@100/150(2)	
4	梁通长筋或架立筋	2C20	
5	侧面钢筋	N6C12	
		N4C12	

引导问题 7:完成梁构件 KL19a(1)原位标注的注写(22G101-1 中第 1-25～1-27 页),填表 3-6。

表 3-6   梁构件 KL19a(1)原位标注

序号	细项	表示方法	识图内容
6	支座上部纵筋	6C20 4/2	
		8C20 5/3	
7	支座下部纵筋	4C22	
8	高差	(-0.150)	

4.梁构件的截面注写方式

引导问题 8:识读 KL19a(1),绘制图 3-5 中 1—1～3—3 截面图。

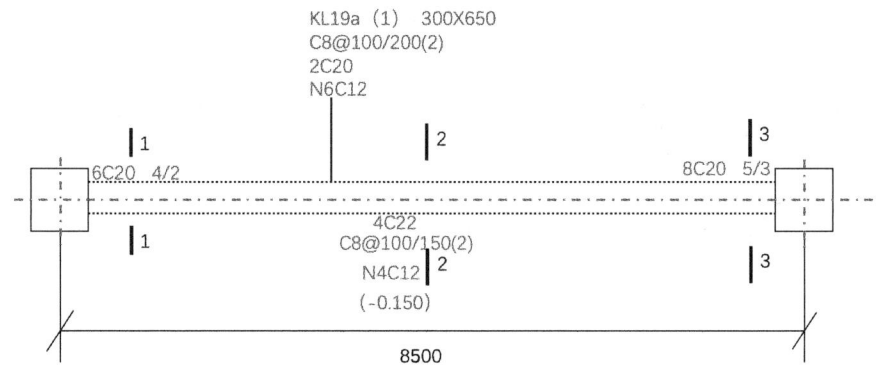

图 3-5   KL19a(1)平法图

3.2.1.7   评价反馈

学生进行自评,评价自己是否能完成施工图识读的学习、是否能完成梁构件施工图的识读、是否能按时完成报告内容等成果资料、有无任务遗漏。老师对学生的评价内容,可对接江苏省"建筑工程识图"技能大赛和"1+X"建筑工程识图职业技能等级证书、关于梁构件评分标准和规范成果,主要包括报告书是否工整规范、报告内容数据是否真实合理、阐述是否详细、认识体会是否深刻、绘制图纸是否规范。

(1)学生进行自我评价,将结果填入表 3-7 中。

表 3-7   梁构件平法识图学生自评表

班级:		姓名:	学号:		日期:	
学习情境		梁构件平法识图				
评价项目		评价标准			分值	得分
信息检索		能有效利用图纸、图集 22G101-1 查找有效信息;能用自己的语言有条理地去解释、表述所学知识;能将找到的信息有效转换到图纸识读过程中			15	

续表

评价项目	评价标准	分值	得分
梁构件集中标注识读	能正确识读,准确理解梁构件的作用、图示内容及三维模型绘制	25	
梁构件原位标注识读	能正确识读,准确理解梁构件的作用、图示内容及三维模型绘制	25	
工作态度	态度端正,无无故缺勤、迟到、早退现象	10	
工作质量	能按计划完成工作任务	10	
协调能力	与小组成员、同学之间能合作交流、协调工作	5	
职业素质	全面细致,一丝不苟,树立职业从业意识	10	

（2）学生以小组为单位,对工作过程与工作结果进行互评,将互评结果填入表 3-8 中。

表 3-8　梁构件平法识图学生互评表

学习情境		梁构件平法识图											
评价项目	分值	等级						评价对象（组别）					
								1	2	3	4	5	6
计划合理	8	优	8	良	7	中	6	差	4				
方案合理	8	优	8	良	7	中	6	差	4				
团队合作	8	优	8	良	7	中	6	差	4				
组织有序	8	优	8	良	7	中	6	差	4				
工作质量	8	优	8	良	7	中	6	差	4				
工作效率	8	优	8	良	7	中	6	差	4				
工作完整	10	优	10	良	8	中	6	差	4				
工作规范	16	优	16	良	12	中	8	差	4				
识读报告	16	优	16	良	12	中	8	差	4				
拓展成果	10	优	10	良	8	中	6	差	4				
合计	100												

（3）教师对学生的工作过程与工作结果进行评价,并将评价结果填入表 3-9 中。

表 3-9　梁构件平法识图教师综合评价表

班级：　　　　　姓名：　　　　　学号：

学习情境		梁构件平法识图		
评价项目		评价标准	分值	得分
考勤(10%)		无无故迟到、早退、旷课现象	10	
工作过程(60%)	梁构件平法识图知识体系	能在图集 22G101-1 中有效定位梁构件平法制图页码、明晰基本内容	5	
	梁构件集中标注识读	能正确识读,准确理解梁构件的作用、图示内容	20	

续表

班级：		姓名：		学号：		
工作过程(60%)	梁构件原位标注识读	能正确识读，准确理解梁构件的作用、图示内容			20	
	工作态度	态度端正，工作认真、主动			5	
	协调能力	与小组成员、同学之间能合作交流、协调工作			5	
	职业素质	全面细致，一丝不苟，树立职业从业意识			5	
项目成果(30%)	工作完整	能按时完成任务			5	
	工作规范	能按规范要求识读			5	
	读图报告	能正确识读图纸并按照图纸完成读图报告			5	
	拓展成果	能准确完成梁构件截面注写绘制			15	
合计					100	
综合评价	自评(20%)	小组互评(30%)		教师评价(50%)	综合得分	

3.2.1.8　拓展思考题

(1)基础梁与框架梁受力有何不同？

(2)基础梁与框架梁识读的区别是什么？

3.2.2　梁构件基础知识

3.2.2.1　梁构件类型

梁类型有楼层框架梁、楼层框扁梁、屋面框架梁、框支梁、托柱转换梁、非框架梁、井字梁、悬挑梁、基础梁（主、次）、承台梁，以及剪力墙中的暗梁、连梁、边框梁等。其中，楼层框架梁、屋面框架梁、非框架梁、悬挑梁如图 3-6 所示，框支梁如图 3-7 所示，托柱转换梁如图 3-8 所示，井字梁如图 3-9 所示，纯悬挑梁如图 3-10 所示，基础梁如图 3-11 所示，暗梁、连梁、边框梁如图 3-12 所示。梁的编号如表 3-10 所示。

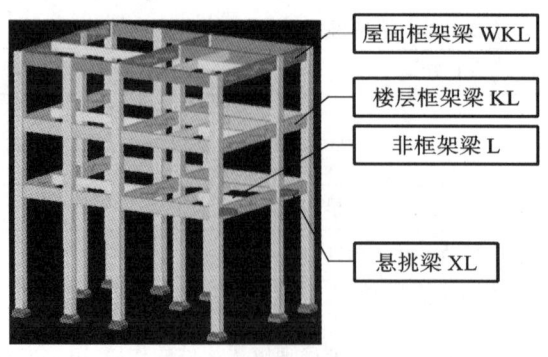

图 3-6　楼层框架梁、屋面框架梁、非框架梁、悬挑梁

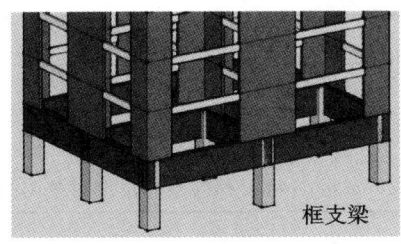

图 3-7 框支梁

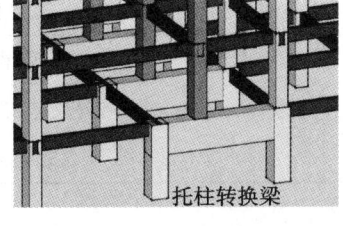

图 3-8 托柱转换梁

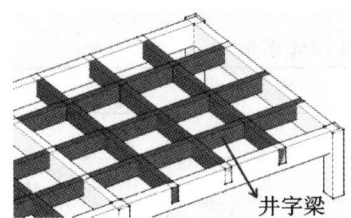

图 3-9 井字梁

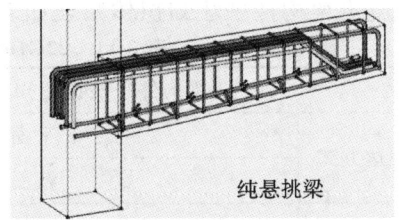

图 3-10 纯悬挑梁

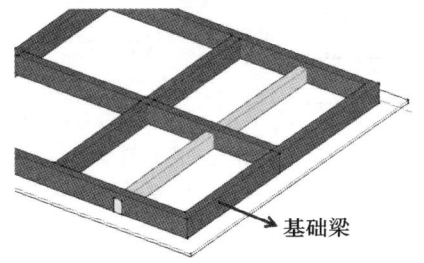

图 3-11 基础梁

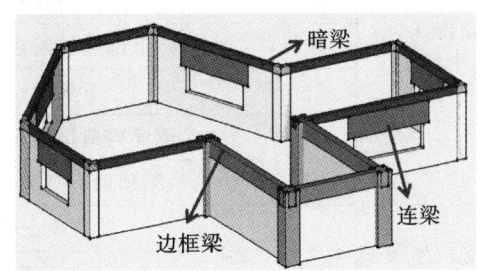

图 3-12 暗梁、连梁、边框梁

表 3-10 梁构件类型

序号	结构类别	梁类型	代号	备注
1	框架结构	楼层框架梁	KL	
2		楼层框架扁梁	KBL	
3		屋面框架梁	WKL	
4		框支梁	KZL	
5		托柱转换梁	TZL	
6		非框架梁	L	
7		悬挑梁	XL	
8		井字梁	JZL	
9	公共构件	基础梁	JL	
10		基础次梁	JCL	
11		基础联系梁	JLL	制图和构造按非框架梁规则执行

续表

序号	结构类别	梁类型	代号	备注
12		暗梁	AL	
13	剪力墙结构	连梁	LL	
14		边框梁	BKL	制图和构造与框架梁规则相似

3.2.2.2 梁构件平法识图知识体系

混凝土梁构件平法知识体系表如表 3-11 所示。

表 3-11 22G101-1 梁构件平法识图知识体系表

梁构件平法识图知识体系		22G101-1 页码
平法表达方式	平面注写方式	1-22～1-30
	截面注写方式	1-30～1-31
梁构件集中标注	编号	1-22～1-25
	截面尺寸	
	箍筋	
	上部通长筋或架立筋	
	下部通长筋	
	侧面构造钢筋或受扭钢筋	
	梁顶面标高高差(选注)	
梁构件原位标注	梁支座上部筋	1-25～1-27
	梁下部筋	
	附加吊筋或箍筋	

3.2.2.3 梁受力及钢筋骨架

1. 梁构件受力分析

梁作为结构的水平构件起着传递上部荷载的作用,梁的主要变形是弯曲,弯曲变形同时伴随着剪切的作用。梁具体的受力情况受梁下部约束情况的影响而不同。在上部竖向荷载的作用下,一般连续梁跨中承受正弯矩而下部受拉,支座位置承受负弯矩而上部受拉,同时都伴随着剪力的作用。

当上部结构梁受垂直向下的荷载作用时,根据一般连续梁弯矩受力配筋图分析,柱子是梁的支座,且支座上部位置承受负弯矩而受拉,主要配置上部支座负筋,且受力区域为 1/3 梁长;一般梁跨中承受正弯矩而下部受拉,在梁构件下部中间位置配置受力筋,且受力区域为 1/2 梁长,具体如图 3-13 所示。

根据框架梁构件与基础梁构件受力分析发现,框架梁构件与基础梁构件受力正好相反,梁构件识读内容相通,钢筋构造相反,学习原理相通。

2. 梁钢筋骨架

根据梁受力特点,端支座以弯锚为例,具体框架梁构件的钢筋骨架分析如表 3-12 所示。

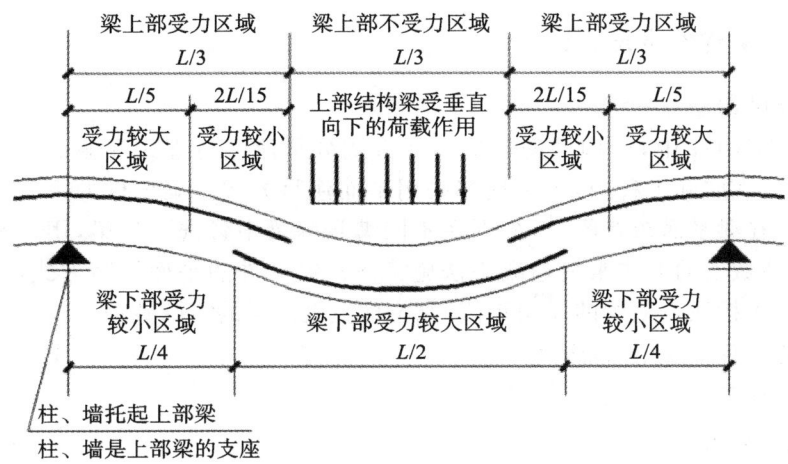

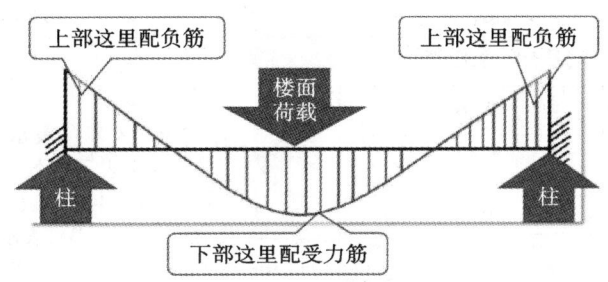

图 3-13　梁受力及配筋图

表 3-12　梁构件钢筋类型

梁构件种类	梁构件钢筋种类		
楼层框架梁 KL 屋面框架梁 WKL 非框架梁 L 框支梁 KZL 井字梁 JZL 悬挑梁 XL	上部钢筋	上部通长筋	
		支座负筋	
		架立筋	
	中/腰部钢筋	侧面构造筋	
		扭筋	
	下部钢筋	下部通长筋	
		下部非通长筋	
	箍筋		
	附加钢筋	附加箍筋	
		吊筋	
	弯起钢筋		

3.2.2.4 梁构件平法识图

1.梁平法识图基本知识

梁钢筋平法
表示方法

在图集 22G101-1 中,梁构件的平法表达方式分平面注写方式和截面注写方式两种。在实际工程中,大多数都采用平面注写方式。梁构件的平面注写方式,是在梁平面布置图上,分别在不同编号的梁中各选一根梁,用在其上注写截面尺寸及配筋具体数值的方式来表达梁平法施工图。梁构件的平面注写方式,分为集中标注和原位标注,集中标注表达梁的通用数值,原位标注表达梁的特殊数值。

2.框架梁构件平面注写方式

(1)梁构件代号。

梁构件代号如表 3-13 所示。

表 3-13   梁构件的代号、序号、跨数及是否带带有悬挑

梁类型	代号	序号	跨数及是否有悬挑
楼层框架梁	KL	××	(××):表示端部无悬挑,括号内的数字表示跨数。 (××A):表示一端有悬挑。 (××B):表示两端有悬挑
屋面框架梁	WKL		
非框架梁	L		
框支梁	KZL		
井字梁	JZL		
悬挑梁	XL		

(2)梁构件集中标注注写方式。

梁构件集中标注注写方式如表 3-14 所示。

表 3-14   梁构件集中标注注写方式

序号	细项	表示方法	识图
1	编号	KL2(3)	2 号楼层框架梁,3 跨
			KL2(3)
		KL3(2A)	3 号楼层框架梁,2 跨,一端有悬挑
			KL3(2A)
		WKL1(4)	1 号屋面框架梁,4 跨
			WKL1(4)

序号	细项	表示方法	识图
1	编号	L2(3B)	2号非框架梁,3跨,两端有悬挑
2	截面尺寸	300×500	等截面梁,宽300,高500
			梁宽b×梁高h,注意梁高是指含板厚在内的梁高度
		300×600 Y500×250	竖向加腋梁,等截面,梁宽300,梁高600,加腋长500,腋高250
		300×500/300	悬挑梁宽300,根部梁高500,端部梁高300
			h_1为悬挑根部高度,h_2为悬挑端部高度
3	箍筋	Φ8@100/150(2)	梁箍筋,直径为8,一级钢筋,梁两端加密区间距100,梁跨中非加密间距150,二肢箍
		Φ8@100(4)/200(2)	梁箍筋,直径为8,一级钢筋,加密区间距100,四肢箍;非加密间距200,二肢箍
		Φ8@100(2)	梁箍筋,全跨加密,直径为8,加密区间距100,二肢箍
		5Φ8@150/200(2)	梁箍筋,两端加密,5根,直径为8,一级钢筋,加密区间距100;跨中非加密间距200,二肢箍

续表

序号	细项	表示方法	识图
3	箍筋	不设箍筋加密区的梁构件,一般只有一种箍筋间距;如果设两种箍筋间距,从两端往中间依次注写 	
4	梁通长筋或架立筋	2C20	上部通长筋数量为2根,三级钢筋,直径为20
		2C20+(2B14)	上部通长筋数量为2根,三级钢筋,直径为20;架立筋数量为2根,二级钢筋,直径为14
		2C20;4B20	上部通长筋数量为2根,三级钢筋,直径为20; 下部通长筋数量为4根,二级钢筋,直径为20
		2C20; 6B20 2/4	上部通长筋数量为2根,三级钢筋,直径为20; 下部通长筋数量为6根,二级钢筋,直径为20,上排钢筋数量为2根,下排钢筋数量为4根
		2C20; 4B20(-2)	上部通长筋数量为2根,三级钢筋,直径为20; 下部通长筋数量为4根,二级钢筋,直径为20,2根不伸入支座
5	侧面钢筋	G4B14	侧面构造筋4根,二级钢筋,直径为14
		N4C12	侧面受扭钢筋4根,三级钢筋,直径为12
6	高差	(-0.100)	全跨梁顶面标高相对于结构标准层的楼面标高低0.1 m

(3)梁构件原位标注注写方式。

梁构件原位标注注写方式如表3-15所示。

表 3-15 梁构件原位标注注写方式

序号	细项	表示方法	识图
7	支座上部纵筋	4C20	支座上部纵筋 4 根,三级钢筋,直径为 20
		6C20 4/2	支座上部纵筋 6 根,三级钢筋,直径为 20,上排 2 根,下排 4 根
		2B25＋2B20	支座上部纵筋:2 根,二级钢筋,直径为 25;2 根,二级钢筋,直径为 20
		3C20＋2B18 3/2	支座上部纵筋:上排 3 根,三级钢筋,直径为 20;下排 2 根,二级钢筋,直径为 18
		(Y2C22/2C20)	水平加腋的上部斜纵筋,2 根,三级钢筋,直径为 22;下部斜纵筋,2 根,三级钢筋,直径为 20
8	支座下部纵筋	2C25＋2B22	支座下部纵筋:2 根,三级钢筋,直径为 25;2 根,二级钢筋,直径为 22
		6C25 2(−2)/4	支座下部纵筋 6 根,上排 2 根,不伸入支座,三级钢筋,直径为 25;下排 4 根,三级钢筋,直径为 25
		2C25＋3C22(−3)/5C25	支座下部纵筋 10 根,上排 5 根,伸入支座 2 根,三级钢筋,直径为 25,不伸入支座 3 根,三级钢筋,直径为 22;下排 5 根,三级钢筋,直径为 25
		(Y4C22)	竖向加腋的下部斜纵筋,4 根,三级钢筋,直径为 22

续表

序号	细项	表示方法	识图
9	附加钢筋	2C14	在主梁与次梁相交的地方,主梁加附加吊筋,共2根,三级钢筋,直径为14
		6A8@50(2)	在主梁与次梁相交的地方,主梁加附加箍筋,共6根,一级钢筋,直径为8,间距为50,双肢箍
10	高差	(−0.100)	该跨梁顶面标高相对于结构标准层的楼面标高低0.1 m
11	截面尺寸	400×600	本跨梁宽400,梁高600

3.框架梁构件截面注写方式

截面注写方式,系在分标准层绘制的梁平面布置图上,分别在不同编号的梁中各选择一根梁用剖面号引出配筋图,用在其上注写截面尺寸和配筋具体数值的方式来表达梁平法施工图。在截面配筋详图上注写截面尺寸 $b \times h$、上部筋、下部筋、侧面构造筋或受扭筋以及箍筋的具体数值时,其表达形式与平面注写方式相同。

例3-1:识读图3-5中的KL19a(1),并完成以下任务:绘制1—1～3—3截面图。

(1)KL19a(1)集中标注如下。

①楼层框架梁19a,一跨;梁截面尺寸,梁宽300 mm,梁高650 mm。

②箍筋,三级钢筋,直径为8 mm,加密间距为100 mm,非加密区间距为200 mm,二肢箍。

③上部贯通筋,2根,三级钢筋,直径为20 mm。

④中部扭筋,6根,三级钢筋,直径为12 mm。

KL19a(1)原位标注如下。

①左支座上部支座负筋,6根,三级钢筋,直径为20 mm,上排4根,下排2根。

②右支座上部支座负筋,8根,三级钢筋,直径为20 mm,上排5根,下排3根。

③中间下部支座负筋,4根,三级钢筋,直径为22 mm。

当原位标注与集中标注发生矛盾时,以原位标注为准,具体如下。

①箍筋,三级钢筋,直径为8 mm,加密间距为100 mm,非加密区间距为150 mm,二肢箍。

②中部扭筋,4根,三级钢筋,直径为12 mm。

③梁高比本层层高下降0.15 m。

(2)梁截面图。

①截面1—1。梁截面尺寸:梁宽300 mm,梁高650 mm。箍筋:加密区,三级钢筋,直径为8 mm,间距为100 mm。上部:贯通筋,角部2根,三级钢筋,直径为20 mm;支座负筋,三级钢筋,直径为20 mm(上排中间2根,下排2根)。中部:扭筋,4根,三级钢筋,直径为12 mm;拉筋,三级钢筋,直径为6 mm,间距为300 mm。下部:支座负筋,4根,三级钢筋,直径为22 mm。

②截面2—2。梁截面尺寸:梁宽300 mm,梁高650 mm。箍筋:非加密区,三级钢筋,直径为8 mm,间距为150 mm。上部:贯通筋,角部2根,三级钢筋,直径为20 mm。中部:扭筋,4根,三级钢筋,直径为12 mm;拉筋,三级钢筋,直径为6 mm,间距为300 mm。下部:支

座负筋,4根,三级钢筋,直径为22 mm。

　　③截面3—3。梁截面尺寸:梁宽300 mm,梁高650 mm。箍筋:加密区,三级钢筋,直径为8 mm,间距为100 mm。上部:贯通筋,角部2根,三级钢筋,直径为20 mm;支座负筋,三级钢筋,直径为20 mm(上排中间3根,下排3根)。中部:扭筋,4根,三级钢筋,直径为12 mm;拉筋,三级钢筋,直径为6 mm,间距为300 mm。下部:支座负筋,4根,三级钢筋,直径为22 mm。

　　截面图如图3-14所示。

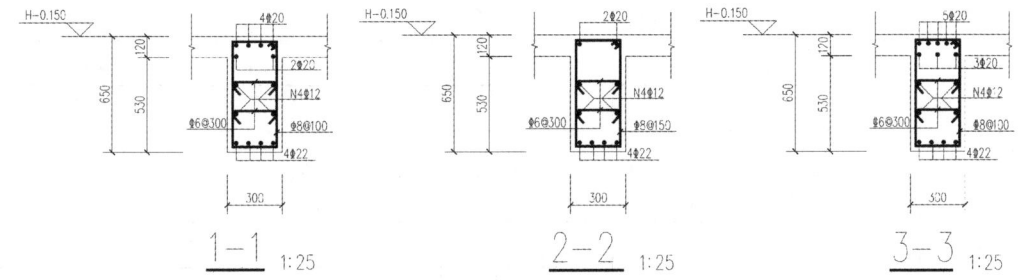

图3-14　KL19a(1)截面图

3.3　梁构件钢筋节点构造

3.3.1　梁构件钢筋节点构造学习引导

3.3.1.1　学习任务描述

　　按照《混凝土结构施工图平面整体表示方法制图规则和构造详图(现浇混凝土框架、剪力墙、梁、板)》(22G101-1)中有关梁构件结构施工图部分知识,完成框架梁钢筋节点构造的梳理,绘制某学校图书综合楼KZ-26的各种节点构造图。

3.3.1.2　学习目标

　　(1)能按照图集对梁构件节点进行归类总结。
　　(2)能描述楼层框架梁(KL)、屋面框架梁(WKL)钢筋构造要点。
　　(3)能描述变截面钢筋、变截面梁钢筋构造要点。
　　(4)能够绘制梁钢筋构造图。

3.3.1.3　任务书

　　手绘(或用CAD软件绘制)完成某学校图书综合楼KL19楼层框架梁上部纵筋、侧面构造筋、下部纵筋、箍筋节点构造图。

3.3.1.4　任务分组

梁构件钢筋节点构造学生任务分配表如表 3-16 所示。

表 3-16　梁构件钢筋节点构造学生任务分配表

班级		组号		指导老师	
小组	姓名	学号	任务		
组长					
组员					
备注					

3.3.1.5　任务准备

收集《混凝土结构施工图平面整体表示方法制图规则和构造详图（现浇混凝土框架、剪力墙、梁、板）》(22G101-1)中有关梁构件钢筋节点构造知识,完成梁构件钢筋节点知识体系表。

3.3.1.6　任务实施

1.框架梁上部纵筋的构造

引导问题 1:框架梁上部纵筋的类型有:_____

引导问题 2:框架梁上部通长筋的构造要点是:_____

_____

_____

引导问题 3:框架梁上部端支座负筋的构造要点是:_____

_____

_____

引导问题 4:框架梁上部中间支座负筋的构造要点是:_____

_____

_____

引导问题 5:框架梁上部架立筋的构造要点是:_____

_____

_____

2.框架梁侧面钢筋构造

引导问题 6:框架梁侧面钢筋的类型有:_____

引导问题 7:框架梁侧面构造筋的锚固和连接要点是:_____

_____

_____

框架梁侧面受扭钢筋的锚固和连接要点是:_____

_____

_____

3.框架梁下部纵筋构造

引导问题 8:框架梁下部纵筋的类型有:_____

引导问题 9:中间层钢筋变化连接构造要点为:

(1)_____

_____

_____

(2)_____

_____

_____

(3)_____

_____

_____

4.中间层梁变截面钢筋构造

引导问题 10:中间层梁变截面钢筋连接构造的类型有:_____

_____

引导问题 11:中间层梁变截面钢筋连接构造要点是:

(1)_____

(2)_____

(3)_____

(4)_____

(5)_____

5.顶层中梁钢筋构造

引导问题 12:顶层中梁钢筋连接构造的类型有:_____

_____

引导问题 13:顶层中梁钢筋连接构造要点是:

(1)_____

(2)_____

(3)_____

(4)_____

6.顶层边、角梁钢筋构造

引导问题 14:顶层边、角梁钢筋连接构造的类型有:_____

_____

引导问题 15：顶层边、角梁钢筋连接构造要点分别是：

(1) _____

(2) _____

(3) _____

(4) _____

(5) _____

7. 箍筋构造

引导问题 16：箍筋节点构造要点是：

_____

_____

引导问题 17：箍筋位置要点是：

_____

_____

3.3.1.7　任务成果

手绘（或用 CAD 软件绘制）完成某学校图书综合楼 KL19a、WKL1 梁构件上部贯通筋、上部支座负筋、侧面钢筋、下部支座负筋、箍筋节点构造图，并填表 3-17。

表 3-17　某学校图书综合楼 KL19a、WKL1 梁构件钢筋节点构造

序号	梁位置	梁构件钢筋名称	节点构造
1			
2			
3			

续表

序号	梁位置	梁构件钢筋名称	节点构造
4			

3.3.1.8　评价反馈

学生进行自评,评价自己是否能完成梁构件钢筋节点构造的梳理与学习、是否能完成 KL19a 节点的绘制、是否能按时完成报告内容等成果资料、有无任务遗漏。老师对学生的评价内容,可对接江苏省"建筑工程识图"技能大赛和"1＋X"建筑工程识图职业技能等级证书、关于梁节点构造评分标准和规范成果,主要包括报告书是否工整规范、报告内容数据是否真实合理、阐述是否详细、认识体会是否深刻、绘制图纸是否规范。

(1)学生进行自我评价,将结果填入表 3-18 中。

表 3-18　梁构件钢筋节点构造学生自评表

班级:		姓名:	学号:		日期:
学习情境	梁构件钢筋节点构造				
评价项目	评价标准			分值	得分
信息检索	能有效利用图纸、图集 22G101-1 查找有效信息;能用自己的语言有条理地去解释、表述所学知识;能将找到的信息有效转换到图纸识读过程中			15	
梁构件节点知识体系	能在图集 22G101-1 中有效定位梁构件平法制图页码、明晰基本内容			25	
梁构件钢筋节点构造	能正确识读,准确理解梁构件的作用、图示内容			25	
工作态度	态度端正,无无故缺勤、迟到、早退现象			10	
工作质量	能按计划完成工作任务			10	
协调能力	与小组成员、同学之间能合作交流、协调工作			5	
职业素质	全面细致,一丝不苟,树立职业从业意识			10	

(2)学生以小组为单位,对工作过程与工作结果进行互评,将互评结果填入表 3-19 中。

表 3-19　梁构件钢筋节点构造学生互评表

学习情境		梁构件钢筋节点构造												
评价项目	分值	等级							评价对象(组别)					
									1	2	3	4	5	6
计划合理	8	优	8	良	7	中	6	差	4					
方案合理	8	优	8	良	7	中	6	差	4					
团队合作	8	优	8	良	7	中	6	差	4					
组织有序	8	优	8	良	7	中	6	差	4					
工作质量	8	优	8	良	7	中	6	差	4					
工作效率	8	优	8	良	7	中	6	差	4					
工作完整	10	优	10	良	8	中	6	差	4					
工作规范	16	优	16	良	12	中	8	差	4					
任务成果	16	优	16	良	12	中	8	差	4					
拓展成果	10	优	10	良	8	中	6	差	4					
合计	100													

(3)教师对学生的工作过程与工作结果进行评价,并将评价结果填入表 3-20 中。

表 3-20　梁构件钢筋节点构造教师综合评价表

班级:		姓名:		学号:	
学习情境		梁构件钢筋节点构造			
评价项目		评价标准	分值	得分	
考勤(10%)		无无故迟到、早退、旷课现象	10		
工作过程(60%)	梁构件节点知识体系	能在图集 22G101-1 中有效定位梁构件平法制图页码、明晰基本内容	5		
	梁构件钢筋节点构造	能正确识读,准确理解梁构件的作用、图示内容及三维模型绘制	40		
	工作态度	态度端正,工作认真、主动	5		
	协调能力	与小组成员、同学之间能合作交流、协调工作	5		
	职业素质	全面细致,一丝不苟,树立职业从业意识	5		
项目成果(30%)	工作完整	能按时完成任务	5		
	工作规范	能按规范要求识读	5		
	任务成果	能正确识读图纸并按照图纸完成读图报告	5		
	拓展成果	能准确完成梁构件截面注写绘制	15		
合计			100		
综合评价	自评(20%)	小组互评(30%)	教师评价(50%)	综合得分	

3.3.1.9　拓展思考题

(1)简述楼层框架梁和屋面框架梁的构造区别。

(2)悬挑梁有哪些节点构造?

3.3.2　混凝土结构梁钢筋构造

梁内钢筋有纵筋和箍筋、附加吊筋或附加箍筋。其中,纵筋的类型包括上部通长筋(+架立筋)、框架梁支座负筋、侧面构造筋、侧面受扭钢筋、下部纵筋。本书主要介绍抗震结构房屋楼层框架梁。对于非抗震梁,读者可参照图集自行学习。

3.3.2.1　框架梁上部通长筋

梁上部通长筋贯穿整根梁,且端支座为框架柱。在末端的框架柱为端支座,在中间的框架柱为中间支座,外出悬挑部分即为悬挑梁。通过比较梁纵筋锚固长度与端支座柱宽,确定锚固方式:如果可锚长度>直锚长度(见图 3-15(a)),可以采用直锚;如果可锚长度<直锚长度(见图 3-15(b)),可以采用弯锚。

梁上部通长筋
构造与计算

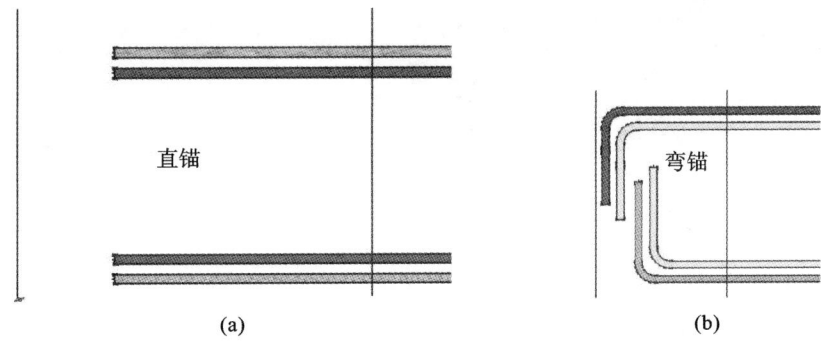

直锚	弯锚
(a)	(b)

图 3-15　梁纵筋锚固图

当梁内钢筋长度超过定尺长度(如 9 m 或 12 m)时,需要进行连接。楼层框架梁上部通长筋的锚固及连接如表 3-21 所示。

表 3-21　楼层框架梁上部通长筋构造总述

序号	钢筋结构知识体系		22G101-1 页码
1	上部通长筋构造	锚固　　　净长　　　锚固 支座　　　　　　　　　　　　　过长,需要搭接　　支座 此端箍筋构造可不设加密区 梁端箍筋规格及数量由设计确定	2-33

续表

序号	钢筋结构知识体系			22G101-1 页码
2	上部通长筋锚固	端支座	直锚	2-33
3			弯锚	2-33
4		中间支座一般构造	直接通过	2-33
5		中间支座变截面构造	斜弯通过	2-37
6		中间支座变截面构造	断开锚固	2-37
7		悬挑端		2-43
8		上部通长筋连接		2-33

1.端支座锚固构造

端支座锚固节点构造分为直锚、弯锚、锚头(锚板)构造。上部纵筋端支座锚固构造如表3-22所示。

表3-22　上部纵筋端支座锚固构造

直锚	弯锚
≥l_{aE}且≥0.5h_c+5d **端支座直锚** 锚固长度伸入柱内长度≥0.5h_c+5d，≥l_{aE} 锚固长度伸入柱内长度≥0.5h_c+5d，≥l_{aE} ≥l_{aE}且≥0.5h_c+5d h_c **矩形柱**	$l_{n1}/3$ 伸至柱外侧纵筋内侧，且≥0.4l_{abE} $l_{n1}/4$ **通长筋** 15d 伸至梁上部纵筋弯钩段内侧或柱外侧纵筋内侧，且≥0.4l_{abE} h_c
柱子宽度－保护层厚度>l_{aE}，直锚。 直锚长度：max{l_{aE},0.5h_c+5d}(h_c为框架柱宽度)	柱子宽度－保护层厚度≤l_{aE}，弯锚。 弯锚长度：h_c－保护层厚度+15d。 满足条件(设计判断条件)：伸至柱外侧纵筋，内侧且平直段长度≥0.4l_{abE}

2.中间支座变截面构造

上部纵筋中间支座变截面构造如表3-23所示。

表3-23　上部纵筋中间支座变截面构造

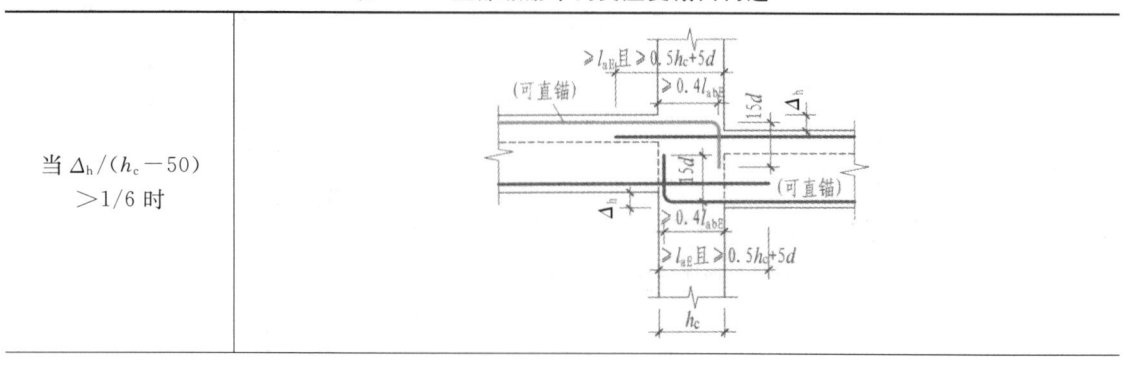

当 $\Delta_h/(h_c-50)$ >1/6 时	(可直锚) ≥l_{aE}且≥0.5h_c+5d ≥0.4l_{abE} 15d Δ_h (可直锚) ≥0.4l_{abE} ≥l_{aE}且≥0.5h_c+5d h_c

当 $\Delta_h/(h_c-50)$ $>1/6$ 时	上部通长筋断开： (1)高端梁：可直锚，$\max\{l_{aE},0.5h_c+5d\}$；可弯锚，$h_c-c_{保护层}+15d$。 (2)低位梁，直锚，$\max\{l_{aE},0.5h_c+5d\}$
当 $\Delta_h/(h_c-50)$ $\leqslant 1/6$ 时	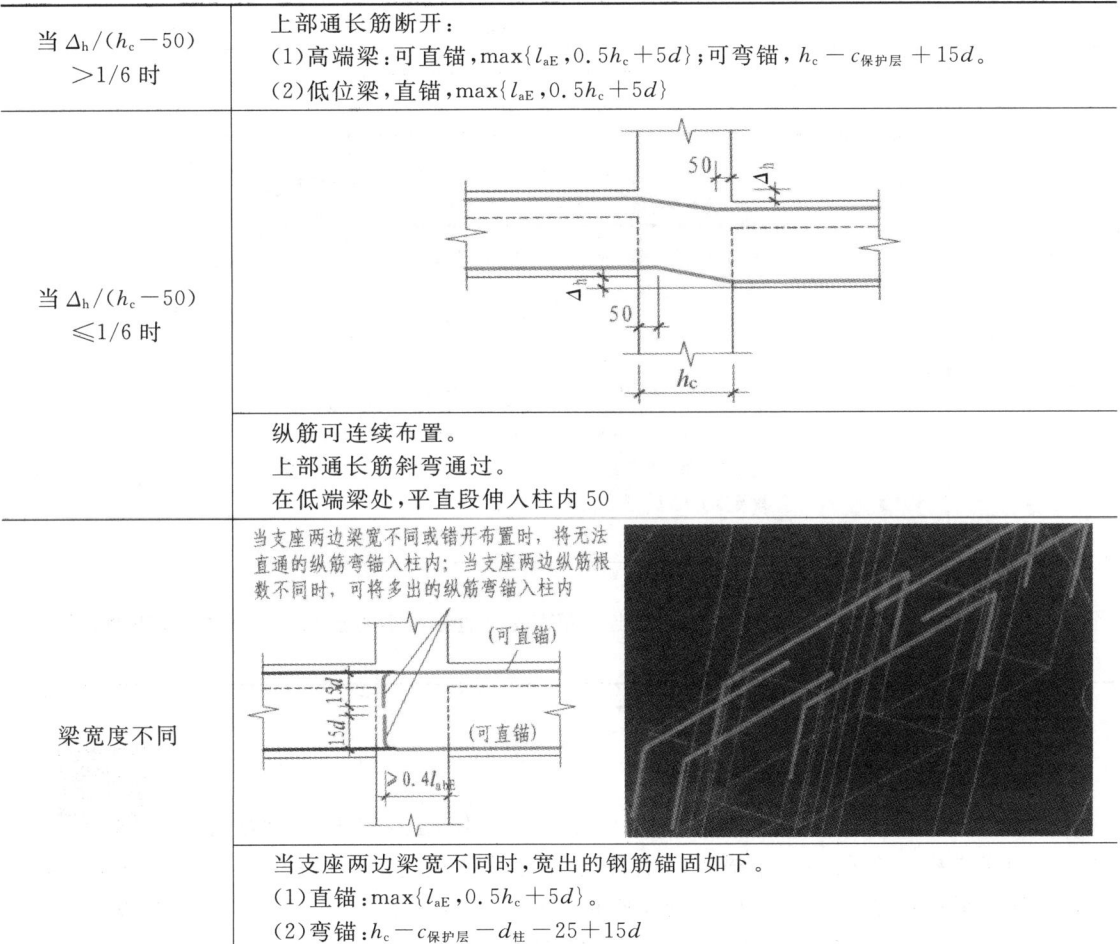
	纵筋可连续布置。 上部通长筋斜弯通过。 在低端梁处，平直段伸入柱内50
梁宽度不同	当支座两边梁宽不同或错开布置时，将无法直通的纵筋弯锚入柱内；当支座两边纵筋根数不同时，可将多出的纵筋弯锚入柱内
	当支座两边梁宽不同时，宽出的钢筋锚固如下。 (1)直锚：$\max\{l_{aE},0.5h_c+5d\}$。 (2)弯锚：$h_c-c_{保护层}-d_{柱}-25+15d$

3.悬挑端构造

按照根部另一侧是否有延续梁，悬挑梁分为纯悬挑梁和外伸挑梁。按照截面高度是否变化，悬挑梁分为等截面悬挑梁和变截面悬挑梁。在图集中，悬挑梁构造分为纯悬挑梁端构造、框架梁和悬挑梁顶平端部构造、框架梁和悬挑梁顶部有高差构造。框架梁和悬挑梁顶平端部构造如表 3-24 所示。

表 3-24　框架梁和悬挑梁顶平端部构造

类型	构造详图
悬挑端净长度 $l(<4h_b)$	柱、墙或梁 　50　15d　50　0.75l　l 可用于中间层或屋面
上部通长筋全部伸至远端下弯 $12d$	

续表

类型	构造详图
悬挑端净长度 $l \geqslant 4h_b$	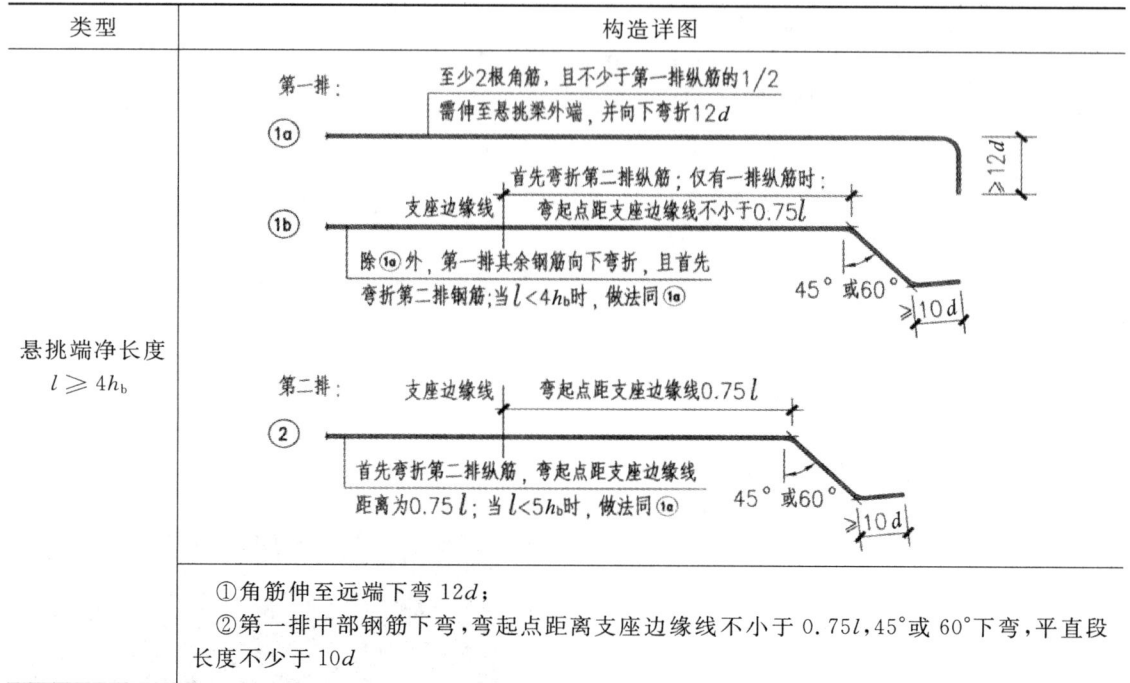

①角筋伸至远端下弯 $12d$；

②第一排中部钢筋下弯,弯起点距离支座边缘线不小于 $0.75l$,45°或 60°下弯,平直段长度不少于 $10d$。

3.3.2.2　框架梁支座负筋

梁支座负筋
构造与计算

框架梁支座负筋指位于梁支座上部承受负弯矩作用力的纵向受力钢筋。框架梁支座负筋在端支座锚固与上部通长筋锚固构造是相同的,二者主要是伸入梁内的长度不同。框架梁支座负筋构造总述如表 3-25 所示。

表 3-25　框架梁支座负筋构造总述

序号	钢筋结构知识体系			22G101-1 页码
1	上部支座负筋构造	锚固 净长 净长 锚固 第二排支座负筋		2-33
2	上部支座负筋	端支座锚固	直锚	2-33
3			弯锚	2-33
4		上部端支座负筋一般构造		2-33
5		上部中间支座负筋一般构造		2-33
6		贯通小跨		2-33

上部支座负筋构造要点汇总表如表 3-26 所示。

表 3-26   上部支座负筋构造要点汇总表

端支座负筋构造	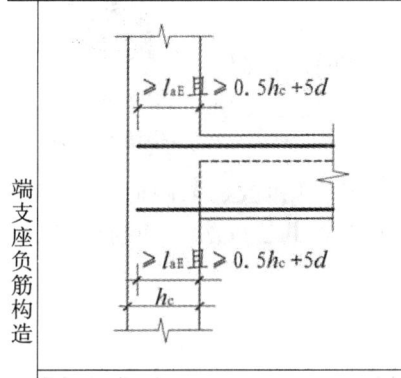	
	柱子宽度－保护层厚度＞l_{aE}，直锚。 直锚长度：$\max\{l_{aE}, 0.5h_c + 5d\}$（$h_c$ 为框架柱宽度）	柱子宽度－保护层厚度≤l_{aE}，弯锚。 弯锚长度：h_c－保护层厚度＋15d。 满足条件（设计判断条件）：伸至柱外侧纵筋，内侧且平直段长度≥$0.4l_{abE}$

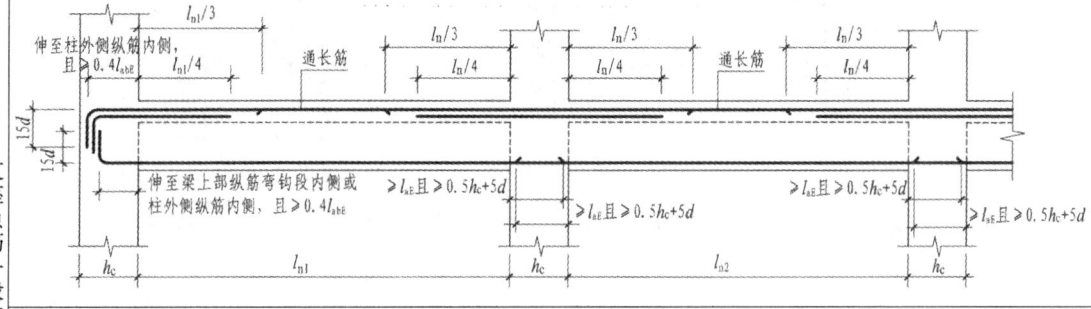

第一排上部端支座负筋长度＝锚固长度＋$l_n/3$（l_n 为本跨的净值）。

第二排上部端支座负筋长度＝锚固长度＋$l_n/4$。

第一排上部中间支座负筋长度＝$\dfrac{l_{ni}}{3} \times 2 + h_c$。

第二排上部中间支座负筋长度＝$\dfrac{l_{ni}}{4} \times 2 + h_c$

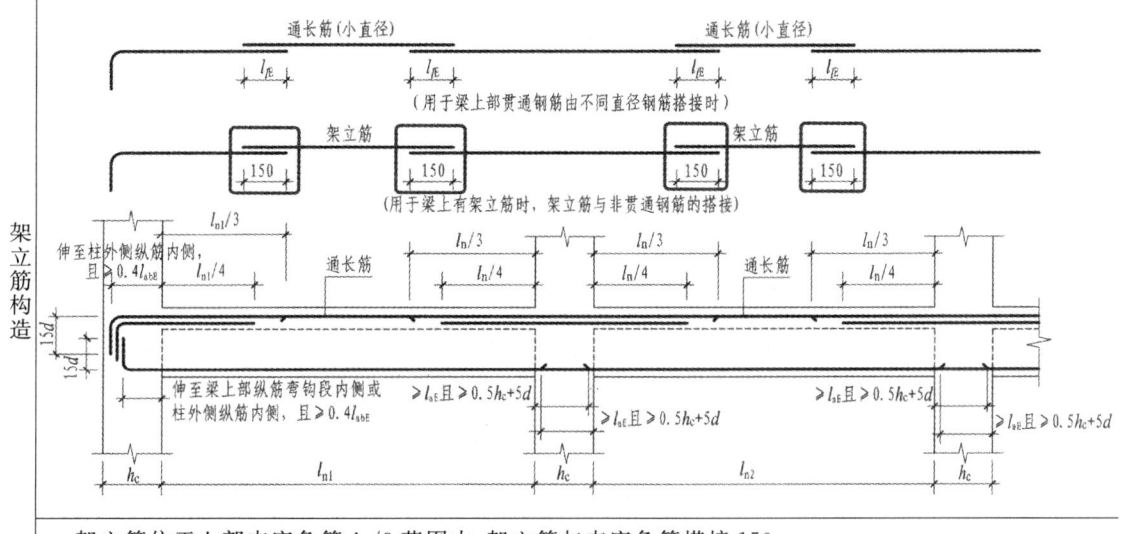

架立筋位于上部支座负筋 $l_n/3$ 范围内，架立筋与支座负筋搭接 150

3.3.2.3 框架梁侧面钢筋

梁侧面钢筋
构造与计算

抗震框架梁侧面纵向构造钢筋，又称腰筋，设置在梁的两个侧面，其作用是承受梁侧面温度变化及混凝土收缩所引起的应力，并抑制混凝土裂缝的开裂。梁侧面钢筋主要有侧面构造筋和侧面受扭钢筋。

受扭钢筋一般是指框架梁两侧荷载不同，对框架梁产生一定扭矩时，在梁侧面设置的钢筋。构造钢筋和受扭钢筋是根据受力分析设计的，构造钢筋的代号为 G，受扭钢筋的代号为 N。

梁侧面钢筋构造要点汇总表如表 3-27 所示。

表 3-27   梁侧面钢筋构造要点汇总表

钢筋类型	节点构造要点	22G101-1 页码
侧面构造钢筋	当 $h_w \geqslant 450$ 时，在梁的两个侧面应沿高度配置纵向构造钢筋；纵向构造钢筋间距 $a \leqslant 200$ 梁侧面构造纵筋的搭接长度取 $15d$；锚固长度取 $15d$	2-41
侧面受扭钢筋	当梁侧面配有直径不小于构造纵筋的受扭纵筋时，受扭钢筋可以代替构造钢筋	2-41

续表

钢筋类型	节点构造要点	22G101-1 页码
侧面受扭钢筋	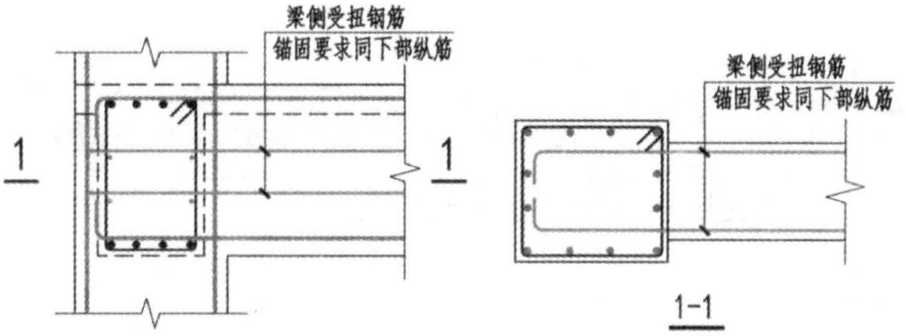 梁侧面受扭纵筋的搭接长度：框架梁为 l_{lE}，非框架梁为 l_l。 梁侧面受扭钢筋锚固方式同下部纵筋	
拉筋	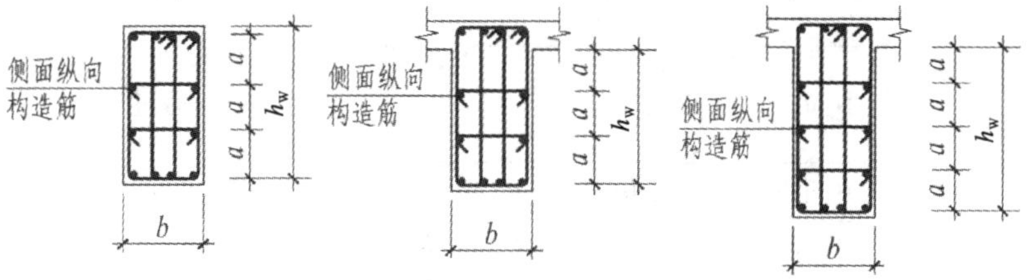 当梁宽 ≤ 350 时，拉筋直径为 6；梁宽 > 350，拉筋直径为 8。拉筋间距为非加密区箍筋间距的 2 倍。当设有多排拉筋时，上下两排拉筋竖向错开设置	2-41
	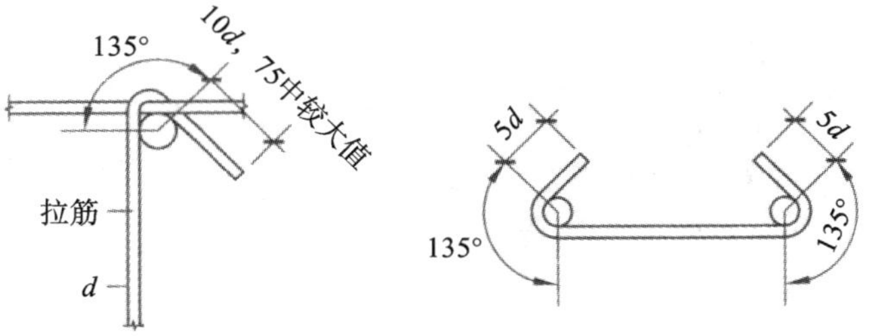 拉筋同时钩住纵筋和箍筋	2-7

3.3.2.4　框架梁下部纵筋

框架梁下部纵筋包括伸入支座下部纵筋和不伸入支座下部纵筋。各跨钢筋型号和直径相同时，下部纵筋可以整根梁通长布置，也可以按跨布置。实际工程中，通常按跨进行布置。框架梁下部纵筋构造总述见表 3-28，要点见表 3-29。

梁下部钢筋
构造与计算

表 3-28 框架梁下部纵筋构造总述

序号	钢筋结构知识体系			22G101-1页码
1	下部通长筋构造	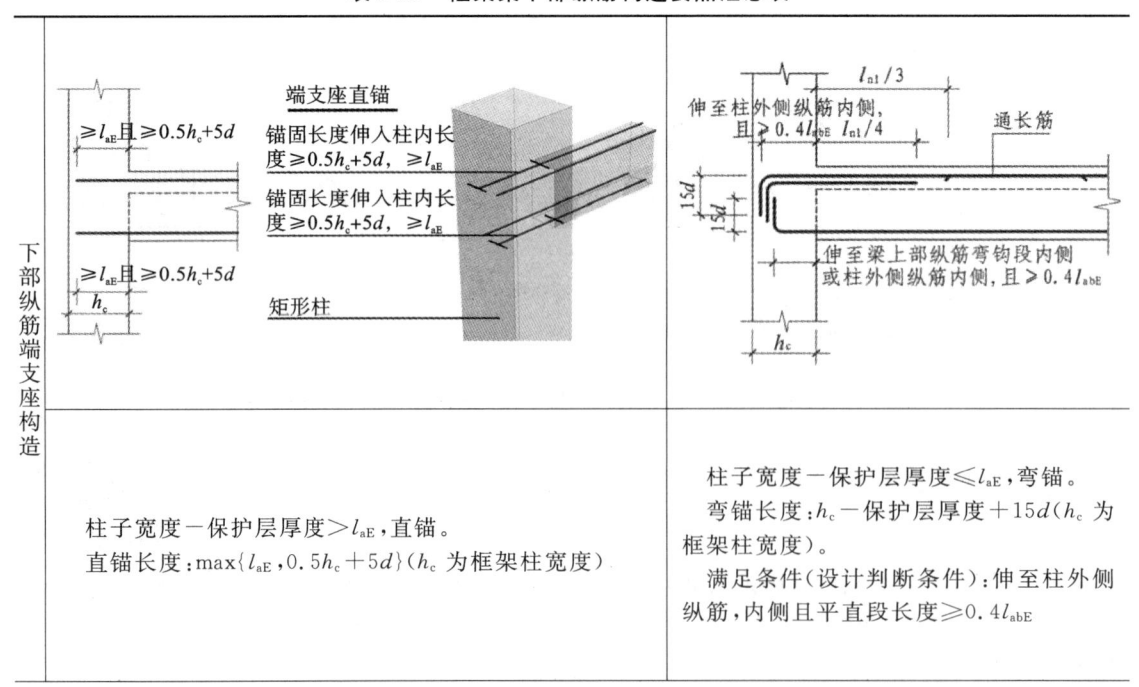		2-33
2	下部通长筋锚固	端支座	直锚	2-33（同上部通长筋）
3		端支座	弯锚	2-33（同上部通长筋）
4		中间支座一般构造	直接通过	2-33（同上部通长筋）
5		中间支座变截面构造	斜弯通过	2-37（同上部通长筋）
6		中间支座变截面构造	断开锚固	2-33
7		悬挑端		2-43
8		下部通长筋连接		2-33

表 3-29 框架梁下部纵筋构造要点汇总表

下部纵筋端支座构造	端支座直锚 锚固长度伸入柱内长度≥0.5h_c+5d, ≥l_{aE} ≥l_{aE}且≥0.5h_c+5d 锚固长度伸入柱内长度≥0.5h_c+5d, ≥l_{aE} ≥l_{aE}且≥0.5h_c+5d h_c 矩形柱 柱子宽度－保护层厚度＞l_{aE}，直锚。 直锚长度：max$\{l_{aE}, 0.5h_c+5d\}$（h_c为框架柱宽度）	伸至柱外侧纵筋内侧，且＞0.4l_{abE} $l_{n1}/3$ 15d $l_{n1}/4$ 通长筋 伸至梁上部纵筋弯钩段内侧或柱外侧纵筋内侧，且＞0.4l_{abE} h_c 柱子宽度－保护层厚度≤l_{aE}，弯锚。 弯锚长度：h_c－保护层厚度＋15d（h_c为框架柱宽度）。 满足条件（设计判断条件）：伸至柱外侧纵筋，内侧且平直段长度≥0.4l_{abE}

续表

下部纵筋一般构造	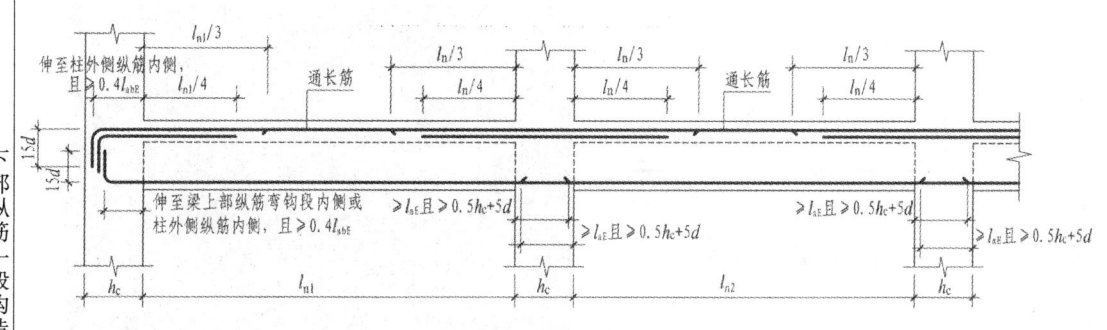

下部端支座负筋长度＝锚固长度＋l_{ni}＋直锚长度 $\max\{l_{aE}, 0.5h_c+5d\}$ (l_{ni}为本跨的净值)。

下部中间支座负筋长度＝直锚长度 $\max\{l_{aE}, 0.5h_c+5d\}$＋$l_{ni}$＋直锚长度 $\max\{l_{aE}, 0.5h_c+5d\}$，$l_{ni}$为相邻两跨净跨长中的较大值

下部纵筋不伸入支座构造	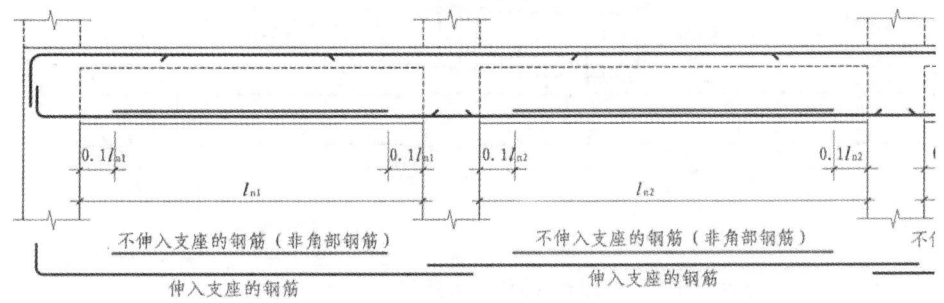

不伸入支座的梁下部纵筋截断点距支座边为 $0.1l_{ni}$，l_{ni}为本跨梁的净跨值。本构造详图不适用于框支梁、框架扁梁

下部纵筋变截面构造	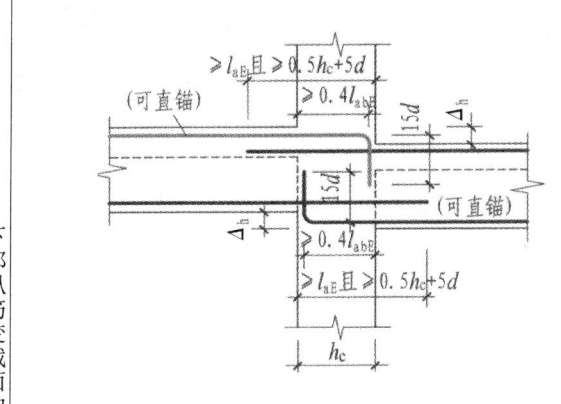 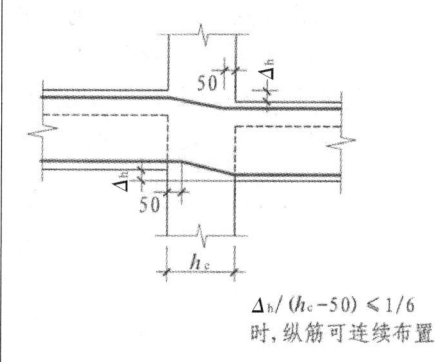

当 $\Delta_h/(h_c-50) > 1/6$ 时：

(1)高端梁：

直锚，$\max\{l_{aE}, 0.5h_c+5d\}$。

(2)低位梁：

可直锚：$\max\{l_{aE}, 0.5h_c+5d\}$。

可弯锚：$h_c - c_{保护层} + 15d$

当 $\Delta_h/(h_c-50) \le 1/6$ 时，下部通长筋斜弯通过；在高端梁处，平直段伸入柱内50

续表

梁宽度不同下部纵筋构造	当支座两边梁宽不同或错开布置时，将无法直通的纵筋弯锚入柱内；或当支座两边纵筋根数不同时，可将多出的纵筋弯锚入柱内 15d （可直锚） （可直锚） ≥0.4l_{abE} 当支座两边梁宽不同时，宽出的钢筋锚固如下。 （1）直锚：$\max\{l_{aE},0.5h_c+5d\}$。 （2）弯锚：$h_c-c_{保护层}-d_柱-25+15d$
悬挑梁下部通长筋构造	50 15d 50 0.75l l 柱、墙或梁 可用于中间层或屋面 悬挑梁下部通长筋根部伸入支座锚固15d，端部伸至悬挑尽端

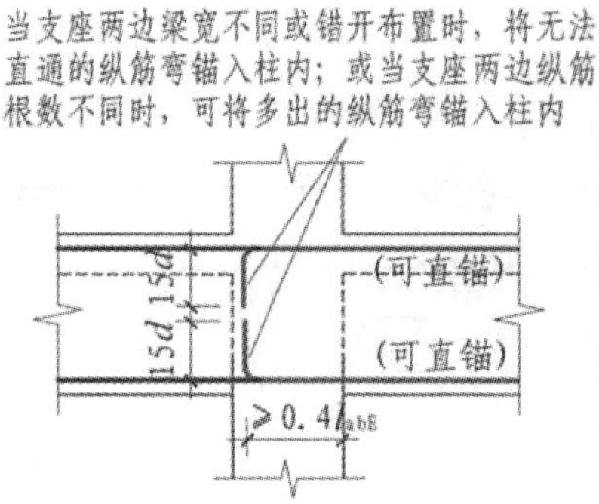

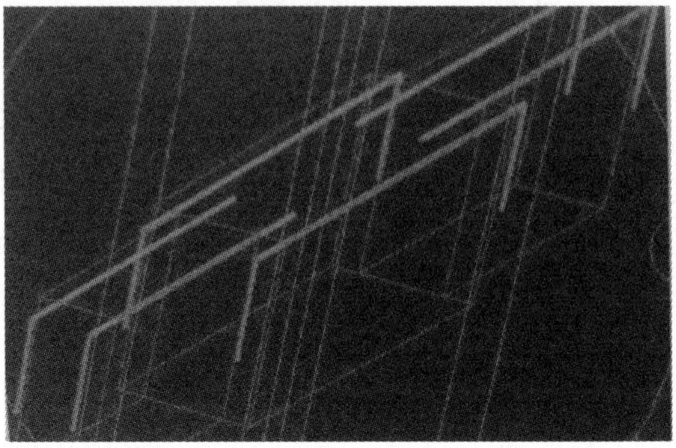

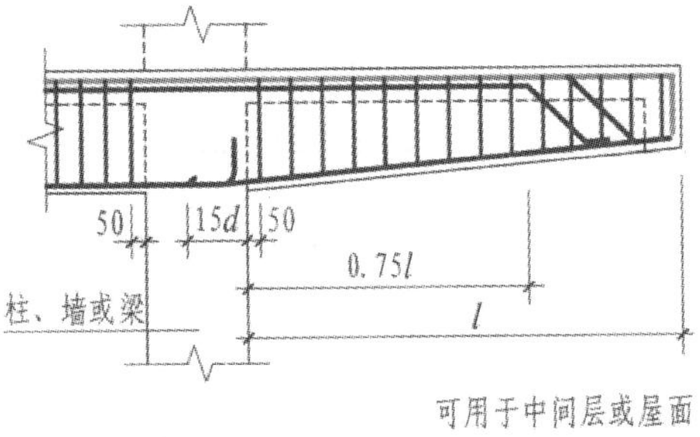

3.3.2.5 箍筋

箍筋是用来满足斜截面抗剪强度，并固定受力筋的钢筋。它可分为单肢箍筋、开口矩形箍筋、封闭矩形箍筋、菱形箍筋、多边形箍筋、井字形箍筋和圆形箍筋等。其中，封闭矩形箍筋较常用。

梁箍筋的构造与计算

箍筋构造总述如表 3-30 所示。

表 3-30　箍筋构造总述

序号	钢筋结构知识体系	22G101-1 页码
1	箍筋钢筋构造 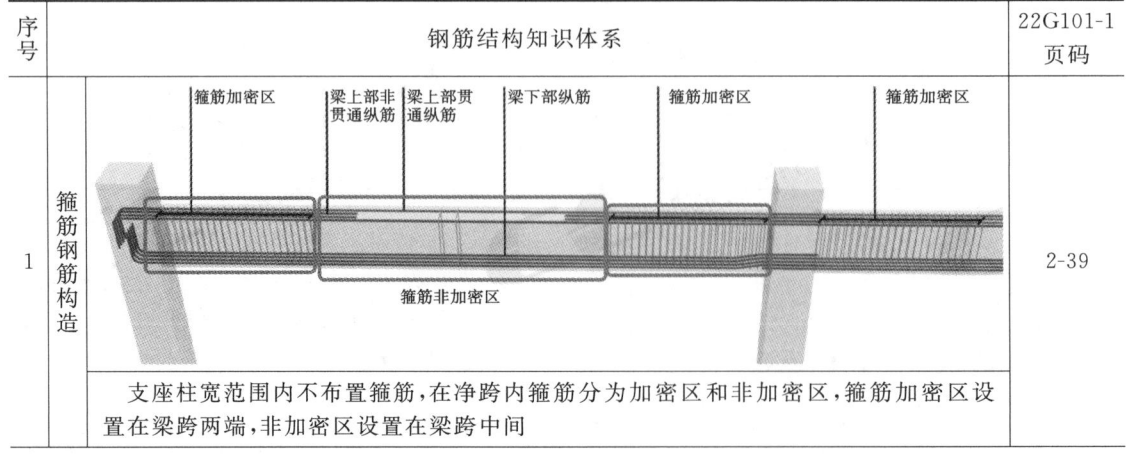 箍筋加密区 梁上部非贯通纵筋 梁上部贯通筋 梁下部纵筋 箍筋加密区 箍筋加密区 箍筋非加密区 支座柱宽范围内不布置箍筋，在净跨内箍筋分为加密区和非加密区，箍筋加密区设置在梁跨两端，非加密区设置在梁跨中间	2-39

续表

序号		钢筋结构知识体系	22G101-1 页码
2	箍筋长度构造	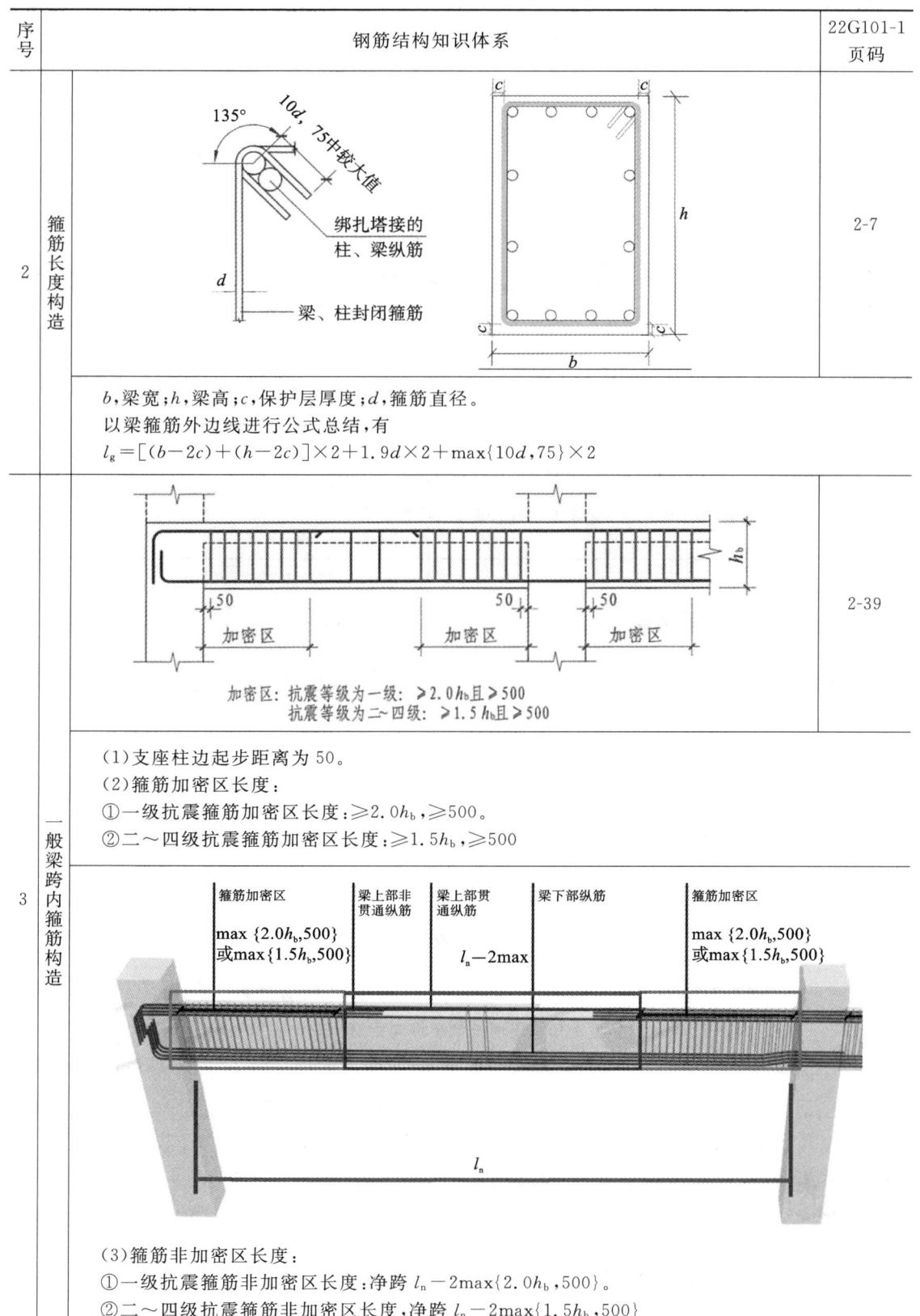	2-7

b,梁宽;h,梁高;c,保护层厚度;d,箍筋直径。

以梁箍筋外边线进行公式总结,有

$$l_g = [(b-2c)+(h-2c)] \times 2 + 1.9d \times 2 + \max\{10d,75\} \times 2$$

3　一般梁跨内箍筋构造

加密区:抗震等级为一级:$\geqslant 2.0h_b$且$\geqslant 500$
抗震等级为二~四级:$\geqslant 1.5h_b$且$\geqslant 500$

2-39

(1)支座柱边起步距离为50。

(2)箍筋加密区长度:

①一级抗震箍筋加密区长度:$\geqslant 2.0h_b$,$\geqslant 500$。

②二~四级抗震箍筋加密区长度:$\geqslant 1.5h_b$,$\geqslant 500$

(3)箍筋非加密区长度:

①一级抗震箍筋非加密区长度:净跨 $l_n - 2\max\{2.0h_b,500\}$。

②二~四级抗震箍筋非加密区长度,净跨 $l_n - 2\max\{1.5h_b,500\}$

序号	钢筋结构知识体系	22G101-1 页码
4	悬挑梁内箍筋构造 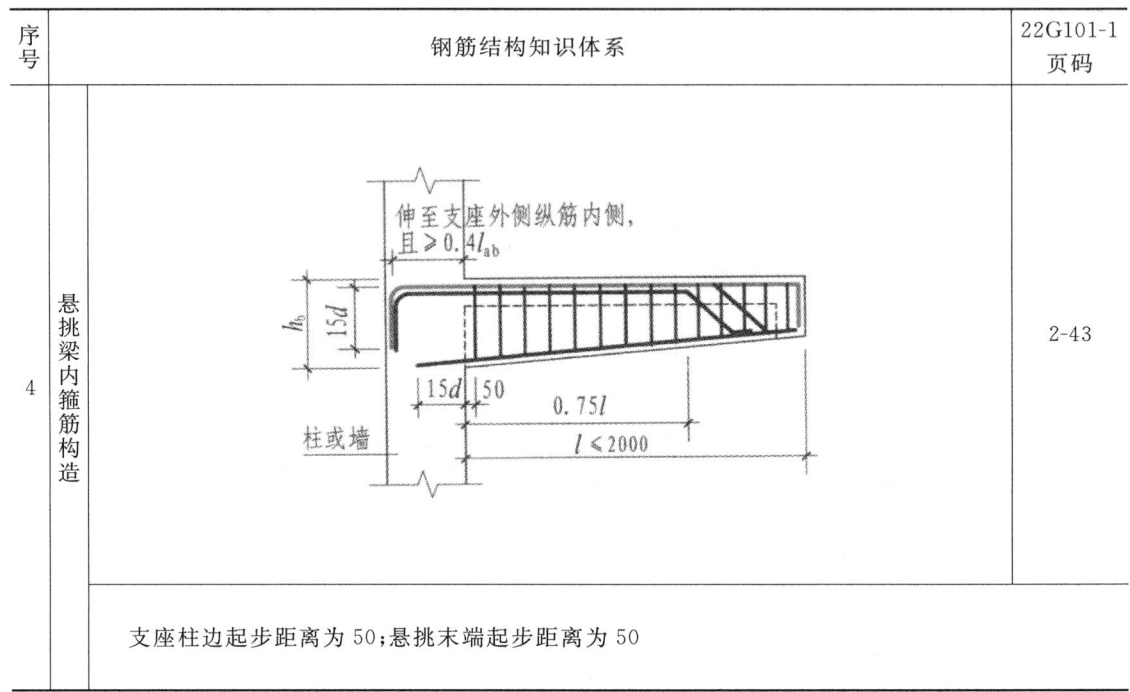	2-43

支座柱边起步距离为 50；悬挑末端起步距离为 50

3.3.2.6　屋面框架梁

屋面框架梁位于整个结构顶面，主要作用是承受屋架的自重和屋面活荷载。屋面框架梁纵向钢筋构造如图 3-16 所示。

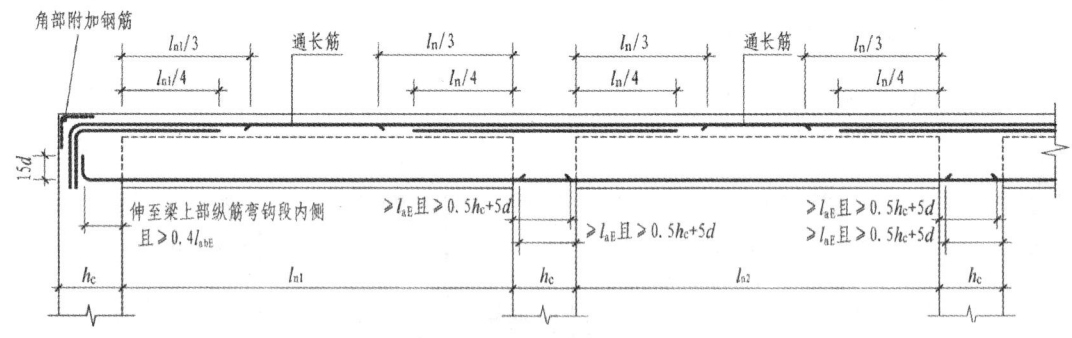

图 3-16　屋面框架梁纵向钢筋构造

将屋面框架梁与楼层框架梁相比较发现，屋面框架梁中间支座钢筋排布与楼层框架梁中间支座钢筋排布一致，净长或中间直锚排布规则一致；屋面框架梁下部钢筋端支座做法与楼层框架梁下部钢筋端支座做法一致。二者主要的区别是：上部纵筋与下部纵筋锚固方式和锚固长度不同，具体见图集 22G101-1 第 2-33、2-34 页；屋面框架梁中间支座变截面 $\Delta_h/(h_c-50)>1/6$ 和梁宽度不同时的节点构造与楼层框架梁不一致，具体见图集 22G101-1 第 2-37 页。

抗震屋面框架梁上部纵筋构造汇总表如表 3-31 所示。

表 3-31 抗震屋面框架梁上部纵筋构造汇总表

序号			钢筋构造知识体系
1	端支座锚固构造	柱外侧纵向钢筋和梁上部纵向钢筋在节点外侧弯折搭接构造	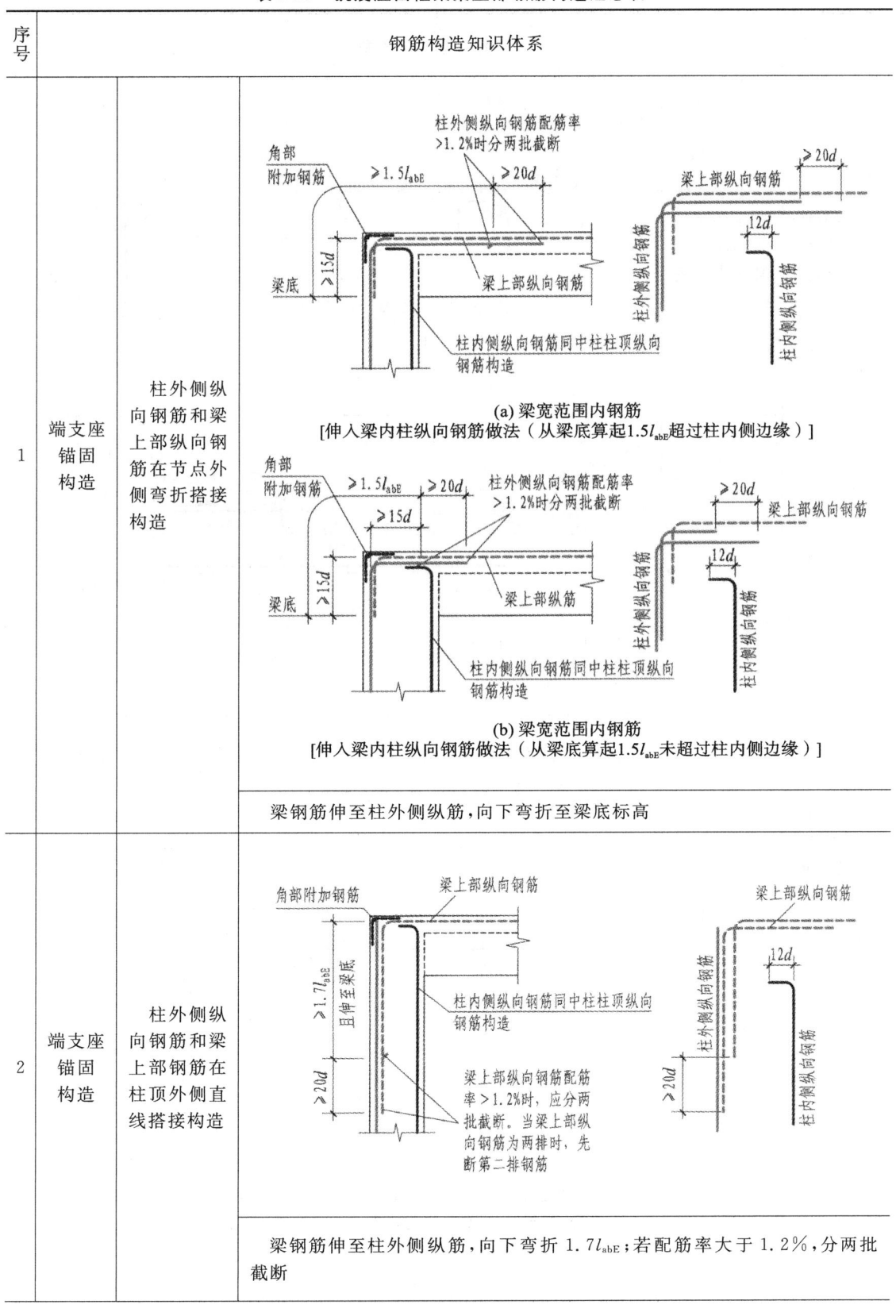 (a) 梁宽范围内钢筋 [伸入梁内柱纵向钢筋做法（从梁底算起1.5l_{abE}超过柱内侧边缘）] (b) 梁宽范围内钢筋 [伸入梁内柱纵向钢筋做法（从梁底算起1.5l_{abE}未超过柱内侧边缘）] 梁钢筋伸至柱外侧纵筋，向下弯折至梁底标高
2	端支座锚固构造	柱外侧纵向钢筋和梁上部钢筋在柱顶外侧直线搭接构造	梁钢筋伸至柱外侧纵筋，向下弯折 1.7l_{abE}；若配筋率大于 1.2%，分两批截断

续表

序号	钢筋构造知识体系	
2	端支座锚固构造	梁宽范围内柱外侧纵向钢筋弯入梁内作梁筋构造

3	中间支座变截面构造	$\Delta_h/(h_c-50)>1/6$

顶部变截面处,高位梁,上部纵筋伸至柱端,向下弯折 Δ_h+l_{aE},弯锚公式为 $h_c-c_{柱}+\Delta_h+l_{aE}-c_{梁}$。

低位梁,上部钢筋直接直锚,且长度为 $\max\{l_{aE},0.5h_c+5d\}$

$\Delta_h/(h_c-50)\leqslant1/6$

底部变截面处,高位梁,上部钢筋直接直锚 $\max\{l_{aE},0.5h_c+5d\}$。

低位梁,下部纵筋伸至柱端,向上弯折 $15d$,弯锚公式为 $h_c-c_{柱}+15d$,弯锚水平长度 $\geqslant0.4l_{abE}$

续表

序号	钢筋构造知识体系		
3	中间支座变截面构造	梁宽度不同	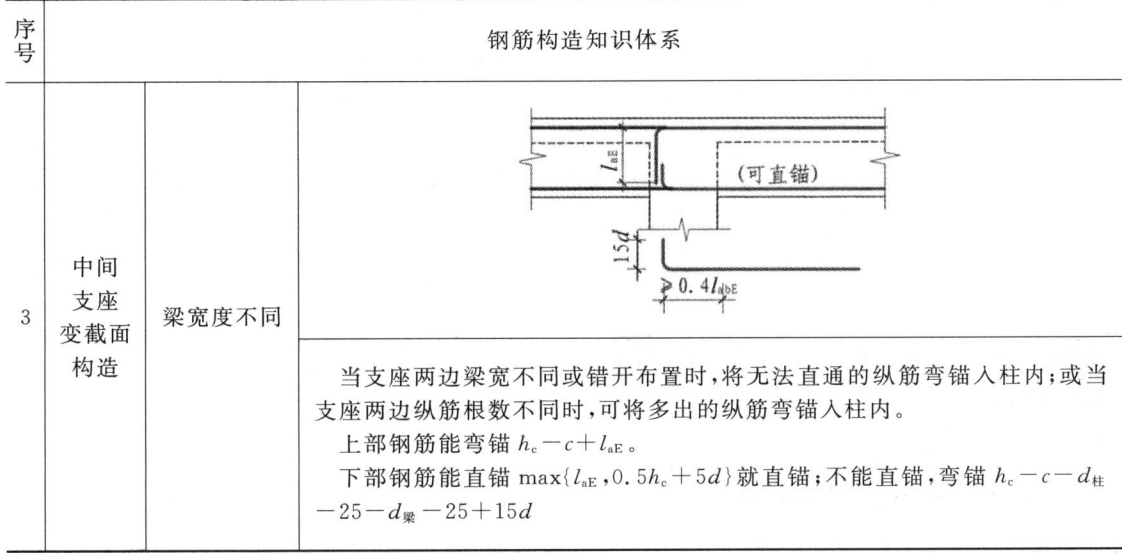
			当支座两边梁宽不同或错开布置时,将无法直通的纵筋弯锚入柱内;或当支座两边纵筋根数不同时,可将多出的纵筋弯锚入柱内。 上部钢筋能弯锚 h_c-c+l_{aE}。 下部钢筋能直锚 $\max\{l_{aE},0.5h_c+5d\}$ 就直锚;不能直锚,弯锚 $h_c-c-d_{柱}-25-d_{梁}-25+15d$

3.3.2.7　非框架梁

非框架梁是指框架结构中以梁为支座的梁。非框架梁钢筋骨架包括上部钢筋、下部钢筋、箍筋。其中,上部钢筋包括上部通长筋、上部支座负筋、架立筋;下部钢筋包括下部通长筋、下部支座负筋。

非框架梁配筋构造如图 3-17 所示。

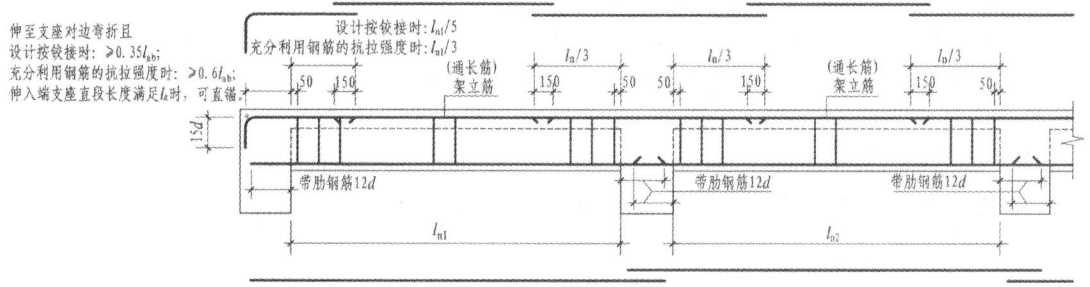

图 3-17　非框架梁配筋构造

(1)非框架梁上部钢筋,锚固长度为伸至对边弯折 15d(够直锚时锚固 l_a),弯锚取 $b_{梁宽}-c_{梁}-d_{主梁}-25+15d$,直锚时取 l_a。

(2)支座负筋延伸长度: $l_n/5$(充分利用钢筋抗拉强度时为 $l_n/3$)。

l_n 取值:端支座取本跨净跨长,中间支座取相邻两跨较大的净跨长。

(3)架立筋与支座负筋搭接 150。

(4)箍筋起步距离为 50,没有加密区。如端部采用不同间距的钢筋,则需注明根数。

(5)下部钢筋端支座锚固,直锚 12d(带肋钢),端支座非框架梁下部纵筋伸入支座长度不满足直锚 12d 要求时,伸入支座对边弯折 7.5d(带肋钢筋),即锚固长度为 $b_{梁宽}-c_{梁}-d_{主梁}-25-d_{次梁}-25+7.5d$,如图 3-18 所示。

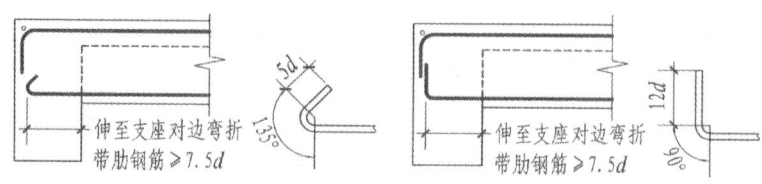

图 3-18 非框架梁下部纵筋弯锚构造

3.4 梁构件钢筋算量

3.4.1 梁构件钢筋算量学习引导

3.4.1.1 学习任务描述

按照《混凝土结构施工图平面整体表示方法制图规则和构造详图（现浇混凝土框架、剪力墙、梁、板》(22G101-1)中有关梁构件结构施工图部分知识，完成框架梁钢筋骨架节点分析，完成框架梁构件钢筋长度和根数计算。

3.4.1.2 学习目标

(1)能按照图集对梁构件骨架节点进行分析。
(2)能准确对钢筋长度计算公式进行总结。
(3)能结合图纸信息，完成框架梁构件钢筋长度的计算。

3.4.1.3 任务书

计算某学校图书综合楼二层框架梁的钢筋工程量，并将结果填入计算书中。

3.4.1.4 任务分组

梁构件钢筋算量学生任务分配表如表 3-22 所示。

表 3-32 梁构件钢筋算量学生任务分配表

班级		组号		指导老师	
小组	姓名	学号	任务		
组长					
组员					

小组	姓名	学号	任务
组员			
备注			

3.4.1.5 任务准备

收集《混凝土结构施工图平面整体表示方法制图规则和构造详图（现浇混凝土框架、剪力墙、梁、板）》（22G101-1）中有关梁构件节点构造知识，完成梁构件钢筋算量知识体系表（样表见表 3-33）。

表 3-33 梁构件钢筋算量知识体系表

学习情境	梁构件钢筋算量		
学习成果名称	钢筋工程量计算书	难易程度	中
参考文献	《混凝土结构施工图平面整体表示方法制图规则和构造详图（现浇混凝土框架、剪力墙、梁、板）》（22G101-1）		
完成时间	____年____月____日____之前提交全部公式明细		
任务说明	结合某学校图书综合楼结构施工图纸和结构基础知识，分析钢筋工程量计算公式中的因素		
任务完成明细	钢筋算量	设计长度×根数	
	设计长度	设计长度＝净长＋锚固（收头）＋搭接＋弯钩（一级钢筋） 净长＝构件尺寸－相应尺寸（保护层） 此端箍筋构造可不设加密区 梁端箍筋规格及数量由设计确定 过长，需要搭接	
任务完成明细	根数	相同钢筋数量＝间距数＋1 ＝净长/间距＋1 ＝（图纸尺寸－2×起步距离）/间距＋1	

3.4.1.6 任务实施

1.上部通长筋端支座锚固

根据图 3-4、图 3-5 完成下列任务。

引导问题 1：KL19a(1)上部通长筋图纸信息为：_____

_____

_____

引导问题 2:KL19a(1)上部通长筋端支座锚固分析:_____

_____

_____

引导问题 3:KL19a(1)上部通长筋长度计算公式是:_____

_____

_____

引导问题 4:当钢筋直径相同时,KL9a(1)上部通长筋连接位置为:_____

_____

2.上部通长筋悬挑端钢筋算量

框架梁 KL5(A2)平法图如图 3-19 所示。

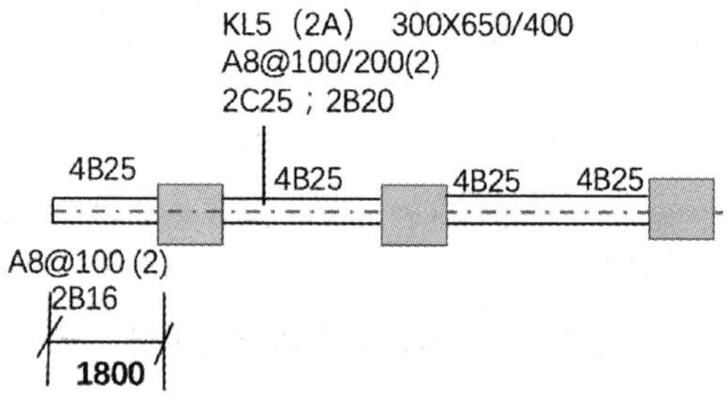

KL5 (2A)　300X650/400
A8@100/200(2)
2C25；2B20

4B25　　4B25　　4B25　　4B25

A8@100 (2)

2B16

1800

图 3-19　框架梁 KL5(2A)平法图 1

引导问题 5:KL5(2A)上部通长筋图纸信息为:_____

_____

_____

引导问题 6:KL5(2A)上部通长筋端支座锚固分析:_____

_____

_____

引导问题 7:KL5(2A)上部通长筋长度计算公式是:_____

_____

_____

引导问题 8:当钢筋直径相同时,KL5(2A)上部通长筋连接位置为:_____

_____

3.框架梁支座负筋钢筋算量

框架梁 KL5(2A)平法图如图 3-20 所示。

引导问题 9:KL5(2A)支座负筋图纸信息为:_____

_____

_____

引导问题 10:KL5(2A)支座负筋悬挑端锚固分析:_____

_____

_____

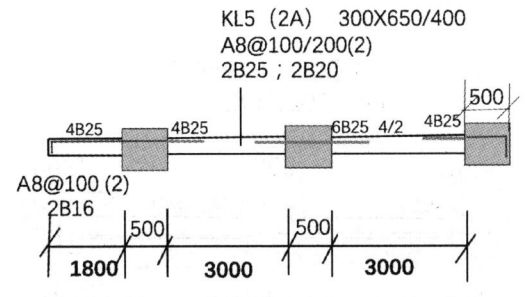

图 3-20　框架梁 KL5(2A)平法图 2

引导问题 11:KL5(2A)支座负筋长度计算公式是:_____

_____

_____

4.侧面钢筋算量

根据图 3-4、图 3-5 完成下列任务。

引导问题 12:KL19a(1)侧面钢筋图纸信息为:_____

_____

_____

引导问题 13:框架梁 KL19a(1)侧面受扭钢筋支座锚固分析:_____

_____

_____

引导问题 14:KL19a(1)侧面受扭钢筋长度计算公式是:_____

_____

_____

5.下部纵钢筋算量(整根梁通长布置)

根据图 3-19 完成下列任务。

引导问题 15:框架梁 KL5(2A)下部通长筋图纸信息为:_____

_____

_____

引导问题 16:框架梁 KL5(2A)下部通长筋锚固分析:_____

_____

_____

引导问题 17:框架梁 KL5(2A)下部通长筋长度计算公式是:_____

_____

_____

引导问题 18:当钢筋直径相同时,KL5(2A)下部通长筋连接位置为:_____

_____

_____

6.梁下部支座钢筋算量(按跨布置)

框架梁 KL9(2)平法图如图 3-21 所示。

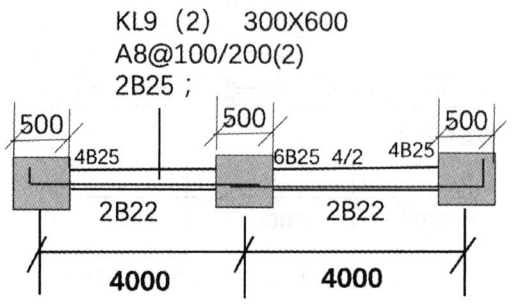

图 3-21　框架梁 KL9(2)平法图

引导问题 19:框架梁 KL9(2)上部支座负筋图纸信息为:_____

_____

引导问题 20:KL9(2)上部通长筋端支座锚固分析:_____

_____

引导问题 21:KL9(2)上部支座负筋长度计算公式为:_____

_____

7.箍筋

框架梁 KL1(3)平法图如图 3-22 所示。

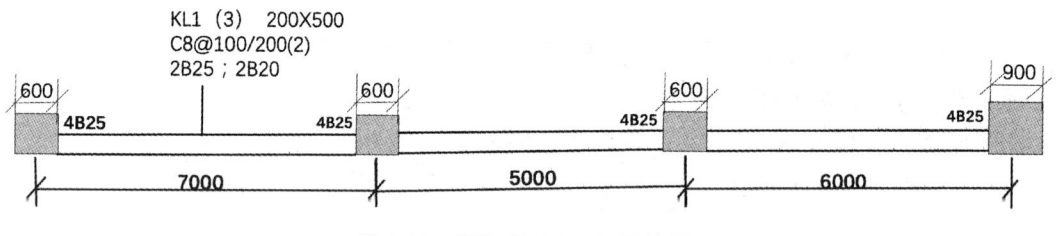

图 3-22　框架梁 KL1(3)平法图

引导问题 22:框架梁 KL1(3)箍筋图纸信息为:_____

_____

引导问题 23:框架梁 KL1(3)箍筋长度分析:_____

_____

引导问题 24:框架梁 KL1(3)箍筋根数分析:_____

_____

8.框架梁钢筋工程量计算书

计算框架梁钢筋工程量,填写计算书(见表 3-34)。

表 3-34　框架梁钢筋工程量计算书

构件名称	钢筋名称		钢筋规格	计算公式	根数	总长
KL1	纵筋	上部纵筋				
		侧面钢筋				
		下部纵筋				
	箍筋					

3.4.1.7　评价反馈

学生进行自评,评价自己是否能完成钢筋算量的学习、是否能完成梁构件钢筋工程量计算、是否能按时完成报告内容等成果资料、有无任务遗漏。老师对学生的评价内容,可对接江苏省"建筑工程识图"技能大赛和"1+X"建筑工程识图职业技能等级证书、关于梁构件评分标准和规范成果,主要包括报告书是否工整规范、报告内容数据是否真实合理、阐述是否详细、认识体会是否深刻、绘制图纸是否规范。

(1)学生进行自我评价,将结果填入表 3-35 中。

表 3-35　梁构件钢筋算量学生自评表

班级:		姓名:	学号:	日期:	
学习情境		梁构件钢筋算量			
评价项目		评价标准		分值	得分
信息检索		能有效利用图纸、图集 22G101-1 查找有效信息;能用自己的语言有条理地去解释、表述所学知识;能将找到的信息有效转换到图纸识读过程中		15	
梁构件节点构造分析		能正确识读图纸,查询图集,分析梁构件节点构造		25	
梁构件钢筋算量		能正确计算受力筋的长度及根数		25	

续表

评价项目	评价标准	分值	得分
工作态度	态度端正,无无故缺勤、迟到、早退现象	10	
工作质量	能按计划完成工作任务	10	
协调能力	与小组成员、同学之间能合作交流、协调工作	5	
职业素质	全面细致,一丝不苟,树立职业从业意识	10	

(2)学生以小组为单位,对工作过程与工作结果进行互评,将互评结果填入表 3-36 中。

表 3-36　梁构件钢筋算量学生互评表

学习情境		梁构件钢筋算量											
评价项目	分值	等级								评价对象(组别)				
										1	2	3	4	5	6
计划合理	8	优	8	良	7	中	6	差	4						
方案合理	8	优	8	良	7	中	6	差	4						
团队合作	8	优	8	良	7	中	6	差	4						
组织有序	8	优	8	良	7	中	6	差	4						
工作质量	8	优	8	良	7	中	6	差	4						
工作效率	8	优	8	良	7	中	6	差	4						
工作完整	10	优	10	良	8	中	6	差	4						
工作规范	16	优	16	良	12	中	8	差	4						
计算书	16	优	16	良	12	中	8	差	4						
拓展成果	10	优	10	良	8	中	6	差	4						
合计	100														

(3)教师对学生的工作过程与工作结果进行评价,并将评价结果填入表 3-37 中。

表 3-37　梁构件钢筋算量教师综合评价表

址级:		姓名:	学号:		
学习情境		梁构件钢筋算量			
评价项目		评价标准	分值	得分
考勤(10%)		无无故迟到、早退、旷课现象	10	
工作过程(60%)	梁构件图纸分析	能有效分析图纸,获取图纸信息	5	
	梁构件节点构造	能在图集 22G101-1 中有效定位梁构件平法制图页码、明晰基本内容	20	
	梁构件钢筋算量	能对钢筋长度和钢筋数量进行准确计算	20	
	工作态度	态度端正,工作认真、主动	5	
	协调能力	与小组成员、同学之间能合作交流、协调工作	5	
	职业素质	全面细致,一丝不苟,树立职业从业意识	5	

评价项目		评价标准	分值	得分
项目成果（30%）	工作完整	能按时完成任务	5	
	工作规范	能按规范要求识读	5	
	读图报告	能正确识读图纸并按照图纸完成读图报告	5	
	拓展成果	能准确完成梁构件截面注写绘制	15	
合计			100	
综合评价	自评（20%）	小组互评（30%）　　　教师评价（50%）	综合得分	

3.4.1.8　拓展思考题

(1)屋面框架梁与楼层框架梁有何区别?

(2)屋面框架梁上部通长筋工程量计算要点是什么?

3.4.2　混凝土结构梁钢筋算量实例

例 3-2：KL19a(1)平法图如图 3-5 所示。已知 KL19a(1)的抗震等级为二级，梁柱混凝土强度等级为 C30，钢筋保护层厚度为 25，柱角筋为 4C22，受拉钢筋锚固长度 l_{aE} 取值 40d，计算上部通长筋的算量长度。

(1)分析上部通长筋钢筋骨架。

分析图 3-5，画出 KL19a(1)钢筋构造示意图如图 3-23 所示。

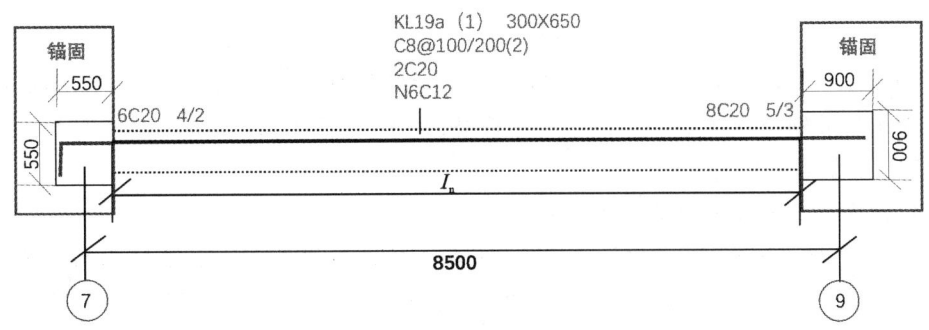

图 3-23　KL19a(1)钢筋构造示意图

KL19a(1)框架梁上部通长筋为 2C20，有 2 根，为三级钢筋，直径为 20 mm；整跨梁柱内长度为梁净长，伸入支座框架柱内的长度是锚固长度。

受拉钢筋锚固长度 l_{aE}＝(40×20) mm＝800 mm，左支座柱宽 550 mm＜800 mm，采用弯锚；右支座柱宽(900−25) mm＞800 mm，采用直锚。

(2)上部通长筋的算量长度。

左支座弯锚长度＝柱宽−保护层厚度＋15$d_{梁}$＝(550−25＋15×20) mm＝825 mm

净长 l_n＝(8500−550/2−900/2) mm＝7775 mm

$$右支座直锚长度=\max\{l_{aE},0.5h_c+5d\}=\max\{40\times20\ \text{mm},0.5\times900\ \text{mm}+5\times20\ \text{mm}\}$$
$$=800\ \text{mm}$$
$$上部通长筋长度=(825+7775+800)\ \text{mm}=9400\ \text{mm}$$

例 3-3：KL13(2A)钢筋构造示意图如图 3-24 所示。已知它的抗震等级为二级，梁柱混凝土强度等级为 C30，柱与梁钢筋保护层厚度为 25，柱角筋为 4C25，受拉钢筋锚固长度 l_{aE} 取值 $40d$，求上部通长筋的算量长度。

（1）分析上部通长筋钢筋骨架。

左端为悬挑端且 $l(2500)\geq4h_b(2400)$，上部 2 根角筋伸至远端下弯 $12d$，上部中 2 根钢筋下弯 $45°$，斜长是水平长度的 $\sqrt{2}$ 倍，水平平直段长度为 $10d$。

右端 $l_{aE}=(40\times22)\ \text{mm}=880\ \text{mm}>500\ \text{mm}$，故采用弯锚，长度为 $(500-25+15\times22)$ $\text{mm}=805\ \text{mm}$。

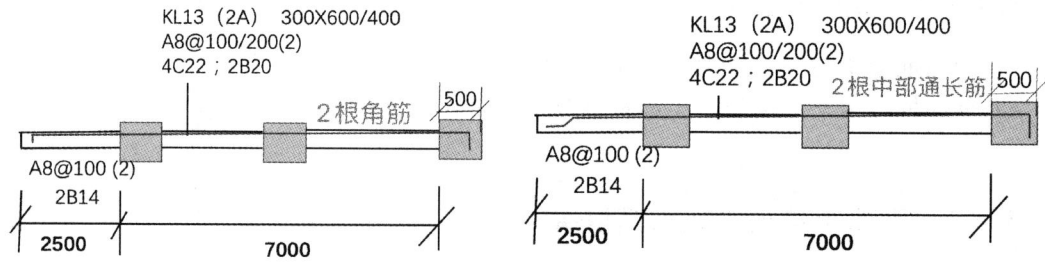

图 3-24　KL13(2A)钢筋构造示意图

（2）上部通长筋的算量长度。

2 根角筋：
$$(2500+7000-25+12\times22+805)\ \text{mm}=10.544\ \text{m}$$

2 根中部通长筋：
$$[2500+7000-25+0.414\times(300-25\times2)+805]\ \text{mm}=10.383\ \text{m}$$

例 3-4：KL5(2A)平法图如图 3-19 所示。已知它的抗震等级为二级，梁柱混凝土强度等级为 C30，柱与梁钢筋保护层厚度为 25，柱角筋为 4C25，受拉钢筋锚固长度 l_{aE} 取值 $40d$，求上部支座负筋的算量长度。

（1）分析支座负筋钢筋骨架。

左端为悬挑端且 $l(1800)<4h_b(2400)$，上部 4 根钢筋伸至远端下弯 $12d$；右端 $l_{aE}=(40\times25)\ \text{mm}=1000\ \text{mm}>500\ \text{mm}$，故采用弯锚，长度为 $(500-25+15\times25)\ \text{mm}=850\ \text{mm}$。

（2）支座负筋。

第一跨端支座负筋（4B25）：
$$L=(1800-25+12\times25+500+3000/3)\ \text{mm}=3575\ \text{mm}$$

第二跨中间支座负筋（第一排 4B25）：
$$L=(3000/3\times2+500)\ \text{mm}=2500\ \text{mm}$$

第二跨中间支座负筋（第二排 4B25）：
$$L=(3000/4\times2+500)\ \text{mm}=2000\ \text{mm}$$

第三跨端支座负筋（4B25）：
$$L=(3000/3+850)\ \text{mm}=1850\ \text{mm}$$

例 3-5：KL19a(1)平法图如图 3-5 所示。已知它的抗震等级为二级，梁柱混凝土强度等级为 C30，钢筋保护层厚度为 25，柱角筋为 4C22，受拉钢筋锚固长度 l_{aE} 取值 $40d$，搭接长度 l_{lE} 取值 $56d$，计算侧面受扭钢筋的算量长度。

(1)分析侧面受扭筋钢筋骨架。

分析图 3-5，画出 KL19a(1)钢筋构造示意图如图 3-25 所示。

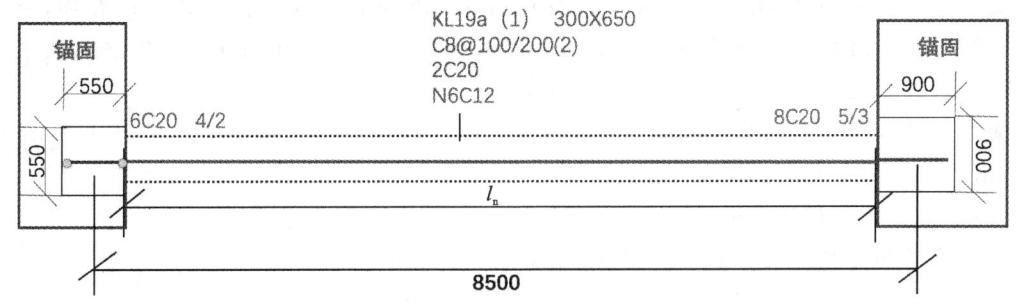

图 3-25　KL19a(1)钢筋构造示意图

KL19a(1)框架梁中部受扭筋为 6C12，有 6 根，为三级钢筋，直径为 12 mm。整跨梁柱内长度为梁净长，伸入支座框架柱内的长度是锚固长度。

受拉钢筋锚固长度 l_{aE}＝(40×12) mm＝480 mm，左支座柱宽 550 mm＞480 mm，采用直锚；右支座柱宽(900−25) mm＞480 mm，采用直锚。

受扭钢筋上有拉筋且为三排，隔一拉一，间距是 400 mm。

(2)侧面受扭钢筋的算量长度。

$$左支座弯锚长度＝\max\{l_{aE},0.5h_c+5d\}＝\max\{40×12 \text{ mm},0.5×550 \text{ mm}+5×12 \text{ mm}\}$$
$$＝480 \text{ mm}$$

$$净长\ l_n＝(8500−550/2−900/2) \text{ mm}＝7775 \text{ mm}$$

$$右支座直锚长度＝\max\{l_{aE},0.5h_c+5d\}＝\max\{40×12 \text{ mm},0.5×900 \text{ mm}+5×12 \text{ mm}\}$$
$$＝510 \text{ mm}$$

$$侧面受扭钢筋长度＝(480+7775+510) \text{ mm}＝8765 \text{ mm}$$

(3)拉筋长度及根数计算。

$$L＝(300−2×25+1.9×12+\max\{10×12,75\}×2) \text{ mm}＝512.8 \text{ mm}$$
$$N＝[(8500−50×2)/400+1]根＝22 根$$

例 3-6：KL5(2A)平法图如图 3-20 所示。已知它的抗震等级为二级，梁柱混凝土强度等级为 C30，柱与梁钢筋保护层厚度为 25，柱角筋为 4C25，受拉钢筋锚固长度 l_{aE} 取值 $40d$，搭接长度取值 $56d$，求下部通长筋的算量长度。

(1)分析下部通长筋钢筋骨架。

下部通长筋和悬挑钢筋直径不一样，需要分开计算，特别是集中标注与原位标注发生冲突，以原位标注为主；悬挑钢筋，左端为悬挑端，端部伸至悬挑尽端，根部伸入支座 $15d$。

下部通长筋，右端 l_{aE}＝(40×20) mm＝800 mm＞500 mm，采用弯锚，长度为(500−25+15×20) mm＝775 mm；左端 l_{aE}＝(40×20) mm＝800 mm＞500 mm，故采用弯锚，长度为(500−25+15×20) mm＝775 mm。

(2)下部通长筋的算量长度。

下部通长筋(2B20)：(3000+500+3000+775+775) mm＝8050 mm＝8.05 m。

悬挑筋(2B22):(1800−25+15×22) mm=2.015 m。

例 3-7:KL5(2A)平法图如图 3-20 所示。已知它的抗震等级为二级,梁柱混凝土强度等级为 C30,柱与梁钢筋保护层厚度为 25,柱角筋为 4C25,受拉钢筋锚固长度 l_{aE} 取值 40d,搭接长度取值 56d,求下部纵筋的算量长度。

(1)分析下部纵筋钢筋骨架。

梁下部端支座锚固,右端 l_{aE}=(40×22) mm=880 mm>500 mm,故采用弯锚,长度为(500−25+15×22) mm=805 mm;左端 l_{aE}=(40×22) mm=880 mm>500 mm,故采用弯锚,长度为(500−25+15×22) mm=805 mm。

梁下部中间支座锚固,max{l_{aE},0.5h_c+5d}=max{880 mm,250 mm+110 mm}=880 mm。

(2)下部支座负筋算量长度。

第一跨下部支座负筋:(4000−500+805+880) mm=5185 mm。

第二跨下部支座负筋:(4000−500+805+880) mm=5185 mm。

例 3-8:KL1(3)平法图如图 3-22 所示。已知它的抗震等级为二级,梁柱混凝土强度等级为 C30,柱与梁钢筋保护层厚度为 25,柱角筋为 4C25,受拉钢筋锚固长度 l_{aE} 取值 40d,搭接长度取值 56d,求箍筋的算量长度及根数。

(1)分析箍筋加密区间。

每跨梁箍筋起步距离为 50,分布在两端支座附近,由于本工程抗震等级为二级,加密区间为 max{1.5×500 mm,500 mm}=750 mm;非加密区间距为 l_n−2max{1.5h_b,500 mm},l_n 为梁净跨。

(2)箍筋的钢筋算量。

$$L=\{[(200−20×2)+(500−20×2)]×2+[max(75,8×10)+1.9×8]×2\}\ mm$$
$$=1430.4\ mm$$

$$N_{加}=[(1.5×500−50)/100+1]根=8 根,3 跨共 8×3 根=24 根$$

$$N_{非1}=[(7000−600−750×2)/200−1]根=24 根$$

$$N_{非2}=[(5000−600−750×2)/200−1]根=14 根$$

$$N_{非3}=[(6000−300−450−750×2)/200−1]根=18 根$$

例 3-9:WKL1(3)的抗震等级为二级,梁柱混凝土强度等级为 C30,柱与梁钢筋保护层厚度为 20,柱角筋为 4C25,受拉钢筋锚固长度 l_{aE} 取值 33d,搭接长度 l_{lE} 取值 46d,锚固采用梁上部钢筋在柱顶外侧直线搭接构造,求 WKL1(3)的上部通长筋长度及根数。

(1)屋框梁上部通长筋节点构造:梁钢筋伸至柱外侧纵筋,向下弯折 1.7l_{abE},若配筋率大于 1.2%,分两批折断,第二批再加 20d。

本工程配筋率不大于 1.2%,采用梁钢筋伸至柱外侧纵筋、向下弯折 1.7l_{abE} 做法,左支座锚固长度为(600−20+1.7×33×20) mm=1702 mm,右支座锚固长度为(900−20+1.7×33×20) mm=2002 mm。

(2)上部贯通筋 2B20 长度计算。

L=净长+锚固长度=(7000+6000+5000−300−450+1702+2002) mm=20954 mm

(3)搭接:搭接位置为跨中 l_n/3。

绑扎连接:l_{lE}=(46×20×2) mm=1840 mm。

焊接或机械连接:接头有(20954/9000−1)个=2 个。

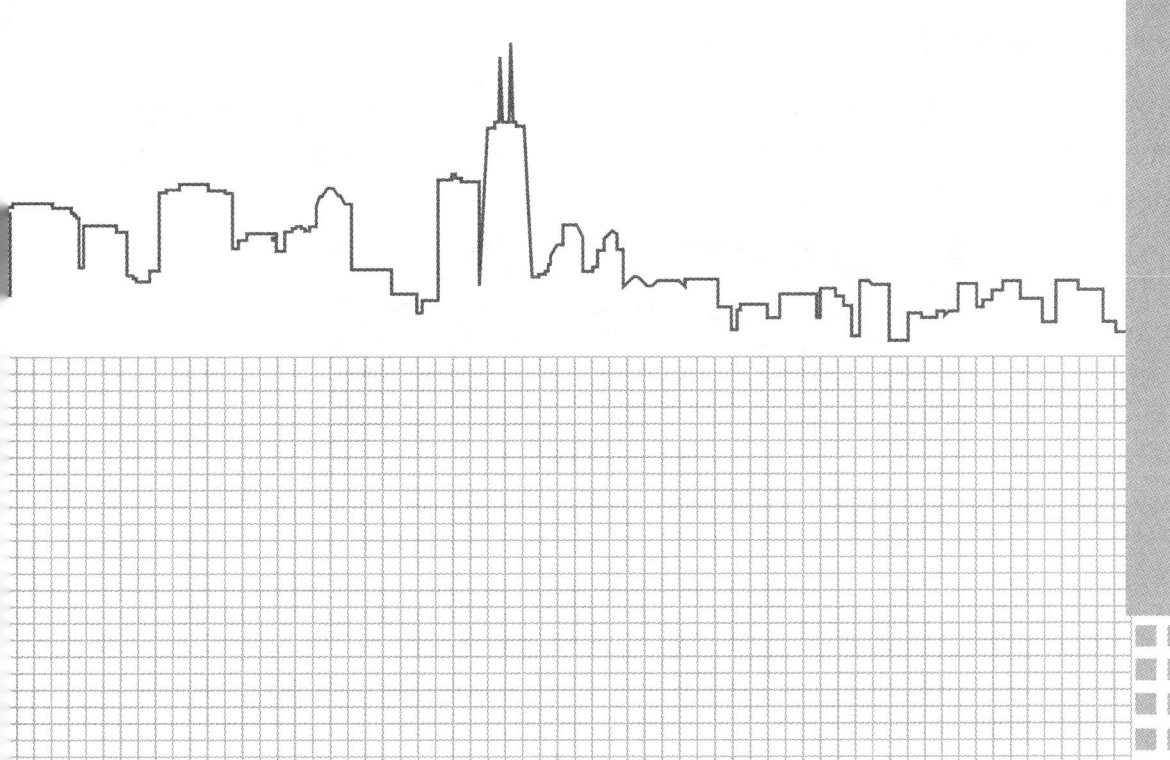

项目4

板平法识图与钢筋算量

4.1 学习任务描述

4.1.1 项目概况

某学校图书综合楼,主体五层、局部二层,主体结构形式为框架结构、局部结构形式为框剪结构,总建筑面积为 4760 m²。本工程楼板为有梁楼盖板,板标注方式同图集略有不同,板厚有 100、120、130、170 等几种类型,屋顶有挑檐板,板具体设计信息见结构设计说明。本项目任务主要包括板构件受力分析、钢筋骨架组成分析、板平法施工图识图、板构件钢筋节点构造分析、板构件钢筋用量计算。

4.1.2 项目目标

(1)熟悉板平法施工图的表示方式。
(2)掌握常用的板标准构造。
(3)掌握板钢筋用量的计算方法。

4.1.3 课程思政

2022 年冬奥会在北京举行,"冰丝带"国家速滑馆(见图 4-1)是唯一新建的冰上竞技赛场馆。它的外形非常美,由 22 条晶莹美丽的"丝带"状曲面玻璃幕墙环绕,与明亮剔透的超白玻璃相结合,象征着速度滑冰运动员在冰上留下的滑行轨迹。

图 4-1 "冰丝带"国家速滑馆

"冰丝带"国家速滑馆的结构形式为钢筋混凝土框架＋钢结构,地下两层、地上三层,支撑滑道的楼层板为混凝土板。楼板是建筑物中的水平受力构件,板内部钢筋构造非常复杂,纵筋搭接与截断距离较复杂,需要配合柱平法施工图寻找缺失信息。

(1)国家举办奥运会等大型赛事,展现了国力,增强了国人的大国自信、民族荣誉感等。
(2)总结建筑中混凝土板的作用,体会板与其他构件的相互依存关系。

（3）结合板的特点，在课程内容中适当融入工匠精神、责任意识、担当精神、安全意识等课程思政要素，强化严格遵守国家规范的意识。

4.1.4　项目分析

为完成本项目，基于实际岗位能力要求设置3个任务，理论知识与实践操作在"做中学，学中做"中相互嵌套。板平法识图与钢筋算量学习任务课程设计如表4-1所示。

表 4-1　板平法识图与钢筋算量学习情境设计表

序列	学习任务	学习任务简介	学时
1	板构件平法识图	了解板构件类型及钢筋骨架，理解集中标注和原位标注，明确钢筋在图纸中的位置	2
2	板构件钢筋节点构造	熟悉混凝土板构件钢筋节点构造，能分析图纸，完成实际工程中混凝土板构件钢筋节点构造识读与绘制	4
3	混凝土板钢筋算量	学会混凝土板钢筋算量方法，会分析图纸，完成实际工程中的钢筋算量	2

4.2　板构件平法识图

4.2.1　板构件平法识图学习引导

4.2.1.1　学习任务描述

按照《混凝土结构施工图平面整体表示方法制图规则和构造详图（现浇混凝土框架、剪力墙、梁、板）》（22G101-1）中有关板构件结构施工图部分知识，针对某学校图书综合楼回答如下三方面的问题：一是该构件平法制图的标注方式是怎样的；二是该构件标注有哪些数据项；三是这些数据项具体如何标注。

4.2.1.2　学习目标

（1）能按照图集22G101-1的常用分类对所提供的板构件进行归类总结。
（2）能对板构件平法识图知识体系按类汇总，完成表格填写。
（3）能对板构件注写方式进行解读，完成识读报告和识读表。

4.2.1.3　任务书

对某学校图书综合楼二层楼面板配筋图（见图 4-2）内的板构件进行平法识读，形成识读报告。

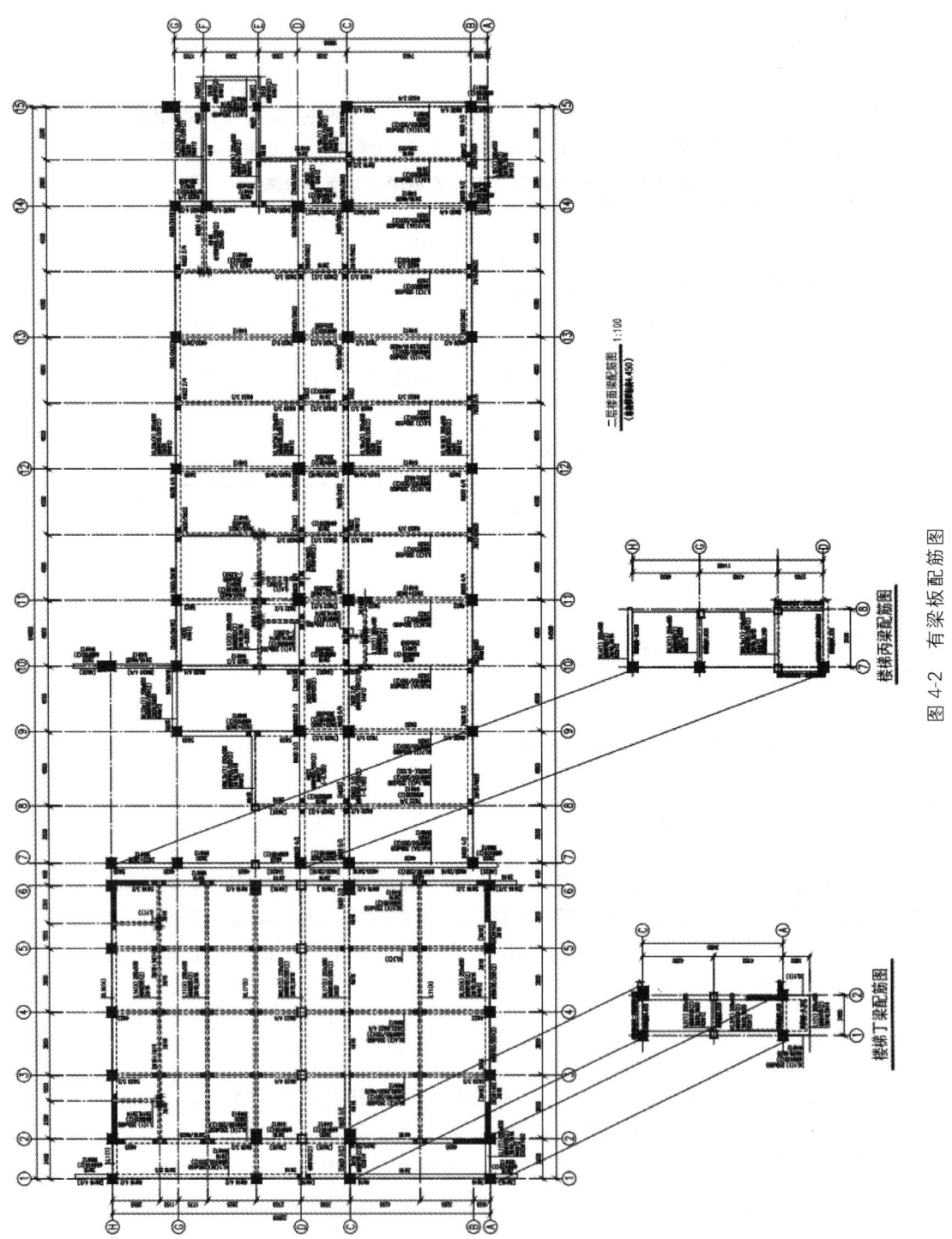

图 4-2 有梁板配筋图

4.2.1.4　任务分组

板构件平法识图学生任务分配表如表 4-2 所示。

表 4-2　板构件平法识图学生任务分配表

班级		组号		指导老师	
小组	姓名	学号	任务		
组长					
组员					
备注					

4.2.1.5　任务准备

(1)阅读工作任务书,小组识读某学校图书综合楼图纸,填写板构件的基础知识表(见表 4-3)。

表 4-3　板构件的基础知识表

学习情境	板构件平法识图		
学习成果名称	板构件基础知识明细	难易程度	易
参考文献	《混凝土结构施工图平面整体表示方法制图规则和构造详图(现浇混凝土框架、剪力墙、梁、板)》(22G101-1)		
完成时间	____年____月____日____之前提交全部识读明细		
任务说明	结合某学校图书综合楼结构施工图纸和结构基础知识,查取板构件环境等级、最小保护层厚度、抗震等级、混凝土强度等级		
任务完成明细	环境等级		
	最小保护层厚度		
	抗震等级		
	混凝土强度等级		

(2)收集《混凝土结构施工图平面整体表示方法制图规则和构造详图(现浇混凝土框架、剪力墙、梁、板)》(22G101-1)中有关板构件平法制图部分知识,完成 22G101-1 板构件平法识图知识体系表(见表 4-4)。

表 4-4　22G101-1 板构件平法识图知识体系表

板构件平法识图知识体系		22G101-1 页码
平法表达方式	平面注写方式	
数据项	编号	
	截面尺寸	
	配筋	
	板顶面标高高差(选注)	
	必要的文字注解(选注)	
板构件集中标注	编号	
	截面尺寸	
	箍筋	
	上部通长筋或架立筋	
	下部通长筋	
	侧面构造钢筋或受扭钢筋	
	板顶面标高高差(选注)	
板构件原位标注	板支座上部筋	
	板下部筋	
	附加吊筋或箍筋	

4.2.1.6　任务实施

1.板构件类型

引导问题 1:根据图集,板构件类型有：_____

_____

_____

2.板构件识读内容

引导问题 2:板构件平面注写的内容包括_____和_____。

引导问题 3:以框架板为例,结合图 4-3 和图集 22G101-1 分析钢筋骨架钢筋种类,填写数字所标注钢筋类型的名称:1,_____;2,_____;3,_____;4,_____。

引导问题 4:板块集中标注的内容为 _____、_____、_____、_____,以及当板面标高不同时的标高_____。

3.板构件注写方式

引导问题 5:完成项目板(标高 4.450 m,x 方向⑦轴～⑨轴,y 方向 B 轴～C 轴之间)识读(见图 4-4),并将识读结果填入表 4-5 中。

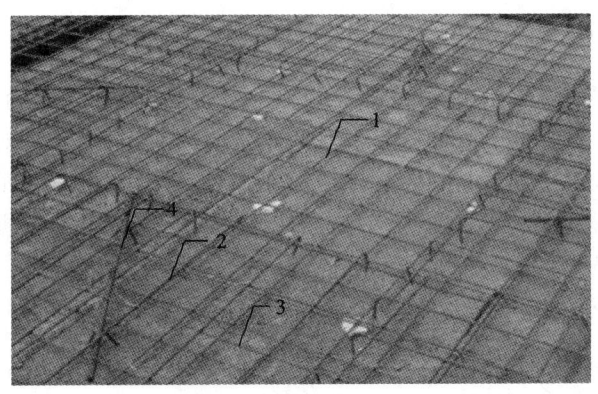

图 4-3　板钢筋骨架

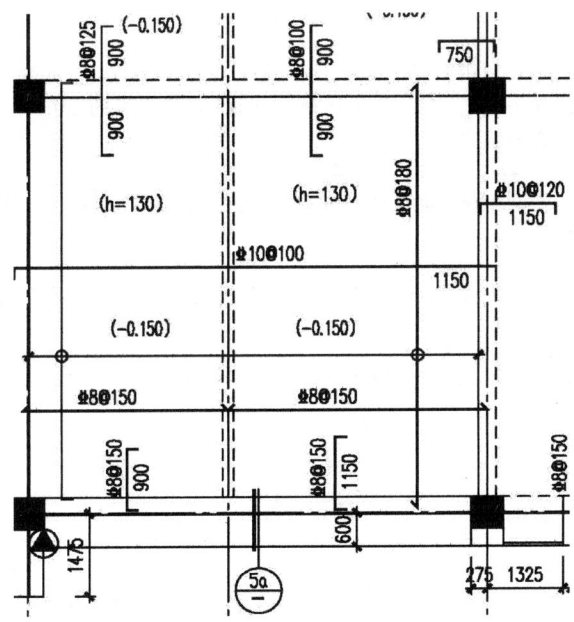

图 4-4　案例板钢筋图

表 4-5　板构件识读内容汇总表

序号	细项	表示方法		识图内容
1	编号			
2	板厚			
3	板下部纵筋			
4	板上部纵筋			
5	板标高高差			
6	支座负筋	B轴		
		C轴		
7	分布筋			

4.2.1.7 评价反馈

学生进行自评,评价自己是否能完成板构件平法识图的学习、是否能完成板构件施工图的识读、是否能按时完成报告内容等成果资料、有无任务遗漏。老师对学生的评价内容,可对接江苏省"建筑工程识图"技能大赛和"1+X"建筑工程识图职业技能等级证书、关于板构件评分标准和规范成果,主要包括报告书是否工整规范、报告内容数据是否真实合理、阐述是否详细、认识体会是否深刻、绘制图纸是否规范。

(1)学生进行自我评价,将结果填入表 4-6 中。

表 4-6 板构件平法识图学生自评表

班级:		姓名:	学号:		日期:	
学习情境		板构件平法识图				
评价项目		评价标准			分值	得分
信息检索		能有效利用图纸、图集 22G101-1 查找有效信息;能用自己的语言有条理地去解释、表述所学知识;能将找到的信息有效转换到图纸识读过程中			15	
板构件集中标注识读		能正确识读,准确理解板构件的作用、图示内容及三维模型绘制			25	
板构件原位标注识读		能正确识读,准确理解板构件的作用、图示内容及三维模型绘制			25	
工作态度		态度端正,无无故缺勤、迟到、早退现象			10	
工作质量		能按计划完成工作任务			10	
协调能力		与小组成员、同学之间能合作交流、协调工作			5	
职业素质		全面细致,一丝不苟,树立职业从业意识			10	

(2)学生以小组为单位,对工作过程与工作结果进行互评,将互评结果填入表 4-7 中。

表 4-7 板构件平法识图学生互评表

学习情境		板构件平法识图												
评价项目	分值	等级							评价对象(组别)					
									1	2	3	4	5	6
计划合理	8	优	8	良	7	中	6	差	4					
方案合理	8	优	8	良	7	中	6	差	4					
团队合作	8	优	8	良	7	中	6	差	4					
组织有序	8	优	8	良	7	中	6	差	4					
工作质量	8	优	8	良	7	中	6	差	4					
工作效率	8	优	8	良	7	中	6	差	4					
工作完整	10	优	10	良	8	中	6	差	4					
工作规范	16	优	16	良	12	中	8	差	4					

续表

评价项目	分值	等级							评价对象(组别)					
									1	2	3	4	5	6
识读报告	16	优	16	良	12	中	8	差	4					
拓展成果	10	优	10	良	8	中	6	差	4					
合计	100													

(3)教师对学生的工作过程与工作结果进行评价,并将评价结果填入表 4-8 中。

表 4-8 板构件平法识图教师综合评价表

班级:　　　　　　　　　姓名:　　　　　　　　　学号:

学习情境		板构件平法识图		
评价项目		评价标准	分值	得分
考勤(10%)		无无故迟到、早退、旷课现象	10	
工作过程(60%)	板构件平法识图知识体系	能在图集 22G101-1 中有效定位板构件平法制图页码、明晰基本内容	5	
	板构件集中标注识读	能正确识读,准确理解板构件的作用、图示内容及三维模型绘制	20	
	板构件原位标注识读	能正确识读,准确理解板构件的作用、图示内容及三维模型绘制	20	
	工作态度	态度端正,工作认真、主动	5	
	协调能力	与小组成员、同学之间能合作交流、协调工作	5	
	职业素质	全面细致,一丝不苟,树立职业从业意识	5	
项目成果(30%)	工作完整	能按时完成任务	5	
	工作规范	能按规范要求识读	5	
	读图报告	能正确识读图纸并按照图纸完成读图报告	5	
	拓展成果	能准确完成板构件截面注写绘制	15	
合计			100	

综合评价	自评(20%)	小组互评(30%)	教师评价(50%)	综合得分

4.2.1.8 拓展思考题

(1)无梁楼盖板带集中标注如何识读?

(2)无梁楼盖板带原位标注如何识读?

(3)无梁楼盖和筏板在识读方面有何区别和联系?

4.2.2 板构件平法识图相关知识点

4.2.2.1 板的概念

在建筑工程中,板是指用来承受垂直于板面的荷载,厚度远小于平面尺度的平面构件。板在水平方向上起着分隔建筑物空间的作用,同时也是水平方向上的重要支撑,以抵抗风、地震等从水平方向传来的荷载;在竖直方向上承受并传递荷载给墙、柱等竖向承重构件,而且在水平方向对墙体、柱起拉结作用。

4.2.2.2 板构件类型

板可以根据不同依据分类,具体类型及其特点如表4-9所示。

表4-9 板构件类型及其特点

分类依据	类型	特点
按板的支承形式分	混凝土板	板的四周支承在梁上
	无梁板	板直接支承在柱和墙上
	悬挑板	板一面有支撑,其他面悬挑
按板的受力方向分	单向板	受力钢筋应沿短边设置,长跨方向设置受力钢筋的分布钢筋
	双向板	受力钢筋应沿板的纵、横两个方向设置
按板的配筋方式分	单层布筋板	板下部布置贯通筋,上部四周布置支座负筋
	双层布筋板	板上部、下部均布置贯通筋
按板的平面位置分	楼面板	用作各楼层楼板
	屋面板	用作屋顶楼板

4.2.2.3 板构件受力分析

在现浇有梁楼盖中,梁是板的支座,板是支承于梁上的连续构件,板的计算简图和弯矩图如图4-5所示。板跨中下部受拉、上部受压,承受正弯矩作用,故在板的跨中部位截面下部应配置受力钢筋;而支座处上部受拉、下部受压,承受负弯矩作用,故在支座处应在板截面的上部配置受拉钢筋(支座负筋)。

4.2.2.4 板钢筋骨架

根据板受力特点,板钢筋主要有受力钢筋、负筋、分布筋、温度筋和其他钢筋。由这些钢筋组成的钢筋骨架形式有板底钢筋网+四周支座负筋、板底钢筋网+四周支座负筋+中间温度筋、双层双向钢筋网等。板钢筋骨架如图4-6所示。

4.2.2.5 板构件平法识图知识体系

板构件平法识图内容包括有梁楼盖平法识图、无梁楼盖平法识图和板其他构造识图,两种楼盖平法识图内容又包括板块集中标注、板支座原位标注,具体知识体系如表4-10所示。

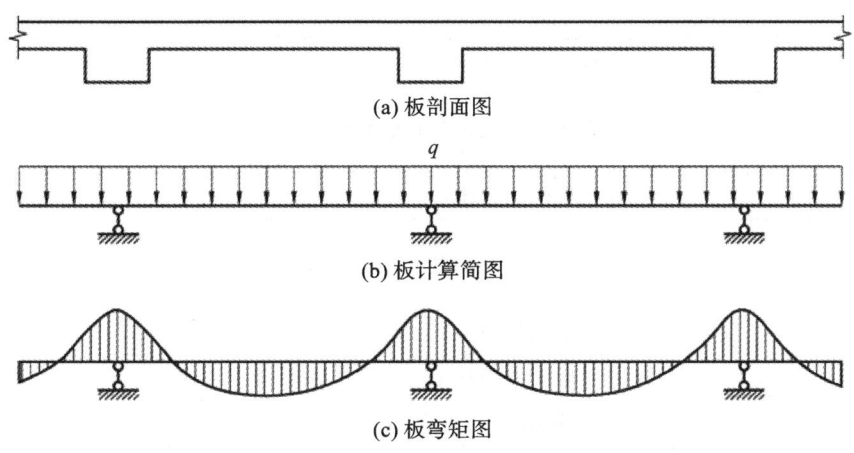

(a) 板剖面图

(b) 板计算简图

(c) 板弯矩图

图 4-5 板构件受力分析图

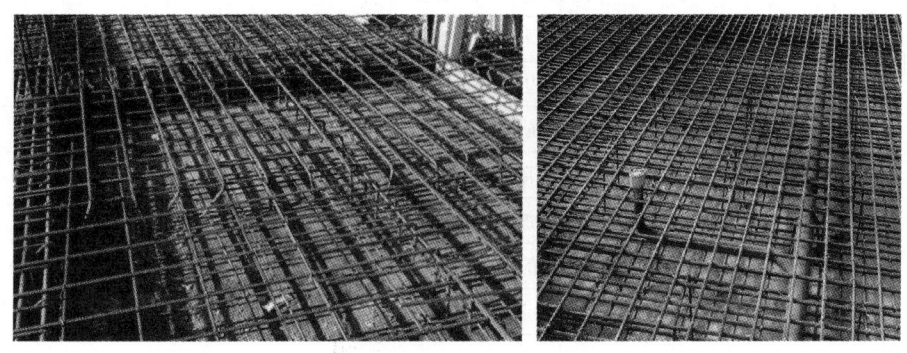

图 4-6 板钢筋骨架图

表 4-10 22G101-1 板构件平法识图知识体系表

有梁楼盖识图知识体系		22G101-1 页码
表示方式	平面注写方式	1-34
板块集中标注数据项	板块编号	1-34、1-35
	板厚	
	板下部纵筋	
	板上部纵筋	
	标高高差	
板支座原位标注数据项	板支座上部非贯通纵筋	1-35~1-38
	悬挑板上部受力钢筋	
无梁楼盖识图知识体系		22G101-1 页码
表示方式	平面注写方式	1-40
板带集中标注	板带编号	1-40
	板带厚	
	板带宽	
	贯通纵筋	

无梁楼盖识图知识体系		22G101-1 页码
板带支座原位标注	板带支座上部非贯通纵筋	1-40、1-41

板其他构造识图知识体系		22G101-1 页码
构造类型表示方法	直接引注	1-44
直接引注	纵筋加强带 JQD 的引注	1-44、1-45
	后浇带 HJD 的引注	1-44
	柱帽 ZMX 的引注	1-45、1-46
	局部升降板 SJB 的引注	1-47
	板加腋 JY 的引注	1-47
	板开洞 BD 的引注	1-47、1-48
	板翻边 FB 的引注	1-48
	角部加强筋 Crs 的引注	1-48、1-49
	悬挑板阴角附加筋 Cis 的引注	1-49
	悬挑板阳角放射筋 Ces 的引注	1-49、1-50
	抗冲切箍筋 Rh 的引注	1-50
	抗冲切弯起筋 Rb 的引注	1-50

4.2.2.6 有梁楼盖平面注写方式

有梁楼盖平法施工图平面注写主要包括板块集中标注和板支座原位标注。

1. 板块集中标注

板块集中标注的内容有板块编号、板厚、上部贯通纵筋、下部纵筋和当板面标高不同时的标高高差。

(1)板块编号:所有板块应逐一编号,同一板块的类型、板厚和贯通钢筋均应相同,其他数据项(如标高、跨度、平面形状、上部非贯通筋)可以不同。板块编号由板代号和板序号组成,具体如表 4-11 所示。

表 4-11   板块编号

板类型	代号	序号
楼面板	LB	××
屋面板	WB	××
悬挑板	XB	××

(2)板厚:为垂直于板面的厚度,$h=\times\times\times$。

(3)纵筋:板块的上部和下部纵筋分别注写,B 代表下部纵筋,T 代表上部贯通纵筋,B&T 代表下部与上部纵筋;x 向纵筋以 X 打头,y 向纵筋以 Y 打头,两向纵筋配置相同时以

X&Y打头。当为单向板时,分布筋可不注写。

(4)板面标高高差:相对于结构层楼面标高的高差,高于楼面为正,低于楼面为负。板面标高高差注写在括号内,且有高差则注,无高差不注。

2.板支座原位标注

板支座原位标注的内容为板支座上部非贯通纵筋和悬挑板上部受力钢筋。板支座原位标注的钢筋,应在配置相同跨的第一跨表达(当在梁悬挑部位单独配置时则在原位表达),在配置相同跨的第一跨(或梁悬挑部位),垂直于板支座(梁或墙)绘制一段适宜长度的中粗实线(当该筋通长设置在悬挑板或短跨板上部时,实线段应画至对边或贯通短跨),以该线段代表支座上部非贯通纵筋,并在线段上方注写钢筋编号(如①、②等)、配筋值、横向连续布置的跨数(注写在括号内,且当为一跨时可不注),以及是否横向布置到梁的悬挑端。

板支座上部非贯通纵筋自支座边线向跨内的伸出长度,注写在线段的下方位置。

当中间支座上部非贯通纵筋向支座两侧对称伸出时,可仅在支座一侧线段下方标注伸出长度,另一侧不注。当中间支座上部非贯通纵筋向支座两侧非对称伸出时,应分别在支座两侧线段下方注写伸出长度。

对线段画至对边贯通全跨或贯通全悬挑长度的上部通长纵筋,贯通全跨或伸出至全悬挑一侧的长度值不注,只注明非贯通纵筋另一侧的伸出长度值。

当板支座为弧形,支座上部非贯通纵筋呈放射状分布时,设计者应注明配筋间距的度量位置并加注"放射分布"四个字,必要时应补绘平面配筋图,如图4-7所示。

3.板上部钢筋"隔一布一"

当板的上部已配置有贯通纵筋,但需增配板支座上部非贯通纵筋时,应结合已配置的同向贯通纵筋的直径与间距采取"隔一布一"方式配置,如图4-8所示。

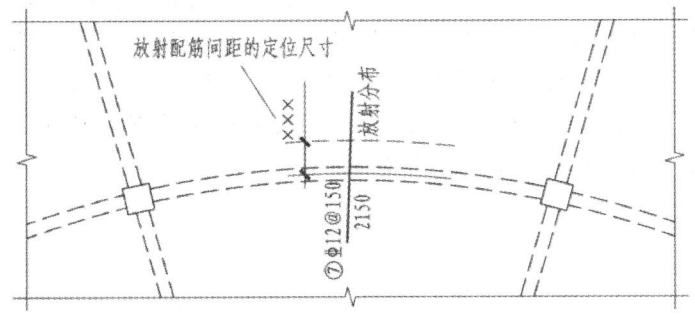

图4-7　楼面板配筋图(一)

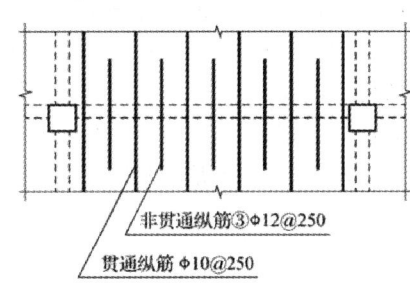

图4-8　楼面板配筋图(二)

"隔一布一"方式,为非贯通纵筋的标注间距与贯通纵筋相同,两者组合后的实际间距为各自标注间距的1/2。当设定贯通纵筋为纵筋总截面面积的50%时,两种钢筋应取相同直径;当设定贯通纵筋大于或小于总截面面积的50%时,两种钢筋则取不同直径。

4.2.2.7　悬挑板平面注写方式

悬挑板有两种:一种是延伸悬挑板,是指在结构框架内的板构件向外延伸,利用本身的构件来对悬挑段进行荷载平衡,如阳台板;另一种是纯悬挑板,是指没有利用其他构件,仅利用本身的构件和支座铰接的构件,如雨棚板。悬挑板的平面注写主要包括集中标注、原位标注两部分内容。

1.悬挑板集中标注

悬挑板集中标注的内容有板块编号、板厚、板贯通纵筋和构造钢筋。

当悬挑板的端部改变截面厚度时,用斜线分隔根部与端部的高度值,注写为 $h=\times\times\times/\times\times\times$。

当在悬挑板的下部配置有构造钢筋时,则 x 向以 Xc、y 向以 Yc 打头注写。

图 4-9 表示悬挑板 2,板根部厚度为 120,端部厚度为 80;板下部配筋 x 向配筋为一级钢筋且直径为 8、间距为 150,y 向配筋为一级钢筋且直径为 8、间距为 200。

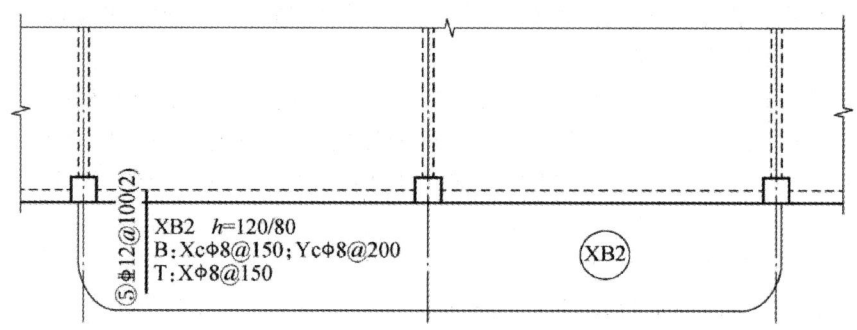

图 4-9 悬挑板平法施工图

2.悬挑板原位标注

悬挑板原位标注的具体内容是板上部非贯通纵筋(支座负筋),它是悬挑板的主要受力钢筋。在图 4-9 中,原位标注为⑤Φ12@100(2)。

3.悬挑板附加筋标注

悬挑板角部位需配放射筋,以抵抗负弯矩。悬挑板附加筋分为悬挑板阳角放射筋、悬挑板阴角放射筋两种。悬挑板阳角附加筋有三种形式,图 4-10"悬挑板阳角放射筋 Ces 引注图示(一)"表示延伸悬挑板的标注图示,图 4-11"悬挑板阳角放射筋 Ces 引注图示(二)"表示纯悬挑板的标注图示,图 4-12"悬挑板阳角放射筋 Ces 引注图示(三)"表示延伸悬挑板的标注图示,如注写 Ces1 7Φ8,表示悬挑板 1 号阳角放射筋,为 7 根 HRB400 钢筋,直径为 8。图 4-13表示悬挑板阴角放射筋的标注。

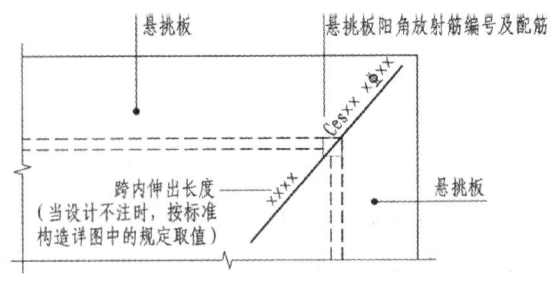

图 4-10 悬挑板阳角放射筋 Ces 引注图示(一)

例 4-1:在图 4-14 中,LB5 可识读为:5 号楼板,厚度为 150,板下部 x 向纵筋为三级钢筋且直径为 10、间距为 125,y 向纵筋为三级钢筋且直径为 10、间距为 110,板上部没有配筋。

有梁楼盖平法施工图系在楼面板和屋面板布置图上采用平面注写的表达方式,分别在不同编号的板中各选一块板,在其上注写板集中标注信息和支座原位标注信息。在图 4-14

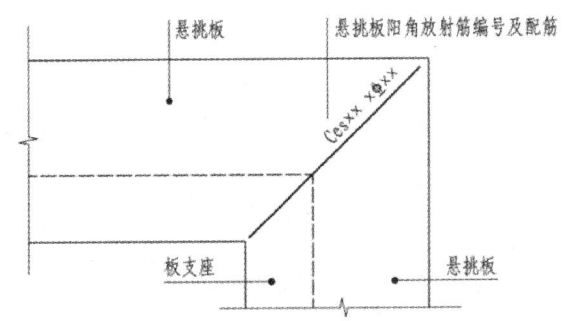

图 4-11　悬挑板阳角放射筋 Ces 引注图示（二）

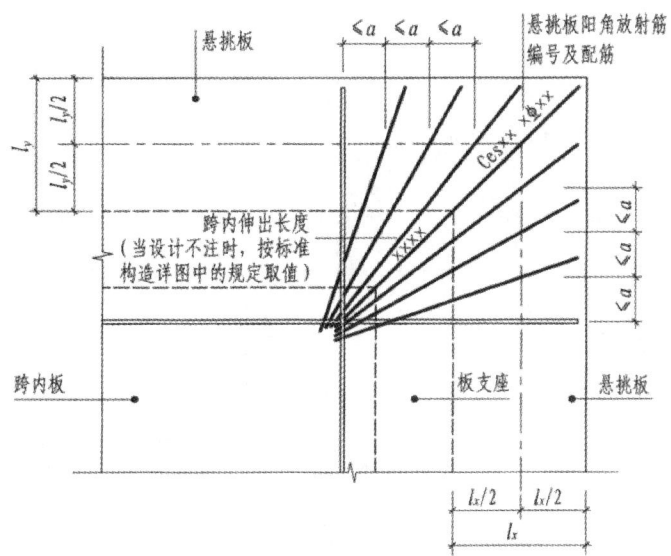

图 4-12　悬挑板阳角放射筋 Ces 引注图示（三）

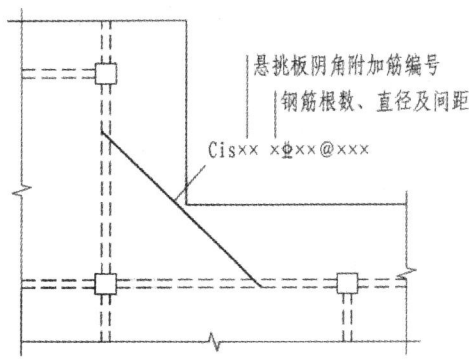

图 4-13　悬挑板阴角放射筋 Cis 引注图示

中,②号负筋可识读为:中间支座负筋,钢筋为三级钢筋,直径为 10,间距为 100,延伸长度为从梁中线两边伸出 1750,布置在轴线 A、B 之间。需要特别说明的是,图集中延伸长度是指自支座中线向跨内伸出的长度,注写在线段下方;而实际工程中的延伸长度可能不同,有自支座内边、自支座外边和自支座中线三种情况,大家要根据图纸说明准确确定标注长度。有时图纸中板集中标注没有按照图集要求进行标注,读者需要在图纸说明中查阅相关信息。

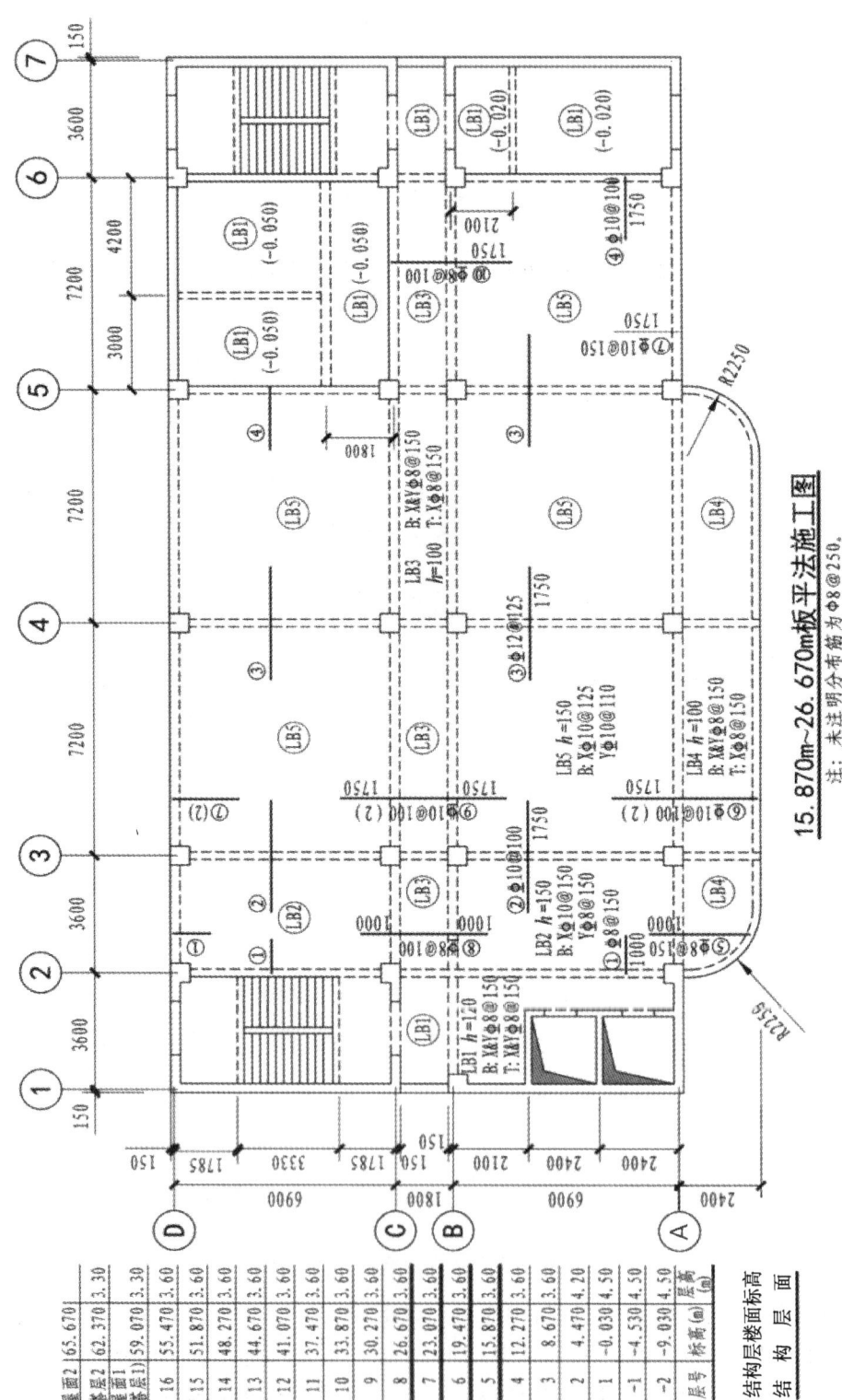

15.870m~26.670m板平法施工图

注：未注明分布筋为Φ8@250。

图4-14 楼面板配筋图（三）

层号	标高(m)	层高(m)
屋面2	65.670	
塔层2	62.370	3.30
屋面1(塔层1)	59.070	3.30
16	55.470	3.60
15	51.870	3.60
14	48.270	3.60
13	44.670	3.60
12	41.070	3.60
11	37.470	3.60
10	33.870	3.60
9	30.270	3.60
8	26.670	3.60
7	23.070	3.60
6	19.470	3.60
5	15.870	3.60
4	12.270	3.60
3	8.670	3.60
2	4.470	4.20
1	-0.030	4.50
-1	-4.530	4.50
-2	-9.030	4.50
层号	标高(m)	层高(m)

结构层楼面标高
结 构 层 面

4.3 板构件钢筋节点构造

4.3.1 板构件钢筋节点构造学习引导

4.3.1.1 学习任务描述

按照《混凝土结构施工图平面整体表示方法制图规则和构造详图（现浇混凝土框架、剪力墙、梁、板）》(22G101-1)中有关板构件结构施工图部分知识，完成楼板钢筋节点构造的梳理，绘制某学校图书综合楼楼板各种节点构造详图。

4.3.1.2 学习目标

(1)能按照图集对板构件节点进行归类总结。
(2)能描述板上部纵筋构造要点。
(3)能描述板下部纵筋构造要点。
(4)能描述板支座负筋构造要点。
(5)能够绘制板钢筋构造节点。

4.3.1.3 任务书

手绘（或用 CAD 软件绘制）完成图 4-4"案例板钢筋图"中的板⑦轴线、B 轴线的钢筋节点构造详图。

4.3.1.4 任务分组

板构件钢筋节点构造学生任务分配表如表 4-12 所示。

表 4-12 板构件钢筋节点构造学生任务分配表

班级		组号		指导老师	
小组	姓名	学号		任务	
组长					
组员					
备注					

4.3.1.5 任务准备

收集《混凝土结构施工图平面整体表示方法制图规则和构造详图（现浇混凝土框架、剪力墙、梁、板）》(22G101-1)中有关混凝土板节点构造知识，完成 22G101-1 混凝土板节点构造知识体系表（见表 4-13）。

表 4-13 22G101-1 混凝土板节点构造知识体系表

板钢筋名称	节点具体构造名称	22G101-1 页码
板下部钢筋	端部支座构造	
	中间支座构造	
	悬挑板构造	
	遇洞口构造	
板上部钢筋	端部支座构造	
	中间支座构造	
	悬挑板构造	
	遇洞口构造	
支座负筋及分布筋	端部支座构造	
	中间支座构造	
	跨板支座构造	
其他钢筋	悬挑阳角附加筋构造	
	悬挑阴角附加筋构造	
	温度筋构造	

4.3.1.6 任务实施

1.混凝土板下部纵筋的构造

引导问题 1:混凝土板下部纵筋端部支座为梁的构造要点是:_____

_____

混凝土板下部纵筋端部支座为剪力墙的构造要点是:_____

_____

板洞下部纵筋的构造要点是:_____

_____

引导问题 2:混凝土板下部纵筋中间支座的构造要点是:_____

_____

2.混凝土板上部纵筋的构造

引导问题 3:混凝土板上部纵筋端部支座为梁的构造要点是:_____

_____

　　混凝土板上部纵筋端部支座为剪力墙的构造要点是：_____

_____

　　板洞上部纵筋的构造要点是：_____

_____

　　引导问题4：混凝土板上部纵筋中间支座的构造要点是：_____

_____

　　3.混凝土板支座负筋的构造

　　引导问题5：板端部支座负筋的构造要点是：_____

_____

　　引导问题6：板中间端部支座负筋的构造要点是：_____

_____

　　4.悬挑板钢筋的构造

　　引导问题7：悬挑板上部纵筋的构造要点是：_____

_____

　　引导问题8：悬挑板下部纵筋的构造要点是：_____

_____

　　引导问题9：悬挑板附加筋的构造要点是：_____

_____

4.3.1.7　任务成果

　　在表4-14中手绘（或用CAD软件绘制）完成图4-4"案例板钢筋图"中的板⑦轴线、B轴线的钢筋端部支座构造详图。

表4-14　图4-4"案例板钢筋图"中的板⑦轴线、B轴线的钢筋端部支座构造详图

序号	节点位置	节点构造名称	节点构造图
1			

续表

序号	节点位置	节点构造名称	节点构造图
2			

4.3.1.8 评价反馈

学生进行自评,评价自己是否能完成板构件钢筋节点构造的梳理与学习、是否能完成图 4-4 中的板节点的绘制、是否能按时完成报告内容等成果资料、有无任务遗漏。老师对学生的评价内容,可对接江苏省"建筑工程识图"技能大赛和"1+X"建筑工程识图职业技能等级证书、关于板构件钢筋节点构造评分标准和规范成果,主要包括报告书是否工整规范、报告内容数据是否真实合理、阐述是否详细、认识体会是否深刻、绘制图纸是否规范。

(1)学生进行自我评价,将结果填入表 4-15 中。

表 4-15 板构件钢筋节点构造学生自评表

班级:	姓名:	学号:	日期:

学习情境	板构件钢筋节点构造		
评价项目	评价标准	分值	得分
信息检索	能有效利用图纸、图集 22G101-1 查找有效信息;能用自己的语言有条理地去解释、表述所学知识;能将找到的信息有效转换到图纸识读过程中	15	
板构件集中标注识读	能正确识读,准确理解板构件的作用、图示内容及节点绘制	25	
板构件原位标注识读	能正确识读,准确理解板构件的作用、图示内容及节点绘制	25	
工作态度	态度端正,无无故缺勤、迟到、早退现象	10	
工作质量	能按计划完成工作任务	10	
协调能力	与小组成员、同学之间能合作交流、协调工作	5	
职业素质	全面细致,一丝不苟,树立职业从业意识	10	

(2)学生以小组为单位,对工作过程与工作结果进行互评,将互评结果填入表 4-16 中。

表 4-16　板构件钢筋节点构造学生互评表

学习情境		板构件钢筋节点构造												
评价项目	分值	等级							评价对象（组别）					
									1	2	3	4	5	6
计划合理	8	优	8	良	7	中	6	差	4					
方案合理	8	优	8	良	7	中	6	差	4					
团队合作	8	优	8	良	7	中	6	差	4					
组织有序	8	优	8	良	7	中	6	差	4					
工作质量	8	优	8	良	7	中	6	差	4					
工作效率	8	优	8	良	7	中	6	差	4					
工作完整	10	优	10	良	8	中	6	差	4					
工作规范	16	优	16	良	12	中	8	差	4					
识读报告	16	优	16	良	12	中	8	差	4					
拓展成果	10	优	10	良	8	中	6	差	4					
合计	100													

（3）教师对学生的工作过程与工作结果进行评价，并将评价结果填入表 4-17 中。

表 4-17　板构件钢筋节点构造教师综合评价表

班级：		姓名：	学号：	
学习情境		板构件钢筋节点构造		
评价项目		评价标准	分值	得分
考勤（10%）		无无故迟到、早退、旷课现象	10	
工作过程（60%）	板构件平法识图知识体系	能在图集 22G101-1 中有效定位板构件平法制图页码、明晰基本内容	5	
	板构件集中标注识读	能正确识读，准确理解板构件的作用、图示内容及节点绘制	20	
	板构件原位标注识读	能正确识读，准确理解板构件的作用、图示内容及节点绘制	20	
	工作态度	态度端正，工作认真、主动	5	
	协调能力	与小组成员、同学之间能合作交流、协调工作	5	
	职业素质	全面细致，一丝不苟，树立职业从业意识	5	
项目成果（30%）	工作完整	能按时完成任务	5	
	工作规范	能按规范要求识读	5	
	读图报告	能正确识读图纸并按照图纸完成读图报告	5	
	拓展成果	能准确完成板构件截面注写绘制	15	
合计			100	
综合评价	自评（20%）	小组互评（30%）	教师评价（50%）	综合得分

4.3.1.9 拓展思考题

(1)无梁楼盖柱上板带 ZSB 与跨中板带 KZB 纵向钢筋的构造要点有哪些?

(2)板带端部支座纵向钢筋的构造要点有哪些?

4.3.2 板构件钢筋节点构造相关知识

板构件钢筋构造分布在图集 22G101-1 中,汇总表如表 4-18 所示。

表 4-18 板构件钢筋构造汇总表

板钢筋名称	节点具体构造名称	22G101-1 页码
板下部钢筋	端部支座构造	2-50、2-51
	中间支座构造	2-50
	悬挑板构造	2-54
	板翻边构造	2-51
	遇洞口构造	2-62、2-63
	局部升降板构造	2-60
板上部钢筋	端部支座构造	2-50、2-51
	中间支座构造	2-50
	悬挑板构造	2-54
	板翻边构造	2-51
	遇洞口构造	2-62、2-63
	局部升降板构造	2-60
支座负筋及分布筋	端部支座构造	2-50、2-51
	中间支座构造	2-50
	跨板支座构造	2-50、2-51
其他钢筋	悬挑阳角附加筋构造	2-64
	悬挑阴角附加筋构造	2-65
	温度筋构造	2-53

4.3.2.1 板下部纵筋的构造

1.板下部纵筋端部支座的构造

(1)板下部纵筋端部支座为梁的构造。

板下部纵筋端部支座为梁的构造如图 4-15 所示。

板底部钢筋
构造及计算

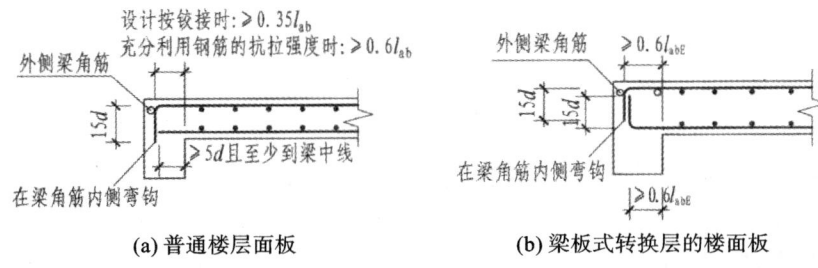

(a) 普通楼层面板　　　　　　　(b) 梁板式转换层的楼面板

图 4-15　板在端部支座的锚固构造(一)

构造要点为:端部支座为梁时,下部贯通纵筋直锚,长度为 $\max\{b/2,5d\}$;用于梁板式转换层的楼面板,底筋伸入支座大于 $0.6l_{abE}$,然后向上弯折 $15d$。

(2)板下部纵筋端部支座为剪力墙的构造。

板下部纵筋端部支座为剪力墙的构造如图 4-16 所示。

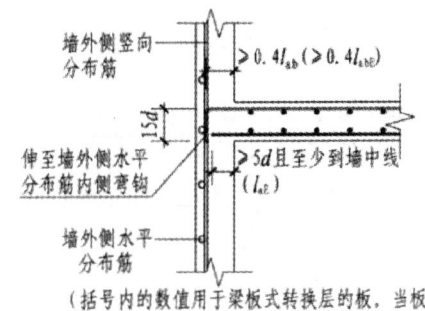

(a) 端部支座为剪力墙中间层

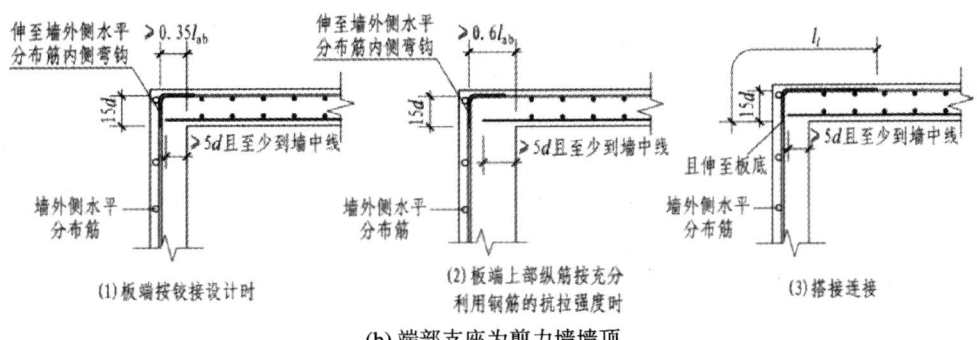

(1)板端按铰接设计时　　　(2)板端上部纵筋按充分　　　(3)搭接连接
利用钢筋的抗拉强度时

(b) 端部支座为剪力墙墙顶

图 4-16　板在端支座的锚固构造(二)

构造要点为:端部支座为剪力墙时,下部贯通纵筋直锚,长度为 $\max\{b/2,5d\}$;当板下部纵筋直锚长度不够时,钢筋伸入支座大于 $0.4l_{abE}$,然后向上弯折 $15d$。

(3)板洞下部纵筋的构造。

板洞下部纵筋的构造如图 4-17 所示。

构造要点为:板为双层钢筋时,底部被切断的钢筋在洞口边向上弯折;板为单层钢筋时,底部钢筋在洞口边向上弯折并回弯 $5d$。

2.板下部纵筋中间支座的构造

板下部纵筋中间支座的构造如图 4-18 所示。

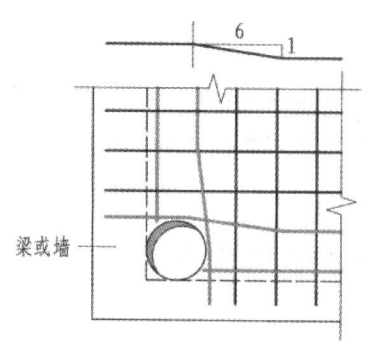
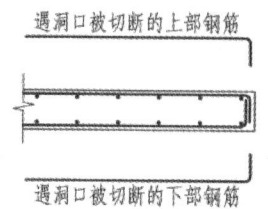
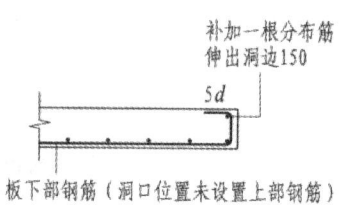

图 4-17   洞边切断钢筋端部构造

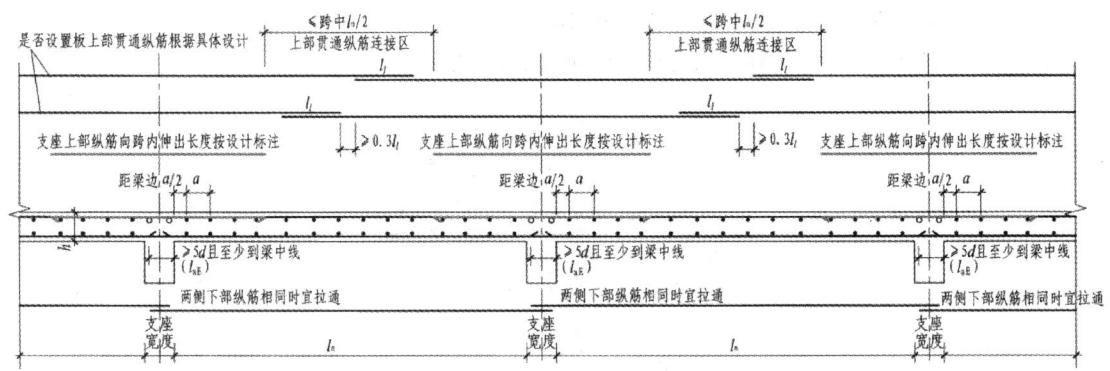

图 4-18   有梁楼盖楼面板 LB 和屋面板 WB 钢筋构造

构造要点为：板下部钢筋按板一块一块进行布置，没有贯通纵筋；与支座垂直的下部钢筋伸入中间支座锚固长度为梁宽的一半和 $5d$ 取大值；与支座平行的板下部钢筋起步距为距梁边 1/2 板间距。

4.3.2.2   板上部纵筋的构造

板顶部钢筋
构造及计算

1. 板上部纵筋端部支座的构造

（1）板上部纵筋端部支座为梁的构造。

板上部纵筋端部支座为梁的构造如图 4-15 所示。

构造要点为：用于普通屋面板，上部纵筋伸入支座外侧纵筋内侧后向下弯折 $15d$；用于梁板式转换层的楼面板，纵筋伸入支座对边（平直段 $\geqslant 0.6l_{abE}$），再向下弯折 $15d$。注意，当支座平直段长度不小于 l_a 或 l_{aE} 时可直锚。

（2）板上部纵筋端部支座为剪力墙的构造。

板上部纵筋端部支座为剪力墙的构造如图 4-16 所示。

端部支座为剪力墙时，伸入墙外侧水平分布筋内侧向下弯折 $15d$；当支座平直段长度不小于 l_a 或 l_{aE} 时可直锚。

（3）板洞上部纵筋的构造。

板洞上部纵筋的构造如图 4-17 所示。

构造要点为：有顶部钢筋时，在洞口边向下弯折到板底。

2.板上部贯通纵筋中间支座的构造

板上部贯通纵筋中间支座的构造如图4-18所示。

构造要点为：上部贯通纵筋应贯通中间支座，等跨板纵筋的连接区域为跨中 $l_n/2$（l_n 为相邻跨较大跨的净跨长）；不等跨板纵筋的连接区域为跨中 $l_n/3$，配筋较大的伸至配筋较小的跨中，短跨板纵筋能通则通。

4.3.2.3 板支座负筋的构造

支座负筋的构造包括板端部支座负筋构造、板中间支座负筋构造、板钢筋连接、搭接构造。端部支座负筋以梁或剪力墙为端部支座，具体构造同板上部钢筋，上部纵筋伸入支座外侧纵筋内侧后向下弯折15d。

板支座负筋构造及计算

板中间支座负筋以梁为支座，两边延伸一定长度后向下弯折，规范中延伸长度是指自支座中心线向跨内的延伸长度，工程图纸中存在从支座边、从支座轴线、从支座中心线三种起点标注习惯。向下弯折长度为板厚减板上下保护层厚度，支座负筋的分布筋距支座边的起步距为1/2板筋间距。

和支座负筋同时配置的还有支座分布筋。支座分布筋与支座负筋一起形成钢筋网片，与支座负筋、构造钢筋的搭接长度为150，距支座边的起步距为50。

4.3.2.4 板其他钢筋的构造

1.悬挑板上部纵筋的构造

悬挑板上部纵筋的构造如图4-19所示。

构造要点为：延伸悬挑板由跨内板顶筋直接延伸到悬挑端，然后向下弯折至板底；纯悬挑板板顶受力筋，在支座梁内弯折15d，再延伸至挑板的末端弯折到板底；有高差时伸入支座不小于 l_a 或 l_{aE}。

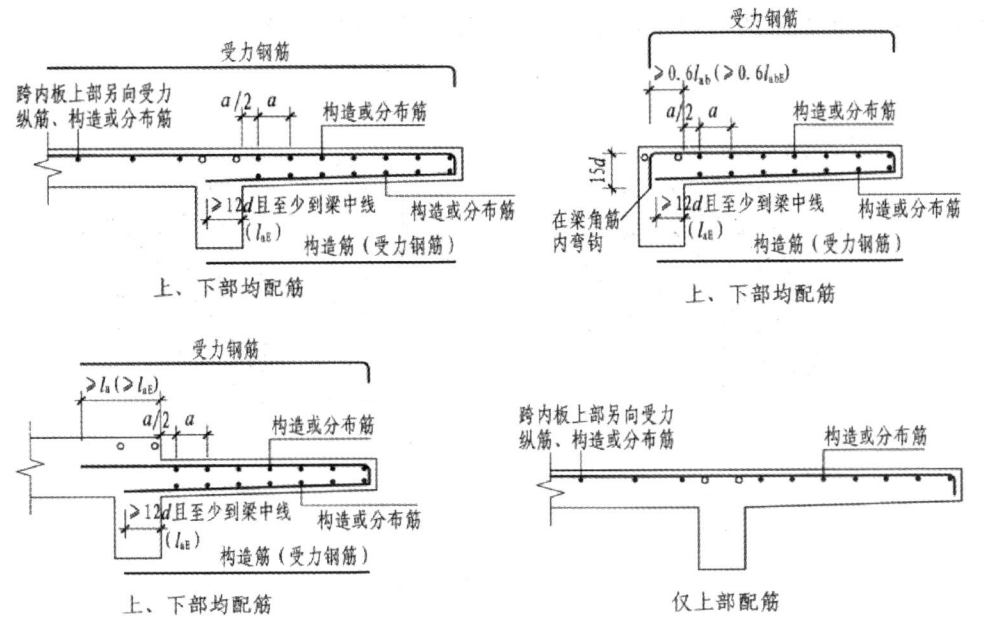

图4-19 悬挑板钢筋构造

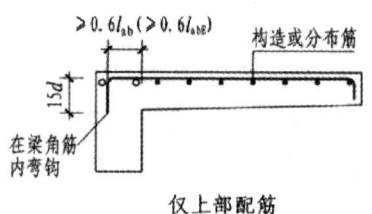

仅上部配筋

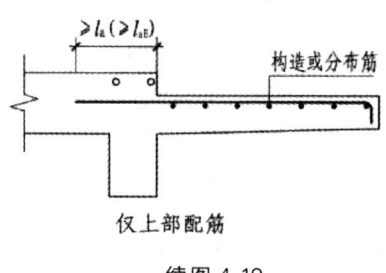

仅上部配筋

续图 4-19

2.悬挑板下部纵筋的构造

悬挑板下部纵筋的构造如图 4-19 所示。

构造要点为:悬挑板底部钢筋锚入支座 $\max\{b/2,12d\}$;当考虑抗震时,下部钢筋伸入支座的长度不应小于 l_{aE}。

3.悬挑板阳角放射筋的构造

悬挑板阳角放射筋的构造如图 4-20 所示。

延伸悬挑板阳角附加筋的构造要点为:附加筋和板上部受力筋位于同一层且放在受力筋的下部,伸入板内的锚固长度为 l_x、l_y、l_a 三者中的大值,附加筋从板边第一根上部纵筋按间距 s(或制图规则中 a)排布。

纯悬挑板阳角附加筋的构造点为:锚入支座对边,水平段长度大于 $0.6l_{ab}$,向下弯折 $15d$。

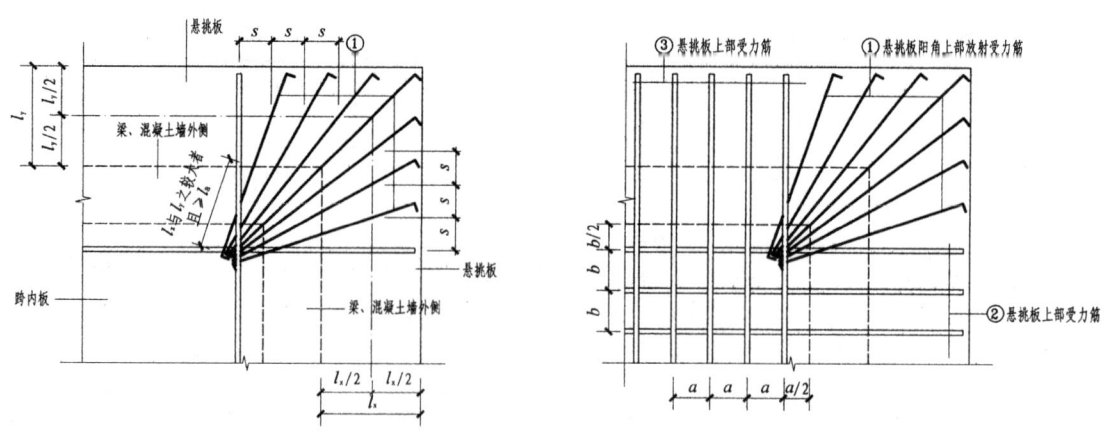

图 4-20 悬挑板阳角放射筋的构造

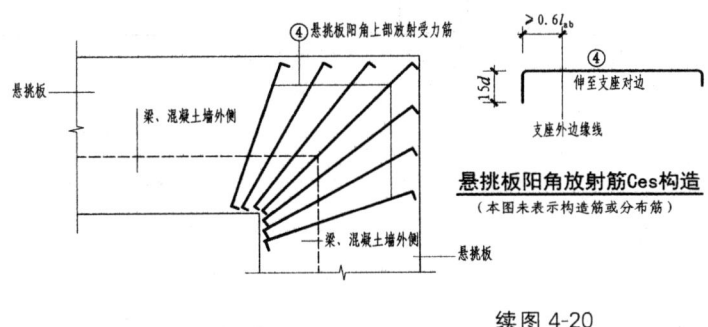

续图 4-20

4.4 混凝土板钢筋算量

4.4.1 混凝土板钢筋算量学习引导

4.4.1.1 学习任务描述

按照《混凝土结构施工图平面整体表示方法制图规则和构造详图（现浇混凝土框架、剪力墙、梁、板）》(22G101-1)中有关板构件结构施工图部分知识，根据板构件钢筋节点分析与总结，完成混凝土板钢筋用量计算知识的梳理，编制图 4-4 中板构件钢筋用量计算书。

4.4.1.2 学习目标

(1)能准确总结板构件钢筋长度的计算公式。
(2)能结合图纸信息，完成混凝土板钢筋长度的计算。

4.4.1.3 任务书

计算图 4-4 所示案例中的板构件钢筋用量，并将结果填入计算书中。

4.4.1.4 任务分组

混凝土板钢筋算量学生任务分配表如图 4-19 所示。

表 4-19　混凝土板钢筋算量学生任务分配表

班级		组号		指导老师	
小组	姓名	学号		任务	
组长					
组员					

班级		组号		指导老师	
组员					
备注					

4.4.1.5　任务准备

根据《混凝土结构施工图平面整体表示方法制图规则和构造详图（现浇混凝土框架、剪力墙、梁、板）》（22G101-1）中有关节点构造知识和板构件钢筋计算需要，收集表 4-20 中的数据项。

表 4-20　案例板计算信息表

序号	信息项	具体内容
1	抗震等级	
2	混凝土强度等级	
3	纵筋的连接方式	
4	钢筋定尺长度	
5	支座保护层厚度	
6	板保护层厚度	
7	锚固长度 l_a	
8	板钢筋起步距离	

4.4.1.6　任务实施

1.板下部纵筋计算公式

引导问题 1：板下部纵筋的长度计算公式：＿＿＿＿＿＿＿＿＿＿＿＿＿＿＿＿＿

＿＿＿＿＿＿＿＿＿＿＿＿＿＿＿＿＿＿＿＿＿＿＿＿＿＿＿＿＿＿＿＿＿＿＿＿

板下部纵筋的根数计算公式：＿＿＿＿＿＿＿＿＿＿＿＿＿＿＿＿＿＿＿＿＿＿

2.板上部纵筋计算公式

引导问题 2：板上部纵筋的长度计算公式：＿＿＿＿＿＿＿＿＿＿＿＿＿＿＿＿＿

＿＿＿＿＿＿＿＿＿＿＿＿＿＿＿＿＿＿＿＿＿＿＿＿＿＿＿＿＿＿＿＿＿＿＿＿

板上部纵筋的根数计算公式：＿＿＿＿＿＿＿＿＿＿＿＿＿＿＿＿＿＿＿＿＿＿

3.支座负筋计算公式

引导问题 3：端部支座负筋的长度计算公式：＿＿＿＿＿＿＿＿＿＿＿＿＿＿＿＿

＿＿＿＿＿＿＿＿＿＿＿＿＿＿＿＿＿＿＿＿＿＿＿＿＿＿＿＿＿＿＿＿＿＿＿＿

中间支座负筋的长度计算公式：_____

_____

支座负筋的根数计算公式：_____

_____

分布筋的长度计算公式：_____

_____

分布筋的根数计算公式：_____

_____

4.板其他钢筋计算公式

引导问题4：纯悬挑板板顶受力筋的长度计算公式：_____

_____

悬挑板下部钢筋的长度计算公式：_____

_____

延伸悬挑板阳角附加筋的长度计算公式：_____

_____

纯悬挑板阳角附加筋的长度计算公式：_____

_____

5.板构件钢筋用量计算书

计算图4-4所示案例中的板构件钢筋用量，并将结果填入表4-21中。

表 4-21　板构件钢筋用量计算书

构件名称	钢筋名称（编号）	钢筋规格	计算过程	根数	总长/m
板	板底部纵筋（x向）				
	板底部纵筋（y向）				
	板顶部纵筋（x向）				
	板顶部纵筋（y向）				
	板 B 轴支座负筋				
	板 B 轴支座负筋分布筋				
	板 C 轴支座负筋				
	板 C 轴支座负筋分布筋				

4.4.1.7　评价反馈

学生进行自评,评价自己是否能完成混凝土板钢筋算量的学习、是否能完成板构件钢筋工程量计算、是否能按时完成报告内容等成果资料、有无任务遗漏。老师对学生的评价内容,可对接江苏省"建筑工程识图"技能大赛和"1+X"建筑工程识图职业技能等级证书、关于板构件评分标准和规范成果,主要包括报告书是否工整规范、报告内容数据是否真实合理、阐述是否详细、认识体会是否深刻、绘制图纸是否规范。

(1)学生进行自我评价,将结果填入表 4-22 中。

表 4-22　混凝土板钢筋算量学生自评表

班级:		姓名:	学号:		日期:	
学习情境		混凝土板钢筋算量				
评价项目		评价标准			分值	得分
信息检索		能有效利用图纸、图集 22G101-1 查找有效信息;能用自己的语言有条理地去解释、表述所学知识;能将找到的信息有效转换到图纸识读过程中			15	
板构件集中标注识读		能正确识读,准确理解板构件的作用、图示内容及三维模型绘制			25	
板构件原位标注识读		能正确识读,准确理解板构件的作用、图示内容及三维模型绘制			25	
工作态度		态度端正,无无故缺勤、迟到、早退现象			10	
工作质量		能按计划完成工作任务			10	
协调能力		与小组成员、同学之间能合作交流、协调工作			5	
职业素质		全面细致,一丝不苟,树立职业从业意识			10	

(2)学生以小组为单位,对工作过程与工作结果进行互评,将互评结果填入表 4-23 中。

表 4-23　混凝土板钢筋算量学生互评表

学习情境		混凝土板钢筋算量											
评价项目	分值	等级							评价对象(组别)				
									1	2	3	4	5	6
计划合理	8	优	8	良	7	中	6	差	4					
方案合理	8	优	8	良	7	中	6	差	4					
团队合作	8	优	8	良	7	中	6	差	4					
组织有序	8	优	8	良	7	中	6	差	4					
工作质量	8	优	8	良	7	中	6	差	4					
工作效率	8	优	8	良	7	中	6	差	4					
工作完整	10	优	10	良	8	中	6	差	4					
工作规范	16	优	16	良	12	中	8	差	4					

续表

评价项目	分值	等级							评价对象（组别）					
									1	2	3	4	5	6
识读报告	16	优	16	良	12	中	8	差	4					
拓展成果	10	优	10	良	8	中	6	差	4					
合计	100													

（3）教师对学生的工作过程与工作结果进行评价，并将评价结果填入表 4-24 中。

表 4-24　混凝土板钢筋算量教师综合评价表

班级：　　　　　　　　姓名：　　　　　　　　学号：

学习情境		混凝土板钢筋算量		
评价项目		评价标准	分值	得分
考勤（10%）		无无故迟到、早退、旷课现象	10	
工作过程（60%）	板构件平法识图知识体系	能在图集 22G101-1 中有效定位板构件平法制图页码、明晰基本内容	5	
	板构件集中标注识读	能正确识读，准确理解板构件的作用、图示内容及三维模型绘制	20	
	板构件原位标注识读	能正确识读，准确理解板构件的作用、图示内容及三维模型绘制	20	
	工作态度	态度端正，工作认真、主动	5	
	协调能力	与小组成员、同学之间能合作交流、协调工作	5	
	职业素质	全面细致，一丝不苟，树立职业从业意识	5	
项目成果（30%）	工作完整	能按时完成任务	5	
	工作规范	能按规范要求识读	5	
	读图报告	能正确识读图纸并按照图纸完成读图报告	5	
	拓展成果	能准确完成板构件截面注写绘制	15	
合计			100	
综合评价	自评（20%）	小组互评（30%）	教师评价（50%）	综合得分

4.4.1.8　拓展思考题

（1）屋面框架板与楼层框架板有何区别？

（2）屋面框架板上部通长筋工程量的计算要点是什么？

4.4.2　混凝土板钢筋算量相关知识点

1.板下部纵筋算量

板下部纵筋长度示意图如图 4-21 所示。

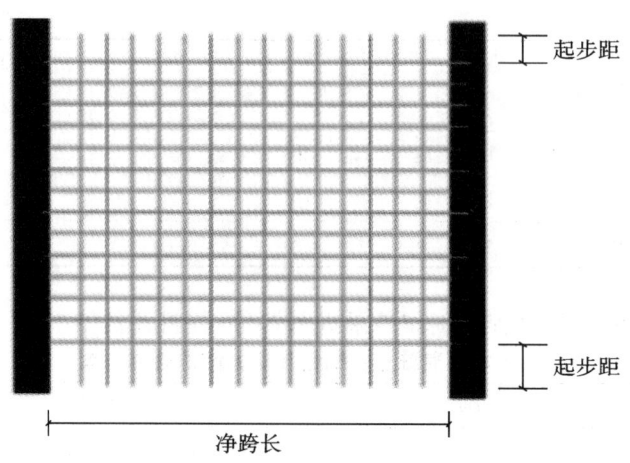

图 4-21　板下部纵筋长度示意图

板下部纵筋用量计算公式如下。

板下部纵筋的长度＝两端支座锚固长度 $\max\{b/2, 5d\} \times 2$＋板净跨长 l_n

＋$2 \times 6.25 \times d$（光圆钢筋）

板下部纵筋的根数＝（板净跨长－2×起步距）/间距＋1

式中,起步距＝$s/2$,s 为钢筋排布间距。

2.板上部纵筋算量

板上部纵筋长度示意图如图 4-22 所示。

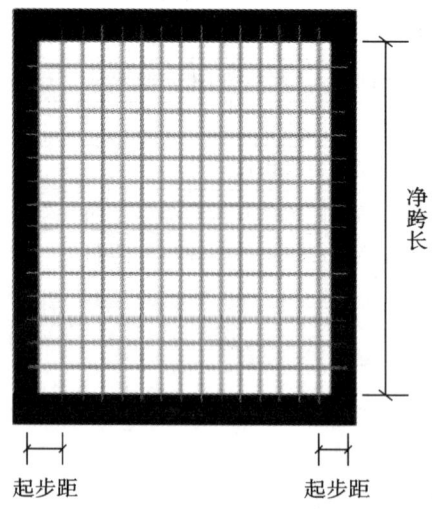

图 4-22　板上部纵筋长度示意图

板上部纵筋分为单板布置和贯通布置两种,二者的用量计算公式为

单板布置上部纵筋的长度＝两端支座锚固长度$\{b-c+15d\} \times 2$

＋板净跨长＋$2 \times 6.25 \times d \times 2$（光圆钢筋）

注:直锚时锚固长度为 l_a 或 l_{aE},b 为板支座梁的宽度。

贯通布置上部纵筋的长度＝两端支座锚固长度$\{b-c+15d\} \times 2$＋贯通跨净长

＋$n \times l_1 + 2 \times 6.25 \times d \times 2$（光圆钢筋）

注:直锚时锚固长度为 l_a 或 l_{aE},n 为搭接连接个数,l_l 为搭接连接长度,当采用机械连接或焊接时不计算接头长度。

板上部纵筋的根数＝(净跨长(或范围净跨)－2×起步距)/间距＋1

式中,起步距＝$s/2$,s 为钢筋排布间距。

3.板支座负筋算量

板支座负筋长度示意图如图 4-23 所示。

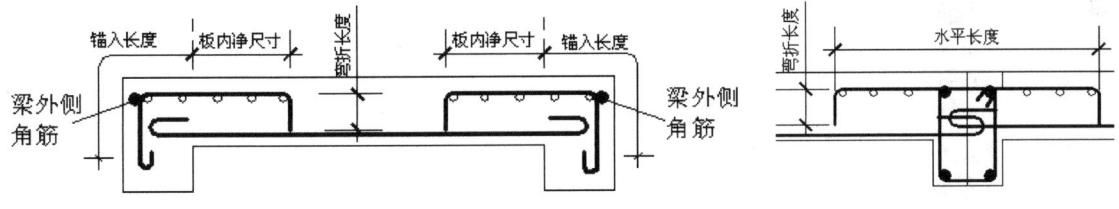

图 4-23　板支座负筋长度示意图

端部支座负筋的长度＝边支座负筋锚固长度＋板内净跨长＋弯折长度

式中,边支座负锚固长度等于支座宽度 b－保护层厚度 c＋$15d$＋弯折长度(光圆钢筋计算),弯折长度等于 $h-2c$。

中间支座负筋的长度＝水平长度＋2×弯折长度($h-2c$)

支座负筋的根数＝(负筋排布范围净跨长－2×起步距)/间距＋1

式中,起步距＝$s/2$,s 为钢筋排布间距。

分布筋的长度＝板负筋布置净跨长－两端支座负筋净跨长＋2×150

分布筋的根数＝(负筋净跨长－$s/2$)/间距＋1

式中,S 为钢筋排布间距。

4.板其他钢筋算量

(1)悬挑板上部纵筋算量。

纯悬挑板板顶受力筋的长度＝支座锚固长度{$b-c+15d$}＋悬挑净长－c＋($h-2c$)

注:有高差悬挑板支座锚固长度为 l_a 或 l_{aE}。

(2)悬挑板下部纵筋算量。

悬挑板下部钢筋的长度＝悬挑板底部钢筋锚入支座长度 max{$b/2,12d$}＋悬挑净长$-c+(h-2c)$

当考虑抗震时,下部钢筋伸入支座的长度不应小于 l_{aE}。

(3)悬挑板阳角放射筋算量。

延伸悬挑板阳角附加筋长度＝max{l_x,l_y,l_a}＋附加筋支座外长度＋弯折长度($h-2c$)

纯悬挑板阳角附加筋长度＝支座锚固长度{$b-c+15d$}＋附加筋支座外长度＋弯折长度($h-2c$)

项目 5

剪力墙平法识图与钢筋算量

5.1　学习任务描述

5.1.1　项目概况

某学校图书综合楼,主体五层、局部二层,主体结构形式为框架结构、局部结构形式为框剪结构,总建筑面积为 4760 m²。本工程①轴~⑥轴平面设置剪力墙,共设有 2 种剪力墙配筋,构造边缘构件(GBZ)设有 10 种,主要通过截面注写方式进行注写。

5.1.2　项目目标

(1)熟悉剪力墙平法施工图的表示方式。
(2)掌握常用的剪力墙标准节点构造。
(3)掌握剪力墙钢筋用量的计算方法。

5.1.3　课程思政

目前排名世界前十的高楼是迪拜哈利法塔、吉隆坡默迪卡 118 大厦、上海中心大厦、麦加皇家钟塔饭店、深圳平安国际金融中心大厦、首尔乐天世界大厦、纽约新世贸中心、广州周大福金融中心、天津周大福金融中心、北京中信大厦。上海中心大厦(见图 5-1)位列第三,建筑总高度 632 米,地上 127 层,地下 5 层。上海中心大厦的建筑外观呈螺旋式上升形态,象征着中国传统龙的标志。这是我国当前最高的建筑物,也是我国唯一一座高度超过 600 米的摩天大楼。这些高楼都采用了"筒中筒"结构,筒壁都是用剪力墙做成的,就像铜墙铁壁。铜墙铁壁出自无名氏《谢金吾诈拆清风府·楔子》:"随他铜墙铁壁,也不怕不拆倒了他的。"铜墙铁壁用来比喻极其坚固的防御工事,也比喻人民群众团结一致而形成的强大的防御力量。

图 5-1　上海中心大厦

(1)超高层建筑的高度也像国家的身高,是国力的标识。以我国所拥有的超高层建筑激发学生的爱国主义情操和民族精神,引导学生树立正确高远的职业理想。

(2)中国用"铜墙铁壁"保护自己,同时用窗观世界,用改革开放这扇门迎来新世界。谈谈你对这句话的理解。

（3）结合剪力墙结构的特点，在课程内容中适当融入工匠精神、责任意识、担当精神、安全意识等课程思政要素。

5.1.4　项目分析

为完成本项目，基于实际岗位能力要求设置 3 个任务，理论知识与实践操作在"做中学，学中做"中相互嵌套。剪力墙平法识图与钢筋算量学习任务课程设计如表 5-1 所示。

表 5-1　剪力墙平法识图与钢筋算量学习情境设计表

序列	学习任务	学习任务简介	学时
1	剪力墙构件平法识图	了解剪力墙构件的组成及钢筋骨架，理解列表注写和截面注写，明确钢筋在图纸中的位置	2
2	剪力墙构件钢筋节点构造	掌握剪力墙构件钢筋节点构造，分析图纸，完成实际工程中剪力墙构件钢筋节点构造绘图	4
3	剪力墙构件钢筋算量	学会剪力墙构件钢筋算量，分析图纸，完成实际工程中剪力墙构件钢筋工程量计算	2

5.2　剪力墙构件平法识图

5.2.1　剪力墙构件平法识图学习引导

5.2.1.1　学习任务描述

为完成某学校图书综合楼结构剪力墙构件平法施工图识读，需要对图集 22G101-1 中有关剪力墙构件平法施工图知识进行梳理，学习并掌握以下三个方面的内容：一是剪力墙构件平法施工图制图的表达方式；二是剪力墙构件表示内容；三是标注内容如何在图纸中标注与识读。

5.2.1.2　学习目标

（1）能按照图集 22G101-1 中的常用分类方法对所提供的剪力墙的墙柱、墙身和墙梁构件进行归类总结。

（2）能对剪力墙构件平法识图知识体系按类汇总。

（3）能对剪力墙构件注写方式进行解读，完成识读报告。

5.2.1.3　任务书

对某学校图书综合楼剪力墙平面布置图进行平法识读，并用列表注写方式完成该工程剪力墙柱表的设计与绘制（见表 5-2）。

表 5-2 剪力墙柱表

截面			
编号			
标高			
纵筋			
箍筋			
截面			
编号			
标高			
纵筋			
箍筋			
截面			
编号			
标高			
纵筋			
箍筋			

5.2.1.4 任务分组

剪力墙构件平法识图学生任务分配表如表 5-3 所示。

表 5-3 剪力墙构件平法识图学生任务分配表

班级		组号		指导老师	
小组	姓名	学号	任务		
组长					
组员					

续表

小组	姓名	学号	任务
组员			
备注			

5.2.1.5　任务准备

（1）阅读工作任务书，小组识读某学校图书综合楼图纸，填写剪力墙构件的基础知识表（见表5-4）。

表5-4　剪力墙构件的基础知识表

学习情境	剪力墙构件平法识图		
学习成果名称	剪力墙构件基础知识明细	难易程度	易
参考文献	《混凝土结构施工图平面整体表示方法制图规则和构造详图（现浇混凝土框架、剪力墙、梁、板）》(22G101-1)等		
完成时间	____年____月____日____之前提交全部识读明细		
任务说明	结合某学校图书综合楼结构施工图纸和结构基础知识，查取剪力墙构件环境等级、最小保护层厚度、抗震等级、混凝土强度等级		
任务完成明细	环境等级		
	最小保护层厚度		
	抗震等级		
	混凝土强度等级		

（2）收集《混凝土结构施工图平面整体表示方法制图规则和构造详图（现浇混凝土框架、剪力墙、梁、板）》(22G101-1)中有关剪力墙构件平法制图部分知识，完成22G101-1剪力墙构件平法识图知识体系表（见表5-5）。

表5-5　22G101-1剪力墙构件平法识图知识体系表

剪力墙构件平法识图知识体系		22G101-1页码
平法表达方式	平面注写方式	
	截面注写方式	
平面注写数据项	编号	
	剪力墙段起止标高	
	几何尺寸	
	配筋	

剪力墙构件平法识图知识体系		22G101-1 页码
截面注写数据项	编号	
	截面尺寸	
	角筋或全部纵筋	
	箍筋	
	截面与轴线关系数据	

5.2.1.6　任务实施

1.剪力墙构件的组成

引导问题1:剪力墙构件可视为由_____、_____和_____三类构件构成。

引导问题2:剪力墙柱的类型有:_____
_____

引导问题3:剪力墙梁的类型有:_____
_____

引导问题4:约束边缘构件(YBZ)用于以下楼层:_____
_____

2.剪力墙构件的标注方式

引导问题5:剪力墙构件的平法表达方式分列表注写方式和_____两种。

两种注写方式内容基本相同,只是表现的形式不同,本书以列表注写方式进行介绍,在学习时要重点掌握每种构件表示的数据项。

引导问题6:结合图 5-2 和 22G101-1 图集分析剪力墙各构件钢筋骨架,墙身钢筋有_____、_____、_____;墙柱钢筋有_____、_____;墙梁钢筋有_____、_____。

图 5-2　剪力墙钢筋骨架

3. 剪力墙构件列表注写方式

引导问题 7：根据图 5-3 完成表 5-6。

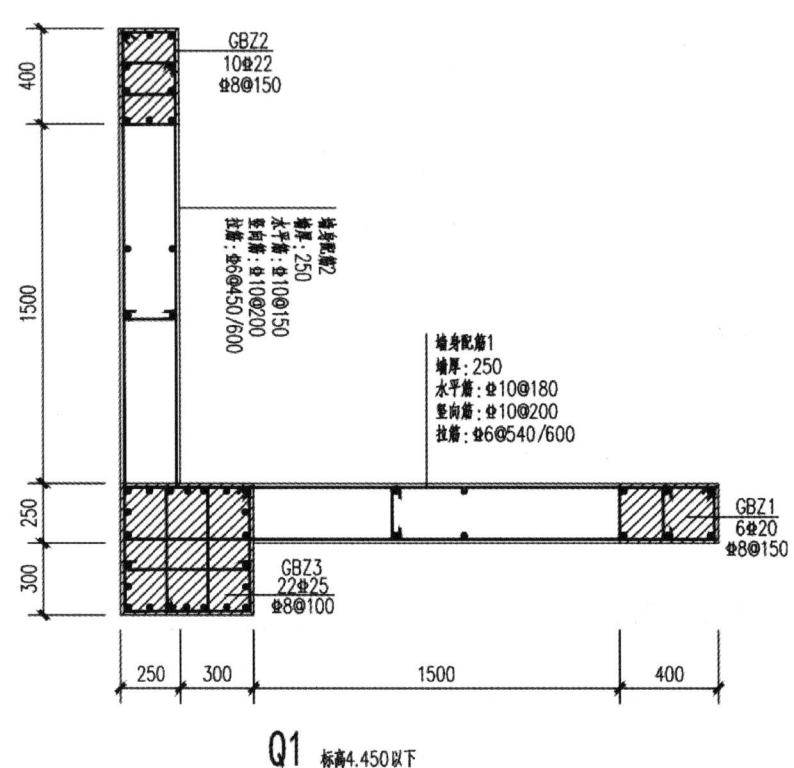

图 5-3　引导问题图（一）

表 5-6　Q1 平法识图表

序号	细项		表示方法	识图内容
1	墙身编号			
2	标高			
3	墙厚			
4	配筋	水平筋		
		竖向筋		
		拉筋		

引导问题 8：根据图 5-4 完成表 5-7。

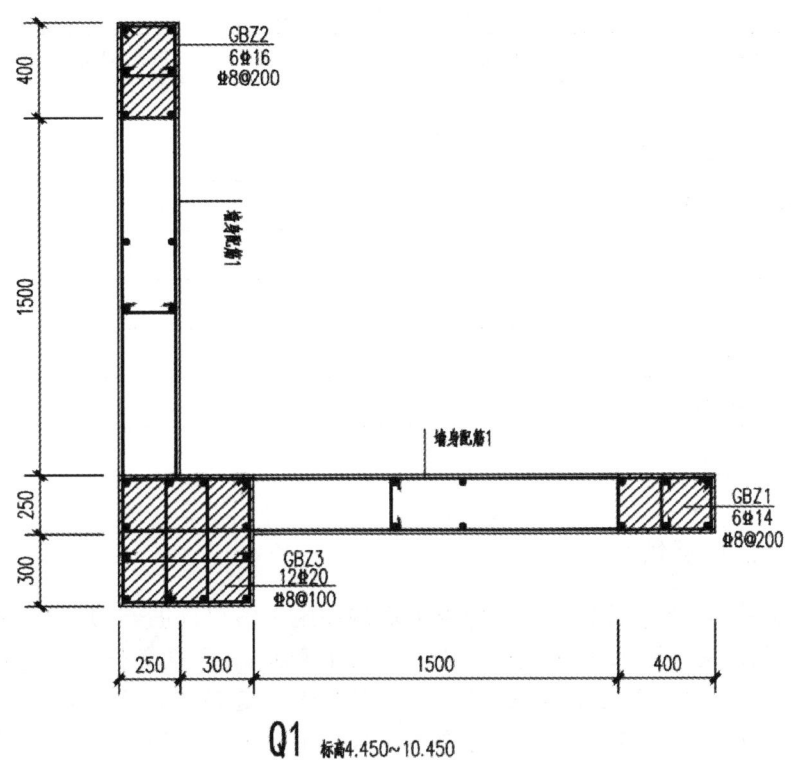

图 5-4　引导问题图（二）

表 5-7　GBZ1 平法识图表

序号	细项		表示方法	识图内容
1	编号			
2	标高			
3	截面尺寸			
4	配筋	纵筋		
		箍筋		

引导问题 9：根据图 5-5 完成表 5-8。

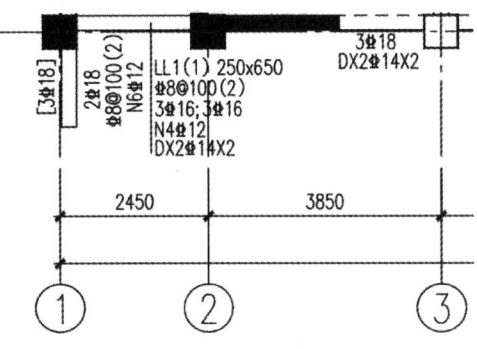

图 5-5　引导问题图（三）

表 5-8　LL1 平法识图表

序号	细项		表示方法	识图内容
1	编号			
2	所在楼层			
3	梁顶相对标高高差			
4	截面尺寸			
5	配筋	上部纵筋		
		下部纵筋		
		侧面纵筋		
		箍筋		

5.2.1.7　评价反馈

学生进行自评,评价自己是否能完成剪力墙构件施工图识读的学习、是否能完成剪力墙构件施工图的识读、是否能按时完成报告内容等成果资料、有无任务遗漏。老师对学生的评价内容,可对接江苏省"建筑工程识图"技能大赛和"1＋X"建筑工程识图职业技能等级证书、关于剪力墙构件评分标准和规范成果,主要包括报告书是否工整规范、报告内容数据是否真实合理、阐述是否详细、认识体会是否深刻、绘制图纸是否规范。

(1)学生进行自我评价,将结果填入表 5-9 中。

表 5-9　剪力墙构件平法识图学生自评表

班级:		姓名:	学号:	日期:	
学习情境		剪力墙构件平法识图			
评价项目		评价标准		分值	得分
信息检索		能有效利用图纸、22G101-1 图集查找有效信息;能用自己的语言有条理地去解释、表述所学知识;能将找到的信息有效转换到图纸识读过程中		15	
剪力墙构件列表注写识读		能正确识读,准确理解剪力墙构件的作用、图示内容		25	
剪力墙柱列表的设计		图例正确,标注完整、正确		25	
工作态度		态度端正,无无故缺勤、迟到、早退现象		10	
工作质量		能按计划完成工作任务		10	
协调能力		与小组成员、同学之间能合作交流、协调工作		5	
职业素质		全面细致,一丝不苟,树立职业从业意识		10	

(2)学生以小组为单位,对工作过程与工作结果进行互评,将互评结果填入表 5-10 中。

表 5-10　剪力墙构件平法识图学生互评表

学习情境		剪力墙构件平法识图													
评价项目	分值	等级							评价对象（组别）					
									1	2	3	4	5	6
计划合理	8	优	8	良	7	中	6	差	4					
方案合理	8	优	8	良	7	中	6	差	4					
团队合作	8	优	8	良	7	中	6	差	4					
组织有序	8	优	8	良	7	中	6	差	4					
工作质量	8	优	8	良	7	中	6	差	4					
工作效率	8	优	8	良	7	中	6	差	4					
工作完整	10	优	10	良	8	中	6	差	4					
工作规范	16	优	16	良	12	中	8	差	4					
识读报告	16	优	16	良	12	中	8	差	4					
拓展成果	10	优	10	良	8	中	6	差	4					
合计	100													

（3）教师对学生的工作过程与工作结果进行评价，并将评价结果填入表 5-11 中。

表 5-11　剪力墙构件平法识图教师综合评价表

班级：　　　　　姓名：　　　　　学号：

学习情境		剪力墙构件平法识图		
评价项目		评价标准	分值	得分
考勤（10%）		无无故迟到、早退、旷课现象	10	
工作过程（60%）	剪力墙构件平法识图知识体系	能在图集 22G101-1 中有效定位剪力墙构件平法制图页码、明晰基本内容	5	
	剪力墙构件列表注写识读	能正确识读，准确理解剪力墙构件的作用、图示内容	20	
	剪力墙柱列表的设计	图例正确，标注完整、正确	20	
	工作态度	态度端正，工作认真、主动	5	
	协调能力	与小组成员、同学之间能合作交流、协调工作	5	
	职业素质	全面细致，一丝不苟，树立职业从业意识	5	
项目成果（30%）	工作完整	能按时完成任务	5	
	工作规范	能按规范要求识读	5	
	读图报告	能正确识读图纸并按照图纸完成读图报告	5	
	拓展成果	能用 CAD 准确完成剪力墙构件截面注写绘制	15	
合计			100	
综合评价	自评（20%）	小组互评（30%）	教师评价（50%）	综合得分

5.2.1.8　拓展思考题

(1)剪力墙的平面注写方式与截面注写方式有何区别？剪力墙平面注写包括的具体内容有哪些？

(2)剪力墙墙洞的标注数据项目有哪些？

(3)地下室外墙标注内容包括哪些？

5.2.2　剪力墙构件平法识图相关知识点

5.2.2.1　混凝土结构剪力墙基本知识

剪力墙又称抗风墙、结构墙，是高层建筑中最重要的竖向构件。它主要承受风荷载或地震作用引起的水平荷载和竖向荷载(重力)，防止结构剪切(受剪)破坏。剪力墙一般用钢筋混凝土做成。在抗震设防地区，水平荷载主要由水平地震力作用产生，因此剪力墙又称抗震墙。一般剪力墙根据墙面开洞大小情况分为整体墙(见图 5-6(a))、小开口整体墙(有洞口，墙面洞口面积不大于墙面总面积的 16%，见图 5-6(b))、联肢墙(沿竖向开有一列或多列的洞口，见图 5-6(c)、(d))等。

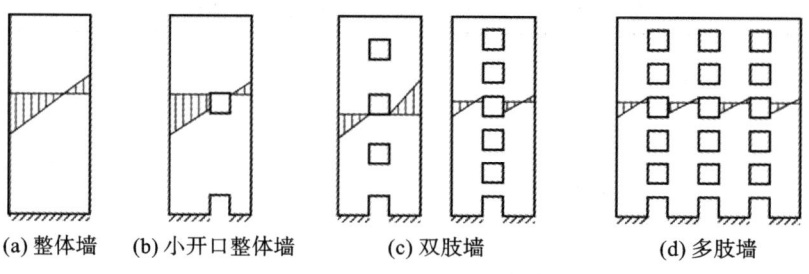

(a) 整体墙　　(b) 小开口整体墙　　(c) 双肢墙　　　　(d) 多肢墙

图 5-6　剪力墙类型

为了加强墙肢抵抗水平地震力的能力，需要在墙肢边缘处进行加强，所以要在墙肢边缘处设置边缘构件。墙体的洞口上方、墙体的上口也是薄弱环节，需要设置连梁等构件。因此，剪力墙可视为由剪力墙柱、剪力墙身和剪力墙梁三类构件构成。其中：剪力墙柱包括约束边缘构件、构造边缘构件、非边缘暗柱、扶壁柱四种，如表 5-12 所示，剪力墙梁包括连梁、暗梁和边框梁，如表 5-13 所示。

表 5-12　剪力墙柱类型及编号规定

剪力墙柱类型	代号	序号	说明
约束边缘构件	YBZ	××	约束边缘构件用于建筑的加强部位及其上一层，包括约束边缘暗柱、约束边缘端柱、约束边缘翼墙、约束边缘转角墙四种
构造边缘构件	GBZ	××	构造边缘构件包括构造边缘暗柱、构造边缘端柱、构造边缘翼墙、构造边缘转角墙四种
非边缘暗柱	AZ	××	非边缘暗柱用于剪力墙中非边缘部位的加强区域

剪力墙柱类型	代号	序号	说明
扶壁柱	FBZ	××	扶壁柱用于剪力墙中非边缘部位且厚度大于剪力墙的加强区域

表 5-13　剪力墙梁类型及编号规定

剪力墙梁类型	代号	序号	说明
连梁	LL	××	设置在墙洞口上方
连梁(跨高比不小于5)	LLk	××	设置在墙洞口上方,跨高比不小于5
连梁(对角暗撑配筋)	LL(JC)	××	设置在墙洞口上方
连梁(对角斜筋配筋)	LL(JX)	××	设置在墙洞口上方
连梁(集中对角斜筋配筋)	LL(DX)	××	设置在墙洞口上方
暗梁	AL	××	是隐藏在混凝土墙身中的构件,截面宽度等于墙身
边框梁	BKL	××	是隐藏在混凝土墙身中的构件,截面宽度等于墙身

剪力墙主要承受水平地震力,同时受到楼层传来的竖向力的作用。在剪力墙水平截面上一般存在弯矩、剪力和轴力三种内力,剪力墙竖向钢筋由弯矩和轴力确定,水平钢筋由剪力确定。从分析剪力墙承受水平地震力的过程来看,剪力墙受水平地震力作用来回摆动时,基本上以墙肢的垂直中线为拉压零点线,墙肢垂直中线两侧一侧受拉一侧受压,而且呈周期性变化,拉应力或压应力值越往外越大,至边缘最大。

在水平地震力的作用下,整体墙类似于悬臂柱,可以按照悬臂构件来计算整体墙的截面弯矩和剪力;小开口整体墙由于受洞口的影响墙肢间的应力不再呈直线分布,但偏离不大;联肢墙可以简化为由若干个单肢剪力墙或墙肢与一系列连梁组合而成,应力也不再呈直线分布。壁式框架与框架结构类似。

剪力墙各构件钢筋骨架分类如表 5-14 所示。

表 5-14　剪力墙各构件钢筋骨架分类

构件名称	钢筋名称	备注
剪力墙身	水平筋	外侧筋、内侧筋
	垂直筋	基础层插筋、中间层(变截面)纵筋、顶层纵筋
	拉筋	矩形布置、梅花布置
剪力墙柱	纵筋	基础层纵筋、中间层(变截面)纵筋、顶层纵筋
	箍筋	插筋范围内箍筋、箍筋
剪力墙梁	上部纵筋	中间层、顶层
	下部纵筋	中间层、顶层
	侧面纵筋	中间层、顶层
	拉筋等其他钢筋	中间层、顶层

5.2.2.2　混凝土结构剪力墙平法识图

剪力墙平面整体配筋图系在剪力墙平面布置图上采用列表注写方式或截面注写方式表

达。剪力墙平面布置图可以单独布置,也可以与柱平面布置图合并在一张图纸上。图上应注明各层楼(屋)面的结构标高、结构层高以及相应的结构层号(同柱平法标注),使一张图纸上所表达的信息尽量完整。

1.剪力墙的列表注写方式

列表注写方式是指分别在剪力墙柱表、剪力墙身表、剪力墙梁表中,对应于剪力墙平面布置图上的编号,用绘制截面配筋图并注写几何尺寸与配筋具体数值的方式,来表达剪力墙平法施工图。图 5-7 中除剪力墙结构平面图外,还配有剪力墙梁表和剪力墙身表。

剪力墙钢筋平法
表示方法

(1)剪力墙身。

在剪力墙身表中,要列明墙身编号、标高、墙厚、配筋信息。

墙身编号由墙身代号、序号以及墙身所配置的水平与竖向分布钢筋的排数组成,其中排数注写在括号内。当墙身所设置的水平与竖向分布钢筋的排数为 2 时,排数可不注。

墙身起止标高自墙身根部往上以变截面位置或截面未变但配筋改变处为界分段注写。墙身根部标高一般指基础顶面标高。

关于配筋信息,注写水平分布钢筋、竖向分布钢筋和拉结筋的具体数值,注写数值为一排水平分布钢筋和竖向分布钢筋的规格与间距。拉结筋应注明布置方式为"矩形"或"梅花"布置。

(2)剪力墙柱。

剪力墙柱表中表达的主要内容包括墙柱编号、标高、配筋信息。其中,约束边缘构件、构造边缘构件需注明阴影部分尺寸。

墙柱编号由墙柱类型代码和序号组成,墙柱类型见表 5-12。

墙柱起止标高自墙柱根部往上以变截面位置或截面未变但配筋改变处为界分段注写,墙柱根部标高一般指基础顶面标高。

关于配筋信息,分别注写纵筋和箍筋信息,信息应和截面配筋图中一致。纵向钢筋标注总配筋值,箍筋标注钢筋类型和排布间距。

(3)剪力墙梁。

在剪力墙梁表中,要列明墙梁编号、墙梁所在楼层号、墙梁顶面标高高差、墙梁截面尺寸、上部纵筋和下部纵筋及箍筋的具体数值等。

墙梁编号由墙梁类型代号和序号组成,表达形式应符合表 5-13 中的规定。在剪力墙中,墙梁分为连梁、暗梁和边框梁三种。

墙梁顶面标高高差指相对于墙梁所在结构层楼面标高的高差值。高于者为正值,低于者为负值,当无高差时不标注。

剪力墙梁表中的钢筋信息同框架梁,剪力墙梁的侧面纵筋与剪力墙的水平分布钢筋相同时不标注,不同时应注明剪力墙梁侧面纵筋的具体数值,注写钢筋直径与间距。

2.剪力墙的截面注写方式

截面注写方式是在按标准层绘制的剪力墙平面布置图上,以直接在墙柱、墙身、墙梁上注写截面尺寸和配筋具体数值的方式来表达剪力墙平法施工图,如图 5-8 所示。对所有墙柱、墙身、墙梁应按列表注写方式的规定进行编号,并分别在相同编号的墙柱、墙身、墙梁中选择一根墙柱、一道墙身、一道墙梁进行注写,其他相同者则仅需标注编号及所在层数即可,注写的内容和要求同列表注写方式。

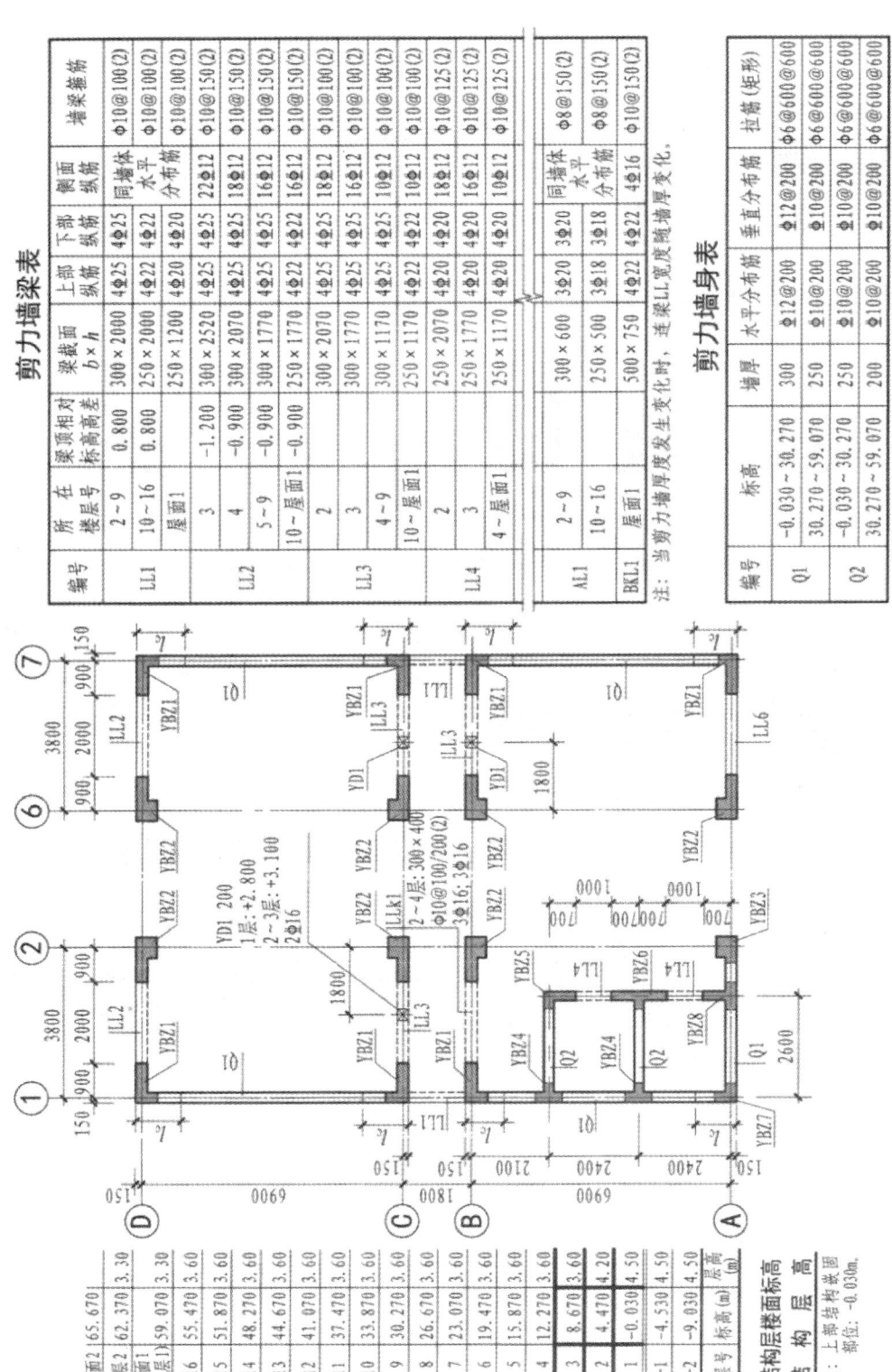

剪力墙梁表

编号	所在楼层号	梁顶相对标高高差	梁截面 $b \times h$	上部纵筋	下部纵筋	侧面纵筋	墙梁箍筋
LL1	2~9	0.800	300×2000	4Φ25	4Φ25	同墙体水平分布筋	Φ10@100(2)
	10~16	0.800	250×2000	4Φ22	4Φ22		Φ10@100(2)
	屋面1		250×1200	4Φ20	4Φ20		Φ10@100(2)
LL2	3	-1.200	300×2520	4Φ25	4Φ25	22Φ12	Φ10@150(2)
	4	-0.900	300×2070	4Φ25	4Φ25	18Φ12	Φ10@150(2)
	5~9	-0.900	300×1770	4Φ25	4Φ25	16Φ12	Φ10@150(2)
	10~屋面1	-0.900	250×1770	4Φ22	4Φ22	16Φ12	Φ10@150(2)
LL3	2		300×2070	4Φ25	4Φ25	18Φ12	Φ10@100(2)
	3		300×1770	4Φ25	4Φ25	16Φ12	Φ10@100(2)
	4~9		300×1170	4Φ25	4Φ25	10Φ12	Φ10@100(2)
	10~屋面1		250×1170	4Φ22	4Φ22	10Φ12	Φ10@125(2)
LL4	2		250×2070	4Φ20	4Φ20	18Φ12	Φ10@125(2)
	3		250×1770	4Φ20	4Φ20	16Φ12	Φ10@125(2)
	4~屋面1		250×1170	4Φ22	4Φ20	10Φ16	Φ10@150(2)
AL1	2~9		300×600	3Φ20	3Φ20	同墙体水平分布筋	Φ8@150(2)
	10~16		250×500	3Φ18	3Φ18		Φ8@150(2)
BKL1	屋面1		500×750	4Φ22	4Φ22	4Φ16	Φ10@150(2)

注：当剪力墙厚度发生变化时，连梁LL宽度随墙厚变化。

剪力墙身表

编号	标高	墙厚	水平分布筋	垂直分布筋	拉筋(矩形)
Q1	-0.030~30.270	300	Φ12@200	Φ12@200	Φ6@600@600
	30.270~59.070	250	Φ10@200	Φ10@200	Φ6@600@600
Q2	-0.030~30.270	250	Φ10@200	Φ10@200	Φ6@600@600
	30.270~59.070	200	Φ10@200	Φ10@200	Φ6@600@600

图5-7　-0.030~12.270 m 剪力墙平法施工图（局部）

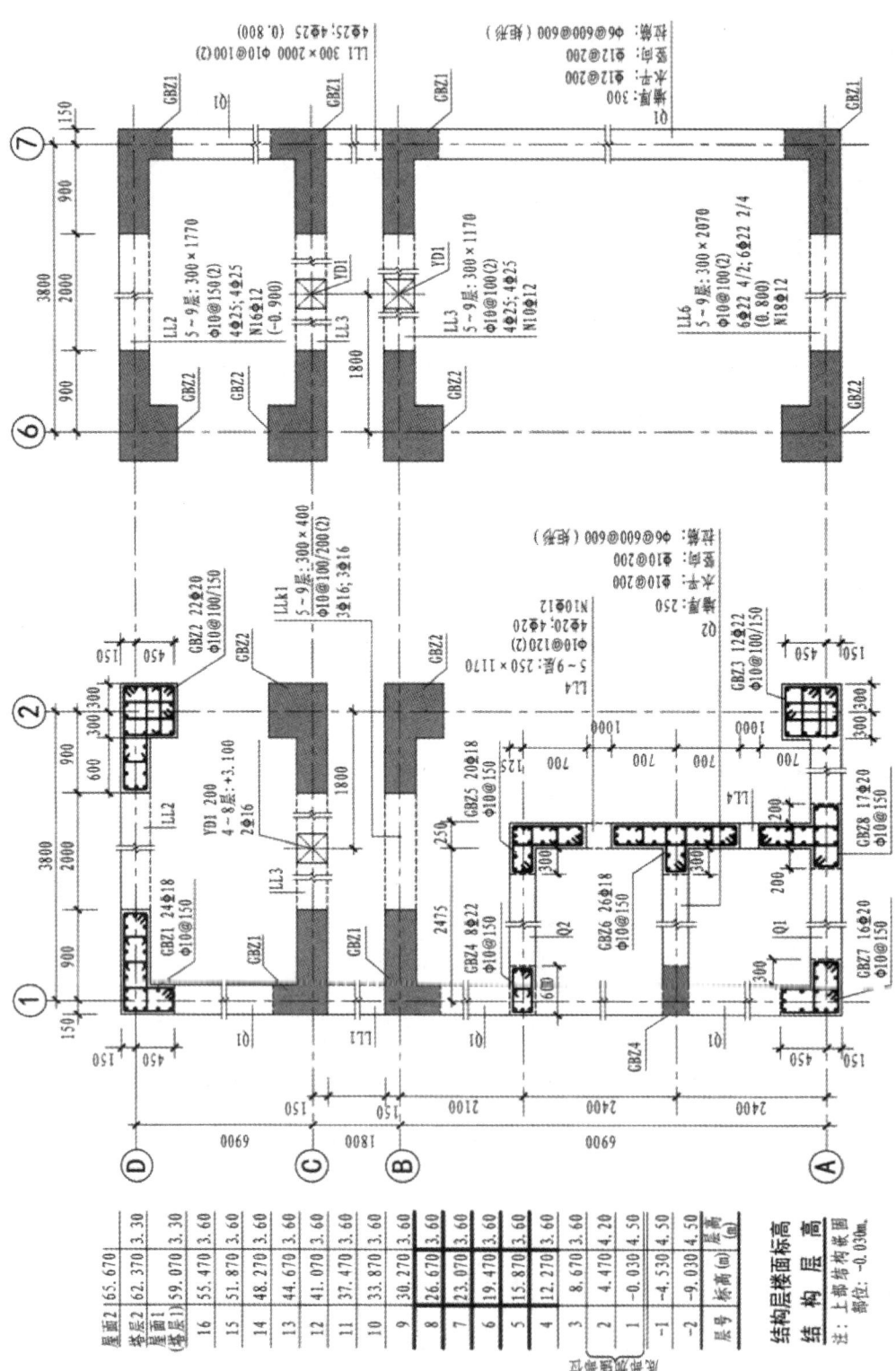

图 5-8 12.270~30.270 m 剪力墙平法施工图(截面注写方式)

5.3 剪力墙构件钢筋节点构造

5.3.1 剪力墙构件钢筋节点构造学习引导

5.3.1.1 学习任务描述

按照《混凝土结构施工图平面整体表示方法制图规则和构造详图(现浇混凝土框架、剪力墙、梁、板)》(22G101-1)、《混凝土结构施工图平面整体表示方法制图规则和构造详图(独立基础、条形基础、筏形基础、桩基础)》(22G101-3)中有关剪力墙构件结构施工图部分知识,完成框架剪力墙钢筋节点构造的梳理,绘制某学校图书综合楼 Q1 的各种节点构造详图。

5.3.1.2 学习目标

(1)能按照图集对剪力墙构件钢筋节点进行归类总结。
(2)能描述剪力墙身钢筋构造要点。
(3)能描述剪力墙顶钢筋构造要点。
(4)能描述剪力墙变截面处钢筋构造要点。
(5)能够绘制剪力墙钢筋构造详图。

5.3.1.3 任务书

绘制某学校图书综合楼 Q1 竖向钢筋在基础内和顶层的节点构造详图及 4.45 m 下 Q1 水平钢筋端部节点构造详图。

5.3.1.4 任务分组

剪力墙构件钢筋节点构造学生任务分配表如表 5-15 所示。

表 5-15 剪力墙构件钢筋节点构造学生任务分配表

班级		组号		指导老师	
小组	姓名	学号		任务	
组长					
组员					
备注					

5.3.1.5　任务准备

收集《混凝土结构施工图平面整体表示方法制图规则和构造详图(现浇混凝土框架、剪力墙、梁、板)》(22G101-1)、《混凝土结构施工图平面整体表示方法制图规则和构造详图(独立基础、条形基础、筏形基础、桩基础)》(22G101-3)中有关节点构造知识,完成剪力墙构件钢筋节点构造知识体系表(见表5-16)。

表 5-16　剪力墙构件钢筋节点构造知识体系表

构件类型	钢筋	节点构造		图集及页码
墙身	水平分布钢筋	端部构造	端柱构造	
			暗柱构造	
			转角柱构造	
		转角构造	外侧钢筋构造	
			内侧钢筋构造	
		钢筋根数	基础内钢筋	
			楼层内钢筋	
	竖向分布钢筋	基础内插筋	墙身竖向分布钢筋在基础中构造	
		中间层	剪力墙竖向分布钢筋连接构造 剪力墙变截面处竖向分布钢筋构造	
		顶层	剪力墙竖向分布钢筋顶部构造	
墙柱	纵筋	基础内插筋	边缘构件纵向钢筋在基础中构造	
		基础以上纵筋	约束边缘构件 YBZ 构造; 构造边缘构件 GBZ、扶壁柱 FBZ、非边缘暗柱 AZ 构造	
墙梁	纵筋	上下部纵筋	LL 配筋构造	
		侧面纵筋	连梁、暗梁和边框梁侧面纵筋和拉筋构造	
		拉筋	连梁、暗梁和边框梁侧面纵筋和拉筋构造	
	箍筋	连梁箍筋	连梁 LLk 箍筋在加密区范围内构造	

5.3.1.6　任务实施

1.墙身钢筋构造

(1)水平分布钢筋节点构造。

引导问题1:剪力墙水平分布钢筋端部构造的类型包括:＿＿＿＿＿＿＿＿＿＿＿＿＿＿＿

引导问题2:剪力墙水平分布钢筋端部为暗柱的构造要点是:＿＿＿＿＿＿＿＿＿＿＿＿＿

引导问题 3：剪力墙水平分布钢筋端部为端柱的构造要点是：_____

_____

引导问题 4：剪力墙水平分布钢筋暗柱转角墙的构造要点是：_____

_____

引导问题 5：剪力墙水平分布钢筋端柱转角墙的构造要点是：_____

_____

引导问题 6：剪力墙水平分布钢筋翼墙转角墙的构造要点是：_____

_____

引导问题 7：剪力墙水平分布钢筋在基础内布置的要点是：_____

_____

引导问题 8：剪力墙水平分布钢筋在楼层内布置的要点是：_____

_____

（2）纵向分布钢筋构造。

引导问题 9：剪力墙纵向分布钢筋在图集中的节点构造情况包括：_____

_____

引导问题 10：剪力墙纵向分布钢筋在基础内（保护层厚度＞5d）的构造要点是：_____

_____

引导问题 11：剪力墙纵向分布钢筋在基础内（保护层厚度＜5d）的构造要点是：_____

_____

_____

引导问题 12：剪力墙纵向分布钢筋在基础顶面或楼板顶面的构造要点是：_____

_____

_____

引导问题 13：剪力墙纵向分布钢筋在顶层的构造要点如下：当上部为板时，_____

_____

当上部为边框梁时，_____

_____

引导问题 14：剪力墙变截面处纵向分布钢筋共有_____种构造，每种构造的要点是：

①_____

②_____

③_____

④_____

2.墙柱钢筋构造

引导问题 15：约束边缘构件共有 4 种，分别为约束边缘暗柱、约束边缘端柱、约束边缘翼墙、约束边缘转角墙，每种构件分别有 2 种构造。

约束边缘暗柱 2 种构造的要点分别是：

①_____

_____

②_____

_____

约束边缘端柱 2 种构造的要点分别是：

①_____

_____

②_____

_____

约束边缘翼墙 2 种构造的要点分别是：

①_____

_____

②_____

_____

约束边缘转角墙 2 种构造的要点分别是：

①_____

_____

②_____

_____

引导问题 16：构造边缘构件也有 4 种，分别为构造边缘暗柱、构造边缘端柱、构造边缘翼墙、构造边缘转角墙，每种构件的构造数量不一。

构造边缘暗柱 3 种构造的要点分别是：

①_____

_____

②_____

_____

③_____

_____

构造边缘端柱的构造要点是：_____

_____

构造边缘翼墙 3 种构造的要点分别是：

①_____

_____

②_____

_____

③_____

_____

构造边缘转角墙 2 种构造的要点分别是：

①_____

_____

②_____

_____

3.墙梁钢筋构造

墙梁有连梁、暗梁和边框梁。其中,暗梁和边框梁的构造同框架梁,读者可参照框架梁的构造进行学习。

引导问题17:连梁钢筋构造的 3 种类型分别是:_____、

_____、_____。

引导问题18:总结连梁钢筋构造要点,其中,连梁中纵筋的构造要点是:_____

_____

_____

连梁中箍筋的构造要点是:_____

_____

连梁中侧面钢筋的构造要点是:_____

_____

5.3.1.7 任务成果

(1)在表 5-17 中绘制某学校图书综合楼 Q1 竖向分布钢筋在基础内和顶层的节点构造详图。

(2)在表 5-17 中绘制某学校图书综合楼标高 4.45 m 下 Q1 水平分布钢筋端部节点构造详图。

表 5-17 剪力墙构件钢筋节点构造详图绘制任务表

序号	墙名称	节点名称	节点构造详图
1			
2			
3			

续表

序号	墙名称	节点名称	节点构造详图
4			

5.3.1.8 评价反馈

学生进行自评,评价自己是否能完成剪力墙构件钢筋节点构造的梳理与学习、是否能完成 Q1 相关节点构造详图的绘制、是否能按时完成报告内容等成果资料、有无任务遗漏。老师对学生的评价内容,可对接江苏省"建筑工程识图"技能大赛和"1＋X"建筑工程识图职业技能等级证书、关于剪力墙构件钢筋节点构造评分标准和规范成果,主要包括报告书是否工整规范、报告内容数据是否真实合理、阐述是否详细、认识体会是否深刻、绘制图纸是否规范。

(1)学生进行自我评价,将结果填入表 5-18 中。

表 5-18 剪力墙构件钢筋节点构造学生自评表

班级:		姓名:		学号:		日期:	
学习情境		剪力墙构件钢筋节点构造					
评价项目		评价标准				分值	得分
信息检索		能有效利用图纸、图集 22G101-1 和 22G101-3 查找有效信息;能用自己的语言有条理地去解释、表述所学知识;能完成剪力墙构件钢筋节点构造知识体系表				10	
剪力墙构件钢筋节点构造知识梳理		能用自己的语言有条理地去解释、表述各种剪力墙构件钢筋节点构造;能完成节点构造引导问题				30	
剪力墙构件钢筋节点构造详图绘制		能正确识读剪力墙结构图;能灵活利用知识绘制剪力墙节点图;节点绘制规范				25	
工作态度		态度端正,无无故缺勤、迟到、早退现象				10	
工作质量		能按计划完成工作任务				10	
协调能力		与小组成员、同学之间能合作交流、协调工作				5	
职业素质		全面细致,一丝不苟,树立职业从业意识				10	

(2)学生以小组为单位,对工作过程与工作结果进行互评,将互评结果填入表 5-19 中。

表 5-19　剪力墙构件钢筋节点构造学生互评表

学习情境		剪力墙构件钢筋节点构造												
评价项目	分值	等级							评价对象（组别）					
									1	2	3	4	5	6
计划合理	8	优	8	良	7	中	6	差	4					
方案合理	8	优	8	良	7	中	6	差	4					
团队合作	8	优	8	良	7	中	6	差	4					
组织有序	8	优	8	良	7	中	6	差	4					
工作质量	8	优	8	良	7	中	6	差	4					
工作效率	8	优	8	良	7	中	6	差	4					
工作完整	10	优	10	良	8	中	6	差	4					
工作规范	16	优	16	良	12	中	8	差	4					
识读报告	16	优	16	良	12	中	8	差	4					
拓展成果	10	优	10	良	8	中	6	差	4					
合计	100													

（3）教师对学生的工作过程与工作结果进行评价，并将评价结果填入表 5-20 中。

表 5-20　剪力墙构件钢筋节点构造教师综合评价表

班级：　　　　　　　　　姓名：　　　　　　　　　学号：

学习情境		剪力墙构件钢筋节点构造		
评价项目		评价标准	分值	得分
考勤（10%）		无无故迟到、早退、旷课现象	10	
工作过程（60%）	信息检索	能有效利用图纸、图集 22G101-1 和 22G101-3 查找有效信息；能用自己的语言有条理地去解释、表述所学知识；能完成剪力墙构件钢筋节点构造知识体系表	5	
	剪力墙构件钢筋节点构造知识梳理	能用自己的语言有条理地去解释、表述各种剪力墙构件钢筋节点构造；能完成节点构造引导问题	20	
	剪力墙构件钢筋节点构造详图绘制	能正确识读剪力墙结构图；能灵活利用知识绘制剪力墙节点图；节点绘制规范	20	
	工作态度	态度端正，工作认真、主动	5	
	协调能力	与小组成员、同学之间能合作交流、协调工作	5	
	职业素质	全面细致，一丝不苟，树立职业从业意识	5	
项目成果（30%）	工作完整	能按时完成任务	5	
	工作规范	能按规范要求识读	5	
	读图报告	能正确识读图纸并按照图纸完成读图报告	5	
	拓展成果	能准确完成剪力墙构件截面注写绘制	15	
合计			100	
综合评价	自评（20%）	小组互评（30%）	教师评价（50%）	综合得分

5.3.1.9 拓展思考题

(1)剪力墙墙洞的标注数据项目有哪些?

(2)剪力墙身洞口在什么情况下设补强措施?

(3)剪力墙顶部连梁和非顶部连梁的钢筋构造有何不同?

5.3.2 混凝土结构剪力墙钢筋构造

剪力墙由剪力墙身、剪力墙柱和剪力墙梁三类构件构成,各类构件的钢筋节点构造分布在 22G101-1 和 22G101-3 中,钢筋节点构造汇总如表 5-21 所示。

表 5-21 剪力墙构件钢筋节点构造汇总表

构件类型	钢筋	节点构造		图集及页码
墙身	水平分布钢筋	端部构造	端柱构造	22G101-1 中 2-20
			暗柱构造	22G101-1 中 2-19
			转角柱构造	22G101-1 中 2-19
		转角构造	外侧钢筋构造	22G101-1 中 2-19、2-20
			内侧钢筋构造	22G101-1 中 2-19、2-20
		钢筋根数	基础内钢筋	22G101-3 中 2-8
			楼层内钢筋	22G101-1 中 2-21、2-22,22G101-3 中 2-8
	竖向分布钢筋	基础内插筋	墙身竖向分布钢筋在基础中构造	22G101-3 中 2-8
		中间层	剪力墙竖向竖向钢筋连接构造 剪力墙变截面处竖向竖向钢筋构造	22G101-1 中 2-21
		顶层	剪力墙竖向竖向钢筋顶部构造	22G101-1 中 2-22
墙柱	纵筋	基础内插筋	边缘构件纵向钢筋在基础中构造	22G101-3 中 2-10
		基础以上纵筋	约束边缘构件 YBZ 构造 构造边缘构件 GBZ、扶壁柱 FBZ、非边缘暗柱 AZ 构造	22G101-1 中 2-24、2-25、2-26
墙梁	纵筋	上下部纵筋	LL 配筋构造	22G101-1 中 2-27
		侧面纵筋	连梁、暗梁和边框梁侧面纵筋和拉筋构造	22G101-1 中 2-27
		拉筋	连梁、暗梁和边框梁侧面纵筋和拉筋构造	22G101-1 中 2-27
	箍筋	连梁箍筋	连梁 LLk 箍筋在加密区范围内构造	22G101-1 中 2-28

5.3.2.1　剪力墙身构造

1. 剪力墙身水平分布钢筋构造

剪力墙身水平分布钢筋构造分为端部构造、转角构造和翼墙构造。其中，端部构造分为有暗柱时剪力墙水平分布钢筋构造、有端柱时剪力墙水平分布钢筋构造，转角构造分为暗柱转角墙水平分布钢筋构造、端柱转角墙水平分布钢筋构造，翼墙构造分为暗柱翼墙水平分布钢筋构造、端柱翼墙水平分布钢筋构造。

> 剪力墙身水平
> 分布钢筋构造
> 及计算

（1）剪力墙端部水平分布钢筋构造。

剪力墙端部为暗柱时，在图集中水平分布钢筋有两种构造，如图 5-9 所示。由于暗柱不是墙身的支座，而是墙边缘的竖向加强带，墙身水平分布钢筋与暗柱不存在锚固和搭接，因此墙身水平分布钢筋需紧贴暗柱角筋内侧弯折 $10d$。

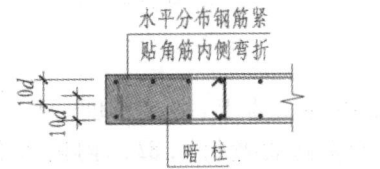
(a) 端部有暗柱时剪力墙水平分布钢筋端部做法

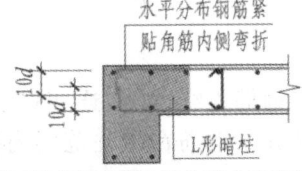
(b) 端部有L形暗柱时剪力墙水平分布钢筋端部做法

图 5-9　端部有暗柱时剪力墙水平分布钢筋的构造图

剪力墙端部为端柱时，水平分布钢筋的构造如图 5-10 所示。构造要点是：墙身外侧水平分布钢筋伸至端柱对边弯折 $15d$；墙身内侧水平分布钢筋伸至端柱的长度 $\geqslant l_{aE}$ 时可直锚，弯锚时伸至对边弯折 $15d$。

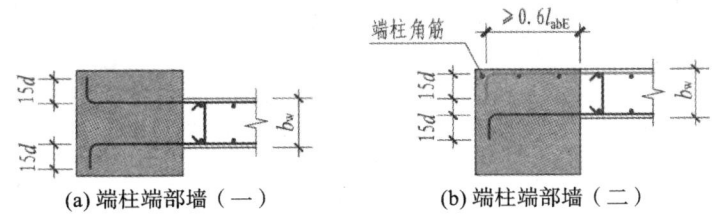

(a) 端柱端部墙（一）　　　　　(b) 端柱端部墙（二）

图 5-10　端部为端柱时剪力墙水平分布钢筋的构造图

（2）剪力墙转角墙水平分布钢筋构造。

图 5-11 所示为暗柱转角墙水平分布钢筋的构造做法。构造要点是：转角墙（一）、（二）

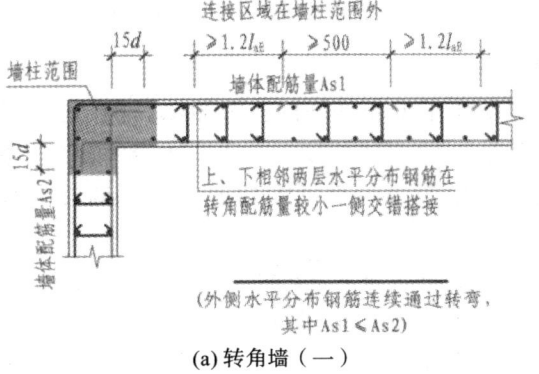
(a) 转角墙（一）

图 5-11　暗柱转角墙水平分布钢筋的构造图

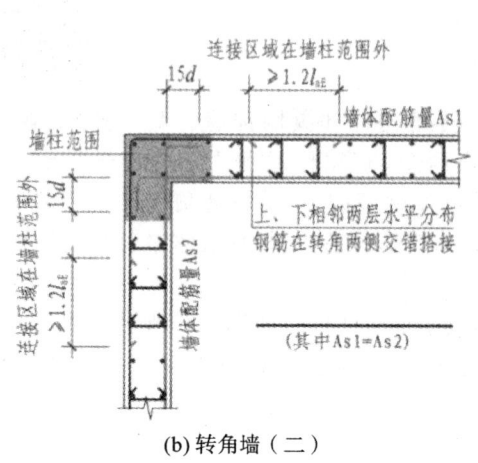
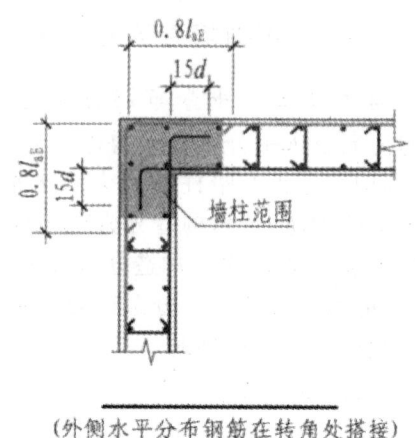

(b) 转角墙（二）　　　　　　(c) 转角墙（三）

续图 5-11

外侧水平分布钢筋连续通过,连接区设置在配筋量小的墙体上,搭接长度≥$1.2l_{aE}$;转角墙（三）外侧水平分布钢筋在暗柱范围内搭接,每边伸至对边再弯折 $0.8l_{aE}$;内侧水平分布钢筋伸至对边竖向分布钢筋内侧弯折 $15d$。

　　图 5-12 所示为端柱转角墙水平分布钢筋的构造做法。构造要点是:墙身外侧水平分布钢筋伸至端柱对边弯折 $15d$,水平分布钢筋在端柱的长度≥$0.6l_{abE}$;墙身内侧水平分布钢筋伸至端柱的长度≥l_{aE}时可直锚,弯锚时伸至对边弯折 $15d$。

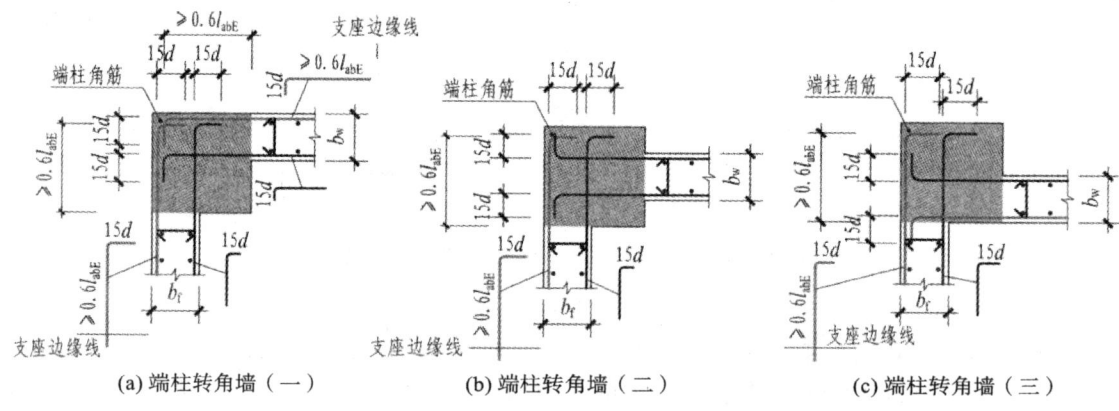

(a) 端柱转角墙（一）　　　(b) 端柱转角墙（二）　　　(c) 端柱转角墙（三）

图 5-12　端柱转角墙水平分布钢筋的构造图

　　（3）翼墙水平分布钢筋构造。

　　图 5-13 所示为端柱翼墙水平分布钢筋的构造做法。构造要点是:翼墙处沿翼墙方向水平分布钢筋贯通或在端柱内直锚（直锚长度≥l_{aE}）,端柱翼墙（一）外侧水平分布钢筋直径相同时贯通布置,不同时伸至翼墙竖筋内侧弯折 $15d$;垂直翼墙方向水平分布钢筋伸至翼墙竖向分布钢筋内侧弯折 $15d$。

　　图 5-14 所示为暗柱翼墙水平分布钢筋的构造做法。构造要点是:翼墙处沿翼墙方向水平分布钢筋贯通,垂直翼墙方向水平分布钢筋伸至翼墙竖向分布钢筋内侧弯折 $15d$;变截面时,翼墙（二）平齐一侧水平分布钢筋连续通过,较窄墙内侧水平分布钢筋伸入较宽墙内锚固长度为 $1.2l_{aE}$,较宽墙内侧水平分布钢筋伸至对边后弯折 $15d$。

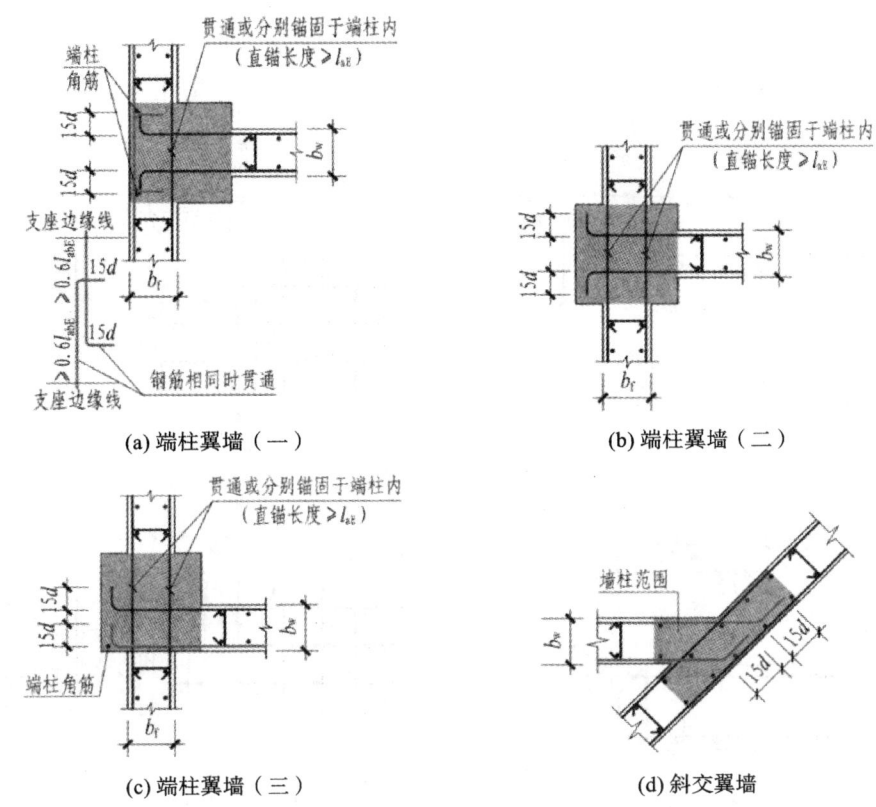

图 5-13　端柱翼墙水平分布钢筋的构造图

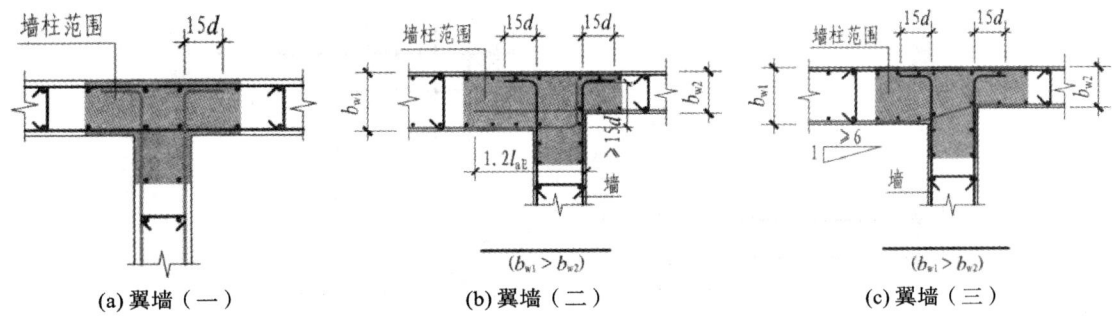

图 5-14　暗柱翼墙水平分布钢筋的构造图

2.剪力墙身竖向分布钢筋构造

（1）竖向分布钢筋在基础中构造。

图集中将剪力墙插筋构造分为纵筋保护层厚度>5d、纵筋保护层厚度≤5d 和搭接连接 3 种,具体如图 5-15 所示。

剪力墙身竖向
分布钢筋构造
及计算

竖向分布钢筋直接深入基础底部时,构造要点如下。

①墙外侧插筋保护层厚度>5d:基础高度 h_j>l_{aE},采用隔二下一布置,伸至基础底部弯折 6d 且大于 150;基础高度 h_j≤l_{aE},伸至基础底部弯折 15d。

②墙外侧插筋保护层厚度≤5d:基础高度 h_j>l_{aE},伸至基础底部弯折 6d 且大于 150;基础高度 h_j≤l_{aE},伸至基础底部弯折 15d;锚固区布置横向钢筋,横向钢筋应满足直径≥$d/4$(d 为纵筋最大直径)、间距≤10d(d 为纵筋最小直径)且<100 的要求。

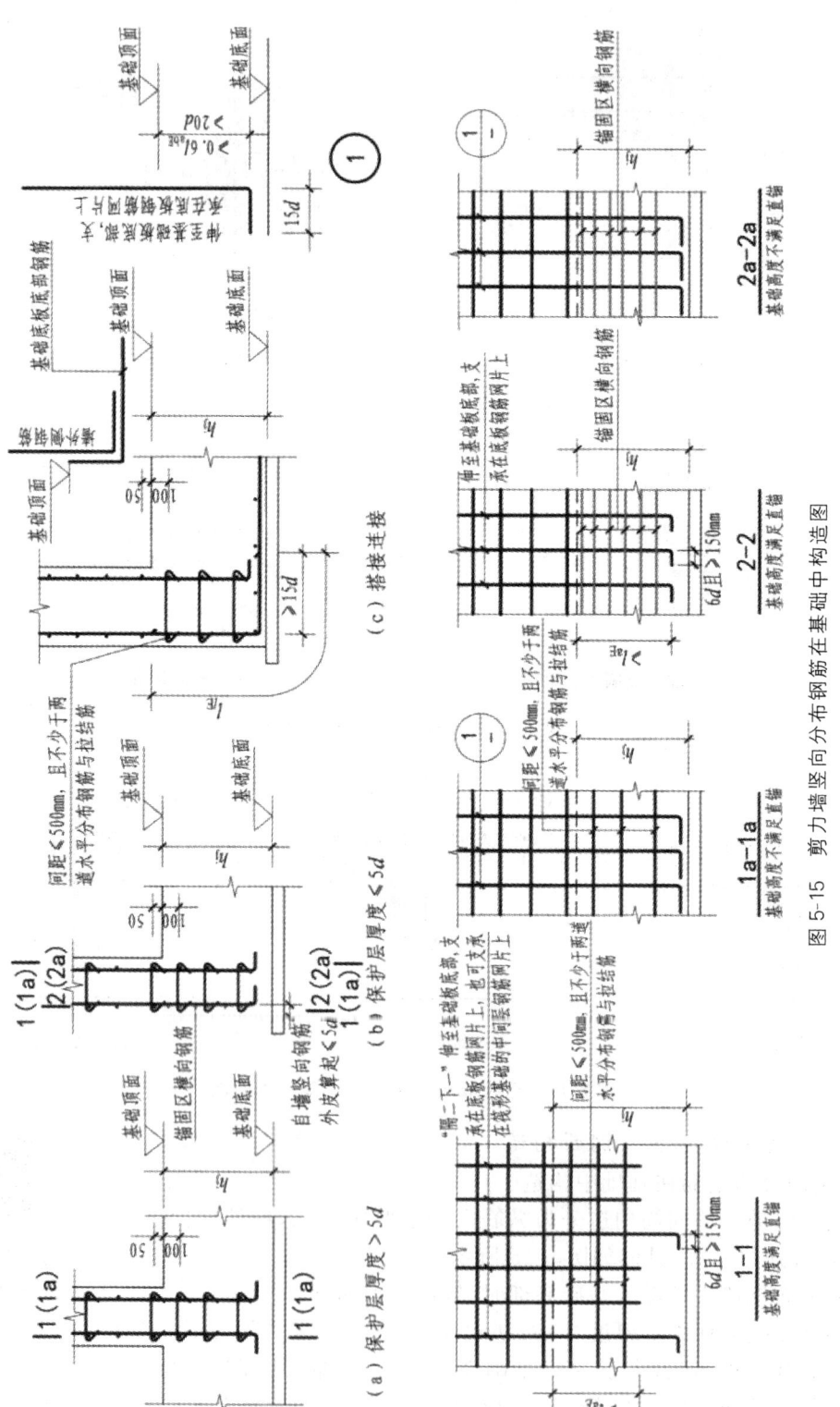

图 5-15 剪力墙竖向分布钢筋在基础中构造图

竖向分布钢筋与基础底部钢筋互相搭接时,构造要点为:剪力墙竖向分布钢筋与基础底部钢筋互相搭接 l_{lE},墙外侧纵筋插至基础底板钢筋网片上,并向内弯折不小于 $15d$。

(2)竖向分布钢筋连接构造。

竖向分布钢筋连接构造如图 5-16 所示。在绑扎连接情况下,钢筋伸出基础或楼面一定距离,搭接 $1.2l_{aE}$,分错开和不错开两种情况,错开连接错开范围 $\geqslant 500$;在机械连接情况下,应交错连接,连接点伸出楼面 500,错开 $35d$;在焊接连接情况下,应交错连接,伸出楼面 500,错开 $\max\{500,35d\}$。

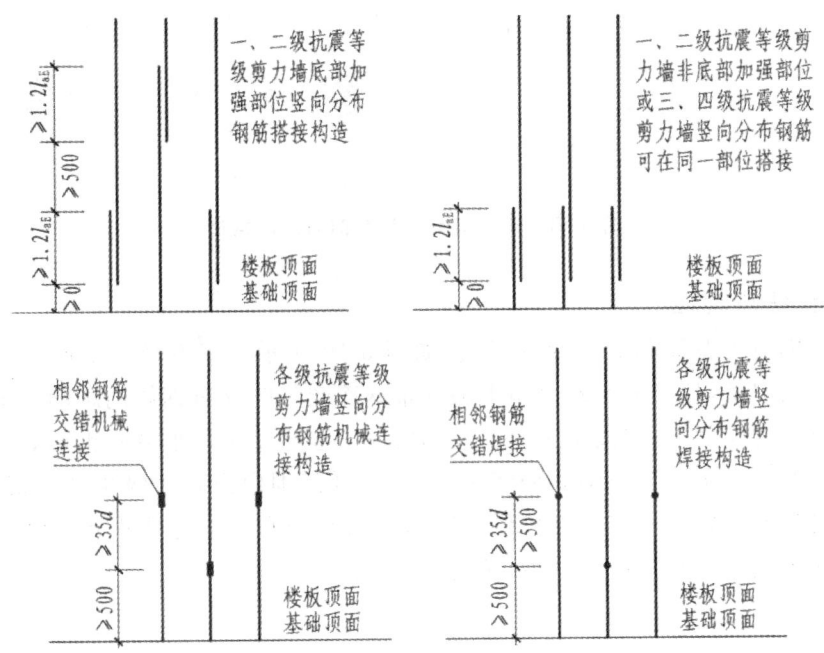

图 5-16 剪力墙竖向分布钢筋连接构造

(3)剪力墙身变截面处竖向分布钢筋构造。

剪力墙变截面构造和柱变截面构造相似,非直通构造有单侧钢筋断开和双侧钢筋断开两种,下层钢筋伸至变截面处弯折 $12d$,上层纵筋垂直锚入下层 $1.2l_{aE}$;Δ(截面单侧内收尺寸)$\leqslant 30$ 时,纵筋内斜弯直通。具体构造如图 5-17 所示。

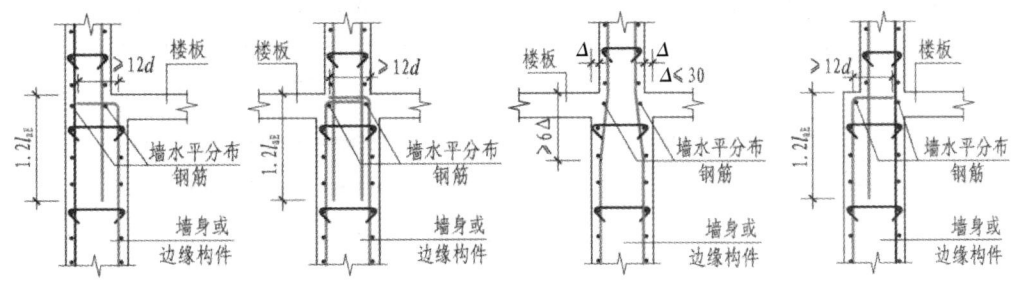

图 5-17 剪力墙变截面处竖向分布钢筋构造

（4）剪力墙竖向分布钢筋顶部构造。

剪力墙竖向分布钢筋顶部构造如图 5-18 所示，与框架柱中柱柱顶纵筋构造类似。当顶部为屋面板时，伸至对边弯折 $12d$；当顶部为边框梁时，能直锚则直锚，不能直锚则伸至对边弯折 $12d$。

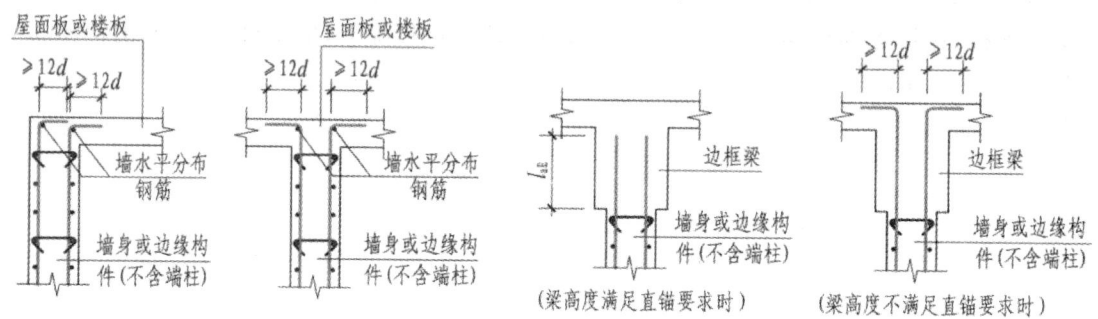

图 5-18   剪力墙竖向分布钢筋顶部构造

3. 墙身拉结筋构造

墙身拉结筋有梅花形和矩形两种形式，如图 5-19 所示。当设计未明确时，宜采用梅花形布置。一般情况下，拉结筋间距是墙水平分布钢筋或竖向分布钢筋间距的 2 倍，即隔一拉一。拉结筋排布规定如下：层高范围内由底部板顶向上第二排水平分布钢筋处开始设置，至顶部板底向下第一排水平分布钢筋处终止；墙身宽度范围内由距边缘构件边第一排墙身竖向分布钢筋处开始设置。位于边缘构件范围内的水平分布钢筋也应设置拉结筋，在此范围内拉结筋间距不大于墙身拉结筋间距，或按设计标注。

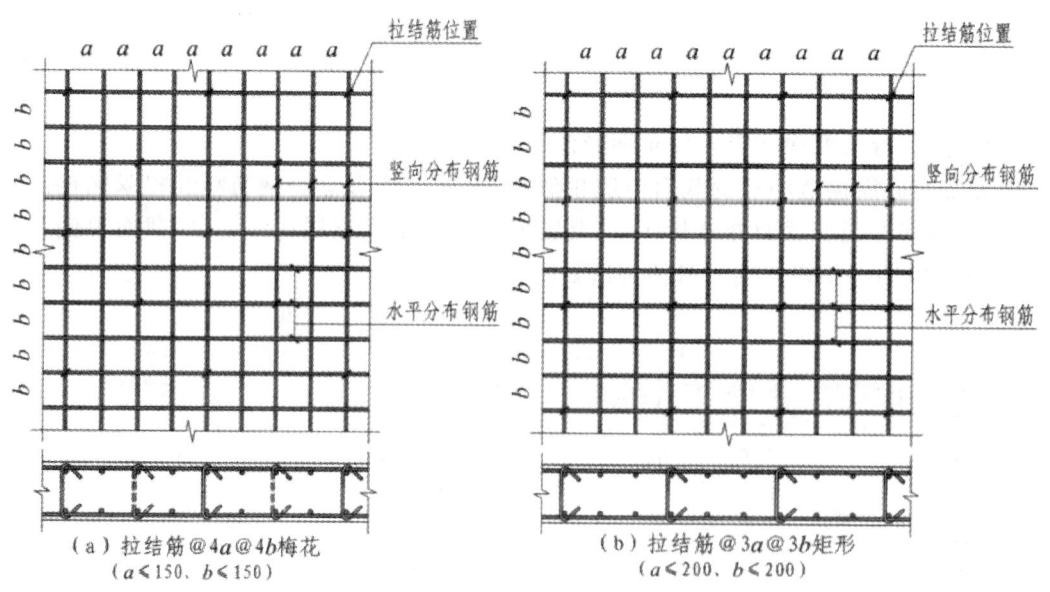

图 5-19   矩形与梅花形拉结筋示意图

5.3.2.2 剪力墙柱钢筋构造

1.边缘构件纵向钢筋在基础中构造

边缘构件纵向钢筋在基础中构造如图 5-20 所示。构造要点为:在图 5-20(a)中,角部纵筋伸至基础底板,弯折长度取 $\max\{6d,150\}$,其他纵筋伸入基础≥l_{aE},设置间距≤500,且不少于 2 道的矩形封闭箍筋;在图 5-20(b)中,全部纵筋伸至基础底板,弯折长度取 $\max\{6d,150\}$,锚固区设置横向箍筋;在图 5-20(c)中,全部纵筋伸至基础底板,弯折长度取 15d,设置间距≤500,且不少于 2 道的矩形封闭箍筋;在图 5-20(d)中,全部纵筋伸至基础底板,弯折长度取 15d,锚固区设置横向箍筋。

（右上角文字）剪力墙柱、墙梁钢筋构造及计算

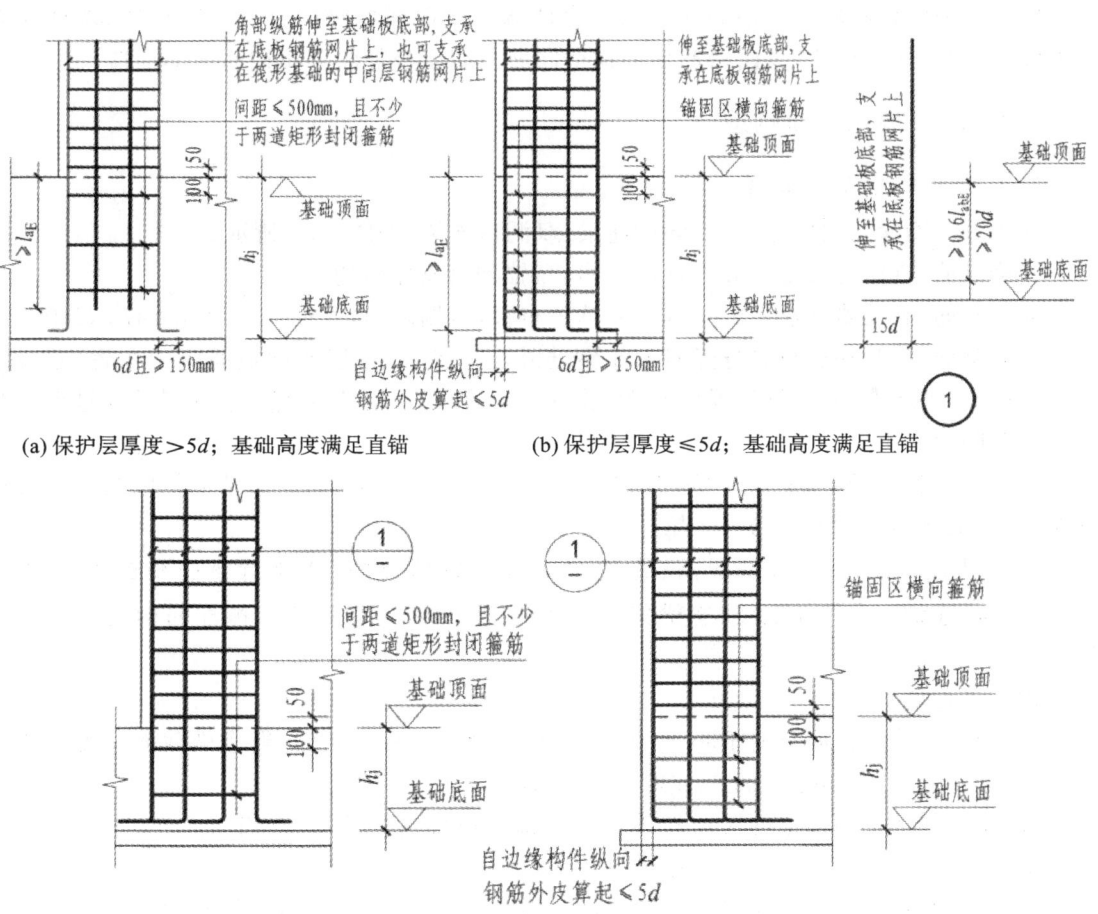

(a) 保护层厚度>5d;基础高度满足直锚
(b) 保护层厚度≤5d;基础高度满足直锚
(c) 保护层厚度>5d;基础高度不满足直锚
(d) 保护层厚度≤5d;基础高度不满足直锚

图 5-20 边缘构件纵向钢筋在基础中构造

2.边缘构件纵筋连接构造

剪力墙边缘构件纵向钢筋连接构造如图 5-21 所示。在绑扎连接情况下,钢筋伸出基础或楼面一定距离,搭接长度为 l_{lE},错开≥0.3l_{lE};机械连接点、焊接连接点距基础或楼面≥500,机械连接错开 35d,焊接连接错开 35d 且≥500。

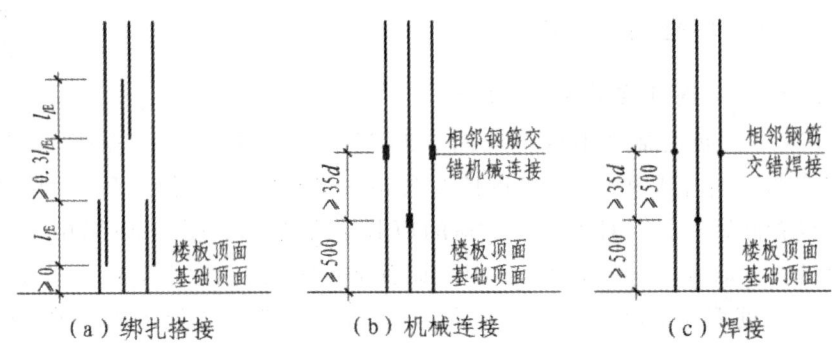

图 5-21   剪力墙边缘构件纵向钢筋连接构造

墙柱变截面处竖向分布钢筋构造同剪力墙墙身变截面处竖向分布钢筋构造,墙柱除端柱外(端柱同框架柱构造)纵向钢筋顶部构造同剪力墙墙身竖向分布钢筋顶部构造。

5.3.2.3   墙梁钢筋构造

1. 剪力墙连梁配筋构造

连梁分小墙垛处洞口连梁、单洞口连梁、双洞口连梁,如图 5-22 所示。

连梁纵筋:直锚时长度取 $\max\{l_{aE},600\}$,弯锚伸至支座对边弯折 $15d$。

连梁侧筋:利用墙身水平分布钢筋或单独布置,两端直锚,直锚长度为 $\max\{l_{aE},600\}$。

连梁箍筋:箍筋外皮与墙身竖向分布钢筋外皮平齐,在楼层连梁箍筋跨中布置,起步距为 50;顶层连梁箍筋在纵筋范围内布置,支座内箍筋直径同连梁跨中箍筋直径,起步距为100,布置间距为 150。

连梁拉结筋直径:当梁宽≤350 时,为 6;当梁宽>350 时,为 8。拉结筋间距为 2 倍箍筋间距,竖向沿侧面水平分布筋隔一拉一。

2. 剪力墙连梁交叉斜筋配筋、连梁集中对角斜筋配筋、连梁对角暗撑配筋构造

剪力墙连梁交叉斜筋配筋、连梁集中对角斜筋配筋、连梁对角暗撑配筋构造如图 5-23 所示。

构造要点如下。

(1)当洞口连梁截面宽度不小于 250 时,可采用交叉斜筋配筋;当连梁截面宽度个小于400 时,可采用集中对角斜筋配筋或对角暗撑配筋。

(2)交叉斜筋配筋连梁的对角斜筋在梁端部位应设置拉筋,一般设置不少于 3 根拉筋,具体数量、尺寸以及间距值见设计标注。

(3)集中对角斜筋配筋连梁应在梁截面内沿水平方向及竖直方向设置双向拉筋,拉筋应勾住外侧纵向钢筋,间距不应大于 200,直径不应小于 8。

(4)对角暗撑配筋连梁中暗撑箍筋的外缘沿梁截面宽度方向不宜小于梁宽的 1/2,另一方向不宜小于梁宽的 1/5;对角暗撑约束箍筋肢距不应大于 350。

(5)交叉斜筋配筋连梁、对角暗撑配筋连梁的水平钢筋及箍筋形成的钢筋网之间应采用拉筋拉结,拉筋直径不宜小于 6,间距不宜大于 400。

3. 剪力墙 BKL 或 AL 与 LL 重叠时配筋构造

剪力墙 BKL 或 AL 与 LL 重叠时配筋构造如图 5-24 所示。

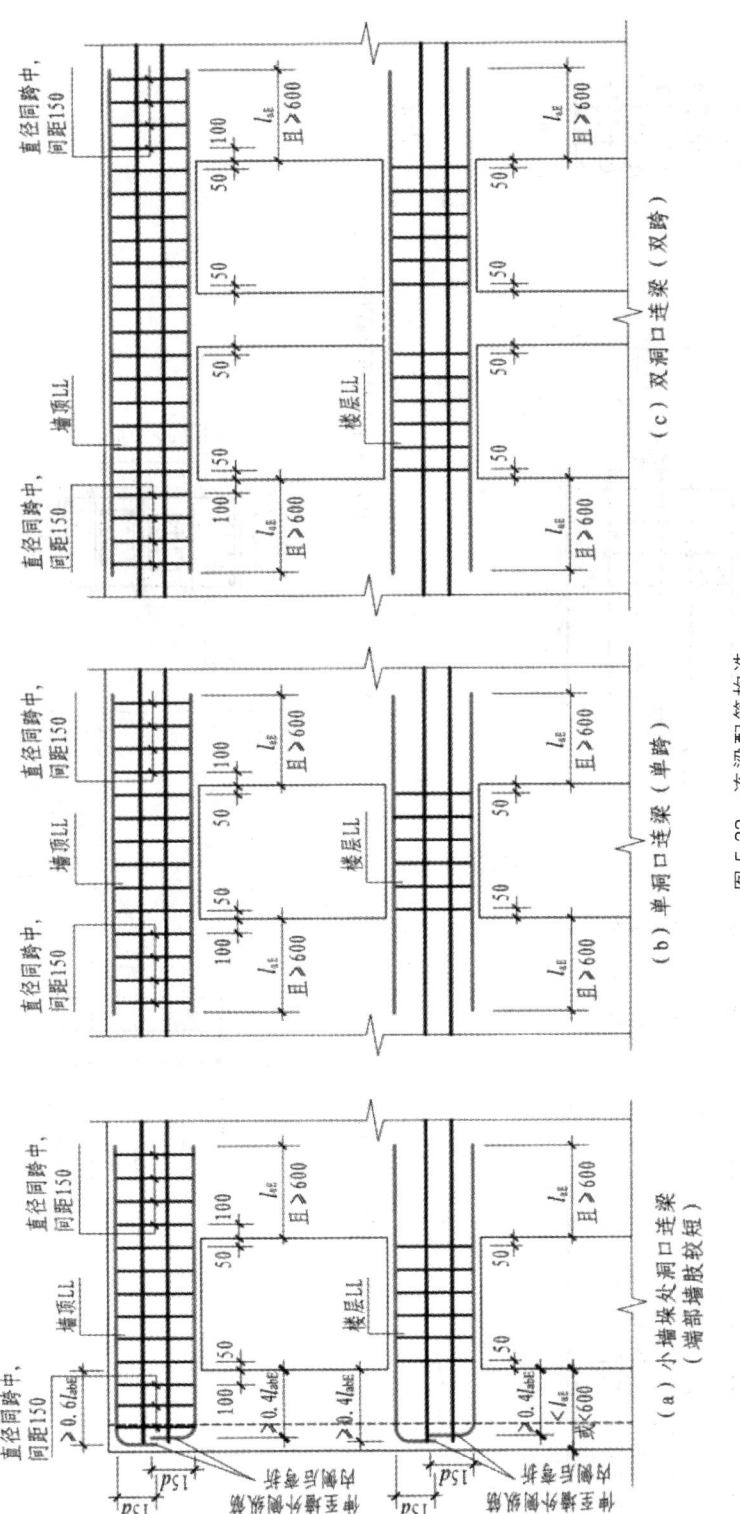

图 5-22　连梁配筋构造

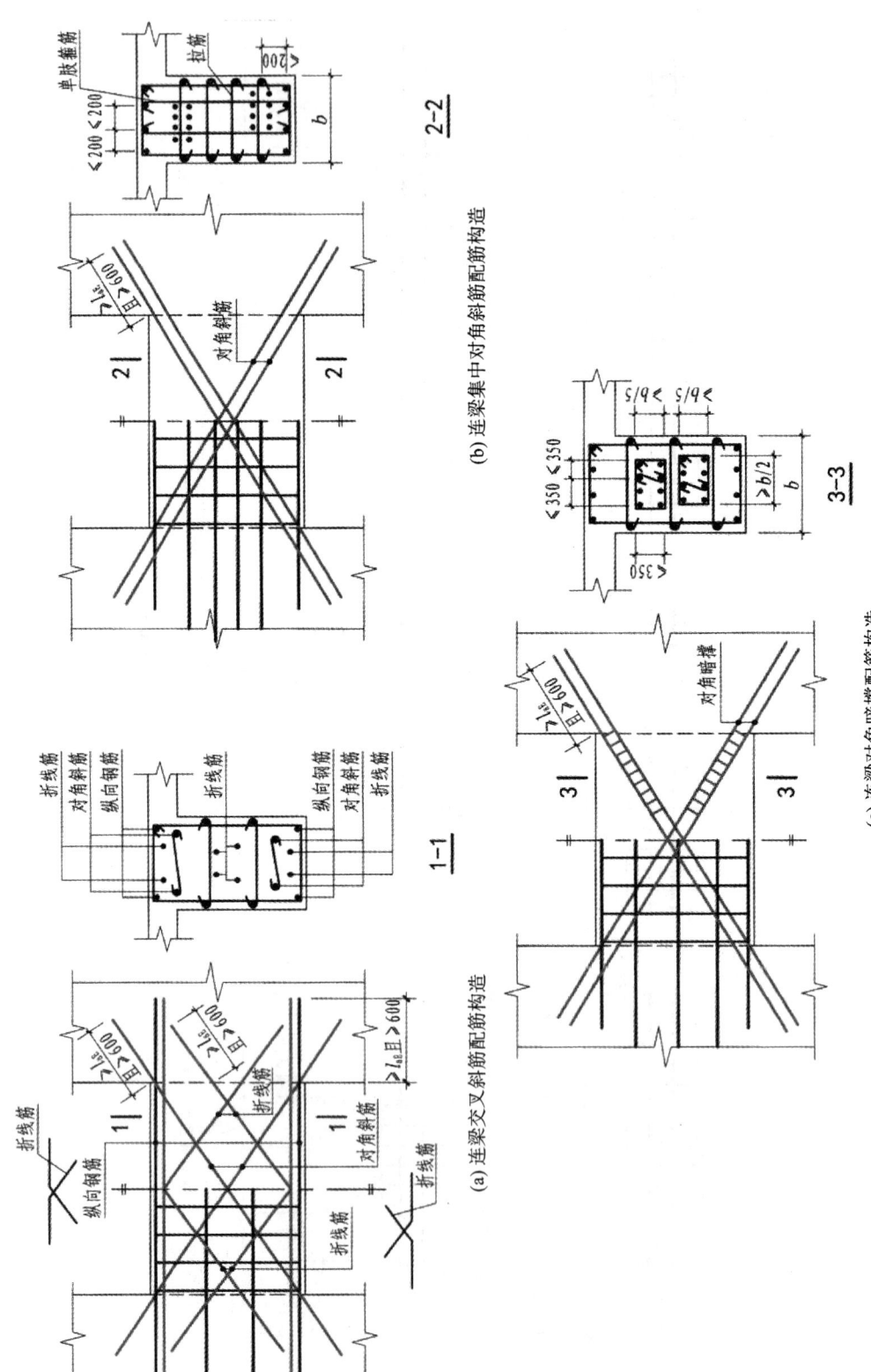

图5-23 剪力墙连梁交叉斜筋配筋、连梁集中对角斜筋配筋、连梁对角暗撑配筋构造

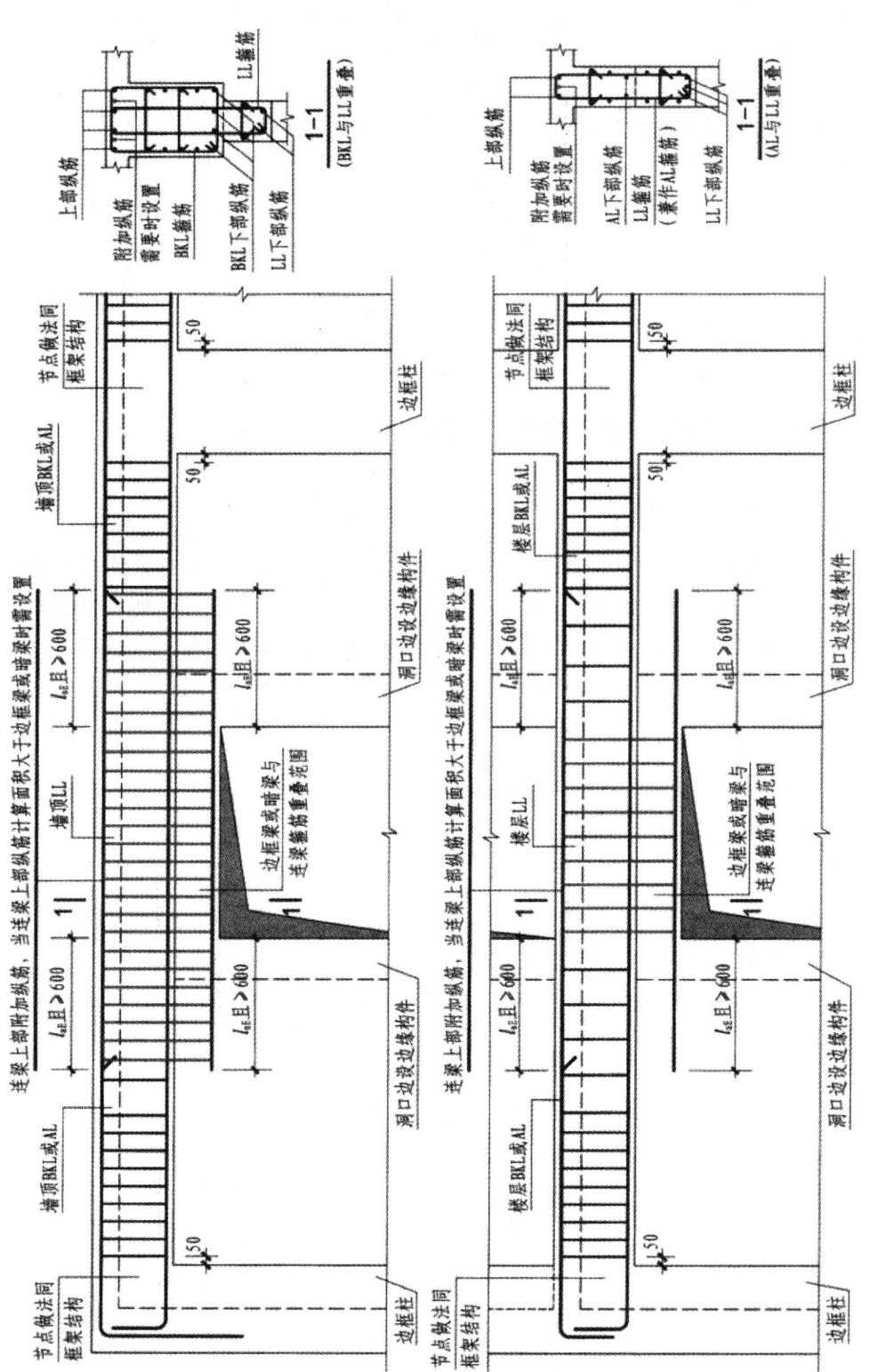

图5-24 剪力墙 BKL 或 AL 与 LL 重叠时配筋构造图

构造要点是:连梁和边框梁或暗梁的箍筋分别独立布置,楼层连梁箍筋跨中布置,起步距为 50;顶层连梁箍筋在纵筋范围内布置,支座内箍筋直径同连梁跨中箍筋直径,起步距为100,布置间距为150。

连梁上部纵筋构造同边框梁、暗梁上部纵筋构造。当连梁上部纵筋计算面积大于边框梁或暗梁时需设置连梁上部附加纵筋。边梁下部纵筋按设计布置,两端伸入支座直锚 max $\{l_{aE},600\}$。

5.4　剪力墙构件钢筋算量

5.4.1　剪力墙构件钢筋算量学习引导

5.4.1.1　学习任务描述

按照《混凝土结构施工图平面整体表示方法制图规则和构造详图(现浇混凝土框架、剪力墙、梁、板)》(22G101-1)、《混凝土结构施工图平面整体表示方法制图规则和构造详图(独立基础、条形基础、筏形基础、桩基础)》(22G101-3)中有关剪力墙构件结构施工图部分知识,梳理剪力墙构件钢筋工程量的计算公式,计算剪力墙 Q1 的钢筋工程量。

5.4.1.2　学习目标

(1)能按照图集总结剪力墙内各钢筋工程量的计算公式。
(2)能结合图纸信息,完成剪力墙构件钢筋工程量的计算。

5.4.1.3　任务书

计算 Q1 的钢筋工程量,并将结果填入计算书中。

5.4.1.4　任务分组

剪力墙构件钢筋算量学生任务分配表如表 5-22 所示。

表 5-22　剪力墙构件钢筋算量学生任务分配表

班级		组号		指导老师	
小组	姓名	学号		任务	
组长					
组员					

小组	姓名	学号	任务
组员			
备注			

5.4.1.5 任务准备

根据《混凝土结构施工图平面整体表示方法制图规则和构造详图(现浇混凝土框架、剪力墙、梁、板)》(22G101-1)、《混凝土结构施工图平面整体表示方法制图规则和构造详图(独立基础、条形基础、筏形基础、桩基础)》(22G101-3)相关要求,完成 Q1 计算信息表(见表 5-23)。

表 5-23 Q1 计算信息表

序号	信息项	具体内容
1	受力筋的锚固长度	
2	混凝土强度等级	
3	受力筋的连接方式	
4	起始水平分布钢筋距楼面距离	
5	起始竖向分布钢筋距暗柱边缘距离	
6	墙纵筋伸入基础的锚固形式	
7	剪力墙左端节点形式	
8	剪力墙右端节点形式	
9	剪力墙顶部的节点形式	

5.4.1.6 任务实施

1.剪力墙身钢筋计算

(1)水平分布钢筋的计算。

引导问题 1:根据图 5-4,剪力墙身水平分布钢筋由 _____、_____、

_____几个部分组成,其中端部构造长度分别为:_____

_____

剪力墙身水平分布钢筋的根数,在基础内,为:_____

_____

在楼层间,为:_____

(2)竖向分布钢筋的计算。

引导问题 2:

基础内竖向分布钢筋计算公式:_____

中间层竖向分布钢筋计算公式:_____

顶层竖向分布钢筋计算公式：_____

竖向分布钢筋根数计算公式：_____

(3)剪力墙身拉筋的计算。

引导问题3：

拉筋长度计算公式：_____

拉筋根数计算公式：

①矩形布置：_____

②梅花形布置：_____

2.剪力墙连梁钢筋计算

引导问题4：

连梁纵筋长度计算公式：_____

连梁侧面钢筋长度计算公式：_____

连梁箍筋根数计算公式：

①中间层箍筋：_____

②顶层箍筋：_____

5.4.1.7　任务成果

Q1 的钢筋工程量计算书如表 5-24 所示。

表 5-24　Q1 钢筋工程量计算书

构件名称	钢筋类型		钢筋规格	计算公式	根数	总长/m
Q1	水平分布钢筋	插筋				
		一层				
		二层				
	竖向分布钢筋	基础				
		一层				
		二层				
	拉筋	一层				
		二层				

5.4.1.8　评价反馈

学生进行自评，评价自己是否能完成施工图识读的学习、是否能完成剪力墙构件钢筋工程量的计算、是否能按时完成报告内容等成果资料、有无任务遗漏。老师对学生的评价内容，可对接江苏省"建筑工程识图"技能大赛和"1+X"建筑工程识图职业技能等级证书、关于剪力墙构件评分标准和规范成果，主要包括报告书是否工整规范、报告内容数据是否真实合理、阐述是否详细、认识体会是否深刻、绘制图纸是否规范。

(1)学生进行自我评价,将结果填入表 5-25 中。

表 5-25 剪力墙构件钢筋算量学生自评表

班级:	姓名:	学号:	日期:

学习情境	剪力墙构件钢筋算量		
评价项目	评价标准	分值	得分
信息检索	能有效利用图纸、图集 22G101-1 和 22G101-3 查找有效信息;能准确完成 Q1 计算信息表	15	
剪力墙构件钢筋计算公式梳理	能利用图集 22G101-1 和 22G101-3 梳理总结钢筋计算公式;能准确完成引导问题	25	
剪力墙构件钢筋工程量计算	能正确识读项目图纸,完成 Q1 钢筋工程量计算书	25	
工作态度	态度端正,无无故缺勤、迟到、早退现象	10	
工作质量	能按计划完成工作任务	10	
协调能力	与小组成员、同学之间能合作交流、协调工作	5	
职业素质	全面细致,一丝不苟,树立职业从业意识	10	

(2)学生以小组为单位,对工作过程与工作结果进行互评,将互评结果填入表 5-26 中。

表 5-26 剪力墙构件钢筋算量学生互评表

学习情境		剪力墙构件钢筋算量										
评价项目	分值	等级						评价对象(组别)				
								1	2	3	4	5	6
计划合理	8	优	8	良	7	中	6	差	4				
方案合理	8	优	8	良	7	中	6	差	4				
团队合作	8	优	8	良	7	中	6	差	4				
组织有序	8	优	8	良	7	中	6	差	4				
工作质量	8	优	8	良	7	中	6	差	4				
工作效率	8	优	8	良	7	中	6	差	4				
工作完整	10	优	10	良	8	中	6	差	4				
工作规范	16	优	16	良	12	中	8	差	4				
识读报告	16	优	16	良	12	中	8	差	4				
拓展成果	10	优	10	良	8	中	6	差	4				
合计	100												

(3)教师对学生的工作过程与工作结果进行评价，并将评价结果填入表 5-27 中。

表 5-27 剪力墙构件钢筋算量教师综合评价表

班级：		姓名：	学号：		
学习情境		剪力墙构件钢筋算量			
评价项目		评价标准	分值	得分	
考勤(10%)		无无故迟到、早退、旷课现象	10		
工作过程(60%)	信息检索	能有效利用图纸、图集 22G101-1 和 22G101-3 查找有效信息；能准确完成 Q1 计算信息表	5		
	剪力墙构件钢筋计算公式梳理	能利用图集 22G101-1 和 22G101-3 梳理总结钢筋计算公式；能准确完成引导问题	20		
	剪力墙构件钢筋工程量计算	能正确识读项目图纸，完成 Q1 钢筋工程量计算书	20		
	工作态度	态度端正，工作认真、主动	5		
	协调能力	与小组成员、同学之间能合作交流、协调工作	5		
	职业素质	全面细致，一丝不苟，树立职业从业意识	5		
项目成果(30%)	工作完整	能按时完成任务	5		
	工作规范	能按规范要求识读	5		
	读图报告	能正确识读图纸并按照图纸完成读图报告	5		
	拓展成果	能准确完成剪力墙构件截面注写绘制	15		
合计			100		
综合评价	自评(20%)	小组互评(30%)	教师评价(50%)	综合得分	

5.4.1.9 拓展思考题

(1)剪力墙柱钢筋算量的思路是怎样的？

(2)暗梁和边框梁钢筋工程量如何计算？

(3)剪力墙钢筋的接头工程量如何计算？

5.4.2 剪力墙构件钢筋算量相关知识

5.4.2.1 剪力墙身钢筋工程量的计算

1.剪力墙身水平分布钢筋工程量的计算

剪力墙水平长度由两端的构造长度和墙长净长组成。墙长净长可以根据设计尺寸通过计算确定。

(1)两端构造长度的确定。

①当为暗柱时：

$$构造长度＝暗柱截面尺寸－保护层厚度＋弯折长度(10d)$$

②当为端柱时(端柱、端柱转角墙、端柱翼墙)：

$$构造长度＝端柱截面尺寸－保护层厚度＋弯折长度(15d)$$

注：若内侧满足直锚条件，则直锚。

③当端部为拐角墙(暗柱)时：

内侧水平分布钢筋：

$$构造长度＝柱截面尺寸－c＋弯折长度(15d)$$

外侧水平分布钢筋：

$$构造长度＝柱截面尺寸－c＋弯折长度(0.8l_{aE})$$

(2)水平分布钢筋根数的计算。

①在基础内，墙外侧插筋保护层厚度$>5d$，设置间距$\leqslant 500$，不少于2道构造筋；墙外侧插筋保护层厚度$\leqslant 5d$，设置锚固区横向钢筋，从基础顶面起步100按间距$\min\{100,10d\}$(d为插筋最大直径)布置钢筋。

②在楼层间，水平分布钢筋在层高内满布，起步距为50，根数＝排数×[(墙净高－2×50)/排布间距＋1]。

2.剪力墙身竖向分布钢筋工程量的计算

剪力墙身竖向分布钢筋的计算从基础到墙顶一层一层进行，分为墙纵筋在基础内长度、墙中间层纵筋长度、顶层纵筋长度。

$$墙纵筋在基础内长度＝弯折长度＋嵌入长度＋露出长度$$

式中，弯折长度根据构造选择$\max\{6d,150\}$或者$15d$，嵌入长度＝基础深度－保护层厚度，露出长度＝$1.2l_{aE}$(绑扎连接)或500(机械连接、焊接连接)。

$$墙中间层纵筋长度＝层高＋露出长度$$

$$顶层纵筋长度＝层高－c＋12d$$

$$钢筋根数＝排数×[(墙长－节点宽度－起步距×2)/间距＋1]$$

式中，起步距为$s/2$，s为间距。

3.剪力墙身拉筋工程量的计算

剪力墙身拉筋长度的确定如图5-25所示。拉筋同时勾住水平分布钢筋和纵筋，长度包括水平长度和弯折长度，计算公式为

$$拉筋长度＝墙厚－2×保护层厚度＋拉筋直径$$
$$＋2×(\max\{6d,150\}＋1.9×拉筋直径)$$

拉筋分矩形布置和梅花形布置两种情况计算根数，根据构造确定净长和净高。

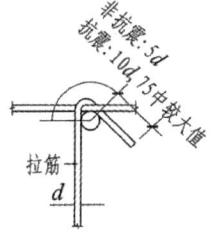

图5-25　拉筋构造详图

$$矩形布置拉筋的根数＝(墙拉筋布置净长/拉筋布置水平间距＋1)$$
$$×(墙拉筋布置净高/拉筋布置竖向间距＋1)$$

对于梅花形布置，读者可根据上述思路自行总结计算公式。

5.4.2.2　剪力墙柱钢筋工程量的计算

剪力墙柱分为端柱和暗柱。剪力墙端柱钢筋工程量计算同框架柱。剪力墙暗柱是剪力墙的加强部位，纵筋按墙身竖向分布钢筋计算，约束边缘构件除计算阴影部分的钢筋外，还要按设计标注计算非阴影区域的拉筋、箍筋。具体的计算过程，读者可以参照本书中柱钢

筋、剪力墙身钢筋的相关知识。

5.4.2.3 剪力墙梁钢筋工程量的计算

剪力墙梁分为连梁、暗梁和边框梁，暗梁和边框梁钢筋工程量计算同框架梁，读者可以参照本书中的梁钢筋相关知识学习。下面以连梁为例进行介绍。

连梁分为小墙垛处洞口连梁、单洞口连梁和双洞口连梁。连梁钢筋包括上部纵筋、下部纵筋、侧面钢筋、箍筋和拉筋等。

$$上部纵筋、下部纵筋长度＝两端锚固长度＋洞口净长$$

其中，锚固长度分直锚长度和弯锚长度，直锚长度为 $\max\{l_{aE},600\}$，弯锚伸至支座对边弯折 $15d$。

$$侧面钢筋长度＝两端锚固长度＋洞口净长$$

其中，锚固采用直锚，直锚长度为 $\max\{l_{aE},600\}$。

$$中间层箍筋的根数＝洞口上部根数$$

$$顶层箍筋根数＝左锚固段根数＋洞口上部根数＋右锚固段根数$$

其中：

$$洞口上部根数＝(洞口宽度－50×2)/间距＋1$$

$$直锚段根数＝(\max\{l_{aE},600\}－100)/150＋1$$

$$弯锚段根数＝(小墙肢长度－保护层厚度－100)/150＋1$$

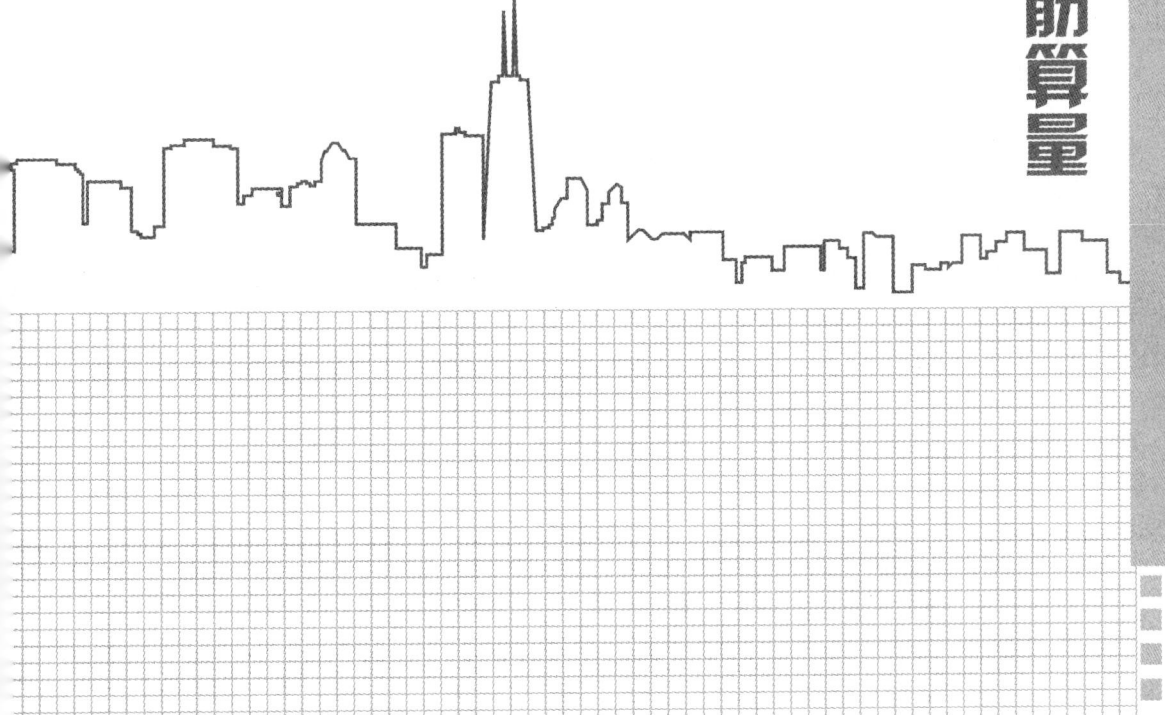

项目 6

混凝土基础平法识图与钢筋算量

6.1   学习任务描述

6.1.1   项目概况

基础是建筑结构中最底层的结构构件,它的主要作用是将建筑的上部荷载传递给地基。基础根据形式可分为独立基础、条形基础、筏形基础、桩承台基础和箱形基础等。本学习任务项目设计基于某学校图书综合楼,该楼主体五层、局部二层,主体结构形式为框架结构,局部结构形式为框剪结构,总建筑面积为 4760 m²。本工程采用的主要基础为条形基础配合基础梁,在电梯井部位设置了筏形基础,在 H 轴线和⑧、⑩轴线的相交处设置了独立基础。

本部分的学习任务包括基础构件识图(主要包括基础构件受力分析、钢筋骨架组成、基础平法施工图识图等)、独立基础构件节点构造分析、独立基础构件钢筋算量。

6.1.2   项目目标

(1)熟悉独立基础、条形基础、筏形基础和基础梁平法施工图的表示方式。
(2)掌握独立基础、条形基础、筏形基础和基础梁标准节点构造。
(3)掌握独立基础、条形基础、筏形基础和基础梁钢筋工程量的计算方法。

6.1.3   课程思政

基础是建筑物的根,是托起整个建筑物的魂。中国在建筑物的基础建造方面有悠久的历史。从陕西半坡村新石器时代的遗址中发掘出的木柱下已有掺陶片的夯土基础;陕县庙底沟的屋柱下也有用扁平的砾石做的基础;洛阳王湾墙基的沟槽内则填红烧土碎块或铺一层平整的大块砾石。到战国时期,已有块石基础。到北宋元丰年间,基础类型已发展到木桩基础、木筏基础及复杂地基上的桥梁基础、堤坝基础,使基础形式日臻完善。在《营造法式》中对地基设计和基础构造都作了初步规定,如对一般基础埋深作出"凡开基址,须相视地脉虚实。其深不过一丈,浅止于五尺或四尺,……"的规定。

在故宫慈宁宫花园东院遗址发现的墩台建筑基础木结构垫层与地钉如图 6-1 所示。

基础承受着房屋的全部荷载,因此基础应具有足够的强度,才能稳定地把荷载传给地基,同时基础应满足耐久性要求。基础先于上部结构破坏,检查和加固都十分困难,而且还会影响房屋建筑的使用寿命。

(1)理解作为国家的"顶梁柱",中国共产党为什么要走群众路线。
(2)结合柱构件的特点,在课程内容中适当融入工匠精神、责任意识、担当精神、安全意识、遵守国家规范意识等课程思政要素。

图 6-1 在故宫慈宁宫花园东院遗址发现的墩台建筑基础木结构垫层与地钉

6.1.4 项目分析

为完成本项目,基于实际岗位能力要求设置 4 个子项目任务,每个子项目任务又分别设置 3 个任务,理论知识与实践操作在"做中学,学中做"中相互嵌套。混凝土基础平法识图与钢筋算量学习任务设计如表 6-1 所示。

表 6-1 混凝土基础平法识图与钢筋算量学习任务设计

序列	学习任务	学习任务简介	学时
1	基础构件平法识图	了解基础的类型、基础的钢筋骨架,理解基础在平法中的表示形式,明确钢筋在图纸中的位置	4
2	基础构件钢筋构造	理解基础构件钢筋构造,识读图纸,完成项目工程中基础钢筋节点构造分析与绘制	6
3	基础构件钢筋算量	掌握基础钢筋算量,在识读图纸的基础上,完成实际工程中相应独立基础钢筋算量	4

6.2 独立基础平法识图与钢筋算量

6.2.1 独立基础构件平法识图

6.2.1.1 独立基础构件平法识图学习引导

1.学习任务描述

按照《混凝土结构施工图平面整体表示方法制图规则和构造详图(独立基础、条形基础、筏形基础、桩基础)》(22G101-3)中有关独立基础构件结构施工图部分知识,包括普通独立基础构件平法表达方式(见图6-2),结合某学校图书综合楼图纸,主要完成普通独立基础平法识图,杯口独立基础不作为本书重点。

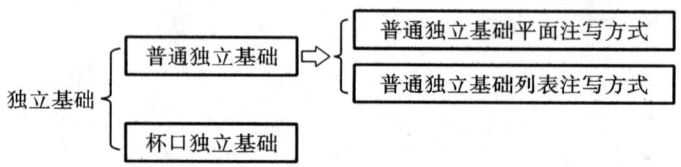

图 6-2 独立基础构件类型及普通独立基础的平法表达方式

2.学习目标

(1)能按照图集22G101-3对独立基础构件进行分类。

(2)能梳理独立基础构件平法识图知识。

(3)能识读独立基础平法结构图。

3.任务书

对某学校图书综合楼基础定位及条形基础底板配筋图(见图6-3)内的独立基础构件进行平法识图,绘制DJz1的配筋示意图。

4.任务分组

独立基础构件平法识图学生任务分配表如表6-2所示。

表 6-2 独立基础构件平法识图学生任务分配表

班级		组号		指导老师	
小组	姓名	学号		任务	
组长					
组员					
备注					

5.任务准备

(1)阅读工作任务书,小组识读某学校图书综合楼图纸,填写独立基础构件基础知识表(见表6-3)。

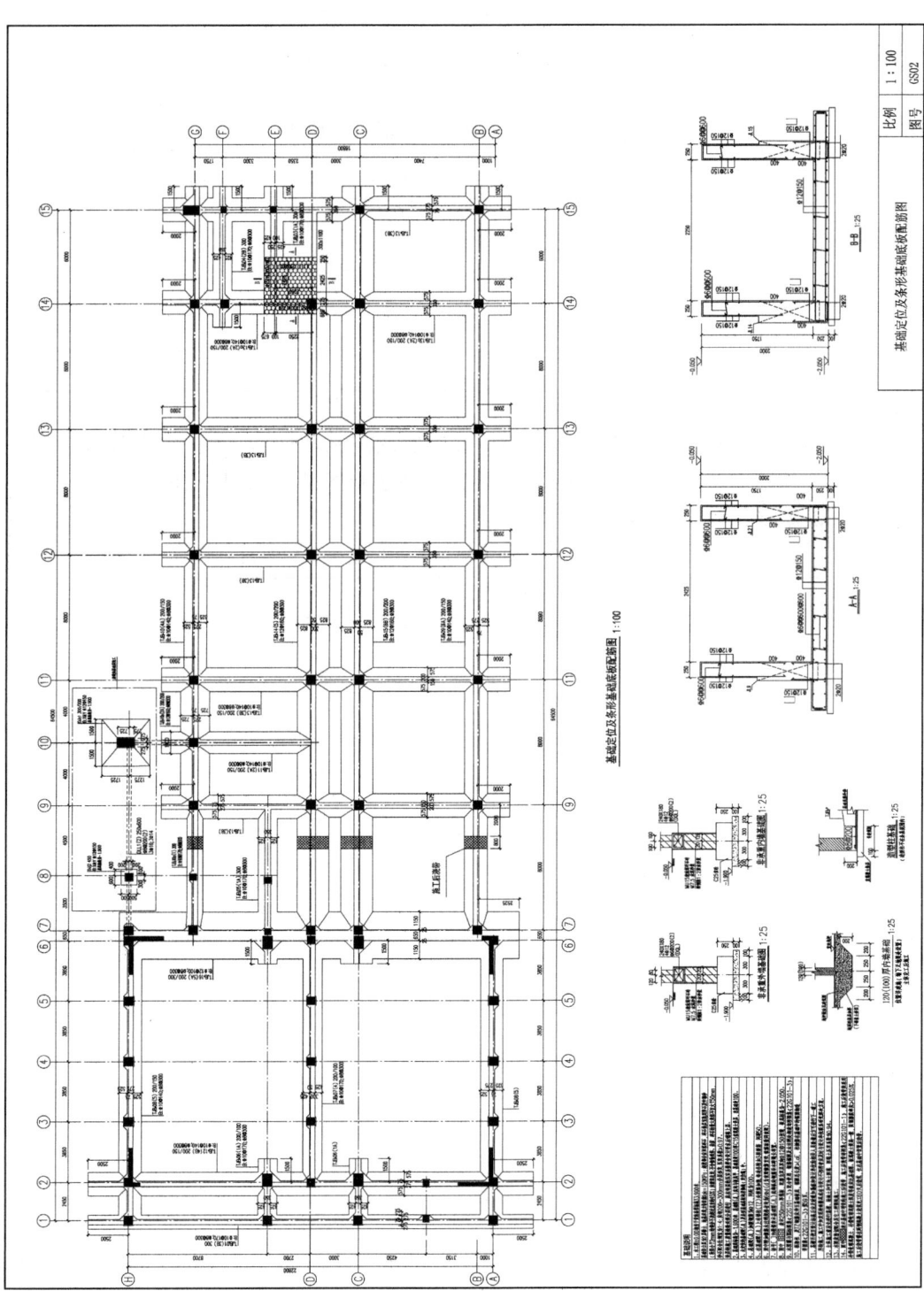

图 6-3　基础定位及条形基础底板配筋图

表 6-3　独立基础构件基础知识表

学习情境	独立基础构件平法识图		
学习成果名称	独立基础构件基础知识明细	难易程度	易
参考文献	《混凝土结构施工图平面整体表示方法制图规则和构造详图(独立基础、条形基础、筏形基础、桩基础)》(22G101-3)		
完成时间	___年___月___日___之前提交全部识读明细		
任务说明	结合某学校图书综合楼结构施工图纸和结构基础知识,在结构设计总说明中,查取独立基础构件环境等级、最小保护层厚度、抗震等级、混凝土强度等级		
任务完成明细	环境等级		
	最小保护层厚度		
	抗震等级		
	混凝土强度等级		

(2)收集《混凝土结构施工图平面整体表示方法制图规则和构造详图(独立基础、条形基础、筏形基础、桩基础)》(22G101-3)中有关独立基础平法制图部分知识,完成 22G101-3 独立基础构件平法识图知识体系表(见表 6-4)。

表 6-4　22G101-3 独立基础构件平法识图知识体系表

独立基础构件识图知识体系		22G101-3 页码
平法表达方式	平面注写方式	
	截面注写方式	
集中标注	基础编号	
	截面竖向尺寸	
	配筋	
	基础底面标高(选注)	
	必要的文字注解(选注)	
原位标注	截面平面尺寸	

6.任务实施

(1)独立基础构件类型。

引导问题 1:独立基础构件的类型包括:_____

_____

(2)独立基础构件识读内容。

引导问题 2:独立基础的平法表达方式有_____和_____两种。

(3)独立基础平面注写方式。

引导问题 3:集中标注必注内容包括基础编号、截面竖向尺寸、配筋,原位标注系在基础平面布置图上标注独立基础的平面尺寸,学习图集 22G101-3 中相关内容,完成集中标注相应表格。

①熟悉独立基础构件代号,填写表 6-5。

表 6-5　普通独立基础构件代号

序号	类型	基础底板截面形状	代号
1	普通独立基础	阶形	
2		锥形	

②熟悉独立基础集中标注注写方式,填写表 6-6。

表 6-6　普通独立基础集中标注注写方式

序号	细项	表示方法	识图
1	编号	DJj(1)	
		DJz(1)	
2	截面竖向尺寸	$h_1/h_2/h_3$	
		h_1/h_2	
3	配筋	以 B 代表_____。 x 向配筋以_____打头注写,y 向配筋以_____打头注写;当两向配筋相同时,则以_____打头注写	
4	基础底面标高	选注内容	当独立基础的底面标高与基础底面基准标高不同时,应将独立基础底面标高直接注写"( )"内
5	必要的文字注解	选注内容	当独立基础的设计有特殊要求时,宜增加必要的文字注解。例如,基础底板配筋长度是否采用减短方式等,可在该项内注明

引导问题 4:学习独立基础原位标注注写内容,填表 6-7。

表 6-7　独立基础原位标注注写内容

序号	细项	表示方法及识图
6	对称阶形截面普通独立基础	原位标注 x、y、x_i、y_i,$i=1,2,3,\cdots$。其中,x、y 为_____,x_i、y_i 为_____
7	非对称阶形截面普通独立基础	原位标注 x、y、x_i、y_i,$i=1,2,3,\cdots$。其中,x、y 为_____,x_i、y_i 为_____

(4)独立基础案例识读。

引导问题 5:完成图 6-3 中 DJj2 独立基础集中标注和原位标注内容的识读。

7.评价反馈

学生进行自评,评价自己是否能完成施工图识读的学习、是否能完成独立基础施工图的识读、是否能按时完成报告内容等成果资料、有无任务遗漏。老师对学生的评价内容,可对接江苏省"建筑工程识图"技能大赛和"1+X"建筑工程识图职业技能等级证书、关于独立基础构件评分标准和规范成果,主要包括报告书是否工整规范、报告内容数据是否真实合理、阐述是否详细、认识体会是否深刻、绘制图纸是否规范。

(1)学生进行自我评价,将结果填入表 6-8 中。

表 6-8　独立基础构件平法识图学生自评表

班级:		姓名:		学号:		日期:	
学习情境		独立基础构件平法识图					
评价项目		评价标准				分值	得分
信息检索		能有效利用图纸、图集 22G101-3 查找有效信息;能用自己的语言有条理地去解释、表述所学知识;能将找到的信息有效转换到图纸识读过程中				15	
独立基础构件集中标注识读		能正确识读,准确理解字母及数字含义				25	
独立基础构件原位标注识读		能正确识读,准确理解截面尺寸				25	
工作态度		态度端正,无无故缺勤、迟到、早退现象				10	
工作质量		能按计划完成工作任务				10	
协调能力		与小组成员、同学之间能合作交流、协调工作				5	
职业素质		全面细致,一丝不苟,树立职业从业意识				10	

(2)学生以小组为单位,对工作过程与工作结果进行互评,将互评结果填入表 6-9 中。

表 6-9　独立基础构件学生互评表

学习情境		独立基础构件平法识图											
评价项目	分值	等级							评价对象(组别)				
									1	2	3	4	5	6
计划合理	8	优	8	良	7	中	6	差	4					
方案合理	8	优	8	良	7	中	6	差	4					
团队合作	8	优	8	良	7	中	6	差	4					
组织有序	8	优	8	良	7	中	6	差	4					

续表

评价项目	分值	等级								评价对象（组别）					
										1	2	3	4	5	6
工作质量	8	优	8	良	7	中	6	差	4						
工作效率	8	优	8	良	7	中	6	差	4						
工作完整	10	优	10	良	8	中	6	差	4						
工作规范	16	优	16	良	12	中	8	差	4						
学习报告	16	优	16	良	12	中	8	差	4						
拓展成果	10	优	10	良	8	中	6	差	4						
合计	100														

（3）教师对学生的工作过程与工作结果进行评价，并将评价结果填入表 6-10 中。

表 6-10　独立基础构件平法识图教师综合评价表

班级：		姓名：	学号：	
学习情境		独立基础构件平法识图		
评价项目		评价标准	分值	得分
考勤（10%）		无无故迟到、早退、旷课现象	10	
工作过程（60%）	独立基础构件平法识图知识体系	能在图集 22G101-3 中有效定位独立基础构件平法制图页码、明晰基本内容	5	
	独立基础构件集中标注识读	能正确识读，准确理解字母及数字含义	20	
	独立基础构件原位标注识读	能正确识读，准确理解截面尺寸	20	
	工作态度	态度端正，工作认真、主动	5	
	协调能力	与小组成员、同学之间能合作交流、协调工作	5	
	职业素质	全面细致，一丝不苟，树立职业从业意识	5	
项目成果（30%）	工作完整	能按时完成任务	5	
	工作规范	能按规范要求识读	5	
	读图报告	能正确识读图纸并按照图纸完成读图报告	5	
	拓展成果	能准确完成独立基础构件截面尺寸标注	15	
合计			100	
综合评价	自评（20%）	小组互评（30%）	教师评价（50%）	综合得分

8.拓展思考题

（1）单柱独立基础列表注写方式如何识读？

（2）双柱独立基础制图规则是什么？

6.2.1.2　独立基础构件基础知识

1.独立基础构件类型

独立基础可分为普通独立基础和杯口独立基础两大类。根据基础底板截面形状,普通独立基础又分为阶形和锥形两种。根据柱子形式,普通独立基础又分为单柱独立基础、双柱独立基础、四柱独立基础、基础梁独立基础。独立基础的编号如表 6-11 所示。

表 6-11　独立基础构件类型

序号	类型	基础底板截面形状	代号	备注
1	普通独立基础	阶形	DJj	阶形普通独立基础　锥形普通独立基础　垫层　垫层
2		锥形	DJz	
3	杯口独立基础	阶形	BJj	阶形杯口独立基础　锥形杯口独立基础
4		锥形	BJz	

2.独立基础构件平法识图知识体系

独立基础平法施工图有平面注写方式、截面注写方式和列表注写方式三种表达方式。这三种表达方式的识读内容是相通的,工程中主要采用平面注写方式。独立基础的平面注写方式是指直接在独立基础平面布置图上进行集中标注和原位标注。

22G101-3 独立基础平面注写方式知识体系表如表 6-12 所示。

表 6-12　22G101-3 独立基础平面注写方式知识体系表

独立基础构件识图知识体系		22G101-3 页码
平法表达方式	平面注写方式	1-3～1-10
	截面注写方式	1-13
集中标注	基础编号	1-3～1-8
	截面竖向尺寸	
	配筋	
	基础底面标高(选注)	
	必要的文字注解(选注)	
原位标注	截面平面尺寸	1-8～1-13
	多柱独立基础的基础梁钢筋	

3.独立基础受力及钢筋骨架

(1)受力分析。

基础是建筑物埋入地面以下的承重构件,主要承担来自基础顶面以上自重荷载、风荷载和地震力等的作用,柱将受力传给独立基础,主要受力部位在独立基础底板。独立基础受力分析图如图 6-4 所示。

当独立基础底板长度小于 2500 时,独立基础整个底板均匀受力;当独立基础底板长度大于或等于 2500 时,独立基础底板边缘受力较小,可以采用底板配筋缩短 10% 构造。

(2)独立基础钢筋骨架。

杯口独立基础一般用于工业厂房,民用建筑一般采用普通独立基础,本工程主要采用的是单柱普通独立基础。单柱普通独立基础分为对称性独立基础和非对称性独立基础,具体独立基础构件的钢筋骨架分析见表 6-13。

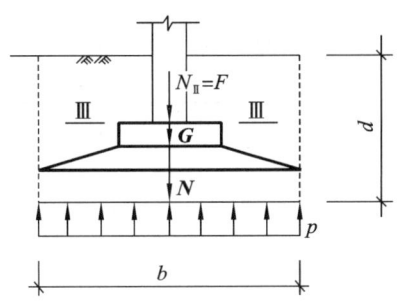

图 6-4 独立基础弯矩受力配筋图

表 6-13 独立基础钢筋骨架

	独立基础底板	钢筋布置
对称性独立基础	独立基础底板长度<2500 时	基础底板钢筋网片 x、y 方向满铺
	独立基础底板长度≥2500 时	基础底板钢筋网片 x、y 方向缩减
非对称性独立基础	独立基础底板长度<2500 时	基础底板钢筋网片 x、y 方向满铺
	独立基础底板长度≥2500 时	基础底板钢筋网片 x、y 方向缩减

(3)独立基础构件平法识图。

①独立基础构件平法识图基本知识。

在图集 22G101-3 中,独立基础构件的平法表达方式分平面注写方式、截面注写方式、列表注写方式三种。在实际工程中,大多数独立基础构件都采用平面注写方式,因此本书以平面注写方式为例进行讲解。独立基础构件的截面注写方式和列表注写方式,需要读者自行学习。

独立基础平法表示方法

独立基础的平面注写方式,是在独立基础平法施工图上,分别在不同编号的独立基础中各选一类独立基础,用在其上注写截面尺寸及配筋具体数值的方式来表达独立基础平法施工图。

独立基础构件的平面注写方式分为集中标注和原位标注(见图 6-5),集中标注的必注内容包括基础编号、截面竖向尺寸、配筋,原位标注系在基础平面布置图上标注独立基础的平面尺寸。结合某学校图书综合楼工程项目,本书主要讲述单柱普通独立基础。

②单柱普通独立基础平面注写方式。

a.普通独立基础构件代号如表 6-14 所示。

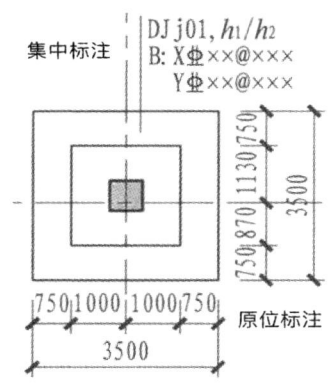

图 6-5 独立基础的集中标注与原位标注

表 6-14 普通独立基础代号和序号

序号	类型	基础底板截面形状	代号	序号
1	普通独立基础	阶形	DJj	××
2		锥形	DJz	××

b.普通独立基础集中标注注写方式如表 6-15 所示。

表 6-15 普通独立基础集中标注注写方式

序号	细项	表示方法	识图
1	编号	DJj(1) DJz(1)	普通阶形独立基础,1 号 普通锥形独立基础,1 号
		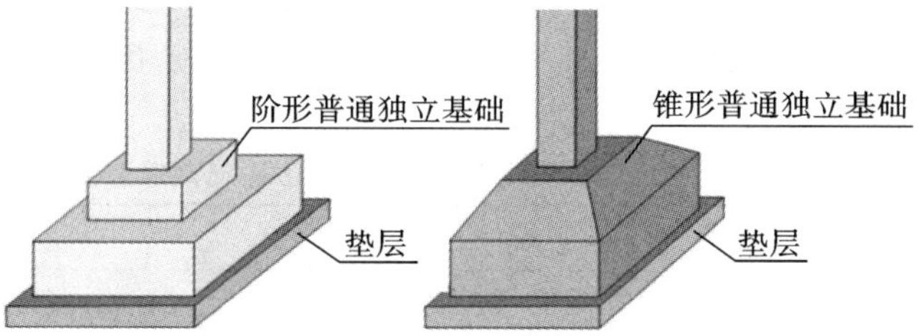	
2	截面竖向尺寸	$h_1/h_2/h_3$	当阶形截面普通独立基础 DJj×× 的竖向尺寸注写为 400/300/300 时,表示 $h_1=400$ mm,$h_2=300$ mm,$h_3=300$ mm,基础底板总高度为 1000 mm
		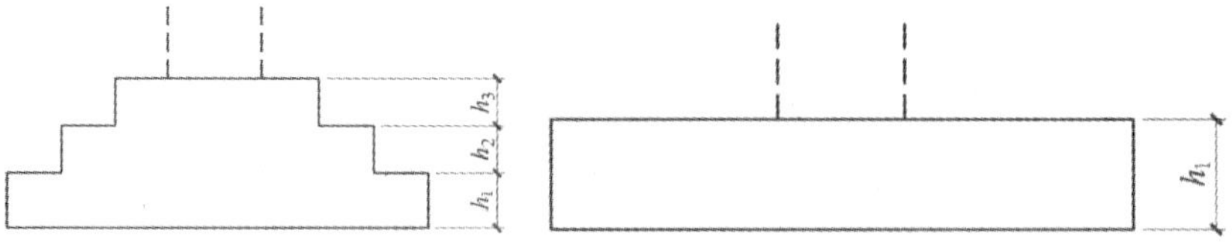	当有更多阶时,各阶尺寸自下而上用"/"分隔顺写。当基础为单阶时,其竖向尺寸仅为一个,即基础总高度
		h_1/h_2	当锥形截面普通独立基础 DJz×× 的竖向尺寸注写为 350/300 时,表示 $h_1=350$ mm,$h_2=300$ mm,基础底板总高度为 650 mm
		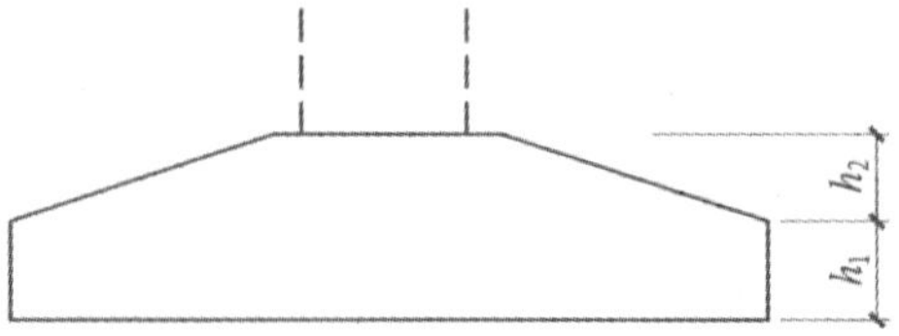	

续表

序号	细项	表示方法	识图
3	配筋	以 B 代表各种独立基础底板的底部钢筋 x 向配筋以 X 打头注写，y 向配筋以 Y 打头注写；当两向配筋相同时，则以 X&Y 打头注写	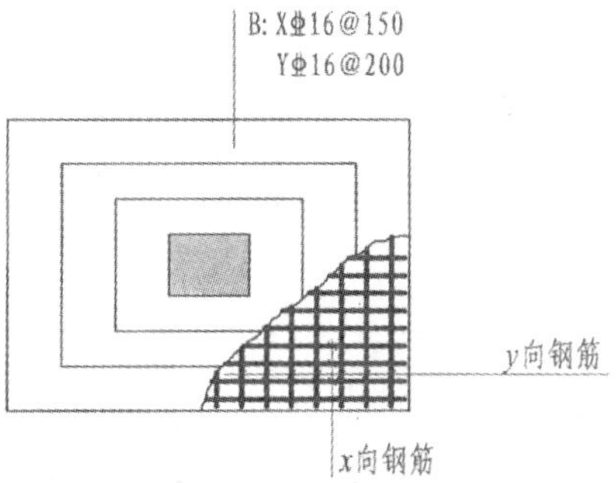 B: X Φ16@150 Y Φ16@200 y 向钢筋 x 向钢筋 例：独立基础底板配筋标注为"B：X Φ 16@150，Y Φ 16@200"，表示基础底板底部配置 HRB400 钢筋，x 向钢筋直径为 16 mm，间距为 150 mm；y 向钢筋直径为 16 mm，间距为 200 mm
4	基础底面标高	选注内容	当独立基础的底面标高与基础底面基准标高不同时，应将独立基础底面标高直接注写"（）"内
5	必要的文字注解	选注内容	当独立基础的设计有特殊要求时，宜增加必要的文字注解。例如，基础底板配筋长度是否采用减短方式等，可在该项内注明

c.普通独立基础原位标注注写方式。

对于相同编号的基础，可选择一个进行原位标注；当平面图形较小时，可将所选定进行原位标注的基础按比例适当放大；其他相同编号者仅注编号。

普通独立基础原位标注注写方式如表 6-16 所示。

表 6-16　普通独立基础原位标注注写方式

序号	细项	表示方法及识图
6	对称阶形或锥形截面普通独立基础	原位标注 x、y、x_i、y_i，$i=1,2,3,\cdots$。其中，x、y 为普通独立基础两向边长，x_i、y_i 为阶宽或锥形平面尺寸 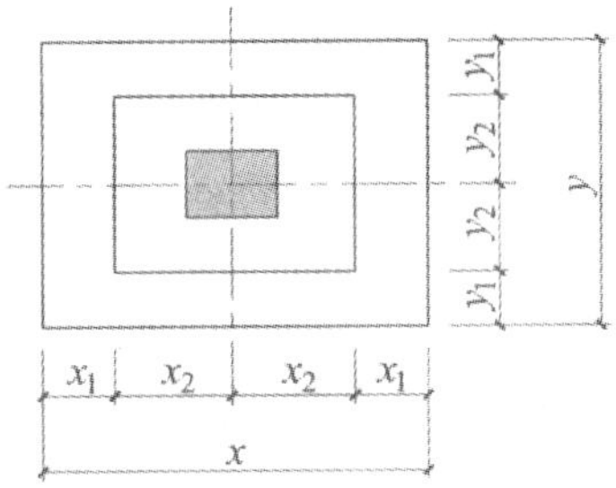 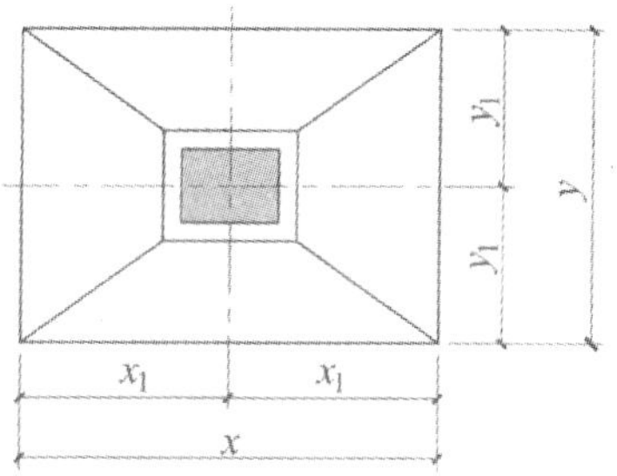

续表

序号	细项	表示方法及识图
7	非对称阶形或锥形截面普通独立基础	原位标注 x、y、x_i、y_i，$i=1,2,3,\cdots$。其中，x、y 为普通独立基础两向边长，x_i、y_i 为阶宽或锥形平面尺寸

③单柱普通独立基础截面注写方式。

独立基础采用截面注写方式,应在基础平面布置图上对所有基础进行编号,标注独立基础的平面尺寸,并用剖面号引出对应的截面图;对相同编号的基础,可选择一个进行标注。

对单个基础进行截面标注的内容和形式,与传统单构件正投影表示方法基本相同。对于已在基础平面布置图上原位标注清楚的该基础的平面几何尺寸,在截面图上可不再重复表达。

④单柱普通独立基础列表注写方式。

独立基础采用列表注写方式,应在基础平面布置图上对所有基础进行编号。

对于多个同类基础,可采用列表注写(结合平面和截面示意图)的方式进行集中表达,表中内容为基础截面的几何数据和配筋等,在平面和截面示意图上应标注与表中栏目相对应的代号。列表的具体内容规定如下。

a.编号:阶形截面编号为 DJj××,锥形截面编号为 DJz××。

b.几何尺寸:水平尺寸 x、y、x_i、y_i，$i=1,2,3,\cdots$;竖向尺寸 $h_1/h_2/\cdots$。

c.配筋:B:XΦxx@×××,YΦxx@×××。

普通独立基础几何尺寸和配筋表如表 6-17 所示。

表 6-17　普通独立基础几何尺寸和配筋表

基础编号/截面号	截面几何尺寸						底部配筋(B)	
	x	y	x_i	y_i	h_1	h_2	x 向	y 向

注:表中可根据实际情况增加栏目。例如:当基础底面标高与基础底面基准标高不同时,加注基础底面标高。

例 6-1:识读图 6-3 中独立基础 DJz1。

独立基础 DJz1 为锥形独立基础,编号为 30,从下而上标高为 300 mm、200 mm,总高度为 500 mm。底部配筋:x 方向和 y 方向钢筋,三级钢筋,直径为 12,间距为 150。

独立基础 x 边长 3000 mm,y 边长 3000 mm,锥形独立基础轴线尺寸在 x 边上尺寸分别是 1500 mm、1500 mm,锥形独立基础在 y 边上的轴线尺寸分别是 1275 mm、1725 mm。

6.2.2　独立基础构件钢筋节点构造

6.2.2.1　独立基础构件钢筋节点构造学习引导

1.学习任务描述

按照《混凝土结构施工图平面整体表示方法制图规则和构造详图(独立基础、条形基础、筏形基础、桩基础)》(22G101-3)中有关独立基础结构施工图部分知识,完成独立基础构件钢筋节点构造的梳理,绘制某学校图书综合楼 DJz1 钢筋构造图。

2.学习目标

(1)能按照图集对独立基础构件节点进行归类总结。

(2)能描述对称性独立基础、非对称性独立基础、减短10%钢筋构造要点。

(3)能够用 CAD 绘制独立基础钢筋构造图。

3.任务书

手绘(或用 CAD 软件绘制)完成某学校图书综合楼 DJz1 独立基础底部 x 向和 y 向受力钢筋节点构造图。

4.任务分组

独立基础构件钢筋节点构造学生任务分配表如表 6-18 所示。

表 6-18　独立基础构件钢筋节点构造学生任务分配表

班级		组号		指导老师	
小组	姓名	学号	任务		
组长					
组员					
备注					

5.任务准备

收集《混凝土结构施工图平面整体表示方法制图规则和构造详图(独立基础、条形基础、筏形基础、桩基础)》(22G101-3)中有关独立基础构件钢筋节点构造知识,完成相应的知识体系表。

6.任务实施

(1)矩形独立基础一般情况。

引导问题1:独立基础钢筋一般在基础底板,当独立基础 x、y 方向边长<2500 mm 时,

它的构造要点为：_____

_____

_____

（2）矩形独立基础长度缩减10%的构造。

当底板长度 ≥ 2500 mm 时，矩形独立基础长度缩减10%，且分为对称、不对称两种情况。

引导问题2：对称独立基础底板底部钢筋长度缩减10%的构造，要点为：_____

_____

_____

引导问题3：非对称独立基础底板底部钢筋长度缩减10%的构造，要点为：_____

_____

_____

_____

7. 任务成果

手绘（或用 CAD 软件绘制）完成某学校图书综合楼 DJz1 独立基础底部受力钢筋节点构造图，并填表 6-19。

表 6-19   DJz1 独立基础钢筋节点构造

序号	独立基础位置	独立基础构件钢筋名称	节点构造
1			
2			

8. 评价反馈

学生进行自评，评价自己是否能完成独立基础节点构造的梳理与学习、是否能完成 DJz1 节点的绘制、是否能按时完成报告内容等成果资料、有无任务遗漏。老师对学生的评价内容，可对接江苏省"建筑工程识图"技能大赛和"1＋X"建筑工程识图职业技能等级证书、关于独立基础节点构造评分标准和规范成果，主要包括报告书是否工整规范、报告内容数据是否真实合理、阐述是否详细、认识体会是否深刻、绘制图纸是否规范。

（1）学生进行自我评价，将结果填入表 6-20 中。

表 6-20 独立基础构件钢筋节点构造学生自评表

班级：	姓名：		学号：		日期：	
学习情境	独立基础构件钢筋节点构造					
评价项目	评价标准				分值	得分
信息检索	能有效利用图纸、图集 22G101-3 查找有效信息；能将找到的信息有效转换到钢筋算量过程中				15	
独立基础平法知识体系	能在图集 22G101-3 中有效定位独立基础构件平法制图页码、明晰基本内容				25	
独立基础钢筋节点构造	能正确识读，准确理解独立基础的作用、图示内容				25	
工作态度	态度端正，无无故缺勤、迟到、早退现象				10	
工作质量	能按计划完成工作任务				10	
协调能力	与小组成员、同学之间能合作交流、协调工作				5	
职业素质	全面细致，一丝不苟，树立职业从业意识				10	

（2）学生以小组为单位，对工作过程与工作结果进行互评，将互评结果填入表 6-21 中。

表 6-21 独立基础构件钢筋节点构造学生互评表

学习情境		独立基础构件钢筋节点构造												
评价项目	分值	等级								评价对象（组别）				
										1	2	3	4	5	6
计划合理	8	优	8	良	7	中	6	差	4						
方案合理	8	优	8	良	7	中	6	差	4						
团队合作	8	优	8	良	7	中	6	差	4						
组织有序	8	优	8	良	7	中	6	差	4						
工作质量	8	优	8	良	7	中	6	差	4						
工作效率	8	优	8	良	7	中	6	差	4						
工作完整	10	优	10	良	8	中	6	差	4						
工作规范	16	优	16	良	12	中	8	差	4						
任务成果	16	优	16	良	12	中	8	差	4						
拓展成果	10	优	10	良	8	中	6	差	4						
合计	100														

（3）教师对学生的工作过程与工作结果进行评价，并将评价结果填入表 6-22 中。

表 6-22　独立基础构件钢筋节点构造教师综合评价表

班级：			姓名：		学号：	
学习情境			独立基础构件钢筋节点构造			
评价项目			评价标准		分值	得分
考勤(10%)			无无故迟到、早退、旷课现象		10	
工作过程(60%)		独立基础构件平法知识体系	能在图集 22G101-3 中有效定位独立基础构件平法制图页码、明晰基本内容		5	
		独立基础受力钢筋节点构造	能正确识读，准确理解独立基础的作用、图示内容及三维模型绘制		40	
		工作态度	态度端正，工作认真、主动		5	
		协调能力	与小组成员、同学之间能合作交流、协调工作		5	
		职业素质	全面细致，一丝不苟，树立职业从业意识		5	
项目成果(30%)		工作完整	能按时完成任务		5	
		工作规范	能按规范要求识读		5	
		任务成果	能正确识读图纸并按照图集完成任务		15	
		拓展成果	能准确完成带基础梁的独立基础计量和绘制		5	
合计					100	
综合评价	自评(20%)		小组互评(30%)	教师评价(50%)	综合得分	

9.拓展思考题

(1)双柱普通独立基础顶部配筋节点构造要点有哪些？

(2)设置基础梁的双柱普通独立基础，基础梁的节点构造要点是什么？

(3)设置基础梁的双柱普通独立基础，底部配筋的节点构造要点是什么？

6.2.2.2　混凝土结构独立基础钢筋构造

针对某学校图书综合楼项目中的普通单柱独立基础，本书主要讲解普通独立基础底板底部钢筋构造，知识体系见表 6-23。

表 6-23　独立基础构件钢筋节点构造知识体系表

独立基础底板底部钢筋构造情况		22G101-3 页码
一般情况	独立基础底板底部配筋一般情况	2-11
长度减短 10%构造	对称独立基础	2-14
	不对称独立基础	2-14

1.矩形独立基础一般情况

独立基础钢筋一般在基础底板，钢筋的计算包括长度计算和根数计算，当独立基础 x、y 方向边长 < 2500 mm 时，构造(见图 6-6)要点如下。

c 是独立基础底板钢筋末端与混凝土边缘距离，取值参见 22G101-3 中第 2-11 页。

s 是钢筋间距，x 向第一根钢筋布置的位置距构件边缘的距离是起步距离；s' 是垂直方向的钢筋间距，y 向第一根钢筋布置的位置距构件边缘的距离是起步距离。独立基础底部钢筋的起步距离不大于 75 mm 且不大于 $s/2(s'/2)$，用数学公式可以表示为 $\min(75, s/2)$ 或 $\min(75, s'/2)$。

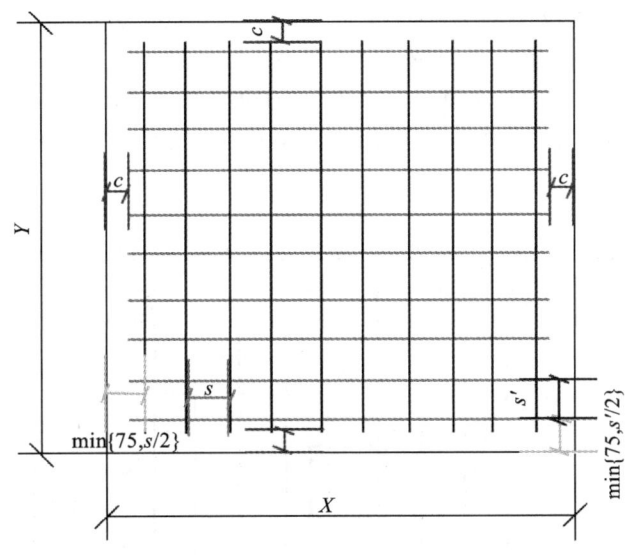

图 6-6　独立基础底板配筋构造

2. 矩形独立基础长度缩减 10% 的构造

独立基础底板底部钢筋构造是：当底板长度 ≥ 2500 mm 时，长度缩减 10%，分为对称、不对称两种情况。

（1）对称独立基础。

对称独立基础底板底部钢筋长度缩减 10% 的构造（见图 6-7），要点如下。

单柱对称性独立
基础钢筋算量

①各边最外侧钢筋长度不缩减。

②除最外侧钢筋外，两向其他钢筋长度缩减 10%。

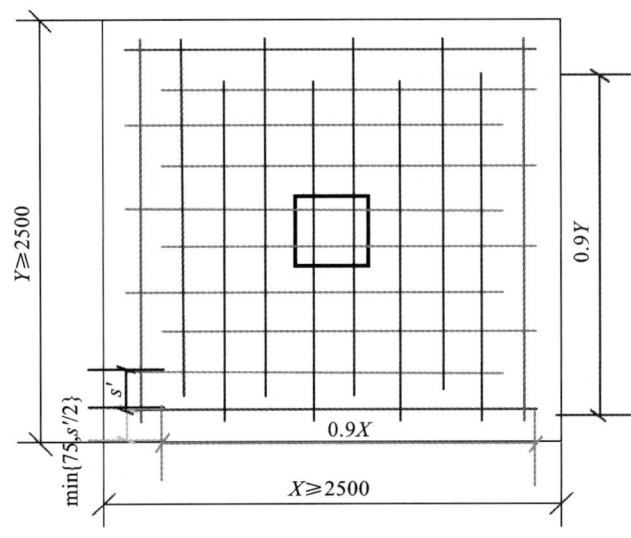

图 6-7　对称独立基础底板底部钢筋长度缩减 10% 构造

（2）非对称独立基础。

非对称独立基础底板底部钢筋长度缩减 10％的构造（见图 6-8），要点如下。

单柱非对称性独立
基础钢筋算量

①各边最外侧钢筋长度不缩减。

②在对称方向，中部钢筋长度缩减 10％。

③在非对称方向，从柱中心至基础底板边缘的距离小于 1250 时，该侧钢筋长度不缩减。从柱中心至基础底板边缘的距离不小于 1250 时，该侧钢筋长度隔一根缩减一根。

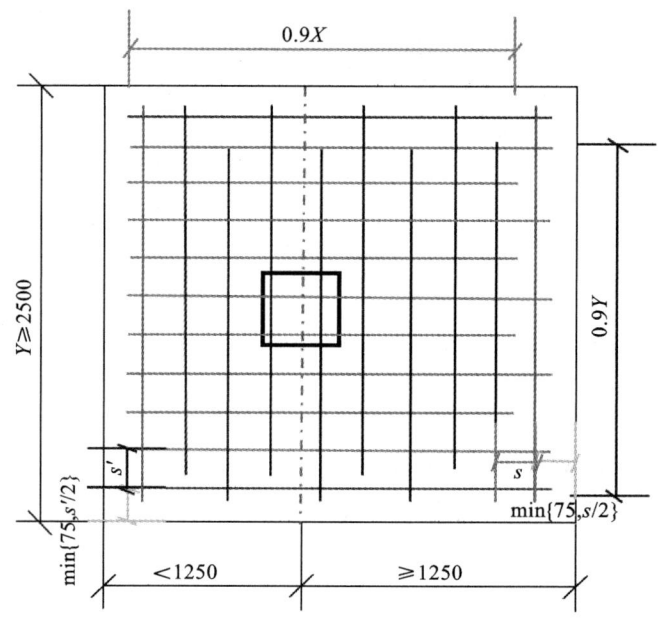

图 6-8 非对称独立基础底板底部钢筋长度缩减 10％构造

6.2.3 独立基础构件钢筋算量

6.2.3.1 独立基础构件钢筋算量学习引导

1.学习任务描述

按照《混凝土结构施工图平面整体表示方法制图规则和构造详图（独立基础、条形基础、筏形基础、桩基础）》（22G101-3）中有关独立基础构件结构施工图部分知识，完成独立基础构件钢筋骨架节点分析，完成独立基础构件钢筋下料尺寸计算。

2.学习目标

（1）能准确总结钢筋长度计算公式。

（2）能结合图纸信息，完成独立基础构件钢筋长度计算。

3.任务书

计算某学校图书综合楼独立基础的钢筋工程量，并将结果填入计算书中。

4.任务分组

独立基础构件钢筋算量学生任务分配表如表 6-24 所示。

表 6-24　独立基础构件钢筋算量学生任务分配表

班级		组号		指导老师	
小组	姓名	学号		任务	
组长					
组员					
备注					

5.任务准备

收集《混凝土结构施工图平面整体表示方法制图规则和构造详图(独立基础、条形基础、筏形基础、桩基础)》(22G101-3)中有关独立基础构件钢筋算量知识,填写独立基础构件钢筋算量基础数据表(见表 6-25)。

表 6-25　独立基础构件钢筋算量基础数据表

学习情境	独立基础构件钢筋算量		
学习成果名称	钢筋算量基础数据	难易程度	易
参考文献	《混凝土结构施工图平面整体表示方法制图规则和构造详图(独立基础、条形基础、筏形基础、桩基础)》(22G101-3)		
完成时间	＿＿＿年＿＿＿月＿＿＿日		
任务说明	结合某学校图书综合楼结构施工图纸和结构基础知识,分析钢筋算量基础数据		
任务完成明细	独立基础的类型		
	独立基础的保护层厚度		
	独立基础 x、y 边长		

6.任务实施

(1)对称单柱独立基础,x、y 方向长度小于 2500。

引导问题 1:x、y 方向钢筋长度计算公式是:＿＿＿＿＿＿＿＿＿＿＿＿＿＿＿＿＿

引导问题 2:x、y 方向钢筋根数计算公式为:＿＿＿＿＿＿＿＿＿＿＿

＿＿＿＿＿＿＿＿＿＿＿＿＿＿＿＿＿＿＿＿＿＿＿＿＿＿＿＿＿＿＿＿＿＿＿＿

(2)对称单柱独立基础,x、y 方向长度大于 2500。

引导问题 3:x、y 方向钢筋长度计算公式是:＿＿＿＿＿＿＿＿＿＿

＿＿＿＿＿＿＿＿＿＿＿＿＿＿＿＿＿＿＿＿＿＿＿＿＿＿＿＿＿＿＿＿＿＿＿＿

引导问题 4:x、y 方向钢筋根数计算公式是:＿＿＿＿＿＿＿＿＿＿

＿＿＿＿＿＿＿＿＿＿＿＿＿＿＿＿＿＿＿＿＿＿＿＿＿＿＿＿＿＿＿＿＿＿＿＿

(3)对称单柱独立基础,x 方向长度大于 2500、y 方向长度小于 2500。

引导问题 5:x、y 方向钢筋长度计算公式是:＿＿＿＿＿＿＿＿＿＿

＿＿＿＿＿＿＿＿＿＿＿＿＿＿＿＿＿＿＿＿＿＿＿＿＿＿＿＿＿＿＿＿＿＿＿＿

引导问题 6:x、y 方向钢筋根数计算公式是:＿＿＿＿＿＿＿＿＿＿

＿＿＿＿＿＿＿＿＿＿＿＿＿＿＿＿＿＿＿＿＿＿＿＿＿＿＿＿＿＿＿＿＿＿＿＿

(4)完成独立基础构件钢筋工程量计算书(见表 6-26)。

表 6-26　独立基础构件钢筋工程量计算书

构件名称	钢筋名称	钢筋明细		计算公式	结果	总长
DJz	受力筋	x 向	外侧受力筋	长度		
				根数		
			内侧受力筋	长度		
				根数		
		y 向 受力筋		长度		
				根数		

7. 评价反馈

学生进行自评,评价自己是否能完成钢筋算量的学习、是否能完成独立基础构件钢筋工程量计算、是否能按时完成报告内容等成果资料、有无任务遗漏。老师对学生的评价内容,可对接江苏省"建筑工程识图"技能大赛和"1＋X"建筑工程识图职业技能等级证书、关于独立基础构件评分标准和规范成果,主要包括报告书是否工整规范、报告内容数据是否真实合理、阐述是否详细、认识体会是否深刻、绘制图纸是否规范。

(1)学生进行自我评价,将结果填入表 6-27 中。

表 6-27　独立基础构件钢筋算量学生自评表

班级：		姓名：	学号：		日期：	
学习情境		独立基础构件钢筋算量				
评价项目		评价标准			分值	得分
信息检索		能有效利用图纸、图集 22G101-3 查找有效信息；能用自己的语言有条理地去解释、表述所学知识；能将找到的信息有效转换到图纸识读过程中			15	
独立基础节点构造分析		能正确识读图纸，查询图集，分析独立基础节点构造			25	
独立基础钢筋算量		能正确计算受力筋的长度及根数			25	
工作态度		态度端正，无无故缺勤、迟到、早退现象			10	
工作质量		能按计划完成工作任务			10	
协调能力		与小组成员、同学之间能合作交流、协调工作			5	
职业素质		全面细致，一丝不苟，树立职业从业意识			10	

（2）学生以小组为单位，对工作过程与工作结果进行互评，将互评结果填入表 6-28 中。

表 6-28　独立基础构件钢筋算量学生互评表

学习情境		独立基础构件钢筋算量											
评价项目	分值	等级							评价对象（组别）				
									1	2	3	4	5	6
计划合理	8	优	8	良	7	中	6	差	4					
方案合理	8	优	8	良	7	中	6	差	4					
团队合作	8	优	8	良	7	中	6	差	4					
组织有序	8	优	8	良	7	中	6	差	4					
工作质量	8	优	8	良	7	中	6	差	4					
工作效率	8	优	8	良	7	中	6	差	4					
工作完整	10	优	10	良	8	中	6	差	4					
工作规范	16	优	16	良	12	中	8	差	4					
计算书	16	优	16	良	12	中	8	差	4					
拓展成果	10	优	10	良	8	中	6	差	4					
合计	100													

（3）教师对学生的工作过程与工作结果进行评价，并将评价结果填入表 6-29 中。

表 6-29　独立基础构件钢筋算量教师综合评价表

班级：		姓名：		学号：		
学习情境		独立基础构件钢筋算量				
评价项目		评价标准			分值	得分
考勤(10%)		无无故迟到、早退、旷课现象			10	
工作过程(60%)	独立基础图纸分析	能有效分析图纸,获取图纸信息			5	
	独立基础节点构造	能在图集 22G101-3 中有效定位独立基础构件平法制图页码、明晰基本内容			20	
	独立基础钢筋算量	能对钢筋长度和钢筋根数进行准确计算			20	
	工作态度	态度端正,工作认真、主动			5	
	协调能力	与小组成员、同学之间能合作交流、协调工作			5	
	职业素质	全面细致,一丝不苟,树立职业从业意识			5	
项目成果(30%)	工作完整	能按时完成任务			5	
	工作规范	能按规范要求识读			5	
	计算书	能正确识读图纸并按照图集完成钢筋工程量计算书			5	
	拓展成果	能准确完成独立基础构件截面注写绘制			15	
合计					100	
综合评价	自评(20%)	小组互评(30%)		教师评价(50%)	综合得分	

8.拓展思考题

(1)非对称性独立基础与对称性独立基础的受力筋算量有何区别?

(2)双柱独立基础顶部钢筋工程量计算要点是什么?

6.2.3.2　混凝土结构独立基础钢筋计算

1.矩形独立基础一般情况

根据图 6-6 分析,钢筋计算公式如下。

①x 向钢筋长度:$X-2c$。

②x 向钢筋根数:$\dfrac{\left[Y-2\times\min\left(75,\dfrac{s}{2}\right)\right]}{s}+1$。

③y 向钢筋长度:$Y-2c$。

④y 向钢筋根数:$\dfrac{\left[X-2\times\min\left(75,\dfrac{s'}{2}\right)\right]}{s}+1$。

2.矩形独立基础长度缩减 10% 的构造

根据图 6-7、图 6-8 分析,对称独立基础外侧和中部钢筋长度和根数计算公式如表 6-30 所示,非对称独立基础外侧和中部钢筋长度和根数计算公式如表 6-31 所示。

表 6-30　对称独立基础外侧和中部钢筋长度和根数计算公式

项目		外侧钢筋	中部钢筋
x 向	长度	$X-2c$	$0.9X$
	根数	2 根	$\dfrac{Y-2\times\min\left\{75,\frac{s}{2}\right\}}{s}-1$
y 向	长度	$Y-2c$	$0.9Y$
	根数	2 根	$\dfrac{X-2\times\min\left\{75,\frac{s'}{2}\right\}}{s'}-1$

表 6-31　非对称独立基础外侧和中部钢筋长度和根数计算公式

项目		外侧钢筋	中部钢筋
x 向（长）	长度	$X-2c$	$X-2c$
	根数	2 根	$\dfrac{\frac{Y-2\times\min\left\{75,\frac{s}{2}\right\}}{s}-1}{2}$
x 向（短）	长度	—	$0.9X$
	根数	—	$\dfrac{\frac{Y-2\times\min\left\{75,\frac{s}{2}\right\}}{s}-1}{2}-1$
y 向	长度	$Y-2c$	$0.9Y$
	根数	2 根	$\dfrac{X-2\times\min\left\{75,\frac{s'}{2}\right\}}{s'}-1$

例 6-2：已知混凝土结构环境类别是二 a，混凝土强度等级是 C30，根据图 6-3 计算 DJz1 钢筋工程量。

分析：x 方向长度大于 2500，对称单柱独立基础，外侧钢筋不缩短，内侧钢筋减短 10%；y 方向长度大于 2500，对称单柱独立基础，外侧钢筋不缩短，内侧钢筋减短 10%。DJz1 独立基础长度及根数计算如下。

根据条件，查取独立基础侧面保护层厚度为 20 mm，起步距离是 $\min\{75,150/2\}=75$ mm。

（1）x 向钢筋。

①外侧钢筋：长度，（3000－2×20）mm＝2960 mm；根数，2 根。

②内侧钢筋：长度，0.9×3000 mm＝2700 mm；根数，ceil［(3000－75×2)/150＋1］根＝20 根。

（2）y 向钢筋。

①外侧钢筋：长度，（3000－2×20）mm＝2960 mm；根数，2 根。

②内侧钢筋：长度，0.9×3000 mm＝2700 mm；根数，ceil［(3000－75×2)/150＋1］根＝20 根

DJz1 钢筋布置示意图如图 6-9 所示。

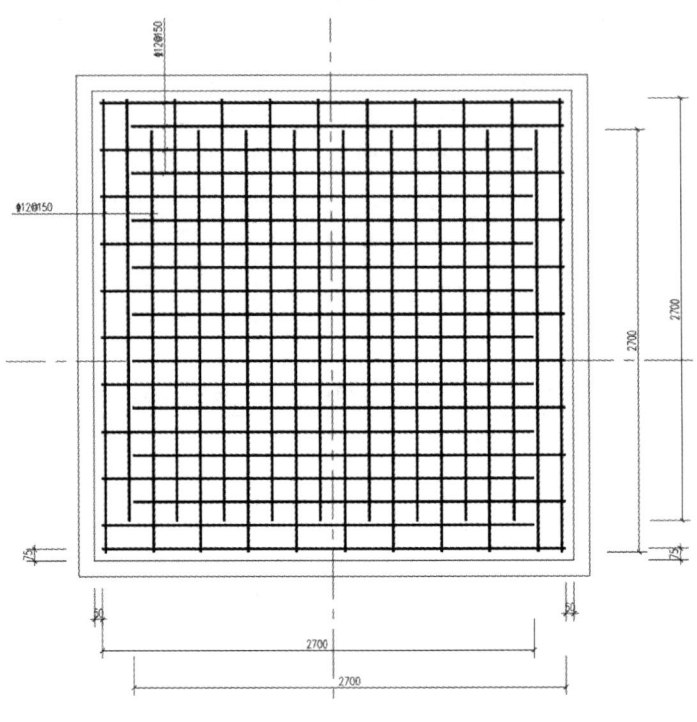

图 6-9　DJz1 钢筋布置示意图

6.3　条形基础平法识图与钢筋算量

6.3.1　条形基础构件平法识图

6.3.1.1　条形基础构件平法识图学习引导

1.学习任务描述

条形基础分类如图 6-10 所示。按照《混凝土结构施工图平面整体表示方法制图规则和构造详图(独立基础、条形基础、筏形基础、桩基础)》(22G101-3)中有关条形基础构件结构施工图部分知识,结合某学校图书综合楼图纸,完成普通条形基础平法识图。

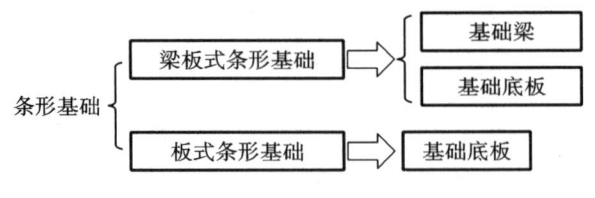

图 6-10　条形基础分类

2.学习目标

(1)能按照图集 22G101-3 对条形基础构件进行分类。

(2)能梳理条形基础构件平法识图知识。

(3)能识读条形基础平法结构图。

3.任务书

对某学校图书综合楼二层楼面条形基础配筋图(见图 6-11)内的条形基础构件进行平法识读,完成识读报告。

4.任务分组

条形基础构件平法识图学生任务分配表如表 6-32 所示。

表 6-32　条形基础构件平法识图学生任务分配表

班级		组号		指导老师	
小组	姓名	学号		任务	
组长					
组员					
备注					

5.任务准备

(1)阅读工作任务书,小组识读某学校图书综合楼图纸,填写条形基础构件平法识图基础知识表(见表 6-33)。

表 6-33　条形基础构件平法识图基础知识表

学习情境	条形基础构件平法识图		
学习成果名称	条形基础构件基础知识明细	难易程度	易
参考文献	《混凝土结构施工图平面整体表示方法制图规则和构造详图(独立基础、条形基础、筏形基础、桩基础)》(22G101-3)		
完成时间	____年____月____日____之前提交全部识读明细		
任务说明	结合某学校图书综合楼结构施工图图纸和结构基础知识,查取条形基础构件环境等级、最小保护层厚度、抗震等级、混凝土强度等级		
任务完成明细	环境等级		
	最小保护层厚度		
	抗震等级		
	混凝土强度等级		

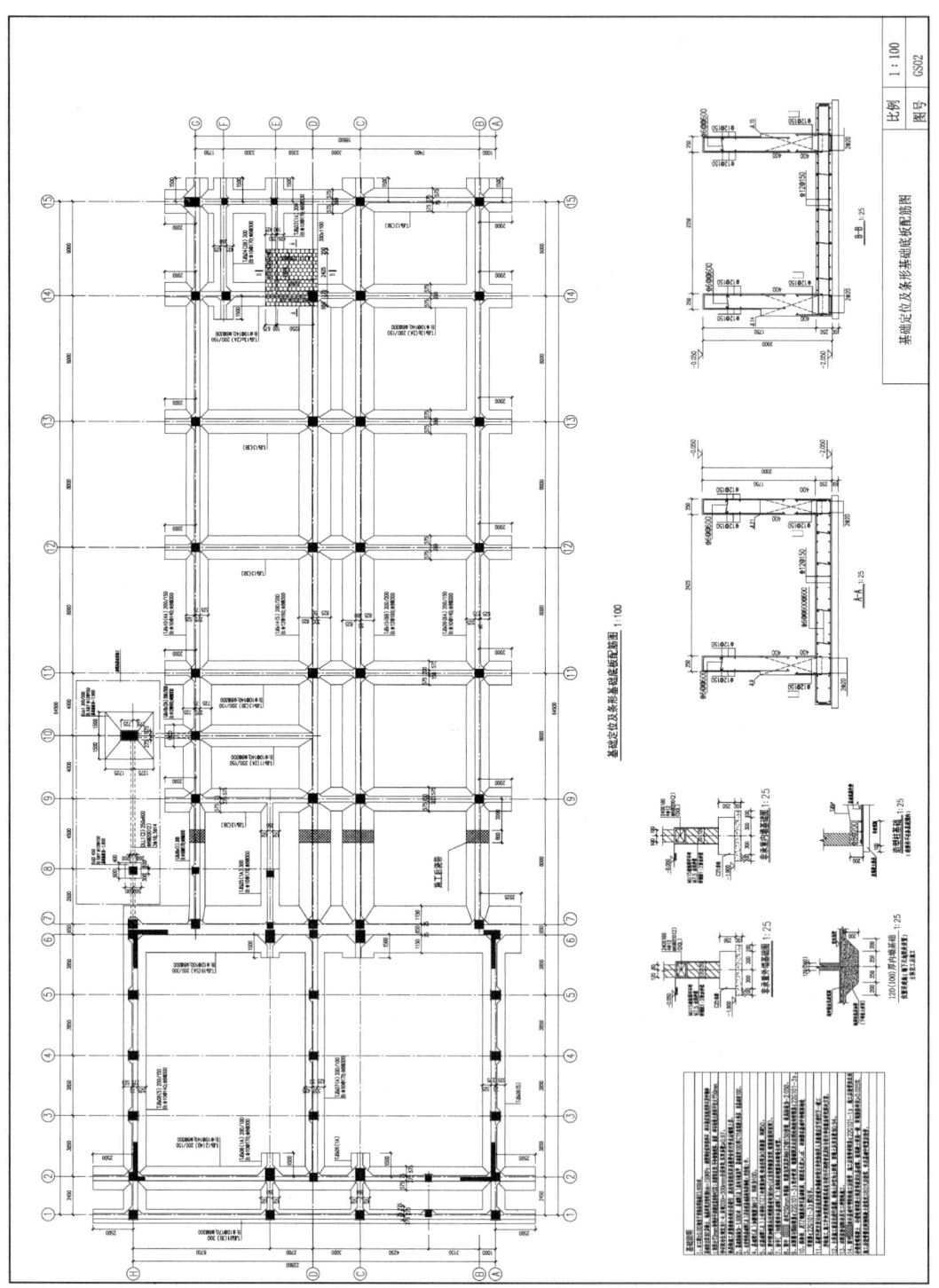

图 6-11 基础定位及条形基础底板配筋图

（2）收集《混凝土结构施工图平面整体表示方法制图规则和构造详图（独立基础、条形基础、筏形基础、桩基础）》（22G101-3）中有关条形基础构件平法制图部分知识，完成 22G101-3 条形基础构件平法识图知识体系表（见表 6-34）。

表 6-34　22G101-3 条形基础构件平法识图知识体系表

条形基础构件平法识图知识体系		22G101-3 页码
平法表达方式	平面注写方式	
	截面注写方式	
集中标注	基础编号	
	截面竖向尺寸	
	配筋	
	基础底面标高（选注）	
	必要的文字注解（选注）	
原位标注	截面平面尺寸	
	多柱条形基础的基础梁钢筋	

6.任务实施

（1）条形基础构件类型。

引导问题 1：条形基础构件的类型有：＿＿＿＿＿＿＿＿＿＿

＿＿＿＿＿＿＿＿＿＿＿＿＿＿＿＿＿＿＿＿＿＿＿＿＿＿＿＿＿＿＿＿＿＿

（2）条形基础构件识读内容。

引导问题 2：条形基础构件的平法表达方式分＿＿＿＿＿＿＿和＿＿＿＿＿＿＿两种。

（3）条形基础底板平面注写方式。

引导问题 3：条形基础底板的集中标注包括条形基础底板编号、截面竖向尺寸、配筋三项必注内容，以及条形基础底板底面标高（与基础底面基准标高不同时）、必要的文字注解两项选注内容。

条形基础编号分为基础梁编号和条形基础底板编号，如表 6-35 所示。

表 6-35　条形基础编号

类型		代号	序号	跨数及有无外伸
基础梁			××	（＿＿＿＿）端部无外伸
条形基础底板	坡形		××	（＿＿＿＿）一端部有外伸
	阶形		××	（＿＿＿＿）两端部有外伸

条形基础集中标注注写方式如表 6-36 所示。

表 6-36　条形基础集中标注注写方式

序号	细项	识图
1	截面竖向尺寸	当条形基础底板为坡形截面时,注写 h_1/h_2。 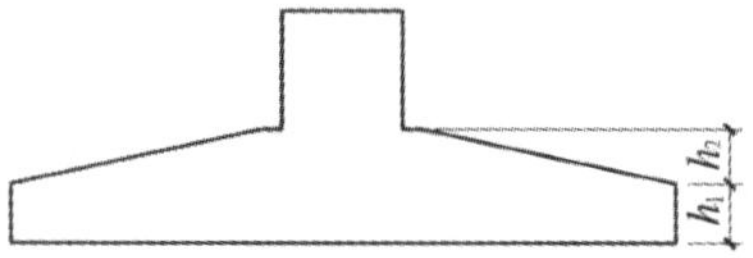 当条形基础底板为坡形截面 TJBp××,截面竖向尺寸注写 300/250 时,表示 $h_1=$ _____ mm,$h_2=$ _____ mm,基础底板根部总高度为 _____ mm
2	条形基础底板配筋	条形基础底板配筋分为两种情况:一种以 B 打头,"B"是英文单词"bottom"的第一个字母;另一种以 T 打头,"T"是英文单词"top"的第一个字母。注写时,用"/"分隔条形基础底板的横向受力钢筋与纵向分布钢筋。 B:Φ14@150/Φ8@250 底部横向受力钢筋　底部构造钢筋 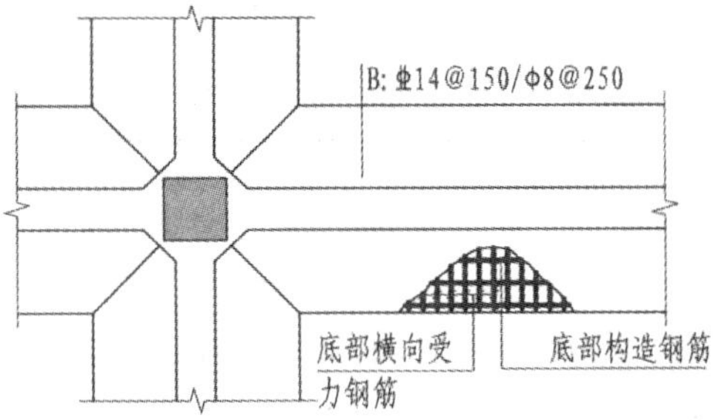 当条形基础底板配筋标注为"B:C14@150/A8@250"时,表示 _____ _____ _____ _____
3	底面标高 (选注内容)	当条形基础底板的底面标高与条形基础底面基准标高 _____ 时,应将条形基础底板底面标高注写在"( )"内
4	必要的文字注解 (选注内容)	当条形基础底板有特殊要求时,应增加必要的文字注解

引导问题 4:条形基础底板原位标注注写内容。

原位注写条形基础底板的平面定位尺寸。原位标注 b、b_i,$i=1,2,\cdots$,如图 6-12 所示。其中,b 为 _____ ,b_i 为 _____ 。当基础底板采用对称于基础梁的坡形截面或单阶形截面时,b_i 可不注。

引导问题 5:b_i 和 b 之间的关系是: _____

(4)条形基础案例识读。

引导问题 6:完成课程案例项目中 TJBj01(3B)集中标注和原位标注识读。

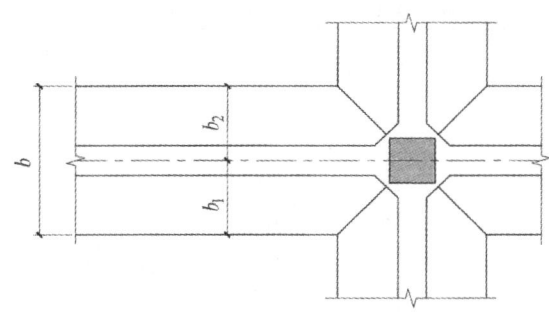

图 6-12　条形基础底板平面尺寸原位标注

①集中标注：_____

_____

_____

_____

②原位标注：_____

7. 评价反馈

学生进行自评，评价自己是否能完成施工图识读的学习、是否能完成条形基础施工图的识读、是否能按时完成报告内容等成果资料、有无任务遗漏。老师对学生的评价内容，可对接江苏省"建筑工程识图"技能大赛和"1＋X"建筑工程识图职业技能等级证书、关于条形基础构件评分标准和规范成果，主要包括报告书是否工整规范、报告内容数据是否真实合理、阐述是否详细、认识体会是否深刻、绘制图纸是否规范。

（1）学生进行自我评价，将结果填入表 6-37 中。

表 6-37　条形基础构件平法识图学生自评表

班级：	姓名：	学号：		日期：
学习情境	条形基础构件平法识图			
评价项目	评价标准		分值	得分
信息检索	能有效利用图纸、图集 22G101-3 查找有效信息；能用自己的语言有条理地去解释、表述所学知识；能将找到的信息有效转换到图纸识读过程中		15	
条形基础构件集中标注识读	能正确识读，准确理解字母及数字含义，完成条形基础 CAD 尺寸标注		25	
条形基础构件原位标注识读	能正确识读，准确理解数字含义，完成条形基础 CAD 尺寸标注		25	
工作态度	态度端正，无无故缺勤、迟到、早退现象		10	
工作质量	能按计划完成工作任务		10	
协调能力	与小组成员、同学之间能合作交流、协调工作		5	
职业素质	全面细致，一丝不苟，树立职业从业意识		10	

（2）学生以小组为单位，对工作过程与工作结果进行互评，将互评结果填入表 6-38 中。

表 6-38　条形基础构件平法识图学生互评表

学习情境		条形基础构件平法识图											
评价项目	分值	等级							评价对象（组别）					
									1	2	3	4	5	6
计划合理	8	优	8	良	7	中	6	差	4					
方案合理	8	优	8	良	7	中	6	差	4					
团队合作	8	优	8	良	7	中	6	差	4					
组织有序	8	优	8	良	7	中	6	差	4					
工作质量	8	优	8	良	7	中	6	差	4					
工作效率	8	优	8	良	7	中	6	差	4					
工作完整	10	优	10	良	8	中	6	差	4					
工作规范	16	优	16	良	12	中	8	差	4					
识读报告	16	优	16	良	12	中	8	差	4					
拓展成果	10	优	10	良	8	中	6	差	4					
合计	100													

（3）教师对学生的工作过程与工作结果进行评价，并将评价结果填入表 6-39 中。

表 6-39　条形基础构件平法识图教师综合评价表

班级：　　　　　　　　姓名：　　　　　　　　学号：

学习情境		条形基础构件平法识图		
评价项目		评价标准	分值	得分
考勤（10%）		无无故迟到、早退、旷课现象	10	
工作过程（60%）	条形基础构件平法识图知识体系	能在图集 22G101-3 中有效定位条形基础构件平法制图页码、明晰基本内容	5	
	条形基础构件集中标注识读	能正确识读，准确理解字母及数字含义，完成条形基础尺寸标注	20	
	条形基础构件原位标注识读	能正确识读，准确理解数字含义，完成条形基础尺寸标注	20	
	工作态度	态度端正，工作认真、主动	5	
	协调能力	与小组成员、同学之间能合作交流、协调工作	5	
	职业素质	全面细致，一丝不苟，树立职业从业意识	5	
项目成果（30%）	工作完整	能按时完成任务	5	
	工作规范	能按规范要求识读	5	
	读图报告	能正确识读图纸并按照图纸完成读图报告	5	
	拓展成果	能准确完成条形基础构件截面尺寸标注	15	
合计			100	
综合评价	自评（20%）	小组互评（30%）	教师评价（50%）	综合得分

8.拓展思考题

（1）条形基础截面注写方式如何识读？

（2）简述条形基础基础梁平面注写方式。

6.3.1.2 条形基础构件基础知识

1.条形基础构件类型

条形基础一般位于砖墙或混凝土墙下，用以支承墙体构件。条形基础可分为两类：梁板式条形基础和板式条形基础。梁板式条形基础适用于钢筋混凝土框架结构、框架-剪力墙结构、部分框支剪力墙结构和钢结构。平法施工图将梁板式条形基础分解为基础梁和条形基础底板分别进行表达。板式条形基础适用于钢筋混凝土剪力墙结构和砌体结构。平法施工图仅表达条形基础底板。

条形基础施工图如图 6-13 所示。

图 6-13　条形基础施工图

2.条形基础受力及钢筋组成

（1）条形基础受力分析。

条形基础与独立基础的受力相同。条形基础受力图如图 6-14 所示。条形基础主要有受压弯曲、受压剪切、受压双向弯曲这 3 种受力状态。

（2）条形基础钢筋的组成与表示。

条形基础钢筋主要包括基础底板钢筋和基础梁钢筋，基础梁钢筋与框架梁钢筋相似，放在本章 6.5 节讲述，本节主要讲述基础底板钢筋。

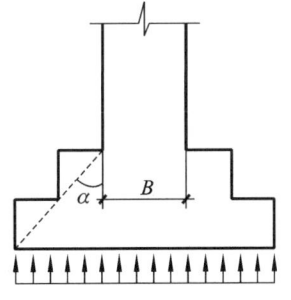

图 6-14　条形基础受力图

条形基础钢筋图例如表 6-40 所示。

表 6-40　条形基础钢筋图例

序号	钢筋名称	简图	钢筋方向
1	受力筋	——————	沿基础底板方向
2	分布筋	——————	垂直于基础底板方向

3. 条形基础构件平法识图

(1)条形基础平法识图基本知识。

条形基础平法施工图有平面注写方式和列表注写方式两种表达方式。当绘制条形基础平面布置图时,应将条形基础平面与基础所支承的上部结构的柱、墙一起绘制。当基础底面标高不同时,需注明与基础底面基准标高不同之处的范围和标高。

当梁板式基础梁中心或板式条形基础板中心与建筑定位轴线不重合时,应标注其定位尺寸;对于编号相同的条形基础,可仅选择一个进行标注。

(2)条形基础底板平面注写方式。

条形基础底板的原位标注内容包括条形基础底板的平面定位尺寸及修正内容。条形基础底板的集中标注内容包括条形基础底板编号、截面竖向尺寸、配筋三项必注内容,以及条形基础底板底面标高(与基础底面基准标高不同时)、必要的文字注解两项选注内容。

条形基础平法识图
——基础底板

①条形基础编号如表 6-41 所示。

表 6-41　条形基础编号

类型		代号	序号	跨数及有无外伸
基础梁		JL	××	(××)端部无外伸
条形基础底板	坡形	TJBp	××	(××A)一端部有外伸
	阶形	TJBj	××	(××B)两端部有外伸

②条形基础集中标注注写方式如表 6-42 所示。

表 6-42　条形基础标注项目表

序号	细项	识图
1	截面竖向尺寸	当条形基础底板为坡形截面时,注写 h_1/h_2。 当条形基础底板为阶形截面时,多阶尺寸自下而上以"/"分隔顺写。 当条形基础底板为阶形截面 TJBj××,截面竖向尺寸注写为 300 mm 时,表示 $h_1=300$ mm,此即为基础底板总高度
2	条形基础底板配筋	条形基础底板配筋分为两种情况:一种以 B(bottom)打头,注写条形基础底板底部的横向受力钢筋,沿基础底板方向;另一种以 T(top)打头,注写条形基础底板顶部的横向受力钢筋,垂直于基础底板方向。注写时,用"/"分隔条形基础底板的横向受力钢筋与纵向分布钢筋。

续表

序号	细项	识图
2	条形基础底板配筋	 B: ⚂14@150/φ8@250 底部横向受力钢筋　底部构造钢筋 当条形基础底板配筋标注为"B: ⚂14@150/φ8@250"时表示条形基础底板底部配置 HRB400 横向受力筋，直径为 14 mm，间距为 150 mm；配置 HPB300 纵向分布筋，直径为 8 mm，间距为 250 mm。 B: ⚂14@150/φ8@250 T: ⚂14@200/φ8@250 顶部横向受力钢筋　顶部构造钢筋 底部横向受力钢筋　底部构造钢筋 当为双梁（或双墙）条形基础底板时，除在底板底部配置钢筋外，一般尚需在两根梁或两道墙之间的底板顶部配置钢筋，其中横向受力钢筋的锚固长度 l_a 从梁的内边缘（或墙内边缘）起算
3	底面标高	选注内容，当条形基础底板的底面标高与条形基础底面基准标高不同时，应将条形基础底板底面标高注写在"（　）"内
4	必要的文字注解	选注内容，当条形基础底板有特殊要求时，应增加必要的文字注解

③条形基础原位标注方式。

a.原位注写条形基础底板的平面定位尺寸。原位标注 b、b_i，$i=1,2,\cdots$。其中，b 为基础底板总宽度，b_i 为基础底板台阶的宽度。当基础底板采用对称于基础梁的坡形截面或单阶形截面时，b_i 可不注。对于相同编号的条形基础底板，可仅选择一个进行标注。

条形基础存在双梁或双墙共用同一基础底板的情况，当为双梁或为双墙且墙荷载差别较大时，条形基础两侧可取不同的宽度，实际宽度以原位标注的基础底板两侧非对称的不同台阶宽度 b_i 进行表达。

b.原位注写修正内容。当在条形基础底板上集中标注的某项内容,如底板截面竖向尺寸、底板配筋、底板底面标高等,不适用于条形基础底板的某跨或某外伸部分时,可将其修正内容原位标注在该跨或该外伸部位,施工时原位标注取值优先。

(3)条形基础底板列表注写方式。

对多个条形基础可采用列表注写(结合截面示意图)的方式进行集中表达。表中内容为条形基础截面的几何数据和配筋,截面示意图上应标注与表中栏目相对应的代号。列表的具体内容规定同平面注写方式。

条形基础底板几何尺寸和配筋表如表 6-43 所示。

表 6-43　条形基础底板几何尺寸和配筋表

基础底板编号/截面号	截面几何尺寸			底板配筋(B)	
	b	b_i	h_1/h_2	横向受力钢筋	纵向分布钢筋

例 6-3:识读课程案例项目基础图中 TJBj01(3B)。

集中标注:台阶式条形基础底板,编号为 01,3 跨,两端有外伸;有 1 个台阶,高度是 300;基础底板钢筋中横向受力钢筋为三级钢筋,直径为 10 mm,间距为 170 mm;基础底板钢筋中分布筋是三级钢筋,直径为 8 mm,间距为 300 mm。

原位标注:基础底板宽度为(275+75+275+275) mm=900 mm。

基础梁宽度为(275+75) mm=350 mm。

6.3.2　条形基础构件钢筋节点构造

6.3.2.1　条形基础构件钢筋节点构造学习引导

1.学习任务描述

按照《混凝土结构施工图平面整体表示方法制图规则和构造详图(独立基础、条形基础、筏形基础、桩基础)》(22G101-3)中有关条形基础结构施工图部分知识,完成条形基础构件钢筋节点构造的梳理,绘制某学校图书综合楼 TJB 的各种节点构造图。

2.学习目标

(1)能按照图集对条形基础构件节点进行归类总结。

(2)能描述对称性条形基础、非对称性条形基础、长度减短 10% 钢筋构造要点。

(3)能够用 CAD 绘制条形基础钢筋节点构造图。

3.任务书

手绘(或用 CAD 软件绘制)完成某学校图书综合楼 TJBj01(3B)条形基础底部 x 向和 y 向受力钢筋节点构造图。

4.任务分组

条形基础构件钢筋节点构造学生任务分配表如表 6-44 所示。

表 6-44　条形基础构件钢筋节点构造学生任务分配表

班级		组号		指导老师	
小组	姓名	学号		任务	
组长					
组员					
备注					

5.任务准备

收集《混凝土结构施工图平面整体表示方法制图规则和构造详图(独立基础、条形基础、筏形基础、桩基础)》(22G101-3)中有关条形基础节点构造知识,完成条形基础构件钢筋节点构造知识体系表(见表 6-45)。

表 6-45　条形基础构件钢筋节点构造知识体系表

条形基础底板钢筋构造情况		图集页码
条形基础交接处钢筋构造	转角梁板端部无纵向延伸	
	无交接底板端部构造	
	丁字交接	
	十字交接	
条形基础底板宽度 ≥ 2500	受力筋长度缩减10%	
条形基础底板不平钢筋构造	条形基础底板不平钢筋构造	

6.任务实施

(1)条形基础交接处钢筋构造。

引导问题 1:剪力墙或砌体墙下条形基础截面中,板式条形基础转角梁板端部无纵向延伸节点构造为:_____

_____

_____

引导问题 2:基础梁下条形基础转角梁板端部无纵向延伸节点构造为:_____

_____

引导问题 3：基础梁下条形基础无交接底板端部节点构造为：_____

_____

_____

引导问题 4：剪力墙或砌体墙下条形基础截面中，板式条形基础丁字交接基础底板节点构造为：_____

_____

_____

引导问题 5：基础梁下条形基础丁字交接基础底板节点构造为：_____

_____

_____

引导问题 6：剪力墙或砌体墙下条形基础截面中，板式条形基础十字交接基础底板，也可用于转角梁板端部均有纵向延伸的节点构造为：_____

_____

_____

引导问题 7：基础梁下条形基础十字交接基础底板，也可用于转角梁板端部均有纵向延伸的节点构造为：_____

_____

_____

（2）矩形条形基础长度缩减 10% 的构造。

引导问题 8：当条形基础底板宽度 ≥ 2500 mm 时，底板受力筋长度缩减 10% 交错配置，构造要点为：_____

_____

_____

（3）条形基础底板不平钢筋构造。

引导问题 9：柱下条形基础底板板底不平构造，要点为：_____

墙下条形基础底板板底不平构造，要点为：_____

7. 任务成果

手绘（或用 CAD 软件绘制）完成某学校图书综合楼 TJBj01(3B) 条形基础底部受力钢筋节点构造图，填写表 6-46。表 6-46 中，在"条形基础位置"列描述钢筋在基础底板底部或顶部。

表 6-46 TJBj01(3B)条形基础底部受力钢筋节点构造

序号	条形基础位置	条形基础构件钢筋名称	节点构造
1			
2			

8.评价反馈

学生进行自评,评价自己是否能完成条形基础节点构造的梳理与学习、是否能完成 TJB 节点的绘制、能否按时完成报告内容等成果资料、有无任务遗漏。老师对学生的评价内容,可对接江苏省"建筑工程识图"技能大赛和"1+X"建筑工程识图职业技能等级证书、关于条形基础节点构造评分标准和规范成果,主要包括报告书是否工整规范、报告内容数据是否真实合理、阐述是否详细、认识体会是否深刻、绘制图纸是否规范。

(1)学生进行自我评价,将结果填入表 6-47 中。

表 6-47 条形基础构件钢筋节点构造学生自评表

班级:		姓名:	学号:	日期:	
学习情境		条形基础构件钢筋节点构造			
评价项目	评价标准			分值	得分
信息检索	能有效利用图纸、图集 22G101-3 查找有效信息;能将找到的信息有效转换到钢筋计量过程中			15	
条形基础平法识图知识体系	能在图集 22G101-3 中有效定位条形基础构件平法制图页码、明晰基本内容			25	
条形基础受力钢筋节点构造	能正确识读,准确理解条形基础的作用、图示内容及三维模型绘制			25	
工作态度	态度端正,无无故缺勤、迟到、早退现象			10	
工作质量	能按计划完成工作任务			10	
协调能力	与小组成员、同学之间能合作交流、协调工作			5	
职业素质	全面细致,一丝不苟,树立职业从业意识			10	

(2)学生以小组为单位,对工作过程与工作结果进行互评,将互评结果填入表 6-48 中。

表 6-48　条形基础构件钢筋节点构造学生互评表

学习情境		条形基础构件钢筋节点构造												
评价项目	分值	等级							评价对象（组别）					
									1	2	3	4	5	6
计划合理	8	优	8	良	7	中	6	差	4					
方案合理	8	优	8	良	7	中	6	差	4					
团队合作	8	优	8	良	7	中	6	差	4					
组织有序	8	优	8	良	7	中	6	差	4					
工作质量	8	优	8	良	7	中	6	差	4					
工作效率	8	优	8	良	7	中	6	差	4					
工作完整	10	优	10	良	8	中	6	差	4					
工作规范	16	优	16	良	12	中	8	差	4					
识读报告	16	优	16	良	12	中	8	差	4					
拓展成果	10	优	10	良	8	中	6	差	4					
合计	100													

（3）教师对学生的工作过程与工作结果进行评价，并将评价结果填入表 6-49 中。

表 6-49　条形基础构件钢筋节点构造教师综合评价表

班级：		姓名：			学号：
学习情境		条形基础构件钢筋节点构造			
评价项目		评价标准		分值	得分
考勤（10%）		无无故迟到、早退、旷课现象		10	
工作过程（60%）	条形基础构件平法识图知识体系	能在图集 22G101-3 中有效定位条形基础构件平法制图页码、明晰基本内容		5	
	条形基础受力钢筋节点构造	能正确识读，准确理解条形基础的作用、图示内容及三维模型绘制		40	
	工作态度	态度端正，工作认真、主动		5	
	协调能力	与小组成员、同学之间能合作交流、协调工作		5	
	职业素质	全面细致，一丝不苟，树立职业从业意识		5	
项目成果（30%）	工作完整	能按时完成任务		5	
	工作规范	能按规范要求识读		5	
	任务成果	能正确识读图纸并按照图纸完成读图报告		5	
	拓展成果	能准确完成带基础梁的条形基础节点构造		15	
合计				100	
综合评价	自评（20%）	小组互评（30%）	教师评价（50%）		综合得分

9.拓展思考题

(1)简述基础梁与柱结合部侧腋配筋节点构造。

(2)条形基础中基础梁配筋节点构造包括哪些内容？

6.3.2.2　混凝土结构条形基础钢筋构造

条形基础底板钢筋构造知识体系表如表 6-50 所示。

表 6-50　条形基础底板钢筋构造知识体系表

条形基础底板钢筋构造情况		图集页码
条形基础交接处钢筋构造	转角(两向无外伸)	2-20 2-21
	转角(两向有外伸)	
	丁字交接	
	十字交接	
条形基础底板宽度 ≥ 2500	受力筋长度缩减10%	2-22
条形基础底板不平钢筋构造	条形基础底板不平钢筋构造	2-22

1.条形基础转角(两向无外伸)钢筋构造

(1)墙下板式条形基础节点构造如图 6-15 所示。

①沿基础底板宽度方向的是受力筋,垂直于基础底板宽度方向的是分布筋。

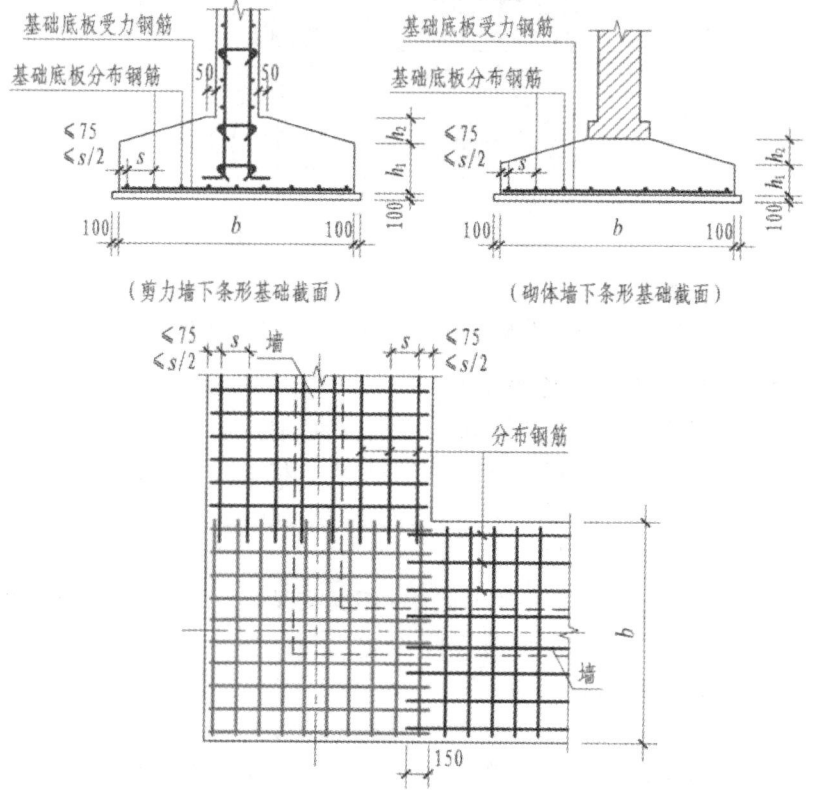

图 6-15　墙下条形基础转角钢筋构造图

②分布筋的起步距离为≤75且≤$s/2$（s为分布筋间距），即分布筋起步距离是 min(75，$s/2$)。

③分布筋满布整个基础底板。

④在交接处，条形基础受力筋排布至基础底板边缘，两向受力筋相互交叉已经形成钢筋网，分布筋则需要切断，与另一方向受力筋搭接150。

（2）基础梁下条形基础节点构造如图 6-16 所示。

与板式条形基础相比，梁式条形基础底板中分布筋在梁宽范围内不布置，其余与板式条形基础相同。

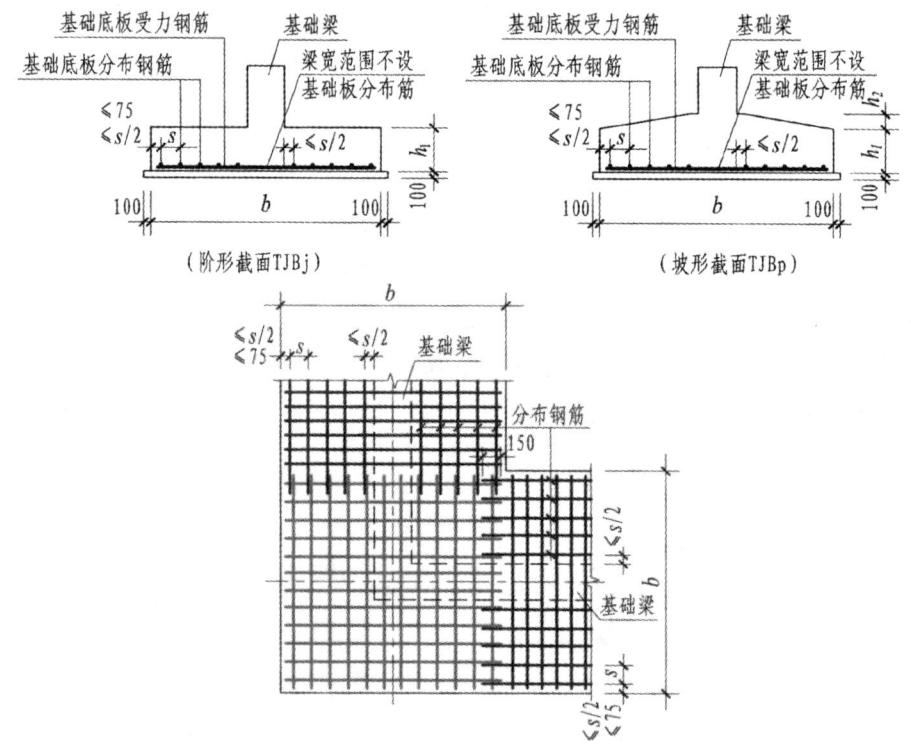

图 6-16　基础梁下条形基础转角钢筋构造图

2.条形基础无交接底板钢筋构造

无交接条形基础节点构造仅有梁式条形基础，构造要点如下。

①沿基础底板宽度方向的是受力筋，垂直于基础底板宽度方向的是分布筋。

②分布筋的起步距离为≤75且≤$s/2$（s为分布筋间距）。

③分布筋在梁宽范围内不布置。

④端部无交接底板，受力筋在端部 b 范围内相互交叉，分布筋与受力筋搭接150。

条形基础无交接底板钢筋构造如图 6-17 所示。

3.条形基础丁字交接钢筋构造

（1）板式条形基础节点构造。

①沿基础底板宽度方向的是受力筋，垂直于基础底板宽度方向的是分布筋。

②分布筋的起步距离为≤75且≤$s/2$（s为分布筋间距）。

③分布筋满布整个基础底板。

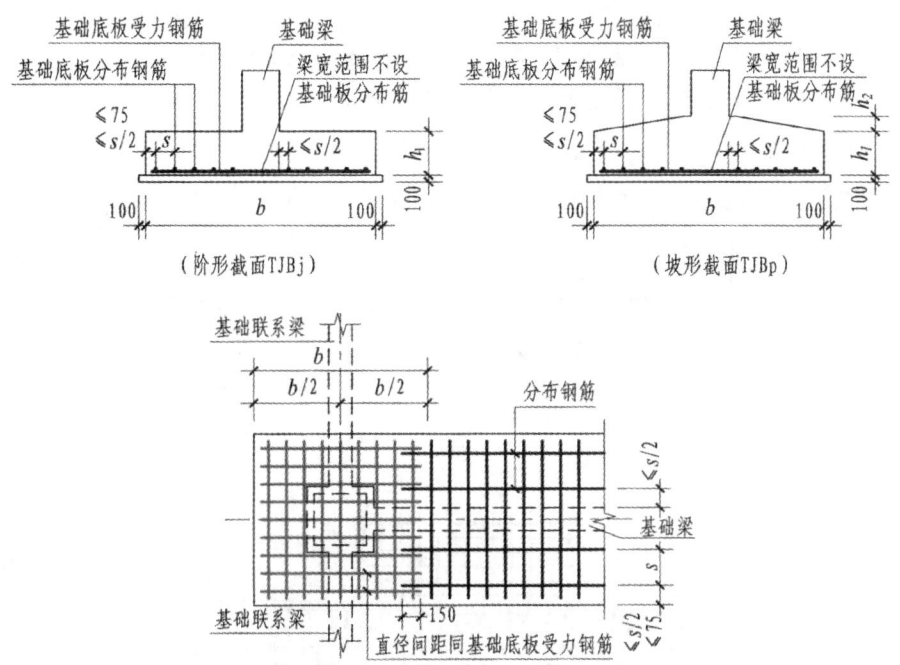

图 6-17 条形基础无交接底板钢筋构造图

④丁字交接时,丁字横向受力筋贯通布置,丁字竖向受力筋在交接处伸入丁字横向基础 $b/4$ 范围布置。

⑤分布筋在交接侧与受力筋搭接 150,另一侧分布筋贯通。

板式条形基础丁字交接钢筋构造如图 6-18 所示。

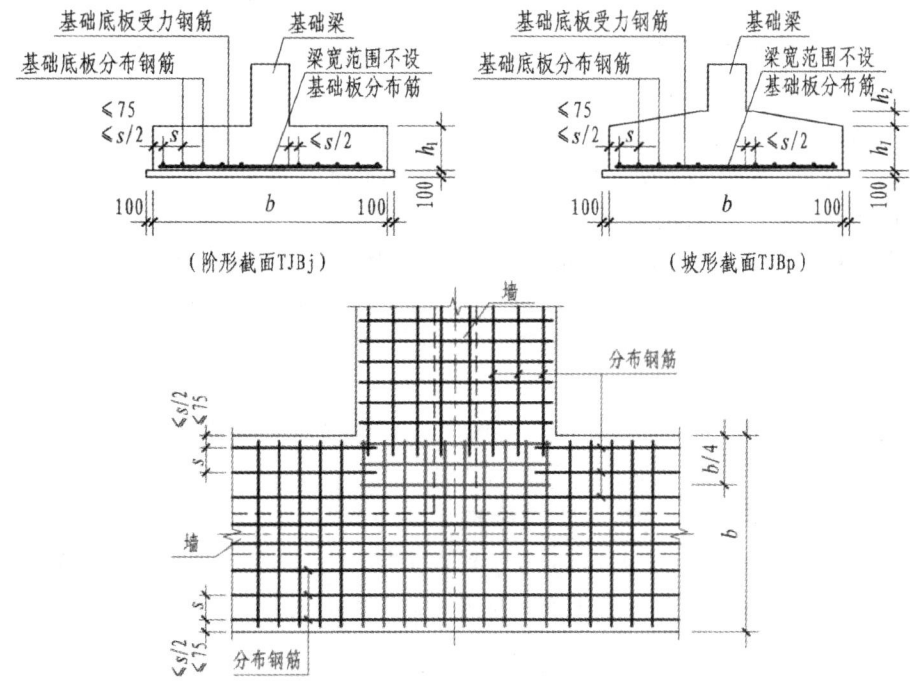

图 6-18 板式条形基础丁字交接钢筋构造图

（2）梁板式条形基础节点构造。

与板式条形基础相比，分布筋在梁宽范围内不布置，其余构造相同。

梁板式条形基础丁字交接钢筋构造如图 6-19 所示。

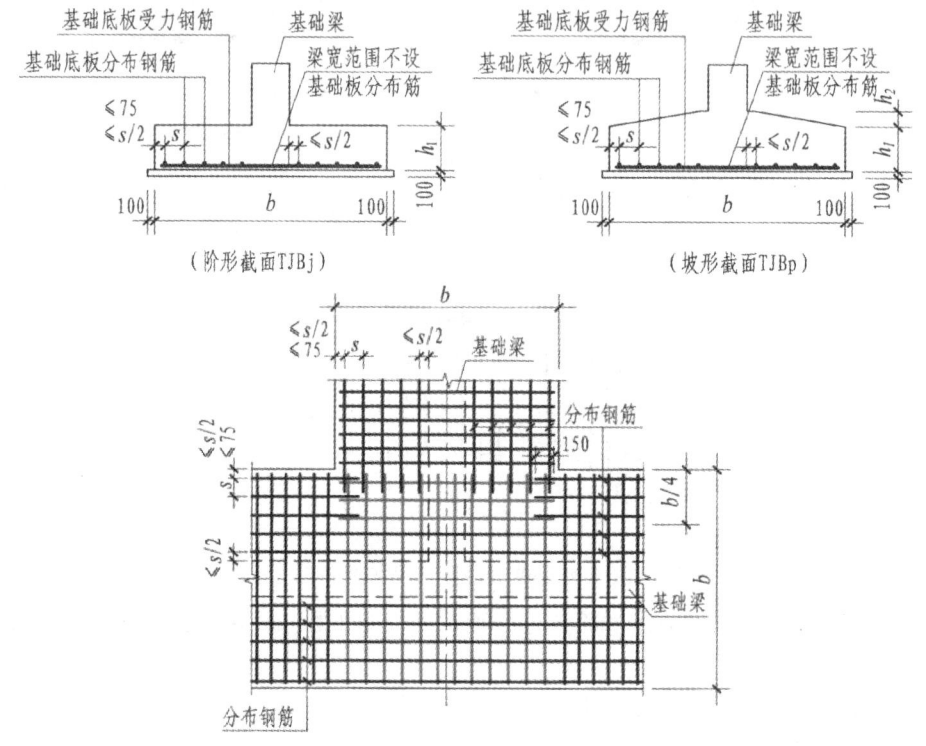

图 6-19 梁板式条形基础丁字交接钢筋构造图

4. 条形基础十字交接钢筋构造

（1）板式条形基础节点构造。

①沿基础底板宽度方向的是受力筋，垂直于基础底板宽度方向的是分布筋。

②分布筋的起步距离为≤75 且≤$s/2$（s 为分布筋间距）。

③分布筋满布整个基础底板。

④十字交接时，一向受力筋贯通布置，另一向受力筋在交接处伸入 $b/4$ 范围布置。

⑤一向分布筋在基础中部 $b/2$ 范围内贯通，另一向分布筋在交接处与受力筋搭接 150。

板式条形基础十字交接钢筋构造如图 6-20 所示。

（2）梁板式条形基础节点构造。

与板式条形基础相比，分布筋在梁宽范围内不布置，其余构造相同。

梁板式条形基础十字交接钢筋构造如图 6-21 所示。

5. 条形基础底板受力筋缩减 10% 构造

当条形基础底板宽度≥2500 mm 时，底板受力筋缩减 10% 交错配置，底板交接区的受力钢筋和无交接底板时端部第一根钢筋不应减短。

条形基础底板受力筋缩减 10% 构造如图 6-22 所示。

6. 条形基础底板不平构造

条形基础底板不平构造分为柱下条形基础底板板底不平构造、墙下条形基础底板板底

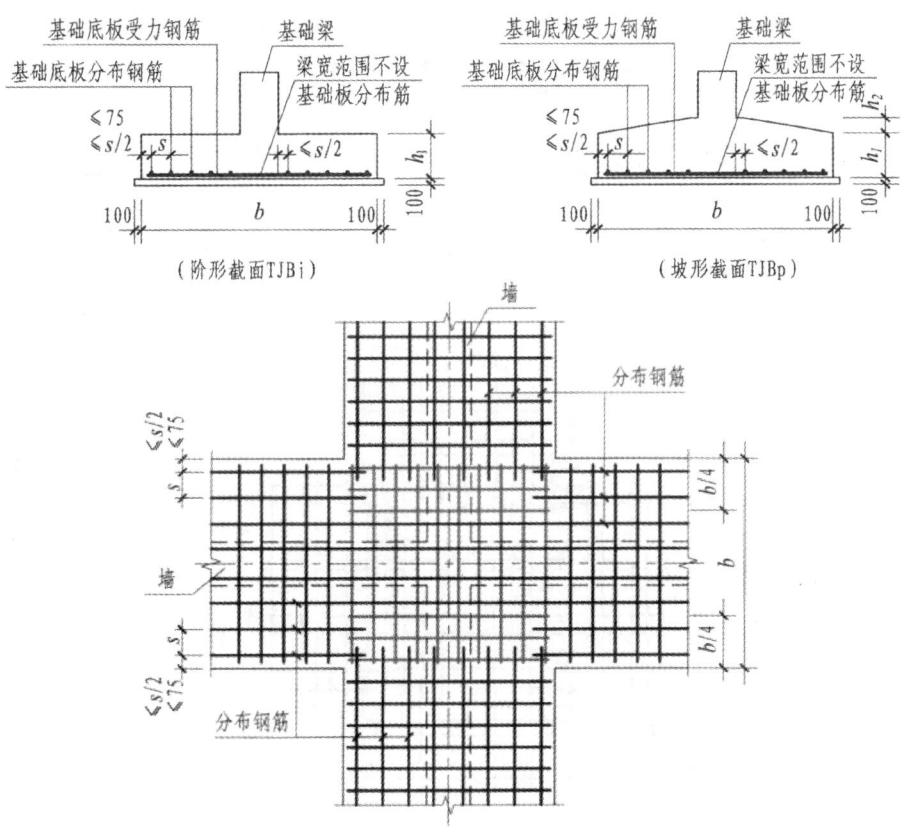

（阶形截面TJBi）　　　　　　　（坡形截面TJBp）

图 6-20　板式条形基础十字交接钢筋构造图

不平构造。

柱下条形基础底板板底不平构造,将分布钢筋转换为受力钢筋,用与底板受力筋规格相同的钢筋进行连接,在不平交接处锚入 l_a,另一端与分布筋搭接 150 mm,如图 6-23 所示。

墙下条形基础底板板底不平构造分为底板高差45°、90°两种,受力筋贯通布置,分布筋在不平交接处锚入 l_a,如图 6-24 所示。

6.3.3　条形基础构件钢筋算量

6.3.3.1　条形基础构件钢筋算量学习引导

1.学习任务描述

按照《混凝土结构施工图平面整体表示方法制图规则和构造详图(独立基础、条形基础、筏形基础、桩基础)》(22G101-3)中有关条形基础构件结构施工图部分知识,完成条形基础钢筋骨架节点分析,完成条形基础钢筋下料尺寸计算。

2.学习目标

(1)能按照图集对条形基础受力钢筋节点进行分析。

(2)能准确对钢筋长度计算公式进行总结。

(3)能结合图纸信息,完成条形基础钢筋长度及根数的计算。

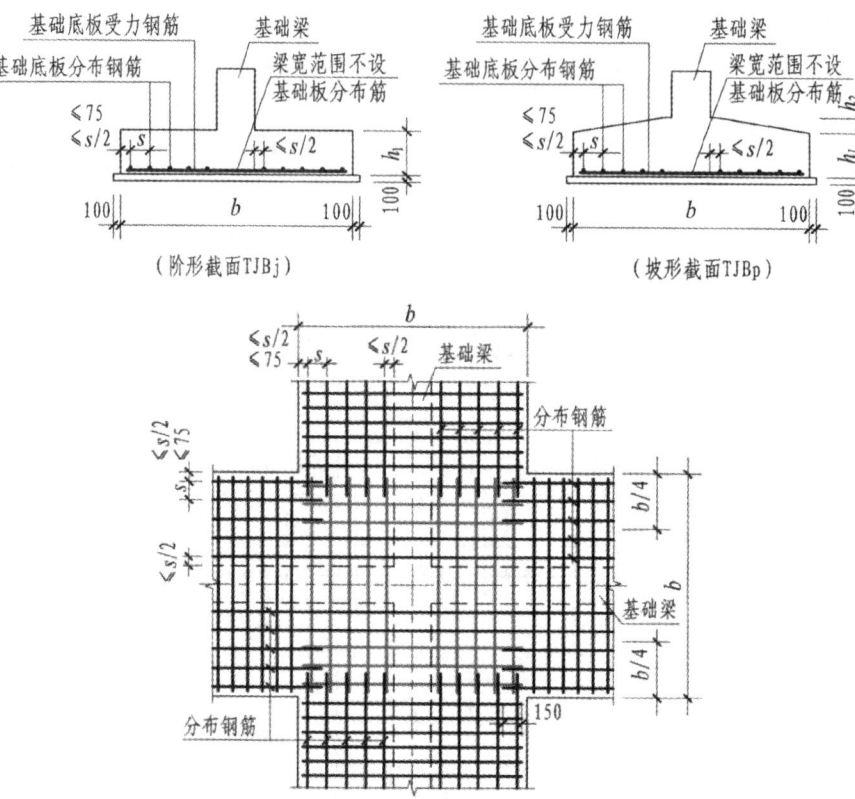

图 6-21　梁板式条形基础十字交接钢筋构造图

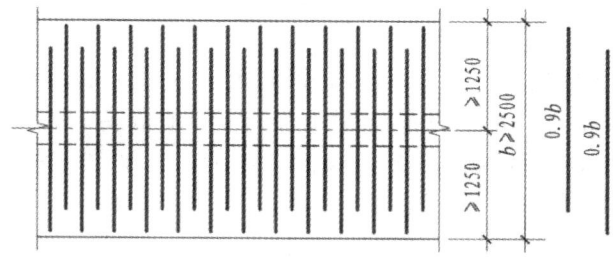

图 6-22　条形基础底板受力筋缩减 10％构造图

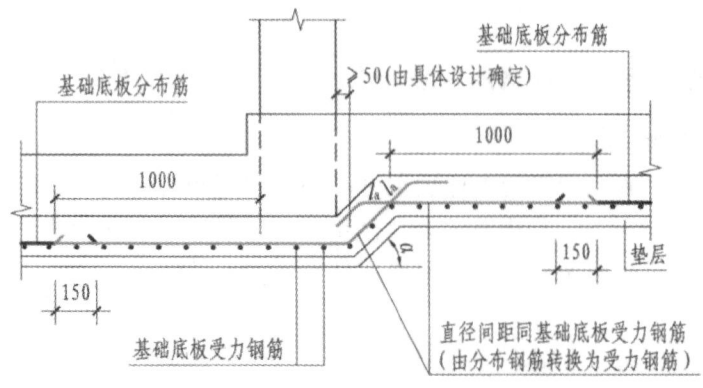

图 6-23　柱下条形基础底板板底不平构造

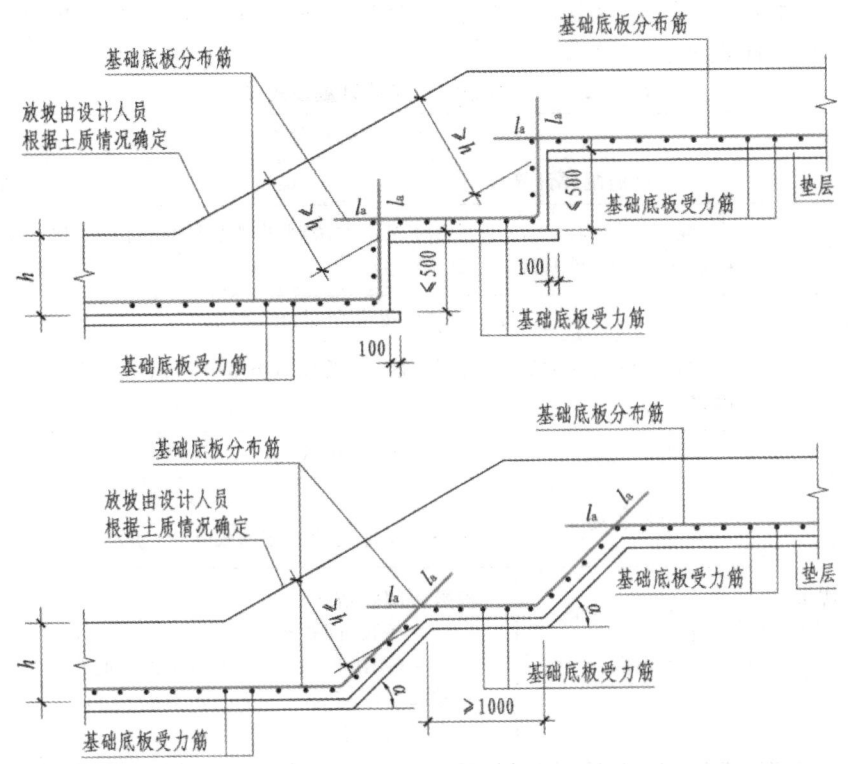

图 6-24　墙下条形基础底板板底不平构造

3.任务书

计算某学校图书综合楼条形基础的钢筋工程量,并将结果填入计算书中。

4.任务分组

条形基础构件钢筋算量学生任务分配表如表 6-51 所示。

表 6-51　条形基础构件钢筋算量学生任务分配表

班级		组号		指导老师	
小组	姓名	学号	任务		
组长					
组员					
备注					

5.任务准备

收集《混凝土结构施工图平面整体表示方法制图规则和构造详图(独立基础、条形基础、筏形基础、桩基础)》(22G101-3)中有关条形基础构件钢筋算量知识,完成条形基础构件钢筋算量公式知识表(样表见表6-52)。

表 6-52   条形基础构件钢筋算量公式知识表

学习情境	条形基础构件钢筋算量		
学习成果名称	钢筋翻样计算规则	难易程度	难
参考文献	《混凝土结构施工图平面整体表示方法制图规则和构造详图(独立基础、条形基础、筏形基础、桩基础)》(22G101-3)		
完成时间	___年___月___日___之前提交全部公式明细		
任务说明	结合某学校图书综合楼结构施工图纸和结构基础知识,分析钢筋重量计算公式因素。		
任务完成明细	钢筋重量	设计长度×根数	
	设计长度	设计长度=净长+搭接长度+弯钩长度(一级钢筋) 净长=构件尺寸-相应尺寸(保护层)	
	根数	根数=间距数+1 =净长/间距+1 =(图纸尺寸-2×起步距离)/间距+1 基础起步距离为 min(75 mm,@/2) @为钢筋间距	

6.任务实施

(1)条形基础转角梁板端部无纵向延伸。

案例 1:条形基础图如图 6-25 所示。已知保护层厚度 $c=20$ mm,基本锚固长度 $l_a=30d$,分布筋与同向受力筋搭接长度为 150 mm,起步距离为 $s=\min\{@/2,75\}$,梁宽为 300 mm,求条形基础 TJBp01(2)底板钢筋 C10@140/C8@300 的工程量。

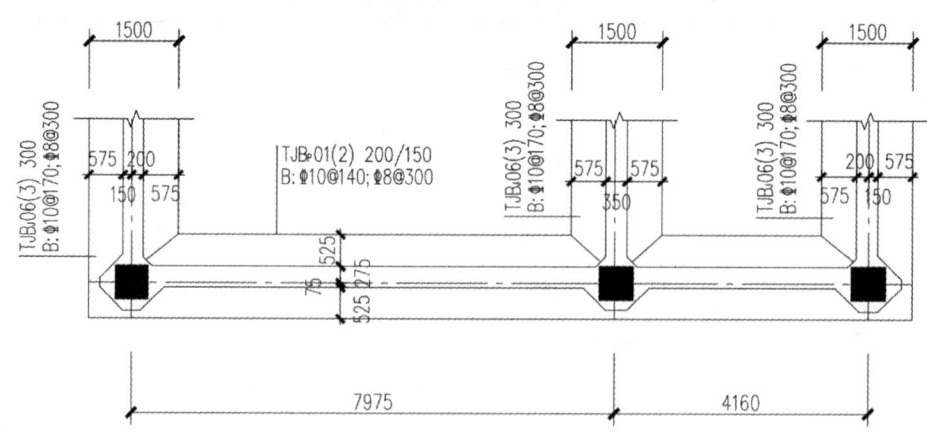

图 6-25   案例 1 条形基础图

引导问题 1:y 向钢筋构造要点是:_____

_____

引导问题 2：根据节点构造分析，y 向钢筋长度计算公式是：＿＿＿＿＿＿＿＿＿＿

＿＿＿＿＿＿＿＿＿＿＿＿＿＿＿＿＿＿＿＿＿＿＿＿＿＿＿＿＿＿＿＿＿＿＿＿＿＿＿

引导问题 3：x 向钢筋构造要点是：＿＿＿＿＿＿＿＿＿＿＿＿＿＿＿＿＿＿＿＿＿

＿＿＿＿＿＿＿＿＿＿＿＿＿＿＿＿＿＿＿＿＿＿＿＿＿＿＿＿＿＿＿＿＿＿＿＿＿＿＿

引导问题 4：根据节点构造分析，x 向钢筋长度公式是：＿＿＿＿＿＿＿＿＿＿＿

＿＿＿＿＿＿＿＿＿＿＿＿＿＿＿＿＿＿＿＿＿＿＿＿＿＿＿＿＿＿＿＿＿＿＿＿＿＿＿

＿＿＿＿＿＿＿＿＿＿＿＿＿＿＿＿＿＿＿＿＿＿＿＿＿＿＿＿＿＿＿＿＿＿＿＿＿＿＿

（2）条形基础丁字交接。

案例 2：条形基础图如图 6-26 所示。已知保护层厚度 $c=20$ mm，基本锚固长度 $l_a=30d$，分布筋与同向受力筋搭接长度为 150 mm，起步距离 $s=\min\{@/2,75\}$，梁宽为 300 mm，求条形基础底板钢筋 C10@140/C8@300 的工程量。

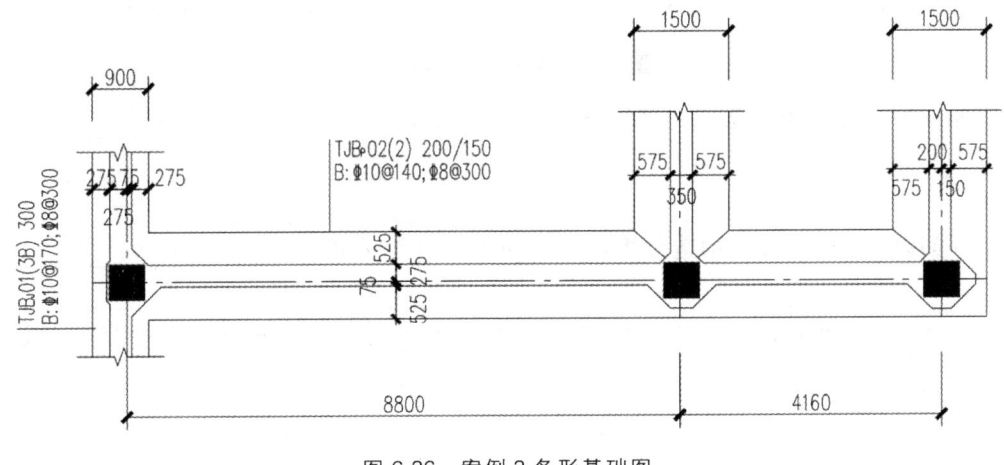

图 6-26　案例 2 条形基础图

引导问题 5：y 向钢筋节点构造要点是：＿＿＿＿＿＿＿＿＿＿＿＿＿＿＿＿＿＿＿

＿＿＿＿＿＿＿＿＿＿＿＿＿＿＿＿＿＿＿＿＿＿＿＿＿＿＿＿＿＿＿＿＿＿＿＿＿＿＿

＿＿＿＿＿＿＿＿＿＿＿＿＿＿＿＿＿＿＿＿＿＿＿＿＿＿＿＿＿＿＿＿＿＿＿＿＿＿＿

引导问题 6：根据节点构造分析，y 向钢筋长度计算公式是：＿＿＿＿＿＿＿＿＿

＿＿＿＿＿＿＿＿＿＿＿＿＿＿＿＿＿＿＿＿＿＿＿＿＿＿＿＿＿＿＿＿＿＿＿＿＿＿＿

引导问题 7：x 向钢筋节点构造要点是：＿＿＿＿＿＿＿＿＿＿＿＿＿＿＿＿＿＿＿

＿＿＿＿＿＿＿＿＿＿＿＿＿＿＿＿＿＿＿＿＿＿＿＿＿＿＿＿＿＿＿＿＿＿＿＿＿＿＿

引导问题 8：根据节点构造分析，x 向钢筋长度计算公式是：＿＿＿＿＿＿＿＿＿

＿＿＿＿＿＿＿＿＿＿＿＿＿＿＿＿＿＿＿＿＿＿＿＿＿＿＿＿＿＿＿＿＿＿＿＿＿＿＿

＿＿＿＿＿＿＿＿＿＿＿＿＿＿＿＿＿＿＿＿＿＿＿＿＿＿＿＿＿＿＿＿＿＿＿＿＿＿＿

（3）条形基础丁字交接。

案例 3：条形基础图如图 6-27 所示。已知保护层厚度 $c=50$ mm，基本锚固长度 $l_a=30d$，分布筋与同向受力筋搭接长度为 150 mm，起步距离 $s=\min\{@/2,75\}$，梁宽为 300 mm，求条形基础底板钢筋 C10@140/C8@300 的工程量。

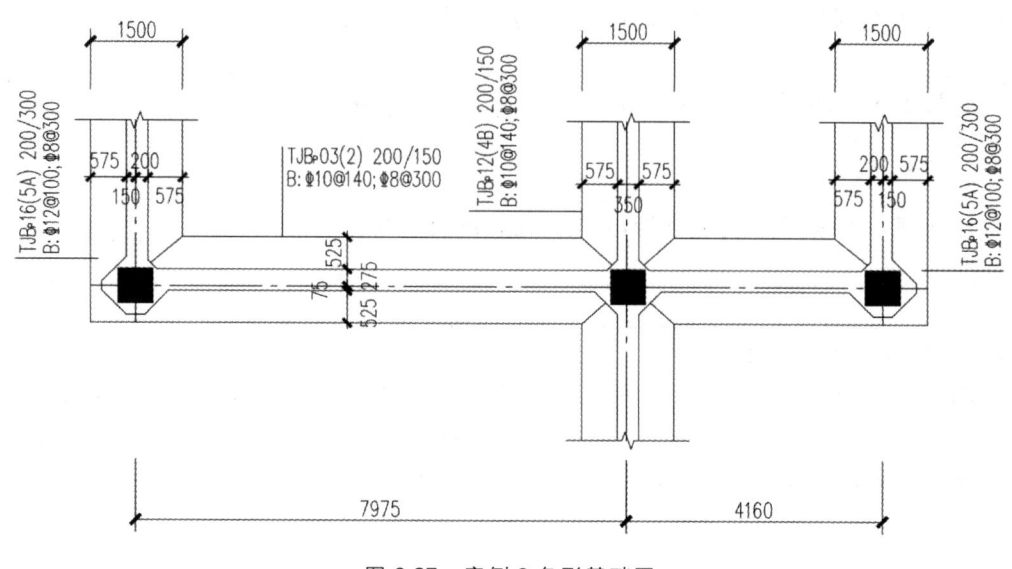

图 6-27 案例 3 条形基础图

引导问题 9:y 向钢筋节点构造要点是:＿＿＿＿＿＿＿＿＿＿＿＿

＿＿＿＿＿＿＿＿＿＿＿＿＿＿＿＿＿＿＿＿＿＿＿＿＿＿＿＿＿＿＿＿＿＿

引导问题 10:根据节点构造分析,y 向钢筋长度计算公式是:＿＿＿＿＿＿＿＿＿

＿＿＿＿＿＿＿＿＿＿＿＿＿＿＿＿＿＿＿＿＿＿＿＿＿＿＿＿＿＿＿＿＿＿

引导问题 11:x 向钢筋有长钢筋和短钢筋之分,x 向长向分布钢筋长度节点构造要点是:＿＿＿＿＿＿＿＿＿＿＿＿＿＿＿＿＿＿＿＿＿＿＿＿＿＿＿＿＿＿＿＿

＿＿＿＿＿＿＿＿＿＿＿＿＿＿＿＿＿＿＿＿＿＿＿＿＿＿＿＿＿＿＿＿＿＿

引导问题 12:根据节点构造分析,x 向长向分布钢筋长度计算公式是:＿＿＿＿＿

＿＿＿＿＿＿＿＿＿＿＿＿＿＿＿＿＿＿＿＿＿＿＿＿＿＿＿＿＿＿＿＿＿＿

引导问题 13:x 向钢筋有长钢筋和短钢筋之分,x 向短向分布钢筋节点构造要点是:＿＿＿

＿＿＿＿＿＿＿＿＿＿＿＿＿＿＿＿＿＿＿＿＿＿＿＿＿＿＿＿＿＿＿＿＿＿

引导问题 14:根据节点构造分析,x 向短向分布钢筋长度公式是:＿＿＿＿＿＿＿

＿＿＿＿＿＿＿＿＿＿＿＿＿＿＿＿＿＿＿＿＿＿＿＿＿＿＿＿＿＿＿＿＿＿

(4)条形基础有外伸端部构造。

案例 4:条形基础图如图 6-28 所示。已知保护层厚度 $c=50$ mm,基本锚固长度 $l_a=30d$,分布筋与同向受力筋搭接长度为 150 mm,起步距离 $s=\min\{@/2,75\}$,梁宽为 300 mm,求条形基础 TJBp04(2A)底板钢筋 C10@140/C8@300 的工程量。

引导问题 15:y 向钢筋节点构造要点是:＿＿＿＿＿＿＿＿＿＿＿＿＿＿

＿＿＿＿＿＿＿＿＿＿＿＿＿＿＿＿＿＿＿＿＿＿＿＿＿＿＿＿＿＿＿＿＿＿

＿＿＿＿＿＿＿＿＿＿＿＿＿＿＿＿＿＿＿＿＿＿＿＿＿＿＿＿＿＿＿＿＿＿

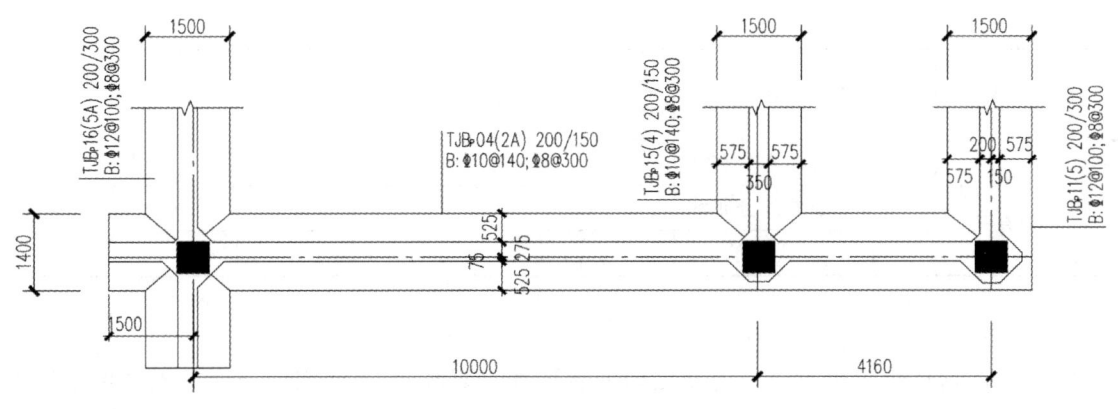

图 6-28 　案例 4 条形基础图

引导问题 16：根据节点构造分析，y 向钢筋长度计算公式是：＿＿＿＿＿＿＿＿＿＿＿

＿＿＿＿＿＿＿＿＿＿＿＿＿＿＿＿＿＿＿＿＿＿＿＿＿＿＿＿＿＿＿＿＿＿＿＿＿＿

引导问题 17：x 向钢筋分延伸内钢筋和延伸外基础底板钢筋，延伸内 x 向长向分布钢筋节点构造要点是：＿＿＿＿＿＿＿＿＿＿＿＿＿＿＿＿＿＿＿＿＿＿＿＿＿＿＿＿

＿＿＿＿＿＿＿＿＿＿＿＿＿＿＿＿＿＿＿＿＿＿＿＿＿＿＿＿＿＿＿＿＿＿＿＿＿＿

＿＿＿＿＿＿＿＿＿＿＿＿＿＿＿＿＿＿＿＿＿＿＿＿＿＿＿＿＿＿＿＿＿＿＿＿＿＿

引导问题 18：根据节点构造分析，延伸内 x 向分布钢筋长度计算公式是：＿＿＿＿＿＿

＿＿＿＿＿＿＿＿＿＿＿＿＿＿＿＿＿＿＿＿＿＿＿＿＿＿＿＿＿＿＿＿＿＿＿＿＿＿

引导问题 19：x 向钢筋分延伸内钢筋和延伸外基础底板钢筋，延伸外 x 向长向分布钢筋节点构造要点是：＿＿＿＿＿＿＿＿＿＿＿＿＿＿＿＿＿＿＿＿＿＿＿＿＿＿＿＿

＿＿＿＿＿＿＿＿＿＿＿＿＿＿＿＿＿＿＿＿＿＿＿＿＿＿＿＿＿＿＿＿＿＿＿＿＿＿

引导问题 20：根据节点构造分析，延伸外 x 向短向分布钢筋长度计算公式是：＿＿＿＿

＿＿＿＿＿＿＿＿＿＿＿＿＿＿＿＿＿＿＿＿＿＿＿＿＿＿＿＿＿＿＿＿＿＿＿＿＿＿

7.条形基础钢筋工程量计算

计算条形基础钢筋工程量（见表 6-53），并填入计算书。

表 6-53 　条形基础钢筋工程量

构件名称		钢筋名称		钢筋规格	计算公式	根数	总长
TJB01	直转角	x 向	分布筋				
		y 向	受力筋				
TJB	丁字交接	x 向	分布筋				
		y 向	受力筋				
		x 向	长向分布筋				
			短向分布筋				
		y 向	受力筋				

续表

构件名称			钢筋名称	钢筋规格	计算公式	根数	总长
TJB	基础有外伸	x 向	延伸内分布筋				
			延伸外分布筋				
		y 向	受力筋				

8. 评价反馈

学生进行自评,评价自己是否能完成钢筋算量的学习、是否能完成条形基础构件钢筋工程量计算、是否能按时完成报告内容等成果资料、有无任务遗漏。老师对学生的评价内容,可对接江苏省"建筑工程识图"技能大赛和"1+X"建筑工程识图职业技能等级证书、关于条形基础构件评分标准和规范成果,主要包括报告书是否工整规范、报告内容数据是否真实合理、阐述是否详细、认识体会是否深刻、绘制图纸是否规范。

(1)学生进行自我评价,将结果填入表 6-54 中。

表 6-54　条形基础构件钢筋算量学生自评表

班级:		姓名:	学号:	日期:

学习情境	条形基础构件钢筋算量		
评价项目	评价标准	分值	得分
信息检索	能有效利用图纸、图集 22G101-3 查找有效信息;能用自己的语言有条理地去解释、表述所学知识;能将找到的信息有效转换到图纸识读过程中	15	
条形基础节点构造	能正确查询图集,根据图纸需求,完成相关节点构造分析	25	
条形基础钢筋算量	能基于图纸信息和图集节点构造需求,完成相应公式总结,对钢筋长度和钢筋根数进行准确计算	25	
工作态度	态度端正,无无故缺勤、迟到、早退现象	10	
工作质量	能按计划完成工作任务	10	
协调能力	与小组成员、同学之间能合作交流、协调工作	5	
职业素质	全面细致,一丝不苟,树立职业从业意识	10	

(2)学生以小组为单位,对工作过程与工作结果进行互评,将互评结果填入表 6-55 中。

表 6-55　条形基础构件钢筋算量学生互评表

学习情境								条形基础构件钢筋算量					
评价项目	分值	等级							评价对象(组别)				
								1	2	3	4	5	6
计划合理	8	优	8	良	7	中	6	差	4				
方案合理	8	优	8	良	7	中	6	差	4				
团队合作	8	优	8	良	7	中	6	差	4				
组织有序	8	优	8	良	7	中	6	差	4				

续表

评价项目	分值	等级								评价对象（组别）					
										1	2	3	4	5	6
工作质量	8	优	8	良	7	中	6	差	4						
工作效率	8	优	8	良	7	中	6	差	4						
工作完整	10	优	10	良	8	中	6	差	4						
工作规范	16	优	16	良	12	中	8	差	4						
识读报告	16	优	16	良	12	中	8	差	4						
拓展成果	10	优	10	良	8	中	6	差	4						
合计	100														

（3）教师对学生的工作过程与工作结果进行评价，并将评价结果填入表 6-56 中。

表 6-56　条形基础构件钢筋算量教师综合评价表

班级：　　　　　　　　姓名：　　　　　　　　学号：

学习情境		条形基础构件钢筋算量		
评价项目		评价标准	分值	得分
考勤（10%）		无无故迟到、早退、旷课现象	10	
工作过程（60%）	条形基础构件平法识图知识体系	能在图集 22G101-3 中有效定位条形基础构件平法制图页码、明晰基本内容	5	
	条形基础节点构造	能正确查询图集，根据图纸需求，完成相关节点构造分析	20	
	条形基础公式总结	能基于图纸信息和图集节点构造需求，完成相应公式总结	20	
	工作态度	态度端正，工作认真、主动	5	
	协调能力	与小组成员、同学之间能合作交流、协调工作	5	
	职业素质	全面细致，一丝不苟，树立职业从业意识	5	
项目成果（30%）	工作完整	能按时完成任务	5	
	工作规范	能按规范要求识读	5	
	计算书	能正确识读图纸并按照图集完成钢筋工程量计算书	5	
	拓展成果	能准确完成条形基础中基础底板配筋的 CAD 绘制	15	
合计			100	
综合评价	自评（20%）	小组互评（30%）	教师评价（50%）	综合得分

9.拓展思考题

条形基础板底不平构造要点是什么？

6.3.3.2　条形基础构件钢筋算量

案例 1：条形基础图如图 6-25 所示。已知保护层厚度 $c=50$ mm，基本锚固长度 $l_a=$ $32d$，分布筋与同向受力筋搭接长度为 150 mm，起步距离 $s=\min\{@/2,75\}$，梁宽 300 mm，求条形基础 TJBp01(2) 底板钢筋 C10@140/C8@300 的工程量。

解析：通过信息读取，条形基础底板宽度为 $(525+75+275+525)$ mm $=1400$ mm，基础混凝土最小保护层厚度为 50 mm，受力筋起步距离 $\min(75,140/2)=70$ mm，分布筋起步距离 $\min(75,300/2)=75$ mm。

案例 1 条形基础钢筋排布图如图 6-29 所示。

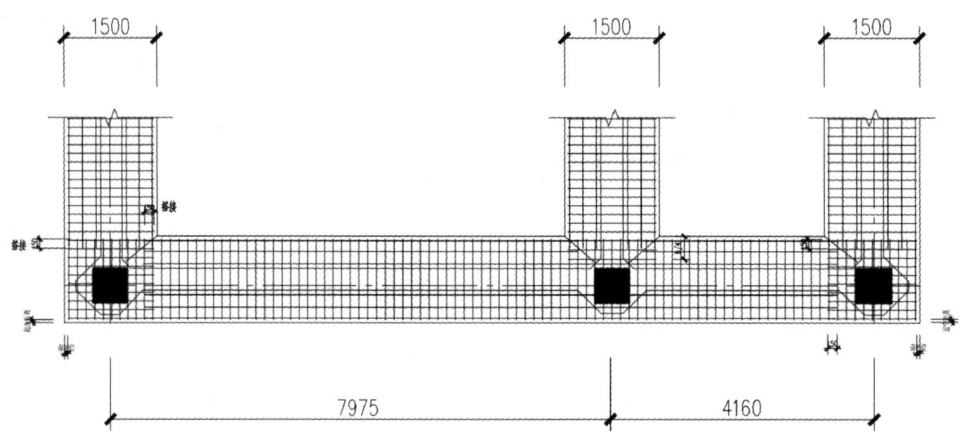

图 6-29　案例 1 条形基础钢筋排布图

受力筋长度 $=(1400-2\times50)$ mm $=1300$ mm

受力筋根数 $=\text{ceil}[(7975+4160+2\times750-2\times70)/140+1]$ 根 $=98$ 根

分布筋长度 $=(7975+4160-2\times750+2\times40+2\times150)$ mm $=11\,015$ mm

分布筋根数 $=\text{ceil}[(700-175-75\times2)/300+1]$ 根 $\times2=6$ 根

**条形基础底板钢筋
算量（直转角）**

案例 2：条形基础图如图 6-26 所示。已知保护层厚度 $c=50$ mm，基本锚固长度 $l_a=$ $32d$，分布筋与同向受力筋搭接长度为 150 mm，起步距离 $s=\min\{@/2,75\}$，梁宽为 300 mm，求条形基础 TJBp02(2) 底板钢筋 C10@140/C8@300 的工程量。

解析：通过信息读取，条形基础底板宽度为 $(525+75+275+525)$ mm $=1400$ mm，基础混凝土最小保护层厚度为 50 mm，受力筋起步距离 $\min(75,140/2)=70$ mm，分布筋起步距离 $\min(75,300/2)=75$ mm，$b/4=(1400/4)$ mm $=350$ mm。

案例 2 条形基础钢筋排布图如图 6-30 所示。

具体钢筋排布如下。

受力筋长度 $=(1400-2\times50)$ mm $=1300$ mm

受力筋根数 $=\text{ceil}[(8800+4160+750-900/4-70)/140+1]$ 根 $=97$ 根

分布筋长度 $=(8800+4160-750-450+2\times40+2\times150)$ mm $=12\,140$ mm

分布筋根数 $=\text{ceil}[(700-175-75\times2)/300+1]$ 根 $\times2=6$ 根

**条形基础底板钢筋
算量（丁字交接）**

案例 3：条形基础图如图 6-27 所示。已知保护层厚度 $c=50$ mm，基本锚固长度 $l_a=$ $32d$，分布筋与同向受力筋搭接长度为 150 mm，起步距离 $s=\min\{@/2,75\}$，梁宽为 300 mm，求条形基础 TJBp03(2) 底板钢筋 C10@140/C8@300 的工程量。

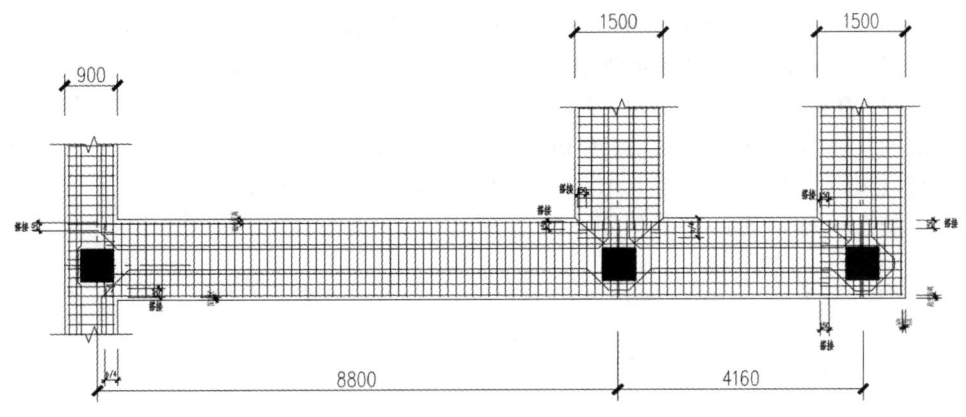

图 6-30 案例 2 条形基础钢筋排布图

解析:通过信息读取,我们知道,条形基础底板宽度为(525+75+275+525)mm=1400 mm,基础混凝土最小保护层厚度为 50 mm,受力筋起步距离 min(75,140/2)=70 mm,分布筋起步距离 min(75,300/2)=75 mm,b/4=(1400/4)mm=350 mm。

案例 3 条形基础钢筋排布图如图 6-31 所示。

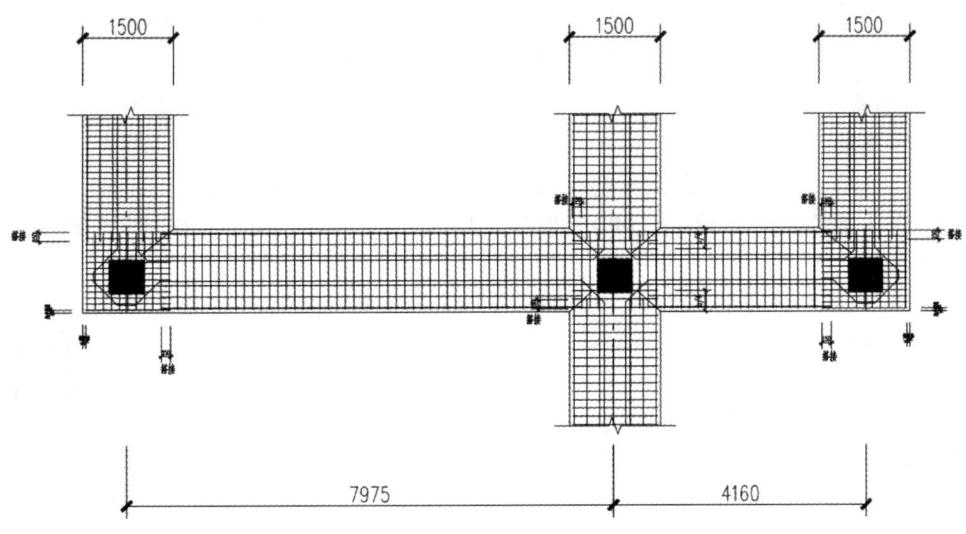

图 6-31 案例 3 条形基础钢筋排布图

具体钢筋排布如下。

$$受力筋长度=(1400-2×50)mm=1300 mm$$

$$受力筋根数=ceil[(7975+750-70-150-70)/140+1]根$$
$$+ceil[(4160+750-70-200-70)/140+1]根$$
$$=62 根+34 根=96 根$$

$$长分布筋长度=(7975+4160-750×2+2×50+2×150)mm=11\ 035 mm$$
$$长分布筋根数=ceil[(700-175-350-75)/300+1]根=2 根$$
$$短分布筋 1 长度=(7975-750×2+2×50+2×150)mm=6875 mm$$
$$短分布筋 2 长度=(4160-750×2+2×50+2×150)mm=3060 mm$$
$$短分布筋根数=[(700-175-350-75)/300+1]根=2 根$$

条形基础底板钢筋
算量(十字交接)

案例 4:条形基础图如图 6-28 所示。已知保护层厚度 $c=50$ mm,基本锚固长度 $l_a=$

$30d$,分布筋与同向受力筋搭接长度为 150 mm,起步距离 $s=\min\{@/2,75\}$,梁宽为 300 mm,求条形基础 TJBp04(2A)底板钢筋 C10@140/C8@300 的工程量。

解析:通过信息读取,我们知道,条形基础底板宽度为(525+75+275+525) mm=1400 mm,基础混凝土最小保护层厚度为 50 mm,受力筋起步距离 min(75,140/2)=70 mm,分布筋起步距离 min(75,300/2)=75 mm,$b/4$=(1400/4) mm=350 mm。

案例 4 条形基础钢筋排布图如图 6-32 所示。

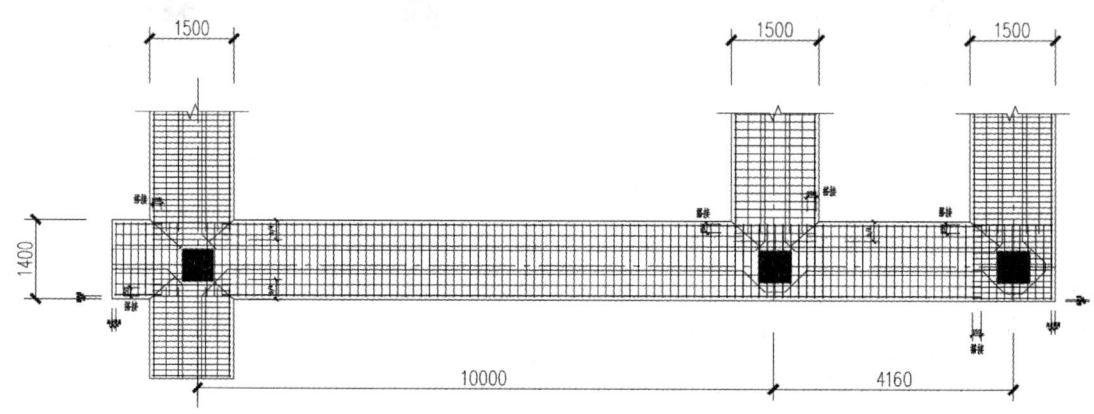

图 6-32   案例 4 条形基础钢筋排布图

具体钢筋排布如下。

(1)内部钢筋。

$$受力筋长度=(1400-2\times50) \text{ mm}=1300 \text{ mm}$$
$$受力筋根数=\text{ceil}[(10\,000+4160+1500-70\times2)/140+1]根=112 根$$
$$分布筋长度=(10\,000+4160-750\times2+2\times50+2\times150) \text{ mm}=13\,060 \text{ mm}$$
$$分布筋根数=[(1400/4-75)/300+1]根\times2=4 根$$

(2)外伸钢筋。

$$受力筋长度=(1400-2\times50) \text{ mm}=1300 \text{ mm}$$
$$受力筋根数=\text{ceil}[(1500-200-70\times2)/140+1]根=9 根$$
$$分布筋长度=(10000+4160+750\times2-2\times50) \text{ mm}=15560 \text{ mm}$$
$$分布筋根数=\text{ceil}[(1400/4-350/2-75\times2)/300+1]根\times2=4 根$$

条形基础底板钢筋
算量(转角有外伸)

6.4   筏形基础平法识图与钢筋算量

6.4.1   筏形基础构件平法识图

6.4.1.1   筏形基础构件平法识图学习引导

1.学习任务描述

按照《混凝土结构施工图平面整体表示方法制图规则和构造详图(独立基础、条形基础、筏形基础、桩基础)》(22G101-3)中有关筏形基础构件结构施工图部分知识,结合某学校图书综合楼图纸,主要学习普通筏形基础平法识图,基础梁不作为本节重点。

筏形基础分类如图 6-33 所示。

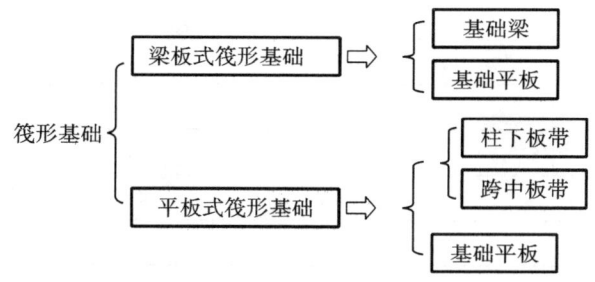

图 6-33　筏形基础分类

2.学习目标

(1)能按照图集 22G101-3 对筏板基础构件进行分类。

(2)能梳理筏板基础构件平法识图知识。

(3)能识读筏板基础平法结构图。

3.任务书

对某学校图书综合楼筏形基础配筋图(见图 6-34)内的筏形基础构件进行平法识读。

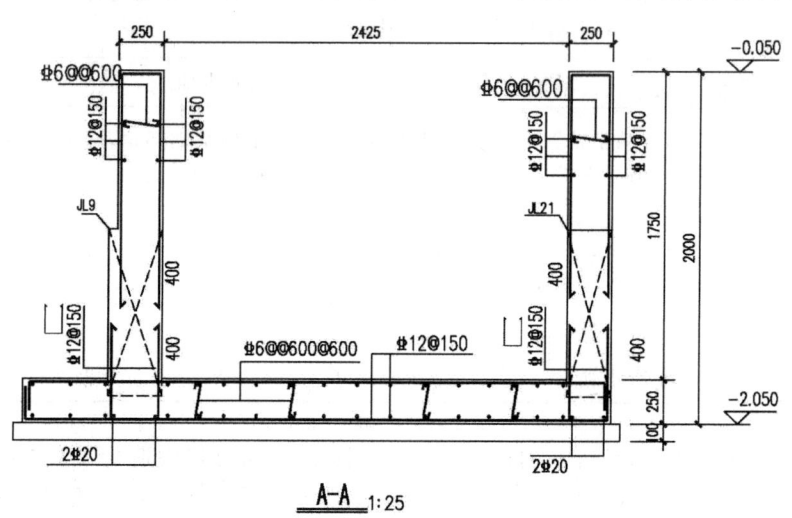

图 6-34　筏形基础 A—A 配筋图

4.任务分组

筏形基础构件平法识图学生任务分配表如表 6-57 所示。

表 6-57　筏形基础构件平法识图学生任务分配表

班级		组号		指导老师	
小组	姓名	学号		任务	
组长					
组员					

续表

小组	姓名	学号	任务
组员			
备注			

5.任务准备

(1)阅读工作任务书,小组识读某学校图书综合楼图纸,填写筏形基础构件平法识图基础知识表(见表6-58)。

表 6-58   筏形基础构件平法识图基础知识表

学习情境	筏形基础构件平法识图		
学习成果名称	筏形基础构件基础知识明细	难易程度	易
参考文献	《混凝土结构施工图平面整体表示方法制图规则和构造详图(独立基础、条形基础、筏形基础、桩基础)》(22G101-3)		
完成时间	____年____月____日____之前提交全部识读明细		
任务说明	结合某学校图书综合楼结构施工图纸和结构基础知识,查取筏形基础构件环境等级、最小保护层厚度、抗震等级、混凝土强度等级		
任务完成明细	环境等级		
	最小保护层厚度		
	抗震等级		
	混凝土强度等级		

(2)收集《混凝土结构施工图平面整体表示方法制图规则和构造详图(独立基础、条形基础、筏形基础、桩基础)》(22G101-3)中有关筏形基础构件平法制图部分知识,完成22G101-3筏形基础构件平法识图知识体系表(见表6-59)。

表 6-59   22G101-3 筏形基础构件平法识图知识体系表

筏形基础构件平法识图知识体系		22G101-3 页码
梁板式筏形基础的基础平板	平面注写方式集中标注	
	平面注写方式原位标注	
柱下板带与跨中板带	平面注写方式集中标注	
	平面注写方式原位标注	
平板式筏形基础的基础平板	平面注写方式集中标注	
	平面注写方式原位标注	

6.任务实施

(1)筏形基础构件类型。

引导问题 1:筏形基础构件的类型有:_____

_____

_____

(2)筏形基础构件识读内容。

梁板式筏形基础平板,板厚相同、基础平板底部与顶部贯通纵筋配置相同的区域为同一板区。

平板式筏形基础的平面注写表达方式有两种:一是划分为柱下板带和跨中板带进行表达;二是按基础平板进行表达。

引导问题 2:筏形基础平板的平面注写方式分_____和_____两种。

(3)梁板式筏形基础平板平面注写方式。

引导问题 3:筏形基础基础底板的集中标注包括筏形基础底板编号、截面竖向尺寸、配筋三项必注内容。筏形基础基础底板的原位标注,主要表达板底部附加非贯通纵筋。

①学习筏形基础构件编号规则,填表 6-60。

表 6-60　筏形基础构件编号

基础类型	构件类型	代号	序号	跨数及有无外伸
梁板式 筏形基础	梁板式筏形基础平板		××	—
平板式 筏形基础	柱下板带		××	(____)或(____)或(____)
	跨中板带		××	(____)或(____)或(____)
	平板式筏形基础平板		××	

②学习筏形基础集中标注注写方式,填写表 6-61。

表 6-61　筏形基础集中标注注写方式

序号	注写内容	简图
1	基础平板的截面尺寸,基础板厚 h (____标注); 钢筋延伸跨数,如____标注 4 跨; 外伸(____标注)数量 1 为 A、数量 2 为 B	
2	基础平板的底部贯通纵筋: X:____B14@150; Y:____B14@200	
3	基础平板的顶部贯通纵筋 X:____B14@180; Y:____B14@180;	

引导问题 4：筏形基础原位标注注写内容。

原位注写筏形基础底板的底部附加非贯通纵筋，垂直于基础梁绘制一段中粗虚线。将编号、配筋值、横向布置的跨数、板底部附加非贯通纵筋延伸值 4 项内容填入图 6-35 中相应的空格中。

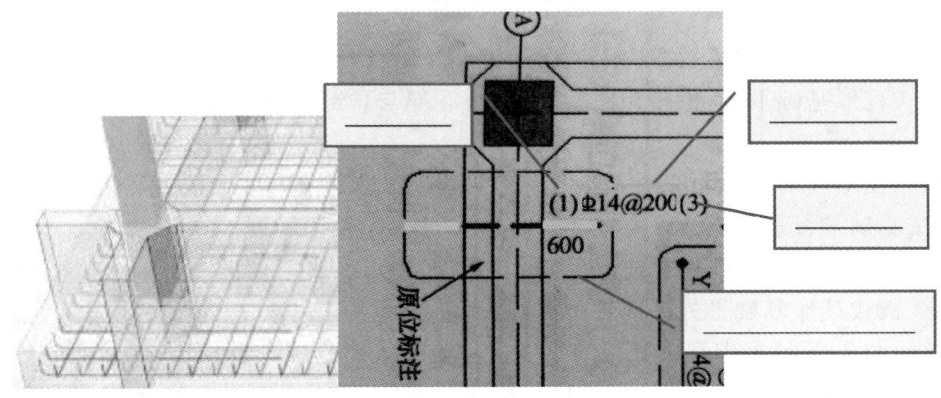

图 6-35　筏形基础原位标注注写

（4）筏形基础案例识读。

引导问题 5：通过查询图纸信息可知，筏板基础配筋为双层双向 C12@150 拉通，根据图 6-34 完成梁板式筏形基础的集中标注填写。

①集中标注：_____

编号为 _____ ；板厚为 _____

底部配筋：_____

顶部配筋：_____

②筏形基础的底部标高为 _____

7. 评价反馈

学生进行自评，评价自己是否能完成施工图识读的学习、是否能完成筏形基础施工图的识读、是否能按时完成报告内容等成果资料、有无任务遗漏。老师对学生的评价内容，可对接江苏省"建筑工程识图"技能大赛和"1＋X"建筑工程识图职业技能等级证书、关于筏形基础构件评分标准和规范成果，主要包括报告书是否工整规范、报告内容数据是否真实合理、阐述是否详细、认识体会是否深刻、绘制图纸是否规范。

（1）学生进行自我评价，将结果填入表 6-62 中。

表 6-62　筏形基础构件平法识图学生自评表

班级：	姓名：		学号：		日期：
学习情境	筏形基础构件平法识图				
评价项目	评价标准			分值	得分
信息检索	能有效利用图纸、图集 22G101-3 查找有效信息；能用自己的语言有条理地去解释、表述所学知识；能将找到的信息有效转换到图纸识读过程中			15	
筏形基础构件集中标注识读	能正确识读，准确理解字母及数字含义，完成筏形基础图纸识读			25	

续表

评价项目	评价标准	分值	得分
筏形基础构件原位标注识读	能正确识读,准确理解数字含义,完成筏形基础图纸识读	25	
工作态度	态度端正,无无故缺勤、迟到、早退现象	10	
工作质量	能按计划完成工作任务	10	
协调能力	与小组成员、同学之间能合作交流、协调工作	5	
职业素质	全面细致,一丝不苟,树立职业从业意识	10	

(2)学生以小组为单位,对工作过程与工作结果进行互评,将互评结果填入表 6-63 中。

表 6-63 筏形基础构件平法识图学生互评表

学习情境		筏形基础构件平法识图												
评价项目	分值	等级								评价对象(组别)				
										1	2	3	4	5	6
计划合理	8	优	8	良	7	中	6	差	4						
方案合理	8	优	8	良	7	中	6	差	4						
团队合作	8	优	8	良	7	中	6	差	4						
组织有序	8	优	8	良	7	中	6	差	4						
工作质量	8	优	8	良	7	中	6	差	4						
工作效率	8	优	8	良	7	中	6	差	4						
工作完整	10	优	10	良	8	中	6	差	4						
工作规范	16	优	16	良	12	中	8	差	4						
识读报告	16	优	16	良	12	中	8	差	4						
拓展成果	10	优	10	良	8	中	6	差	4						
合计	100														

(3)教师对学生的工作过程与工作结果进行评价,并将评价结果填入表 6-64 中。

表 6-64 筏形基础构件平法识图教师综合评价表

班级:		姓名:		学号:	
学习情境		筏形基础构件平法识图			
评价项目		评价标准	分值	得分	
考勤(10%)		无无故迟到、早退、旷课现象	10		
工作过程(60%)	筏形基础构件平法识图知识体系	能在图集 22G101-3 中有效定位筏形基础构件平法制图页码、明晰基本内容	5		
	筏形基础构件集中标注识读	能正确识读,准确理解字母及数字含义,完成筏形基础图纸识读	20		
	筏形基础构件原位标注识读	能正确识读,准确理解数字含义,完成筏形基础图纸识读	20		

评价项目		评价标准	分值	得分
工作过程（60%）	工作态度	态度端正，工作认真、主动	5	
	协调能力	与小组成员、同学之间能合作交流、协调工作	5	
	职业素质	全面细致，一丝不苟，树立职业从业意识	5	
项目成果（30%）	工作完整	能按时完成任务	5	
	工作规范	能按规范要求识读	5	
	读图报告	能正确识读图纸并按照图纸完成读图报告	5	
	拓展成果	能准确完成筏形基础构件截面尺寸标注	15	
合计			100	

综合评价	自评（20%）	小组互评（30%）	教师评价（50%）	综合得分

8.拓展思考题

筏形基础基础平板标注图示如何识读？

6.4.1.2 筏形基础构件基础知识

1.筏形基础构件类型

筏形基础一般用于高层建筑框架柱或剪力墙下。筏形基础分为梁板式筏形基础和平板式筏形基础。梁板式筏形基础由基础主梁、基础次梁、基础平板等构成。平板式筏形基础有两种组成形式：一种是由柱下板带和跨中板带组成；另一种是不分板带，按基础平板组成。

筏形基础组成表如表 6-65 所示。

表 6-65　筏形基础组成表

筏形基础分类	构件组成		示意图
梁板式筏形基础	基础梁	基础主梁	
		基础次梁	
	基础平板		
平板式筏形基础	柱下板带		
	跨中板带		

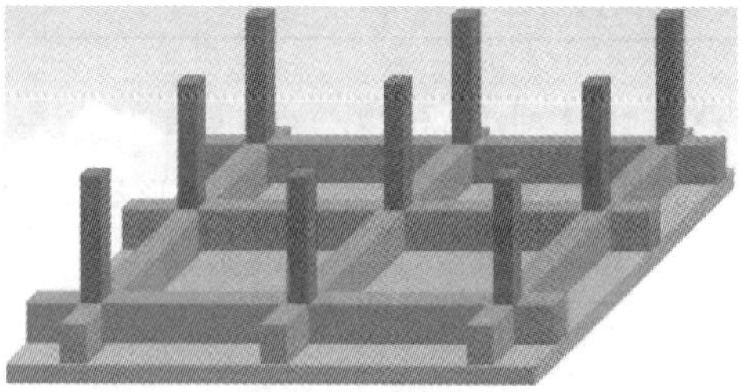

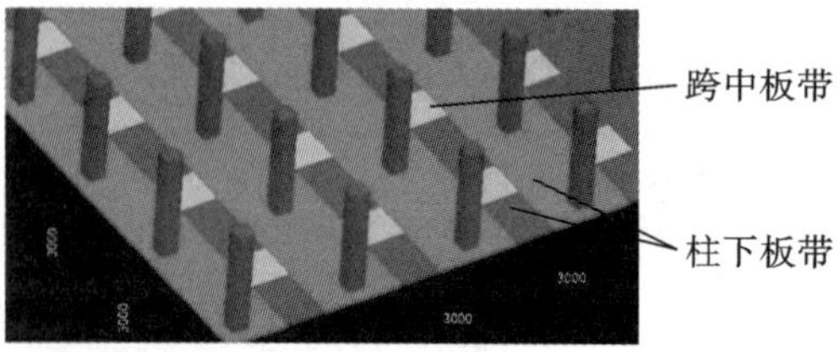

续表

筏形基础分类	构件组成	示意图
平板式筏形基础	基础平板	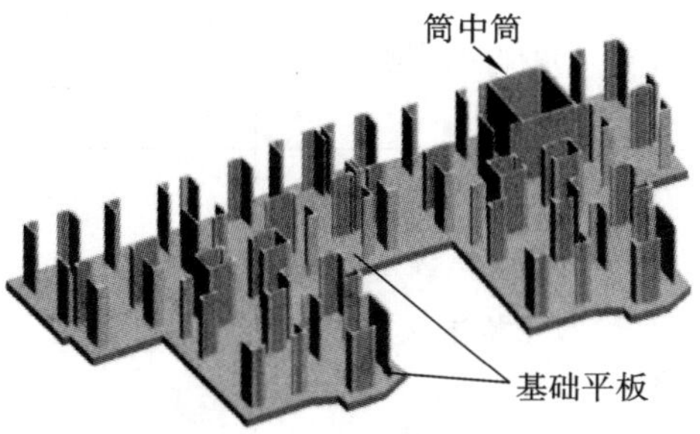

梁板式筏形基础中基础梁内容在梁构件中进行讲解,这里只针对基础平板进行阐述,具体的构件编号如表 6-66 所示。

表 6-66　筏形基础构件编号

基础类型	构件类型	代号	序号	跨数及有无外伸
梁板式筏形基础	梁板式筏形基础平板	LPB	××	—
平板式筏形基础	柱下板带	ZXB	××	(××)或(××A)或(××B)
	跨中板带	KZB	××	(××)或(××A)或(××B)
	平板式筏形基础平板	BPB	××	

注:(××A)为一端有外伸,(××B)为两端有外伸,外伸不计入跨数。

2.筏形基础受力及钢筋组成

(1)受力分析。

与独立基础的情形相同,筏形基础主要有受压弯曲、受压剪切、受压双向弯曲这 3 种受力状态。

(2)钢筋组成。

筏形基础钢筋主要包括底部贯通钢筋(底筋)、顶部贯通钢筋(面筋)、U 形构造封边钢筋、分布筋、非贯通筋形成双层双向及以上的钢筋网片。筏形基础钢筋组成表如表 6-67 所示。

表 6-67　筏形基础钢筋组成表

序号	钢筋名称	简图	备注
1	底部 x 向钢筋		
2	底部 y 向钢筋		顺时针旋转 90°
3	顶部 x 向钢筋		

续表

序号	钢筋名称	简图	备注
4	顶部 y 向钢筋		
5	U 形构造封边筋		
6	附加非贯通钢筋		端部
			中部

3. 梁板式筏形基础平法识图

(1)梁板式筏形基础平法识图基本知识。

在图集 22G101-3 中,梁板式筏形基础平法施工图,系在基础平面布置图上采用平面注写方式进行表达,如图 6-36 所示。当绘制基础平面布置图时,应将梁板式筏形基础与其所支承的柱、墙一起绘制。梁板式筏形基础以多数相同的基础平板底面标高作为基础底面基准标高。当基础底面标高不同时,需注明与基础底面基准标高不同之处的范围和标高。

筏形基础钢筋
平法表示方法

通过选注基础梁底面瓦基础平板底面的标高高差来表达两者间的位置关系,可以明确其"高板位"(梁顶与板顶一平)、"低板位"(梁低与板底一平)以及"中板位"(板在梁的中部)三种不同位置组合的筏形基础。

梁板式筏形基础包括基础梁和基础底板。其中,基础梁配筋在"梁平法识图与钢筋算量"项目中进行学习,梁板式筏形基础基础底板的平面注写方式分为集中标注和原位标注两种。

(2)筏形基础底板平面注写方式。

梁板式筏形基础平板 LPB 的平面注写,分板底部及顶部贯通纵筋的集中标注,与板底附加非贯通纵筋的原位标注,如图 6-37 所示。当仅设贯通纵筋,而未设置附加非贯通纵筋时,则仅集中标注。

①集中标注。

梁板式筏形基础平板 LPB 集中标注,应在所表达的板区双向均为第一跨(x 与 y 双向首跨)的板上引出(图面从左至右为 x 向,从下至上为 y 向)。

板区划分条件如下:板厚相同、基础平板底部与顶部贯通纵筋配置相同的区域为同一板区。

集中标注的内容规定如下。

a. 注写基础平板的编号。

b. 注写基础平板的截面尺寸。注写 $h=\times\times\times$ 表示板厚。

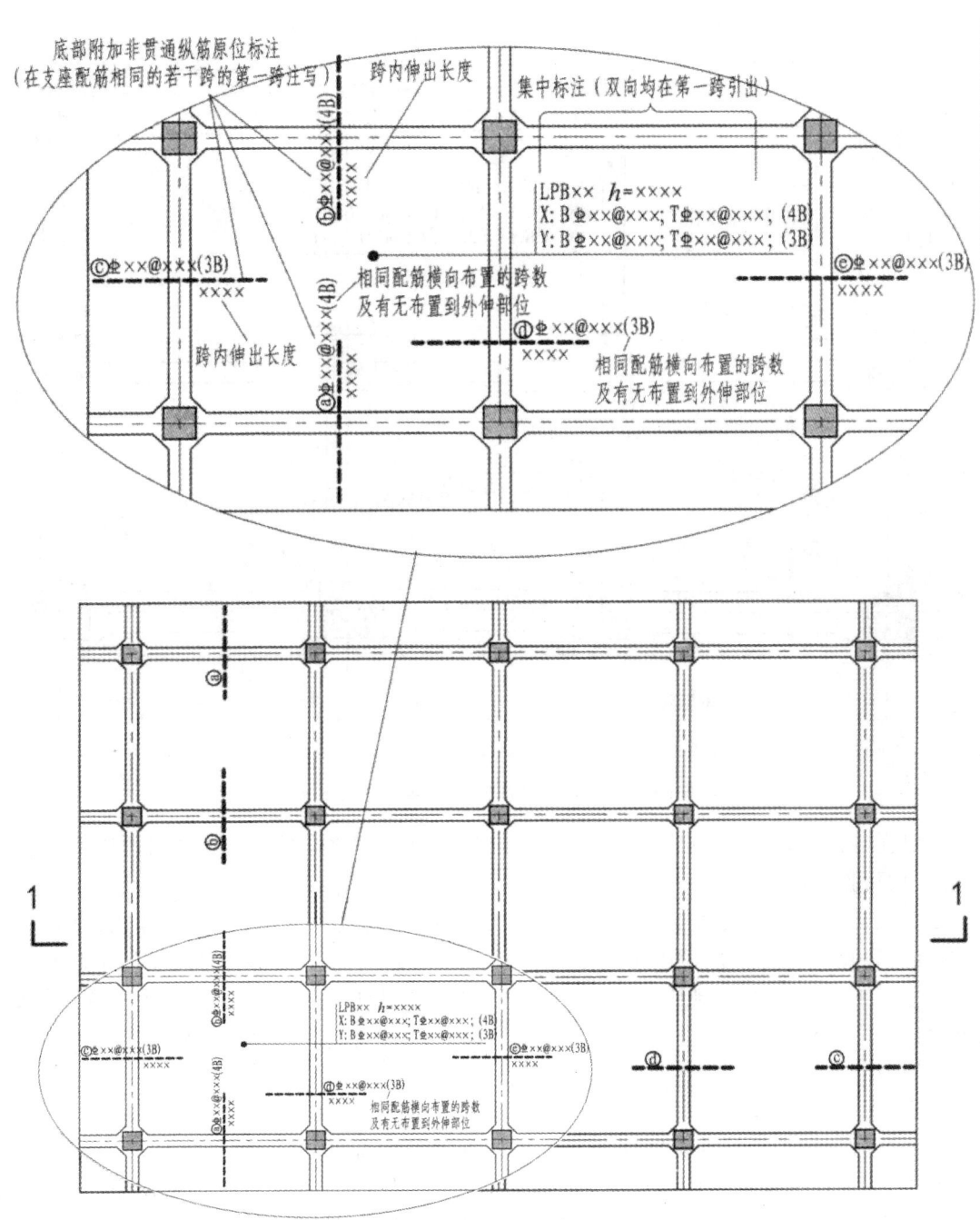

图 6-36　筏形基础平法施工示意图

　　c.注写基础平板的底部与顶部贯通纵筋及其跨数与外伸情况。先注写 x 向底部（B 打头）贯通纵筋与顶部（T 打头）贯通纵筋及纵向长度范围；再注写 y 向底部（B 打头）贯通纵筋与顶部（T 打头）贯通纵筋及其跨数与外伸情况（图面从左至右为 x 向，从下至上为 y 向）。

　　贯通纵筋的跨数及外伸情况注写括号中，注写方式为"跨数及有无外伸"，表达形式为（××）（无外伸）、（××A）（一端有外伸）或（××B）（两端有外伸）。

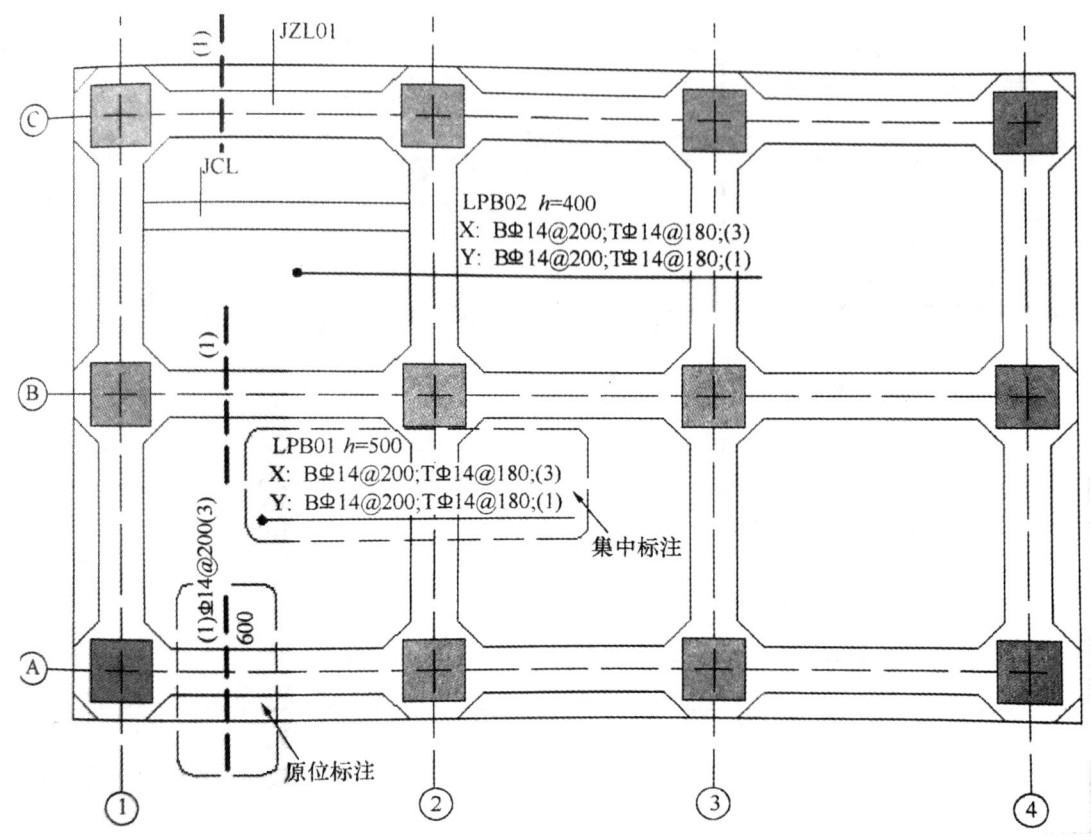

图 6-37 梁板式筏形基础平板平面注写示意图

需要注意的是，基础平板的跨数以构成柱网的主轴线为准；两主轴线之间无论有几道辅助轴线，均可按一跨考虑。

当贯通筋采用两种规格钢筋"隔一布一"方式时，表达为 $\phi xx/yy@\times\times\times$，表示直径为 xx 的钢筋和直径为 yy 的钢筋的间距为 $\times\times\times$，直径为 xx 的钢筋、直径为 yy 的钢筋间距分别为 $\times\times\times$ 的 2 倍。例如，$\phi10/12@100$ 表示贯通纵筋为 $\phi10$、$\phi12$ 隔一布一，相邻 $\phi10$ 与 $\phi12$ 之间距离为 100 mm。

②原位标注。

a.原位注写位置及内容。

筏形基础平板原位标注横跨在基础梁底的板底部附加非贯通纵筋，应在配置相同跨的第一跨表达（当在基础梁悬挑部位单独配置时，在原位表达）。在配置相同跨的第一跨（或基础梁外伸部位），垂直于基础梁绘制一段中粗虚线（当该筋通长设置在外伸部位或短跨板下部时，应画至对边或贯通短跨），在虚线上注写编号（如①、②等）、配筋值、横向布置的跨数及是否布置到外伸部位。（×× ）为横向布置的跨数，（××A）为横向布置的跨数及一端基础梁的外伸部位，（××B）为横向布置的跨数及两端基础梁外伸部位。

板底部附加非贯通纵筋自支座边线向两边跨内的伸出长度值注写在线段的下方位置。当该筋向两侧对称伸出时，可仅在一侧标注，另一侧不注；当布置在边梁下时，向基础平板外伸部位一侧的伸出长度与方式按标准构造，设计不注。底部附加非贯通筋相同者，可仅注写一处，其他只注写编号。

横向连续布置的跨数及是否布置到外伸部位,不受集中标注贯通纵筋的板区限制。

b.注写修正内容。

当集中标注的某些内容不适用于梁板式筏形基础平板某板区的某一板跨时,应由设计者在该板跨内注明,施工时应按注明内容取用。

c.当若干基础梁下基础平板的底部附加非贯通纵筋配置相同时(其底部、顶部的贯通纵筋可以不同),可仅在一根基础梁下做原位注写,并在其他梁上注明"该梁下基础平板底部附加非贯通纵筋同××基础梁"。

③其他内容。

a.当在基础平板周边沿侧面设置纵向钢筋时,应在图注中注明。

b.应注明基础平板外伸部位的封边方式,当采用 U 形钢筋封边时应注明其种类、直径及间距。

c.当基础平板厚度大于 2 m 时,应注明设置在基础平板中部的水平构造钢筋网。

例 6-4:识读图 6-37。

(1)集中标注。

"LPB01 $h=500$"表示梁板式筏形基础平板,编号 01,板厚 500 mm。

"X:BΦ14@200;TΦ14@180;(3)"表示基础底板 x 向底部配置为二级钢筋且直径为 14 mm、间距为 200 mm 的贯通纵筋,顶部配置为二级钢筋且直径为 14 mm、间距为 180 mm 的贯通纵筋,共 3 跨,两端无外伸;"Y:BΦ14@200;TΦ14@180;(1)"表示基础底板 y 向底部配置为二级钢筋且直径为 14 mm、间距为 200 mm 的贯通纵筋,顶部配置为二级钢筋且直径为 14 mm、间距为 180 mm 的贯通纵筋,共 1 跨,两端无外伸。

(2)原位标注。

1 号基础梁底的板底附加非贯通纵筋,为二级钢筋,直径为 14 mm,间距为 200 mm,横跨 3 跨,自基础梁中心线向跨内的延伸长度为 600 mm。

4.平板式筏形基础平法识图

直接由基础平板组成的平板式筏形基础,平法标注方法同梁板式筏形基础平板(只是板编号不同),此处主要讲解由柱下板带与跨中板带组成的平板式筏形基础。

柱下板带 ZXB(视其为无箍筋的宽扁梁)与跨中板带 KZB 的平面注写,分集中标注与原位标注两部分内容,如图 6-38 所示。

(1)集中标注。

柱下板带与跨中板带的集中标注,应在第一跨(x 向为左端跨,y 向为下端跨)引出。

①注写编号。

②注写截面尺寸,注写 $b=××××$ 表示板带宽度(在图注中注明基础平板厚度)。确定柱下板带宽度应根据规范要求与结构实际受力需要。当柱下板带宽度确定后,跨中板带宽度亦随之确定(即相邻两平行柱下板带之间的距离)。当柱下板带中心线偏离柱中心线时,应在平面图上标注其定位尺寸。

③注写底部与顶部贯通纵筋。注写底部贯通纵筋(B 打头)与顶部贯通纵筋(T 打头)的规格与间距,用分号";"将其分隔开。柱下板带的柱下区域,通常在其底部贯通纵筋的间隔内插空设有(原位注写的)底部附加非贯通纵筋。

例 6-5:BΦ22@300;TΦ25@150 表示板带底部配置Φ22、间距为 300 mm 的贯通纵筋,板带顶部配置Φ25、间距为 150 mm 的贯通纵筋。

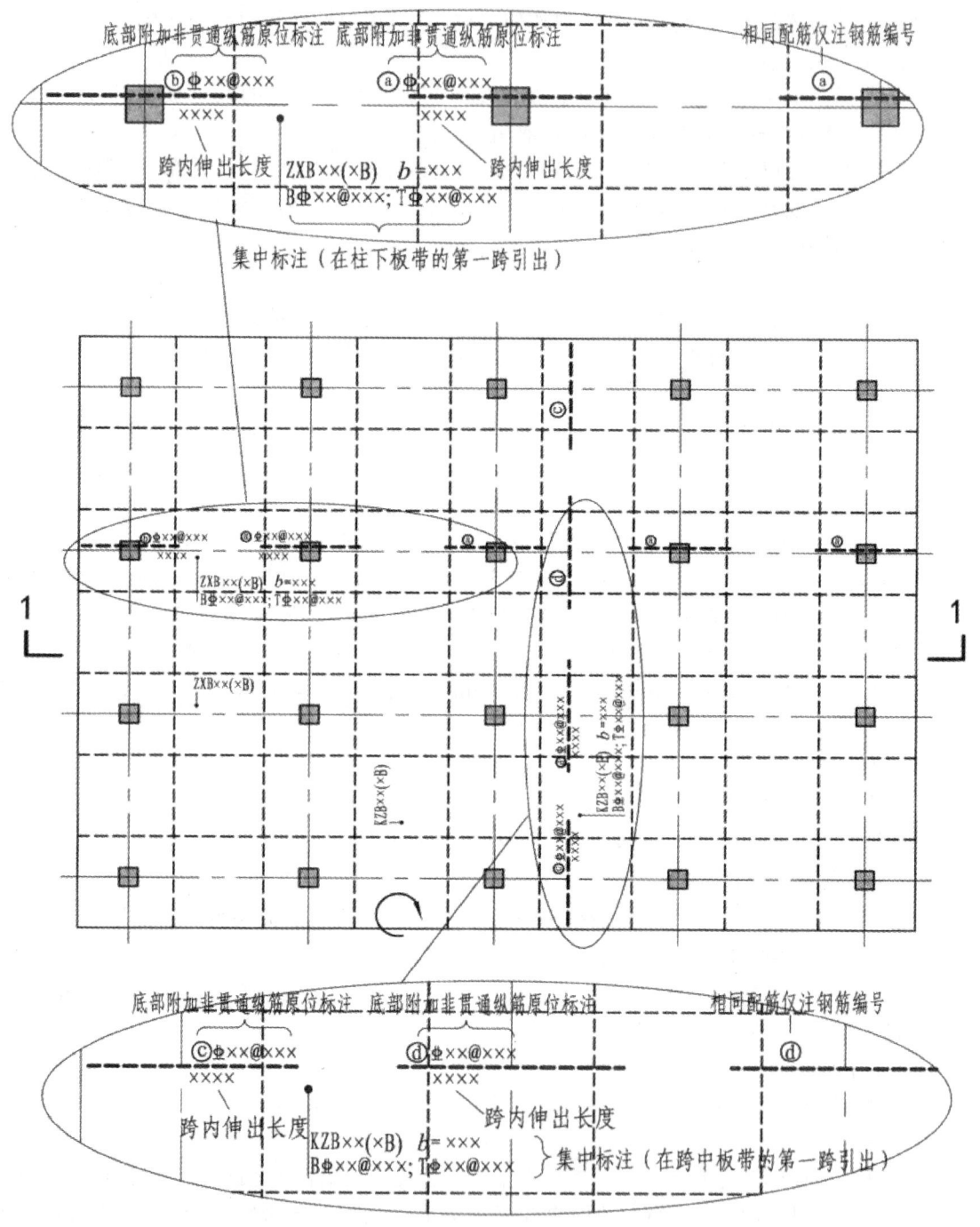

图 6-38   柱下板带 ZXB 与跨中板带 KZB 标注图示

　　需要注意的是,板带的配筋中,底部和顶部贯通纵筋是指沿板长向的钢筋,且只有沿长向的配筋,沿短向没有配筋。板带的钢筋网实际上由两个方向的板带的钢筋相互交叉形成。

　　当柱下板带的底部贯通纵筋配置从某跨开始改变时,两种不同配置的底部贯通纵筋应在两毗邻跨中配置较小跨的跨中连接区域连接(即配置较大跨的底部贯通纵筋需越过其跨数终点或起点伸至毗邻的跨中连接区域)。

　　平板式筏形基础柱下板带和跨中板带示意图如图 6-39 所示。

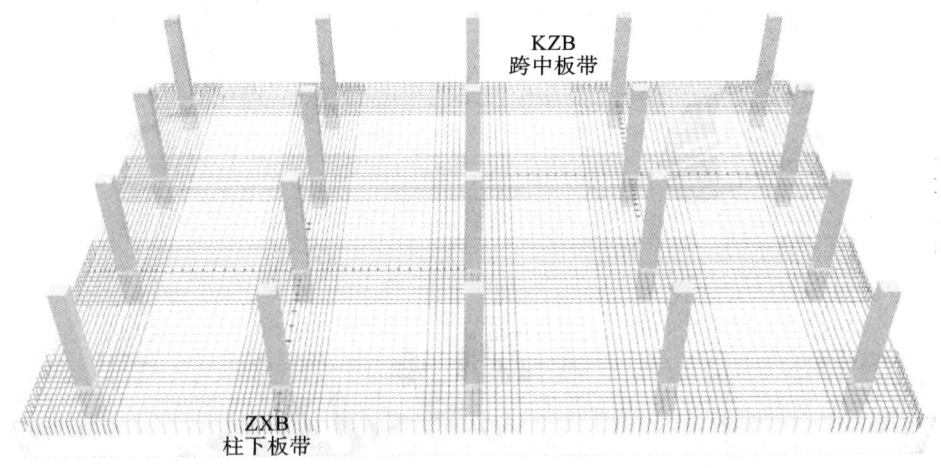

图 6-39　平板式筏形基础柱下板带和跨中板带示意图

（2）原位标注。

在配置相同的若干跨的第一跨,垂直于柱中线绘制一段粗线代表底部附加非贯通纵筋。

当柱中心线下的底部附加非贯通纵筋(与柱中心线正交)沿柱中心线连续若干跨配置相同时,在该连续跨的第一跨下原位注写,且将同规格配筋连续布置的跨数注在括号内;当有些跨配置不同时,应分别原位注写。外伸部位的底部附加非贯通纵筋应单独注写(当与跨内某筋相同时,仅注写钢筋编号)。

当底部附加非贯通纵筋横向布置在跨内有两种不同间距的底部贯通纵筋区域时,其间距应分别对应为两种,其注写形式应与贯通纵筋保持一致,即先注写跨内两端的第一种间距,并在前面加注纵筋根数;再注写跨中部的第二种间距(不需要加注根数);两者用"/"分隔。

6.4.2　筏形基础构件钢筋节点构造

6.4.2.1　筏形基础构件钢筋节点构造学习引导

1. 学习任务描述

按照《混凝土结构施工图平面整体表示方法制图规则和构造详图(独立基础、条形基础、筏形基础、桩基础)》(22G101-3)中有关筏形基础结构施工图部分知识,完成框架结构筏形基础钢筋节点构造的梳理,绘制某学校图书综合楼 LPB 的各种节点构造图。

2. 学习目标

（1）能按照图集对筏形基础构件节点进行归类总结。

（2）能描述筏形基础平板钢筋构造要点。

（3）能够用 CAD 绘制筏形基础钢筋构造图。

3. 任务书

手绘(或用 CAD 软件绘制)完成某学校图书综合楼 LPB 筏形基础底部与顶部 x 向或 y 向受力钢筋节点构造图。

4. 任务分组

筏形基础构件钢筋节点构造学生任务分配表如表 6-68 所示。

表 6-68　筏形基础构件钢筋节点构造学生任务分配表

班级		组号		指导老师	
小组	姓名	学号	任务		
组长					
组员					
备注					

5.任务准备

收集《混凝土结构施工图平面整体表示方法制图规则和构造详图（独立基础、条形基础、筏形基础、桩基础）》(22G101-3)中有关筏形基础节点构造知识，完成筏形基础节点构造知识体系表（见表 6-69）。

表 6-69　筏形基础节点构造知识体系表

基础平板 LPB 钢筋构造情况		22G101-3 页码
一般构造	无外伸	
	等截面外伸	
	变截面外伸（板底一平）	
中间变截面	板底有高差	
封边构造	板边缘侧面封边构造	

6.任务实施

(1)筏形基础平板一般构造。

引导问题 1：端部等截面外伸。

学习筏形基础平板端部等截面外伸构造，完成表 6-70。

表 6-70　筏形基础平板端部等截面外伸构造

序号	图集(2-33)	节点构造
1	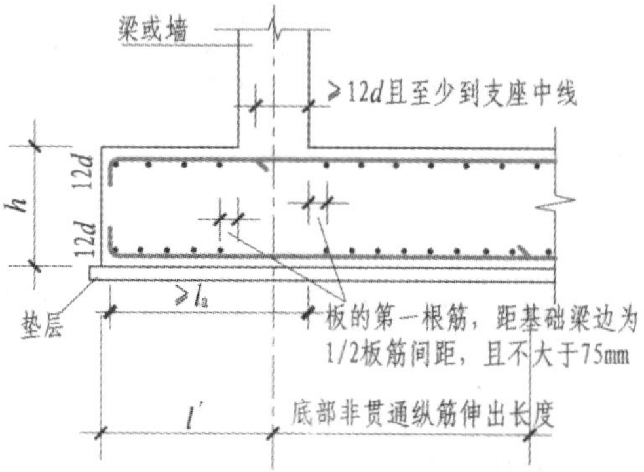	1.顶部贯通筋伸至基础梁外伸端部弯折 _____ ； 2.顶部非贯通筋伸入梁或墙 _____ ； 3.底部纵筋节点构造，当从梁或墙内边算起的外伸长度满足 _____ 要求时，伸至端部弯折 _____ ； 4.梁或墙内不布置筏板纵筋，筏板基础内的第一根筋，起步距离是 _____

引导问题2:端部变截面外伸。

学习筏形基础平板端部变截面外伸构造,完成表6-71。

表6-71　筏形基础平板端部变截面外伸

序号	图集(2-33)	节点构造
2	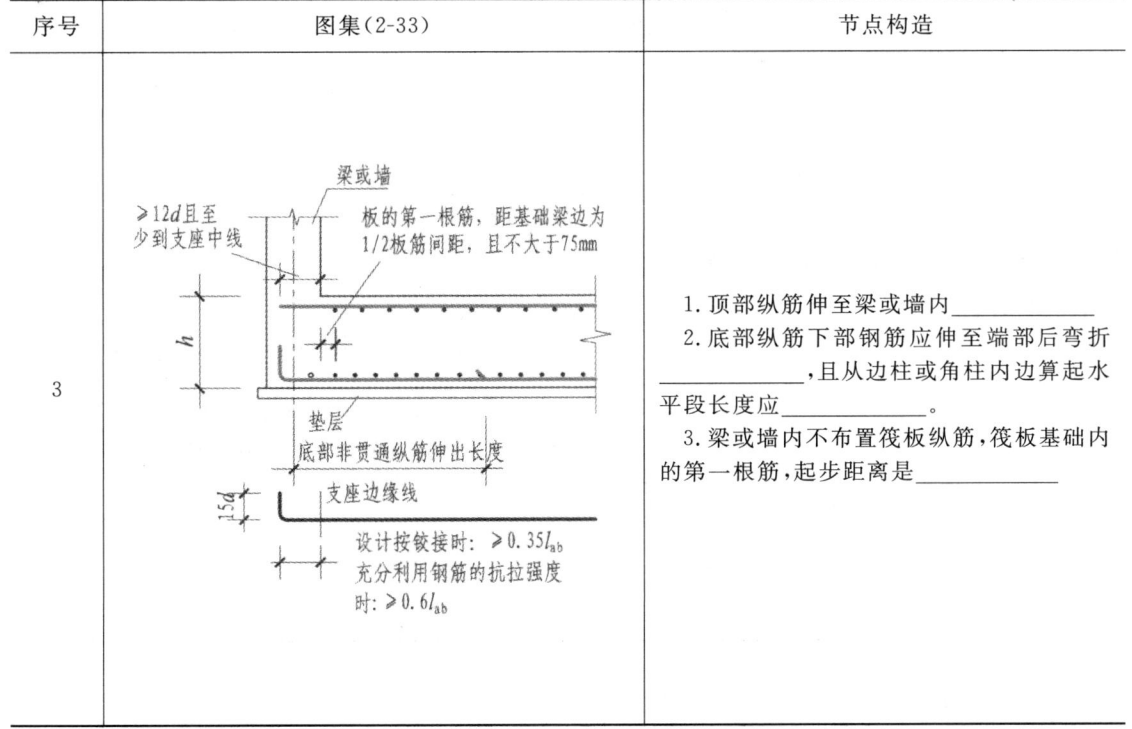	1.顶部纵筋外伸端伸至尽端弯折_____,伸入梁或墙内_____;板内顶部纵筋伸至梁或墙内_____; 2.底部纵筋节点构造,当从梁或墙内边算起的外伸长度满足直锚 l_a 要求时,伸至尽端弯折_____; 3.底部非贯通纵筋节点构造,_____; 4.梁或墙内不布置筏板纵筋,筏板基础内的第一根筋,起步距离是_____

引导问题3:端部无外伸构造。

学习筏形基础平板端部无外伸构造,完成表6-72。

表6-72　筏形基础平板端部无外伸构造

序号	图集(2-33)	节点构造
3		1.顶部纵筋伸至梁或墙内_____ 2.底部纵筋下部钢筋应伸至端部后弯折_____,且从边柱或角柱内边算起水平段长度应_____。 3.梁或墙内不布置筏板纵筋,筏板基础内的第一根筋,起步距离是_____

（2）筏形基础平板中间变截面构造。

学习筏形基础平板中间变截面构造，完成表 6-73。

表 6-73　筏形基础平板中间变截面构造

序号	图集(2-33)	节点构造
1	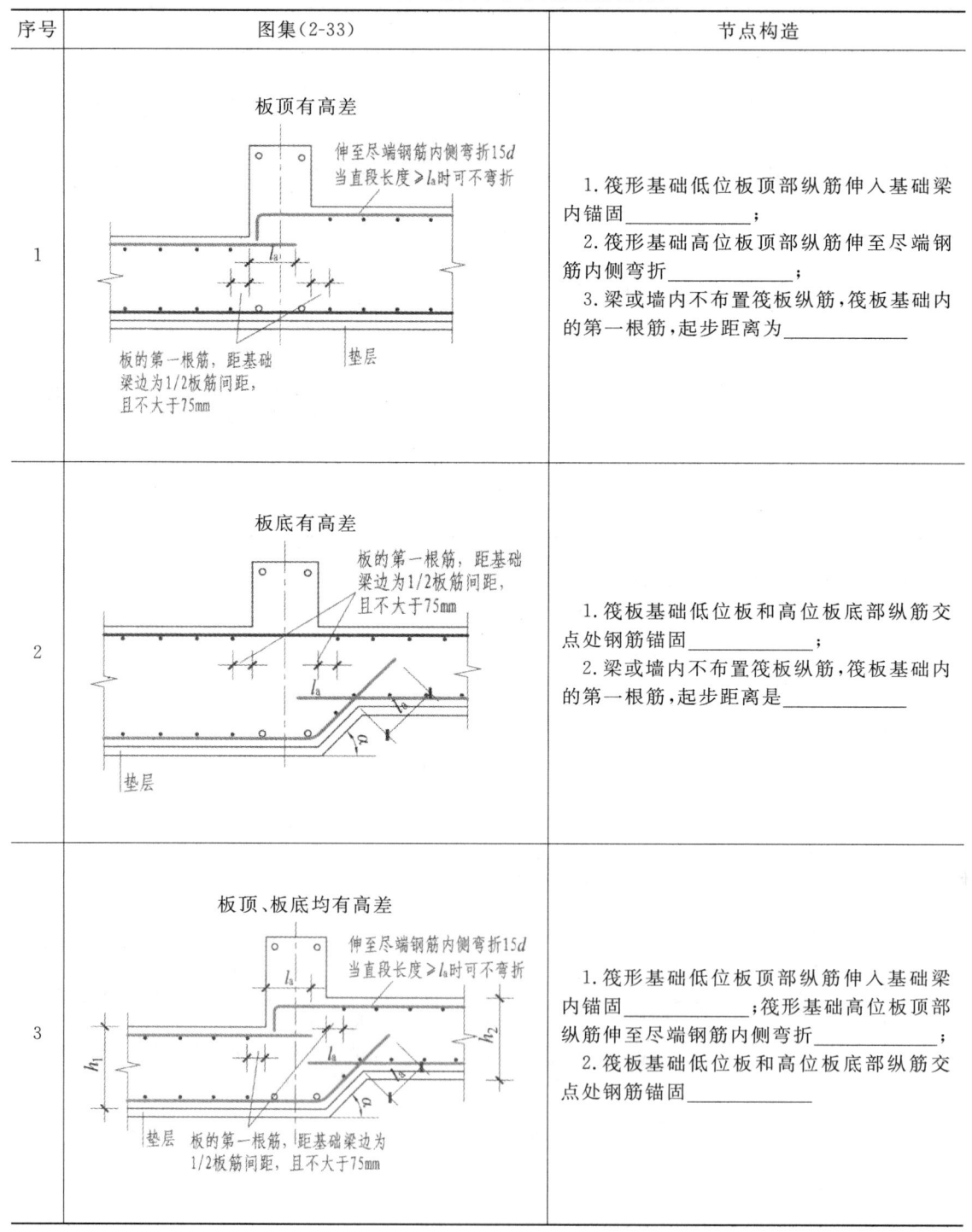	1. 筏形基础低位板顶部纵筋伸入基础梁内锚固_____； 2. 筏形基础高位板顶部纵筋伸至尽端钢筋内侧弯折_____； 3. 梁或墙内不布置筏板纵筋，筏板基础内的第一根筋，起步距离为_____
2		1. 筏板基础低位板和高位板底部纵筋交点处钢筋锚固_____； 2. 梁或墙内不布置筏板纵筋，筏板基础内的第一根筋，起步距离是_____
3		1. 筏形基础低位板顶部纵筋伸入基础梁内锚固_____；筏形基础高位板顶部纵筋伸至尽端钢筋内侧弯折_____； 2. 筏板基础低位板和高位板底部纵筋交点处钢筋锚固_____

（3）筏形基础平板板边缘侧面封边构造。

学习筏形基础平板板边缘侧面封边构造，完成表 6-74。

表 6-74　筏形基础平板板边缘侧面封边构造

序号	图集(2-37)	节点构造
1	**U 形筋构造封边方式** ≥15d、≥200 12d U形构造封边筋 设计指定 12d ≥15d、≥200 侧面构造纵筋 设计指定	1._____线条的钢筋为筏形基础受力钢筋，_____线条的钢筋为 U 形构造封边筋； 2.U 形构造封边筋数量为____个，每个横向边长度为_____； 3.U 形构造封边筋竖向长度为_____
2	**纵筋弯钩交错封边方式** 底部与顶部纵筋 弯钩交错150mm 底部与顶部纵筋弯钩交错150mm后应有一根侧面构造纵筋与两交错弯钩绑扎 侧面构造纵筋 设计指定	1._____钢筋为筏形基础底部受力钢筋；_____钢筋为筏形基础顶部受力钢筋。 2.底部与顶部纵筋弯钩交错_____。 3.底部与顶部纵筋弯钩交错 150 mm 后应有一根侧面构造纵筋与两交错弯钩绑扎

7.任务成果

手绘(或用 CAD 软件绘制)完成某学校图书综合楼 LPB 筏形基础平板钢筋节点构造图,完成表 6-75。

表 6-75　某学校图书综合楼 LPB 筏形基础平板钢筋节点构造

序号	筏形基础位置	筏形基础构件钢筋名称	节点构造
1	底部		
2	顶部		
3	封边构造		

8. 评价反馈

学生进行自评,评价自己是否能完成筏形基础节点构造的梳理与学习、是否能完成LPB节点的绘制、能否按时完成报告内容等成果资料、有无任务遗漏。老师对学生的评价内容,可对接江苏省"建筑工程识图"技能大赛和"1+X"建筑工程识图职业技能等级证书、关于筏形基础节点构造评分标准和规范成果,主要包括报告书是否工整规范、报告内容数据是否真实合理、阐述是否详细、认识体会是否深刻、绘制图纸是否规范。

(1)学生进行自我评价,将结果填入表6-76中。

表6-76 筏形基础构件钢筋节点构造学生自评表

班级:		姓名:	学号:	日期:	
学习情境		筏形基础构件钢筋节点构造			
评价项目		评价标准		分值	得分
信息检索		能有效利用图纸、图集22G101-3查找有效信息;能将找到的信息有效转换到钢筋计量过程中		15	
筏形基础构件平法节点知识体系		能在图集22G101-3中有效定位筏形基础钢筋构造页码、定位图集内容		25	
筏形基础受力钢筋节点构造		能正确识读,准确理解节点构造、图集内容及三维模型绘制		25	
工作态度		态度端正,无无故缺勤、迟到、早退现象		10	
工作质量		能按计划完成工作任务		10	
协调能力		与小组成员、同学之间能合作交流、协调工作		5	
职业素质		全面细致,一丝不苟,树立职业从业意识		10	

(2)学生以小组为单位,对工作过程和工作结果进行互评,将互评结果填入表6-77中。

表6-77 筏形基础构件钢筋节点构造学生互评表

学习情境		筏形基础构件钢筋节点构造												
评价项目	分值	等级							评价对象(组别)					
									1	2	3	4	5	6
计划合理	8	优	8	良	7	中	6	差	4					
方案合理	8	优	8	良	7	中	6	差	4					
团队合作	8	优	8	良	7	中	6	差	4					
组织有序	8	优	8	良	7	中	6	差	4					
工作质量	8	优	8	良	7	中	6	差	4					
工作效率	8	优	8	良	7	中	6	差	4					
工作完整	10	优	10	良	8	中	6	差	4					
工作规范	16	优	16	良	12	中	8	差	4					
识读报告	16	优	16	良	12	中	8	差	4					
拓展成果	10	优	10	良	8	中	6	差	4					
合计	100													

（3）教师对学生的工作过程与工作结果进行评价，并将评价结果填入表 6-78 中。

表 6-78　筏形基础构件钢筋节点构造教师综合评价表

班级：		姓名：	学号：		
学习情境		筏形基础构件钢筋节点构造			
评价项目		评价标准		分值	得分
考勤（10%）		无无故迟到、早退、旷课现象		10	
工作过程（60%）	筏形基础构件平法节点知识体系	能在图集 22G101-3 中有效定位筏形基础钢筋构造页码、定位图集内容		5	
	筏形基础受力钢筋节点构造	能正确识读，准确理解节点构造、图集内容及三维模型绘制		40	
	工作态度	态度端正，工作认真、主动		5	
	协调能力	与小组成员、同学之间能合作交流、协调工作		5	
	职业素质	全面细致，一丝不苟，树立职业从业意识		5	
项目成果（30%）	工作完整	能按时完成任务		5	
	工作规范	能按规范要求识读		5	
	汇总报告	能正确总结图集节点构造分析，完成汇总报告		5	
	拓展成果	能准确完成基础梁节点构造预习		15	
合计				100	
综合评价	自评（20%）	小组互评（30%）	教师评价（50%）	综合得分	

9.拓展思考题

（1）基础梁与筏形基础平板配筋节点构造要点有哪些？

（2）筏形基础中基础梁配筋节点构造包括哪些内容？

6.4.2.2　混凝土结构筏形基础钢筋构造

混凝土结构筏形基础钢筋构造主要有梁板式筏形基础钢筋构造、平板式筏形基础钢筋构造。结合某学校图书综合楼图纸，本工程阀形基础为梁板式筏形基础平板，这里主要介绍LPB 底部贯通纵筋、顶部贯通纵筋、底部非贯通纵筋等，节点构造体系见表 6-79。

表 6-79　筏形基础节点构造体系表

基础平板 LPB 钢筋构造情况		22G101-3 页码
一般构造	无外伸	2-33
	等截面外伸	2-33
	变截面外伸（板底一平）	2-33
中间变截面	板底有高差	2-33
封边构造	板边缘侧面封边构造	2-37

1. 梁板式筏形基础纵筋一般构造

(1)端部等截面外伸构造(见图6-40)。

构造要点如下。

筏形基础 底部贯通筋　　筏形基础 顶部贯通筋　　筏形基础 底部非贯通筋

①顶部贯通筋伸至基础梁外伸端部后弯折12d。

②顶部非贯通筋伸入梁或墙≥12d且至少到支座中线。

③底部纵筋节点构造,当从梁或墙内边算起的外伸长度满足直锚l_a要求时,伸至端部弯折12d;当从梁或墙内边算起的外伸长度满足不直锚l_a要求时,基础平板下部钢筋应伸至端部后弯折15d,且从边柱或角柱内边算起水平段长度应大于或等于$0.6l_{ab}$。

④梁或墙内不布置筏板纵筋,筏板基础内的第一根筋,距基础梁边为1/2板筋间距,且不大于75 mm。

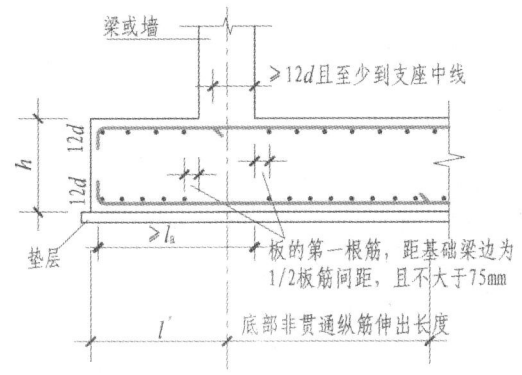

图6-40 梁板式筏形基础端部等截面外伸构造

(2)端部变截面外伸构造(见图6-41)。

构造要点如下。

①顶部纵筋外伸端伸至尽端弯折12d,伸入梁或墙内 max(12d,支座中线);板内顶部纵筋伸至梁或墙内 max(12d,支座中线)。

②底部纵筋节点构造,当从梁或墙内边算起的外伸长度满足直锚l_a要求时,伸至尽端弯折12d。

③底部非贯通纵筋节点构造,基础梁端部伸至底部纵筋内侧弯折12d。

④梁或墙内不布置筏板纵筋,筏板基础内的第一根筋,距基础梁边为1/2板筋间距,且不大于75 mm。

(3)端部无外伸构造(见图6-42)。

构造要点如下。

①顶部纵筋伸至梁或墙内 max(12d,支座中线)。

②底部纵筋下部钢筋应伸至端部后弯折15d,且从边柱或角柱内边算起水平段长度应大于或等于$0.6l_{ab}$。

③梁或墙内不布置筏板纵筋,筏板基础内的第一根筋,距基础梁边为1/2板筋间距,且不大于75 mm。

2. 梁板式筏形基础中间变截面钢筋构造

(1)板顶有高差(见图6-43)。

①筏形基础低位板顶部纵筋伸入基础梁内锚固l_a。

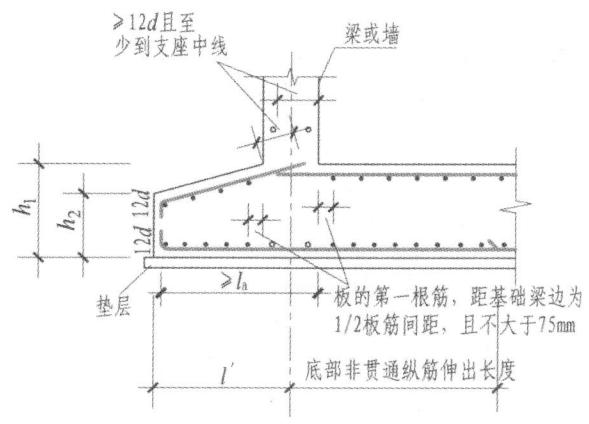

图 6-41　梁板式筏形基础端部变截面外伸构造

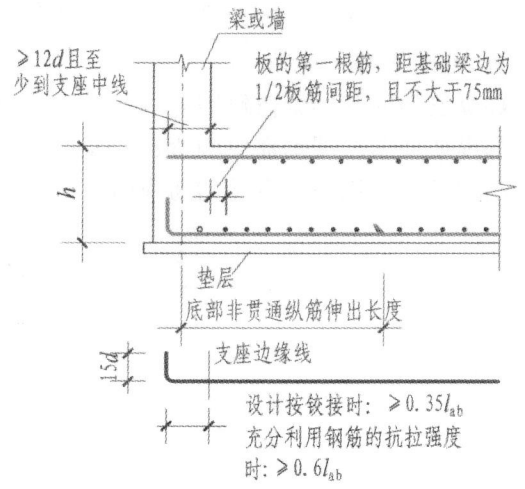

图 6-42　梁板式筏形基础端部无外伸构造

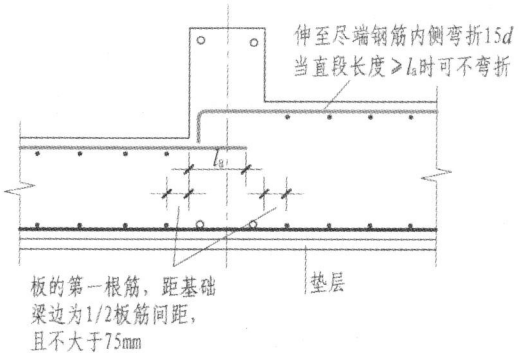

图 6-43　梁板式筏形基础中间变截面钢筋构造(板顶有高差)

②筏形基础高位板顶部纵筋伸至尽端钢筋内侧弯折 $15d$。

③梁或墙内不布置筏板纵筋,筏板基础内的第一根筋,距基础梁边为 1/2 板筋间距,且不大于 75 mm。

（2）板底有高差（见图 6-44）。

①筏板基础低位板和高位板底部纵筋在交点处钢筋锚固 l_a。

②梁或墙内不布置筏板纵筋，筏板基础内的第一根筋，距基础梁边为 1/2 板筋间距，且不大于 75 mm。

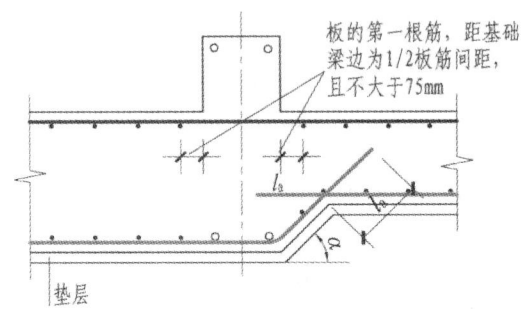

图 6-44　梁板式筏形基础中间变截面钢筋构造（板底有高差）

（3）板顶、板底均有高差（见图 6-45）。

①筏形基础低位板顶部纵筋伸入基础梁内锚固 l_a。

②筏形基础高位板顶部纵筋伸至尽端钢筋内侧弯折 15d。

③筏板基础低位板和高位板底部纵筋交点处钢筋锚固 l_a。

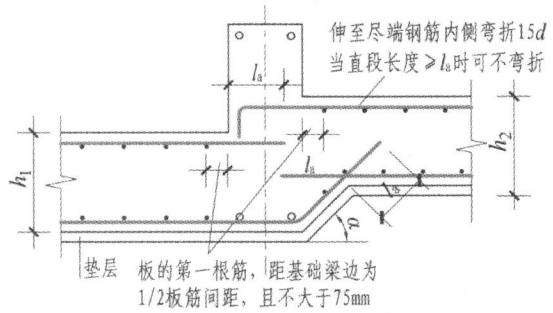

图 6-45　梁板式筏形基础中间变截面钢筋构造（板顶、板底均有高差）

3. 板边缘侧面封边构造

筏板边缘侧面封边方式有 U 形筋构造封边方式、纵筋弯钩交错封边方式两种，具体如图 6-46 所示。

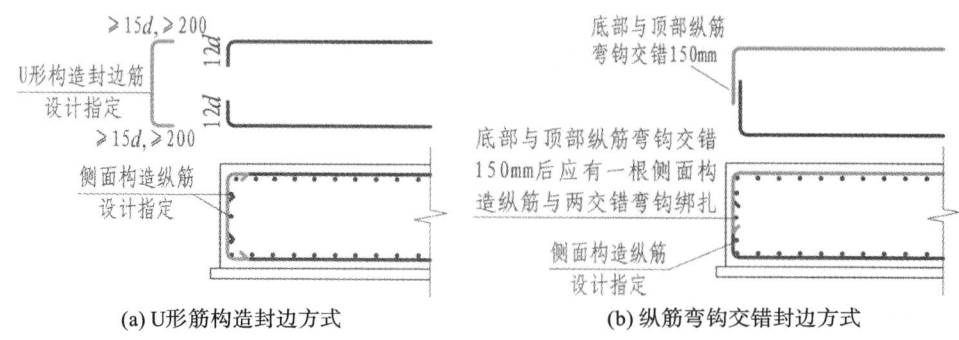

(a) U形筋构造封边方式　　　　　(b) 纵筋弯钩交错封边方式

图 6-46　板边缘侧面封边构造

（1）U形筋构造封边方式：黑色线条的钢筋为筏形基础受力钢筋，灰色线条的钢筋为U形构造封边筋；U形构造封边筋弯折长度为 $\max(15d,200)$，竖向长度为筏板基础厚度，扣除2个保护层厚度。

（2）纵筋弯钩交错封边方式：黑色钢筋为筏形基础底部受力钢筋，灰色钢筋为筏形基础顶部受力钢筋；底部与顶部纵筋弯钩交错150 mm，交错后应有一根侧面构造纵筋与两交错弯钩绑扎。

6.4.3　筏形基础构件钢筋算量

6.4.3.1　筏形基础构件钢筋算量学习引导

1.学习任务描述

按照《混凝土结构施工图平面整体表示方法制图规则和构造详图（独立基础、条形基础、筏形基础、桩基础）》（22G101-3）中有关筏形基础构件结构施工图部分知识，识读筏形基础结构图，完成筏形基础钢筋工程量计算。

2.学习目标

（1）能按照图集总结筏形基础板内各钢筋工程量的计算公式。

（2）能结合图纸信息，完成筏形基础板内钢筋工程量的计算。

3.任务书

计算某学校图书综合楼筏形基础的钢筋工程量，并将结果填入计算书中。

4.任务分组

筏形基础构件钢筋算量学生任务分配表如表6-80所示。

表6-80　筏形基础构件钢筋算量学生任务分配表

班级		组号		指导老师	
小组	姓名	学号	任务		
组长					
组员					
备注					

5.任务准备

收集《混凝土结构施工图平面整体表示方法制图规则和构造详图（独立基础、条形基础、筏形基础、桩基础）》（22G101-3）中有关筏形基础构件的钢筋算量基础数据，完成筏形基础构件钢筋算量基础数据表(见表 6-81)。

表 6-81 筏形基础构件钢筋算量基础数据表

学习情境	筏形基础构件钢筋算量		
学习成果名称	钢筋计量基础数据	难易程度	易
参考文献	《混凝土结构施工图平面整体表示方法制图规则和构造详图(独立基础、条形基础、筏形基础、桩基础)》(22G101-3)		
完成时间	___年___月___日		
任务说明	结合某学校图书综合楼结构施工图纸和结构基础知识,分析钢筋计算基础数据		
任务完成明细	筏形基础构件的类型		
	筏形基础的保护层厚度		
	筏形基础的锚固长度		
	筏形基础 x、y 边长		

6. 任务实施

识读某学校综合图书馆基础图,完成图 6-47 所示筏形基础钢筋工程量计算。

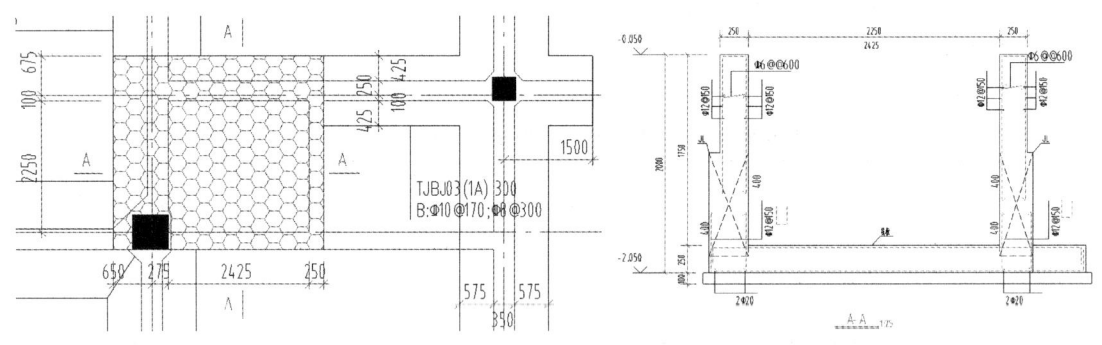

图 6-47 筏形基础施工图

引导问题 1:筏形基础平板 x 向混凝土尺寸为:_____

_____

引导问题 2:筏形基础平板 y 向混凝土尺寸为:_____

_____

引导问题 3:根据 22G101-3 图集中第 2-33 页,筏形基础平板 x 向顶部配筋节点构造要点是:_____

_____

_____

引导问题 4:根据 22G101-3 图集中第 2-33 页,筏形基础平板 x 向底部配筋节点构造要点是:_____

引导问题5：根据22G101-3图集中第2-33页，筏形基础平板 y 向顶部配筋节点构造要点是：_____

_____

引导问题6：根据22G101-3图集中第2-33页，筏形基础平板 y 向底部配筋节点构造要点是：_____

_____

引导问题7：根据22G101-3图集中第2-33页，筏形基础平板钢筋排布的起步距离是：___

_____

引导问题8：根据22G101-3图集中第2-33页，筏形基础平板节点构造_____

_____（是或否）在梁或墙的支座内进行钢筋排布。

7. 任务成果

计算筏形基础钢筋工程量，并填入计算书（见表6-82）。

表 6-82　筏形基础钢筋工程量计算书

构件名称	钢筋名称		钢筋规格	计算公式	根数	总长
梁式筏形基础平板	底部	x 向				
		y 向				
	顶部	x 向				
		y 向				

8. 评价反馈

学生进行自评，评价自己是否能完成钢筋算量的学习、是否能完成筏形基础构件钢筋工程量计算、是否能按时完成报告内容等成果资料、有无任务遗漏。老师对学生的评价内容，可对接江苏省"建筑工程识图"技能大赛和"1+X"建筑工程识图职业技能等级证书、关于筏形基础构件评分标准和规范成果，主要包括报告书是否工整规范、报告内容数据是否真实合理、阐述是否详细、认识体会是否深刻、绘制图纸是否规范。

（1）学生进行自我评价，将结果填入表6-83中。

表 6-83　筏形基础构件钢筋算量学生自评表

班级：		姓名：	学号：	日期：
学习情境		筏形基础构件钢筋算量		
评价项目		评价标准	分值	得分
信息检索		能有效利用图纸、图集22G101-3查找有效信息；能用自己的语言有条理地去解释、表述所学知识；能将找到的信息有效转换到图纸识读过程中	15	

续表

评价项目	评价标准	分值	得分
筏形基础节点构造	能正确查询图集,根据图纸需求,完成相关节点构造分析	25	
筏形基础公式总结	能基于图纸信息和图集节点构造需求,完成相应公式总结	25	
工作态度	态度端正,无无故缺勤、迟到、早退现象	10	
工作质量	能按计划完成工作任务	10	
协调能力	与小组成员、同学之间能合作交流、协调工作	5	
职业素质	全面细致,一丝不苟,树立职业从业意识	10	

(2)学生以小组为单位,对工作过程与工作结果进行互评,将互评结果填入表 6-84 中。

表 6-84　筏形基础构件钢筋算量学生互评表

学习情境		筏形基础构件钢筋算量												
评价项目	分值	等级							评价对象(组别)					
									1	2	3	4	5	6
计划合理	8	优	8	良	7	中	6	差	4					
方案合理	8	优	8	良	7	中	6	差	4					
团队合作	8	优	8	良	7	中	6	差	4					
组织有序	8	优	8	良	7	中	6	差	4					
工作质量	8	优	8	良	7	中	6	差	4					
工作效率	8	优	8	良	7	中	6	差	4					
工作完整	10	优	10	良	8	中	6	差	4					
工作规范	16	优	16	良	12	中	8	差	4					
计算书	16	优	16	良	12	中	8	差	4					
拓展成果	10	优	10	良	8	中	6	差	4					
合计	100													

(3)教师对学生的工作过程与工作结果进行评价,并将评价结果填入表 6-85 中。

表 6-85　筏形基础构件钢筋算量教师综合评价表

班级:　　　　　　　　姓名:　　　　　　　　学号:

学习情境		筏形基础构件钢筋算量		
评价项目		评价标准	分值	得分
考勤(10%)		无无故迟到、早退、旷课现象	10	
工作过程(60%)	筏形基础构件平法识图知识体系	能在图集 22G101-3 中有效定位筏形基础构件平法制图页码、明晰基本内容	5	
	筏形基础节点构造	能正确查询图集,根据图纸需求,完成相关节点构造分析	20	

续表

评价项目		评价标准	分值	得分
工作过程（60%）	筏形基础公式总结	能基于图纸信息和图集节点构造需求,完成相应公式总结	20	
	工作态度	态度端正,工作认真、主动	5	
	协调能力	与小组成员、同学之间能合作交流、协调工作	5	
	职业素质	全面细致,一丝不苟,树立职业从业意识	5	
项目成果（30%）	工作完整	能按时完成任务	5	
	工作规范	能按规范要求识读	5	
	计算书	能正确识读图纸并按照图集完成钢筋工程量计算书	5	
	拓展成果	能准确完成筏形基础中基础底板配筋的 CAD 绘制	15	
合计			100	

综合评价	自评(20%)	小组互评(30%)	教师评价(50%)	综合得分

9.拓展思考题

筏形基础基础梁构造要点是什么?

6.4.3.2 混凝土结构独立基础钢筋计算

例 6-6:完成项目基础钢筋工程量计算(见图 6-47)。

解析:通过结构设计信息读取,筏形基础混凝土底部最小保护层厚度为 50 mm;室内地坪以下环境类别为三 a,基础混凝土等级为 C35,筏形基础混凝土侧面最小保护层厚度为 30 mm;锚固长度取值 $34d = 34 \times 12$ mm $= 408$ mm。

筏形基础 x 向混凝土尺寸为(650＋275＋2425＋250) mm $= 3600$ mm。

筏形基础 y 向混凝土尺寸为(300＋2250＋100＋675) mm $= 3325$ mm。

受力筋起步距离为 $\min\{75, 150/2\} = 75$ mm。

根据 22G101-3 图集中第 2-33 页,钢筋排布图如图 6-48、图 6-49 所示,钢筋算量过程如下。

(1)以 x 向为例,右端部等截面节点构造,底部与顶部均弯锚 $12d$;左端部无外伸构造,底部向上弯锚 $15d$,顶部 $\max\{12d, 250/2\} = 144$ mm。

①底部配筋。

$$长度 = (3600 - 30 + 12 \times 12 - 30 + 12 \times 12) \text{ mm} = 3828 \text{ mm}$$

$$根数 = \text{ceil}\left[\frac{425 - 30 - \min\left\{75, \frac{150}{2}\right\}}{150} + 1\right] 根 + \text{ceil}\left[\frac{2250 - \min\left\{75, \frac{150}{2}\right\} \times 2}{150} + 1\right] 根$$

$$= 4 \text{ 根} + 15 \text{ 根} = 19 \text{ 根}$$

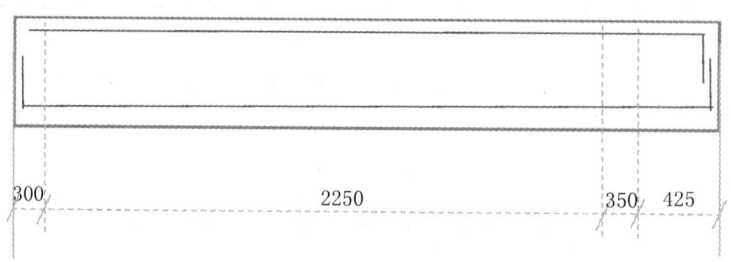

图 6-48　x 向钢筋排布图

②顶部配筋。

$$长度 = (3600-30+12 \times 12+\max\{12 \times 12, 250/2\})\ mm = 3858\ mm$$

$$根数 = \mathrm{ceil}\left[\frac{600-30-\min\left\{75, \dfrac{150}{2}\right\}}{150}+1\right]根 + \mathrm{ceil}\left[\frac{2400-\min\left\{75, \dfrac{150}{2}\right\} \times 2}{150}+1\right]根$$

$$= 5\ 根 + 16\ 根 = 21\ 根$$

（2）以 y 向为例，左端部等截面节点构造，底部与顶部均弯锚 $12d$；右端部无外伸构造，底部向上弯锚 $15d$，顶部 $\max\{12d, 250/2\} = 144\ mm$。

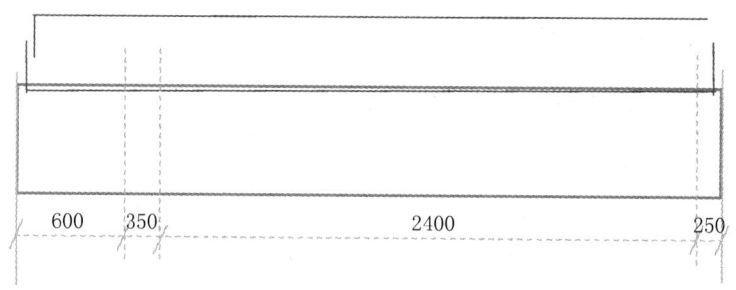

图 6-49　y 向钢筋排布图

①底部配筋。

$$长度 = (3325-30+12 \times 12-30+12 \times 12)\ mm = 3553\ mm$$

$$根数 = \mathrm{ceil}\left[\frac{425-30-\min\left\{75, \dfrac{150}{2}\right\}}{150}+1\right]根 + \mathrm{ceil}\left[\frac{2250-\min\left\{75, \dfrac{150}{2}\right\} \times 2}{150}+1\right]根$$

$$= 4\ 根 + 15\ 根 = 19\ 根$$

②顶部配筋。

$$长度 = (3325-30+12 \times 12+\max\{12 \times 12, 250/2\})\ mm = 3583\ mm$$

$$根数 = \mathrm{ceil}\left[\frac{600-30-\min\left\{75, \dfrac{150}{2}\right\}}{150}+1\right]根 + \mathrm{ceil}\left[\frac{2400-\min\left\{75, \dfrac{150}{2}\right\} \times 2}{150}+1\right]根$$

$$= 5\ 根 + 16\ 根 = 21\ 根$$

6.5 基础梁平法识图与钢筋算量

6.5.1 基础梁构件平法识图

6.5.1.1 基础梁构件平法识图学习引导

1.学习任务描述

按照《混凝土结构施工图平面整体表示方法制图规则和构造详图（独立基础、条形基础、筏形基础、桩基础）》(22G101-3)中有关基础梁构件部分知识，结合某学校图书综合楼图纸，完成某学校图书综合楼基础梁施工图的识读。

基础梁的分类如图 6-50 所示。

2.学习目标

(1)能按照 22G101-3 对基础梁构件进行分类。

(2)能梳理基础梁构件平法识图知识。

(3)能识读基础梁平法结构图。

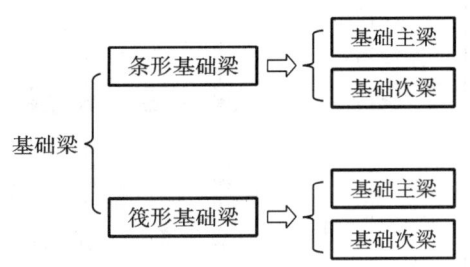

图 6-50　基础梁分类

3.任务书

对某学校图书综合楼基础梁平面布置图（见图 6-51）内的基础梁构件进行平法识读，完成基础梁识读报告。

4.任务分组

基础梁构件平法识图学生任务分配表如表 6-86 所示。

表 6-86　基础梁构件平法识图学生任务分配表

班级		组号		指导老师	
小组	姓名	学号	任务		
组长					
组员					
备注					

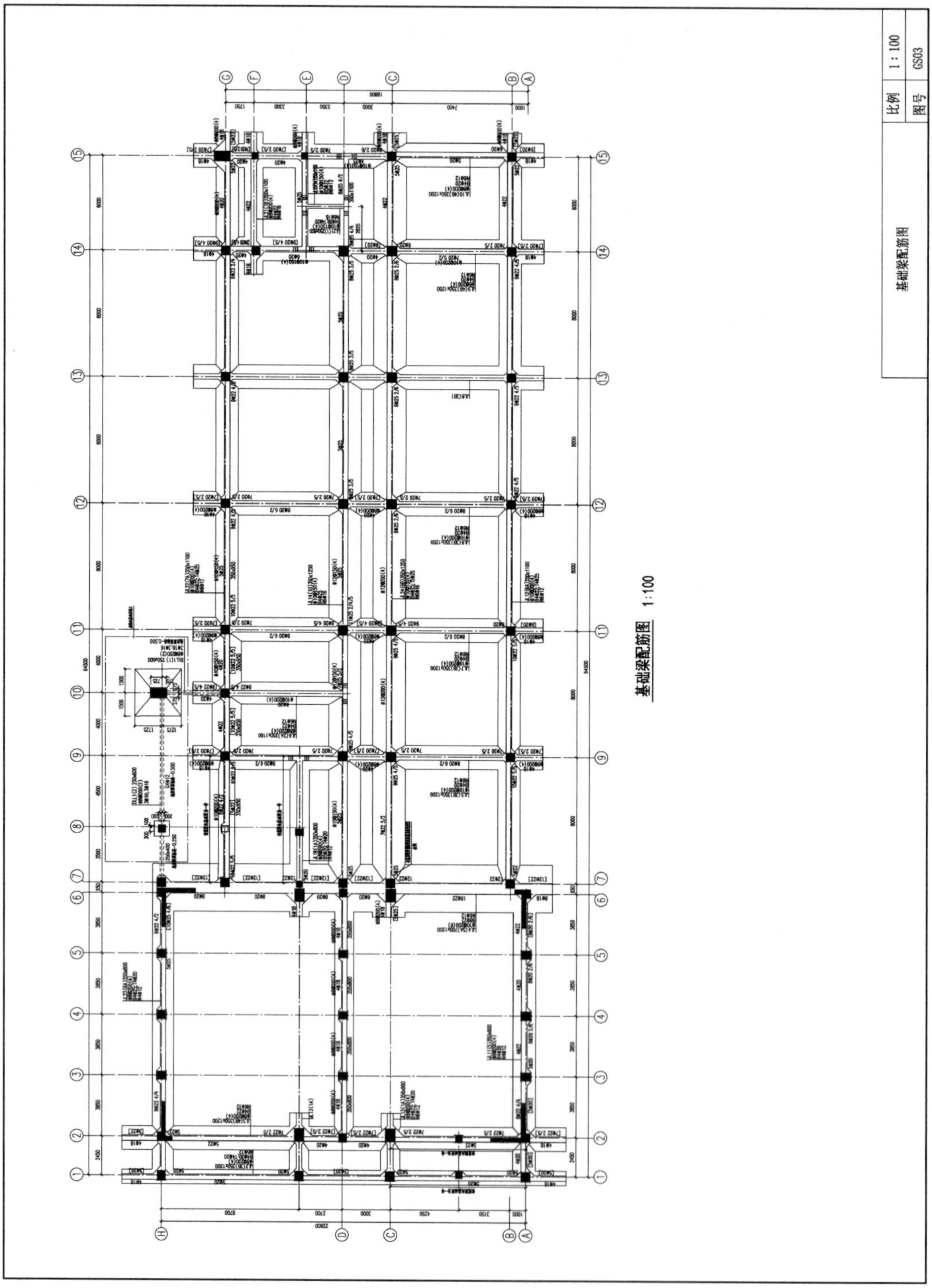

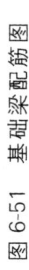

基础梁配筋图 1:100

图 6-51　基础梁配筋图

5.任务准备

(1)阅读工作任务书,小组识读某学校图书综合楼图纸,填写基础梁构件的基础知识表(见表 6-87)。

表 6-87 基础梁构件的基础知识表

学习情境	基础梁构件平法识图		
学习成果名称	基础梁构件基础知识明细	难易程度	易
参考文献	《混凝土结构施工图平面整体表示方法制图规则和构造详图(独立基础、条形基础、筏形基础、桩基础)》(22G101-3)		
完成时间	___年___月___日___之前提交全部识读明细		
任务说明	结合某学校图书综合楼结构施工图纸和结构基础知识,查取基础梁构件环境等级、最小保护层厚度、抗震等级、混凝土强度等级		
任务完成明细	环境等级		
	最小保护层厚度		
	抗震等级		
	混凝土强度等级		

(2)收集《混凝土结构施工图平面整体表示方法制图规则和构造详图(独立基础、条形基础、筏形基础、桩基础)》(22G101-3)中有关基础梁构件平法制图部分知识,完成 22G101-3 基础梁构件平法识图知识体系表(见表 6-88)。

表 6-88 22G101-3 基础梁构件平法识图知识体系表

基础梁构件平法识图知识体系		22G101-3 页码
平法表达方式	平面注写方式	
集中标注	基础梁编号	
	截面尺寸	
	配筋	
	基础梁底面标高高差(选注)	
原位标注	梁支座的底部纵筋	
	基础梁的附加箍筋或(反扣)吊筋	
	基础梁外伸部位的变截面高度尺寸	
	原位注写修正内容	

6.任务实施

(1)基础梁构件类型。

引导问题 1:基础梁构件类型有:_____

_____

(2)基础梁构件识读内容。

引导问题 2:基础梁构件的平法表达方式为:_____

(3)基础梁平面注写方式。

引导问题3：基础梁的集中标注内容为：_____

引导问题4：以某学校图书综合楼基础梁配筋图为例，准确识读 JL15(1A)（见图 6-52）集中标注并填表 6-89。

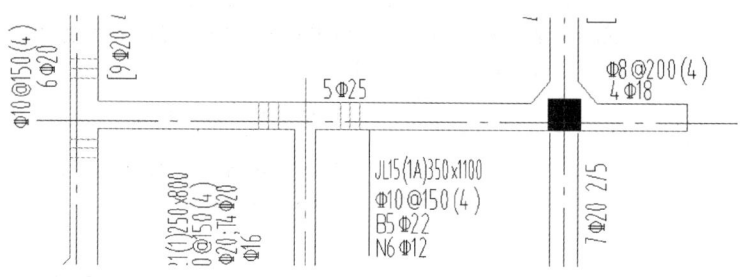

图 6-52　基础梁 JL15(1A)配筋图

表 6-89　基础梁 JL15(1A)配筋图识读（一）

序号	细项	表示方法	识图内容
1	编号		
2	截面尺寸		
3	箍筋		
4	梁通长筋		
5	侧面钢筋		

引导问题5：准确识读 JL15(1A)原位标注填入表 6-90。

表 6-90　基础梁 JL15(1A)配筋图识读（二）

序号	细项	表示方法	识图内容
6	梁支座的底部纵筋		
7	基础梁的附加箍筋或(反扣)吊筋		
8	基础梁外伸部位的变截面高度尺寸		
9	原位注写修正内容		

(4)基础梁案例识读。

引导问题6：完成项目案例基础图中 JL2(3B)集中标注和原位标注识图。

①集中标注：_____

_____

②原位标注：_____

7.评价反馈

学生进行自评,评价自己是否能完成施工图识读的学习、是否能完成基础梁施工图的识读、是否能按时完成报告内容等成果资料、有无任务遗漏。老师对学生的评价内容,可对接江苏省"建筑工程识图"技能大赛和"1+X"建筑工程识图职业技能等级证书、关于基础梁构件评分标准和规范成果,主要包括报告书是否工整规范、报告内容数据是真实合理、阐述是否详细、认识体会是否深刻、绘制图纸是否规范。

(1)学生进行自我评价,将结果填入表 6-91 中。

表 6-91　基础梁构件平法识图学生自评表

班级:		姓名:	学号:		日期:	
学习情境		基础梁构件平法识图				
评价项目		评价标准			分值	得分
信息检索		能有效利用图纸、图集 22G101-3 查找有效信息;能用自己的语言有条理地去解释、表述所学知识;能将找到的信息有效转换到图纸识读过程中			15	
基础梁构件集中标注识读		能正确识读,准确理解字母及数字含义,完成条形基础 CAD 尺寸标注			25	
基础梁构件原位标注识读		能正确识读,准确理解数字含义,完成条形基础 CAD 尺寸标注			25	
工作态度		态度端正,无无故缺勤、迟到、早退现象			10	
工作质量		能按计划完成工作任务			10	
协调能力		与小组成员、同学之间能合作交流、协调工作			5	
职业素质		全面细致,一丝不苟,树立职业从业意识			10	

(2)学生以小组为单位,对工作过程与工作结果进行互评,将互评结果填入表 6-92 中。

表 6-92　基础梁构件平法识图学生互评表

学习情境		基础梁构件平法识图										
评价项目	分值	等级							评价对象(组别)				
									1	2	3	4	5	6
计划合理	8	优	8	良	7	中	6	差	4					
方案合理	8	优	8	良	7	中	6	差	4					
团队合作	8	优	8	良	7	中	6	差	4					
组织有序	8	优	8	良	7	中	6	差	4					
工作质量	8	优	8	良	7	中	6	差	4					
工作效率	8	优	8	良	7	中	6	差	4					
工作完整	10	优	10	良	8	中	6	差	4					
工作规范	16	优	16	良	12	中	8	差	4					
识读报告	16	优	16	良	12	中	8	差	4					
拓展成果	10	优	10	良	8	中	6	差	4					
合计	100													

（3）教师对学生的工作过程与工作结果进行评价，并将评价结果填入表 6-93 中。

表 6-93 基础梁构件平法识图教师综合评价表

班级：		姓名：		学号：	
学习情境		基础梁构件平法识图			
评价项目		评价标准		分值	得分
考勤(10%)		无无故迟到、早退、旷课现象		10	
工作过程(60%)	基础梁构件平法识图知识体系	能在图集 22G101-3 中有效定位基础梁构件平法制图页码、明晰基本内容		5	
	基础梁构件集中标注识读	能正确识读，准确理解字母及数字含义，完成条形基础 CAD 尺寸标注		20	
	基础梁构件原位标注识读	能正确识读，准确理解数字含义，完成条形基础 CAD 尺寸标注		20	
	工作态度	态度端正、工作认真、主动		5	
	协调能力	与小组成员、同学之间能合作交流、协调工作		5	
	职业素质	全面细致，一丝不苟，树立职业从业意识		5	
项目成果(30%)	工作完整	能按时完成任务		5	
	工作规范	能按规范要求识读		5	
	读图报告	能正确识读图纸并按照图纸完成读图报告		5	
	拓展成果	能准确完成基础梁构件截面尺寸标注		15	
合计				100	
综合评价	自评(20%)	小组互评(30%)	教师评价(50%)	综合得分	

8.拓展思考题

（1）基础梁构件和框架梁构件的标注方式有何区别？

（2）基础梁构件和框架梁构件受力有何不同？

6.5.1.2 基础梁构件基础知识

1.基础梁受力及钢筋骨架

（1）受力分析。

基础梁的支座是基础底板，基础底板的支座是地基土或桩基础，基础梁是柱、墙的支座。基础梁承受垂直向上的地基反作用力，基础梁顶部中间位置承受正弯矩而上部受拉，主要配置上部受力筋，且受力区域为 1/2 梁长；基础梁底部位置承受负弯矩而受拉，配置下部支座负筋，且受力区域为 1/3 梁长。

根据框架梁构件与基础梁构件受力分析发现，框架梁构件与基础梁构件的受力正好相反，梁构件识读内容相通，钢筋构造相反，学习原理相通。

基础梁受力分析图如图 6-53 所示。

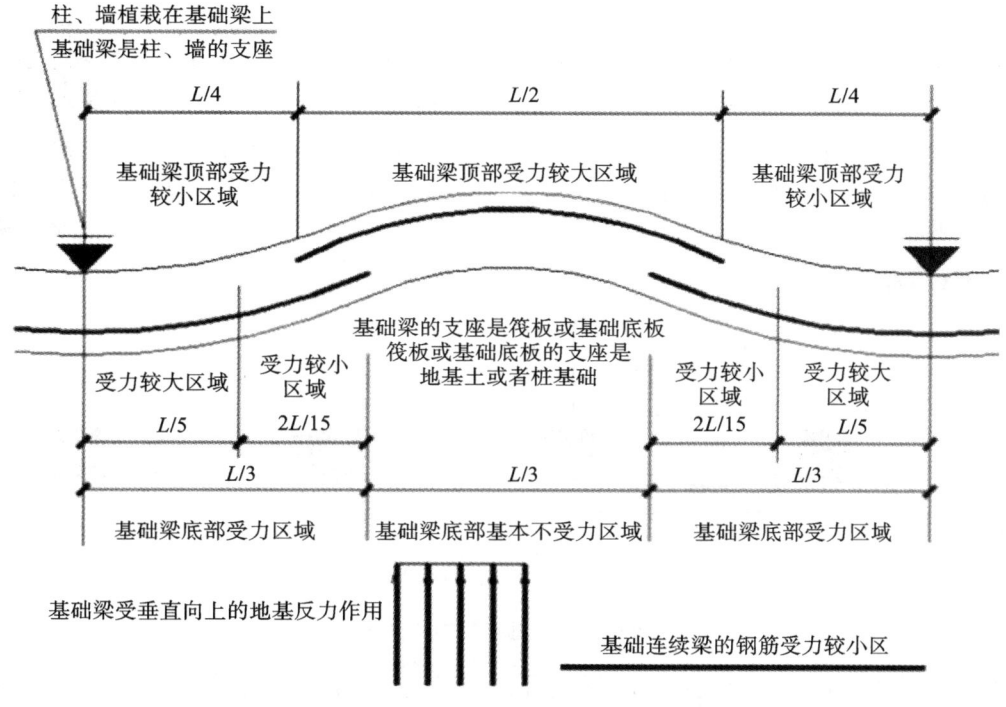

图 6-53　基础梁受力分析图

（2）基础梁骨架。

根据基础梁受力特点，基础梁钢筋骨架中应配置底部钢筋、顶部钢筋、侧面钢筋、箍筋、附加钢筋等，具体基础梁构件的钢筋骨架见表 6-94。

表 6-94　基础梁钢筋种类

基础梁类型	基础梁钢筋种类		
基础主梁 JL 基础次梁 JCL	底部钢筋	底部贯通筋	
		底部非贯通筋	
		架立筋	
	顶部钢筋	顶部贯通筋	
	侧面钢筋	侧面构造筋	
	箍筋		
	附加钢筋	附加箍筋	
		附加吊筋	
		加腋筋	见图集

2.基础梁构件平法识图

在图集 22G101-3 中,基础梁构件采用平面注写方式进行表达,基础梁的平面注写方式分为集中标注和原位标注两部分内容,识读方法同框架梁。基础梁构件的平面注写方式,是在基础梁平面布置图上,分别在不同编号的基础梁中各选一根梁,用在其上注写截面尺寸及配筋具体数值的方式来表达梁平法施工图,如图 6-54 所示。

条形基础平法
表示方法
——基础梁

(1)基础梁的集中标注。

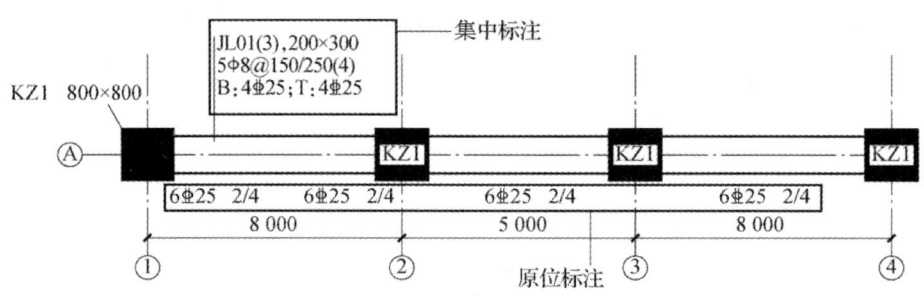

图 6-54   基础梁平面标注图

基础梁的集中标注内容包括基础梁编号、截面尺寸、配筋三项必注内容,以及基础梁底面标高(与基础底面基准标高不同时)和必要的文字注解两项选注内容。

①基础梁编号。

基础梁编号为必注内容。例如,JL7(5B)表示 7 号基础梁,五跨,两端部有外伸。

基础梁编号说明如表 6-95 所示。

表 6-95   基础梁编号说明

名称	代号	序号	跨数及是否有外伸
基础主梁(柱下)	JL	××	(××)表示端部无外伸,括号内的数字表示序号;(× ×A)表示一端有外伸;(××B)表示两端有外伸
基础次梁	JCL		

②基础梁截面尺寸。

基础梁截面尺寸为必注内容。基础梁截面尺寸的注写方式为 $b \times h$,表示梁截面宽度与高度。当为竖向加腋梁时,注写方式为 $b \times h\ Yc_1 \times c_2$,其中 c_1 为腋长,c_2 为腋高。水平加腋梁在图中直接表示。

基础梁截面尺寸标注说明如表 6-96 所示。

表 6-96   基础梁截面尺寸标注说明

标注内容	表示方法	识图
截面尺寸	300×500	等截面梁,梁宽 300,梁高 500
	楼板 b h	梁宽 $b \times$ 梁高 h,注意梁高是指含板厚在内的梁高度

续表

标注内容	表示方法	识图
截面尺寸	300×600 Y500×250	竖向加腋梁,等截面,梁宽300,梁高600,腋长500,腋高250
	$300 \times 500/300$	悬挑梁宽300,根部梁高500,端部梁高300
		 h_1为悬挑根部高度, h_2为悬挑端部高度

③注写基础梁钢筋。

a.箍筋。

当采用一种箍筋间距时,注写钢筋种类、直径、间距与肢数(箍筋肢数写在括号内,下同)。当具体设计采用两种箍筋时,用"/"分隔不同箍筋,按照从基础梁两端向跨中的顺序注写。先注写第1段箍筋(在前面加注箍筋道数),在斜线后再注写第2段箍筋(不再加注箍筋道数)。

b.底部、顶部及侧面纵向钢筋。

以B打头,注写梁底部贯通纵筋。当跨中所注根数少于箍筋肢数时,需要在跨中增设梁底部架立筋以固定箍筋,采用"+"将贯通纵筋与架立筋相连,架立筋注写在加号后面的括号内。

以T打头,注写梁顶部贯通纵筋。注写时用分号";"将底部与顶部贯通纵筋分隔开,有个别跨与其不同者按基础梁原位标注的规定处理。

当梁底部或顶部贯通纵筋多于一排时,用"/"将各排纵筋自上而下分开。

以大写字母G打头注写梁两侧面对称设置的纵向构造钢筋的总配筋值(当梁腹板净高$h_w \geqslant 450$ mm时,根据需要配置)。

基础梁钢筋标注说明如表6-97所示。

表6-97　基础梁钢筋标注说明

标注内容	表示方法	识图
箍筋	A8@100/150(2)	梁箍筋,直径8,一级钢筋,梁两端加密区间距100,梁跨中非加密间距150,二肢箍
	A8@100(4)/200(2)	梁箍筋,直径8,一级钢筋,加密区间距100,四肢箍;非加密间距200,二肢箍

续表

标注内容	表示方法	识图
箍筋	A8@100(2)	梁箍筋全跨加密,直径8,加密区间距100,二肢箍
	5A8@150/200(2)	梁箍筋两端加密区,5根,直径8,一级钢筋,加密区间距100;跨中非加密间距200,二肢箍
梁通长筋或架立筋	B:2C20	底部通长筋数量为2根,三级钢筋,直径20
	B:2C20+(2B14)	底部通长筋数量为2根,三级钢筋,直径20;架立筋数量为2根,二级钢筋,直径14
	B:2C20;T:4B20	底部通长筋数量为2根,三级钢筋,直径20;顶部通长筋数量为4根,二级钢筋,直径20
	B:2C20+(2B14); T:6B20　4/2	底部通长筋数量为2根,三级钢筋,直径20,底部架立筋数量为2根,二级钢筋,直径14。 顶部通长筋数量为6根,二级钢筋,直径20,上排钢筋数量4,下排钢筋数量为2
侧面钢筋	G4B14	侧面构造筋4根,二级钢筋,直径14
	N4C12	侧面扭筋4根,三级钢筋,直径12
		梁腹板高大于或等于450

④基础梁底面标高高差。

基础梁底面标高高差为选注内容。当基础梁与基础的底面标高有高差时,将高差注写在"()"内,无高差时不注写。

(2)基础梁的原位标注。

基础梁的原位标注规定如下。

①基础梁支座的底部纵筋。

基础梁支座的底部纵筋包括底部非贯通纵筋和贯通纵筋。

a.底部纵筋多于一排时,用"/"将各排纵筋自上而下分开。

b.当同排纵筋有两种直径时,用"+"将两种直径的纵筋相连。

c.当梁中间支座两边的底部纵筋配置不同时,需在支座两边分别标注;当梁支座两边的底部纵筋相同时,可仅在支座的一边标注。

d.当梁支座底部全部纵筋与集中注写的底部贯通纵筋相同时,可不再重复做原位标注。

e.竖向加腋梁加腋部位钢筋,需在设置加腋的支座处以Y打头注写在括号内。例如,竖向加腋梁端(支座)处注写为Y4C25,表示竖向加腋部位斜纵筋为4C25钢筋。

施工及预算方面应注意:当底部贯通纵筋经原位注写修正,出现两种不同配置的底部贯通纵筋时,应在两毗邻跨中配置较小一跨的跨中连接区域进行连接(配置较大一跨的底部贯通纵筋需伸出至毗邻跨的跨中连接区域。具体位置见标注构造详图)。

②基础梁的附加箍筋或(反扣)吊筋。

当两向基础梁十字交叉,但交叉位置无柱时,应根据需要设置附加箍筋或(反扣)吊筋。

将附加箍筋或(反扣)吊筋直接画在平面图十字交叉梁中刚度较大的基础主梁上,原位直接引注总配筋值(附加箍筋的肢数注在括号内)。当多数附加箍筋或(反扣)吊筋相同时,可在基础平法施工图上统一注明。少数与统一注明值不同时,在原位直接引注。

施工时应注意:附加箍筋或(反扣)吊筋的几何尺寸应按照标准构造详图,结合其所在位置的主梁和次梁的截面尺寸确定。

③基础梁外伸部位的变截面高度尺寸。

当基础梁外伸部位采用变截面高度时,在该部位原位注写 $b \times h_1/h_2$,h_1 为根部截面高度,h_2 为尽端截面高度。

④注写修正内容。

当在基础梁上集中标注的某项内容(如截面尺寸、箍筋、底部与顶部贯通纵筋或架立筋、梁侧面纵向构造钢筋、梁底面标高等)不适用于某跨或某外伸部位时,将其修正内容原位标注在该跨或该外伸部位,施工时原位标注取值优先。

当在多跨基础梁的集中标注中已注明竖向加腋,而该梁某跨根部不需要加腋时,则应在该跨原位标注无 $Yc_1 \times c_2$ 的 $b \times h$,以修正集中标注中的竖向加腋要求。

例 6-7:识读图 6-55。

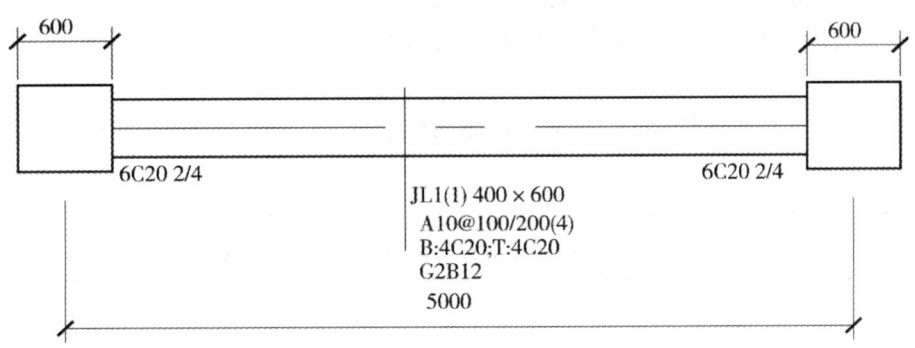

图 6-55　基础梁 JL1(1)平法图

识读结果如表 6-98 所示。

表 6-98　基础梁 JL1(1)平法图识读

序号	细项	表示方法	识图内容
1	编号	JL1(1)	基础梁,编号为1,1跨
2	截面尺寸	400×600	梁宽400,梁高600
3	箍筋	A10@100/200(4)	集中标注,一级钢筋,直径10,梁两端加密区间距100,梁跨中非加密区间距200,四肢箍
4	梁通长筋或架立筋	B:4C20	底部通长筋,4根,三级钢筋,直径20
		T:4C20	顶部通长筋,4根,三级钢筋,直径20
5	侧面钢筋	G2B12	梁侧面构造筋,2根,二级钢筋,直径12
6	支座底部纵筋	6C20 4/2	支座底部纵筋,共6根,上排2根,三级钢筋,直径20;下排4根,三级钢筋,直径20

6.5.2　基础梁构件钢筋节点构造

6.5.2.1　基础梁构件钢筋节点构造学习引导

1.学习任务描述

按照《混凝土结构施工图平面整体表示方法制图规则和构造详图(独立基础、条形基础、筏形基础、桩基础)》(22G101-3)中有关基础梁结构施工图部分知识,完成基础梁钢筋节点构造的梳理,绘制某学校图书综合楼JL2(3B)端部外伸节点构造图。

2.学习目标

(1)能按照图集对基础梁构件节点进行归类梳理。

(2)能描述基础梁(指基础主梁)纵筋、箍筋、附加钢筋构造要点。

(3)能描述基础次梁纵筋、箍筋、附加钢筋构造要点。

(4)能够利用CAD绘制基础梁钢筋节点构造图。

3.任务书

手绘(或用CAD软件绘制)完成某学校图书综合楼JL2(3B)端部外伸节点构造图。

4.任务分组

基础梁构件钢筋节点构造学生任务分配表如表6-99所示。

表6-99　基础梁构件钢筋节点构造学生任务分配表

班级		组号		指导老师	
小组	姓名	学号	任务		
组长					
组员					
备注					

5.任务准备

收集《混凝土结构施工图平面整体表示方法制图规则和构造详图(独立基础、条形基础、筏形基础、桩基础)》(22G101-3)中有关基础梁节点构造知识,完成基础梁构件钢筋节点构造知识体系表(见表6-100)。

表 6-100 基础梁构件钢筋节点构造知识体系表

钢筋名称		节点具体构造名称	22G101-3 页码
纵筋	底部贯通纵筋	中间跨纵向钢筋构造	
		端部钢筋构造	
		变截面钢筋构造	
	底部非贯通筋	中间跨钢筋构造	
		端部钢筋构造	
		变截面钢筋构造	
	顶部贯通纵筋	中间跨纵向钢筋构造	
		端部钢筋构造	
		变截面钢筋构造	
	侧面构造筋	基础梁侧面纵筋构造	
	架立筋	参考框架梁	
箍筋	箍筋	箍筋构造	
其他钢筋	附加吊筋	附加吊筋构造	
	附加箍筋	附加箍筋构造	
	加腋筋	竖向加腋筋构造	
		水平加腋筋构造	

6. 任务实施

(1)基础梁纵筋构造。

引导问题 1:基础梁纵向钢筋端部无外伸构造为:_____

_____

引导问题 2:基础梁纵向钢筋端部有外伸构造为:_____

_____

引导问题 3:基础梁梁底有高差纵向钢筋构造为:_____

_____

引导问题 4:基础梁梁顶有高差纵向钢筋构造为:_____

_____

引导问题 5:基础梁梁底、梁顶有高差纵向钢筋构造为:_____

引导问题 6:基础梁两侧梁宽不同纵向钢筋构造为:_____

_____

_____

（2）基础梁侧面钢筋构造。

引导问题 7:基础梁侧面根据需要布置构造钢筋或受扭钢筋,构造要点为:_____

_____

_____

（3）基础梁箍筋构造。

引导问题 8:基础梁箍筋的长度构造同框架柱、框架梁箍筋,本节重点分析箍筋布置范围,其构造要点为:_____

_____

_____

（4）基础梁其他钢筋构造。

引导问题 9:基础梁其他钢筋包括:_____

构造要点分别为:_____

_____

_____

（5）基础次梁钢筋构造。

引导问题 10:基础主梁和基础次梁的钢筋构造大部分相同,比较基础主梁和基础次梁的钢筋构造,找出二者的不同之处:_____

_____

_____

7.任务成果

手绘（或用 CAD 软件绘制）完成某学校图书综合楼 JL2(3B)端部外伸节点构造图,并描述钢筋构造要点,完成表 6-101。

表 6-101　某学校图书综合楼 JL2(3B)端部外伸节点构造

序号	基础构件钢筋 节点名称	节点构造	节点构造要点
1			

8.评价反馈

学生进行自评,评价自己是否能完成基础梁节点构造的梳理与学习、是否能完成 JL2 (3B)节点的绘制、能否按时完成报告内容等成果资料、有无任务遗漏。老师对学生的评价内容,可对接江苏省"建筑工程识图"技能大赛和"1+X"建筑工程识图职业技能等级证书、关于基础梁节点构造评分标准和规范成果,主要包括报告书是否工整规范、报告内容数据是否真实合理、阐述是否详细、认识体会是否深刻、绘制图纸是否规范。

(1)学生进行自我评价,将结果填入表 6-102 中。

表 6-102　基础梁构件钢筋节点构造学生自评表

班级:		姓名:	学号:		日期:	
学习情境		基础梁构件钢筋节点构造				
评价项目		评价标准			分值	得分
信息检索		能有效利用图纸、图集 22G101-3 查找有效信息;能将找到的信息有效转换到基础梁钢筋构造识读过程中			15	
基础梁钢筋构造知识体系		能正确梳理 22G101-3 中基础梁构件钢筋节点构造知识,形成知识体系			15	
基础梁钢筋节点构造		能正确描述基础梁钢筋各节点构造内容,能绘制节点构造详图			35	
工作态度		态度端正,无无故缺勤、迟到、早退现象			10	
工作质量		能按计划完成工作任务			10	
协调能力		与小组成员、同学之间能合作交流、协调工作			5	
职业素质		全面细致,一丝不苟,树立职业从业意识			10	

(2)学生以小组为单位,对工作过程与工作结果进行互评,将互评结果填入表 6-103 中。

表 6-103　基础梁构件钢筋节点构造学生互评表

学习情境		基础梁构件钢筋节点构造											
评价项目	分值	等级							评价对象(组别)				
									1	2	3	4	5	6
计划合理	8	优	8	良	7	中	6	差	4				
方案合理	8	优	8	良	7	中	6	差	4				
团队合作	8	优	8	良	7	中	6	差	4				
组织有序	8	优	8	良	7	中	6	差	4				
工作质量	8	优	8	良	7	中	6	差	4				
工作效率	8	优	8	良	7	中	6	差	4				
工作完整	10	优	10	良	8	中	6	差	4				
工作规范	16	优	16	良	12	中	8	差	4				
识读报告	16	优	16	良	12	中	8	差	4				
拓展成果	10	优	10	良	8	中	6	差	4				
合计	100												

（3）教师对学生的工作过程与工作结果进行评价，并将评价结果填入表 6-104 中。

表 6-104　基础梁构件钢筋节点构造教师综合评价表

班级：		姓名：		学号：	
学习情境 1		基础梁构件钢筋节点构造			
评价项目		评价标准		分值	得分
考勤（10%）		无无故迟到、早退、旷课现象		10	
工作过程（60%）	基础梁钢筋构造知识体系	能正确梳理 22G101-3 中基础梁钢筋构造知识，形成知识体系		10	
	基础梁钢筋节点构造	能正确描述基础梁钢筋各节点构造内容，能绘制节点构造详图		35	
	工作态度	态度端正，工作认真、主动		5	
	协调能力	与小组成员、同学之间能合作交流、协调工作		5	
	职业素质	全面细致，一丝不苟，树立职业从业意识		5	
项目成果（30%）	工作完整	能按时完成任务		5	
	工作规范	能按规范要求识读		5	
	读图报告	能正确识读图纸并按照图纸完成读图报告		5	
	拓展成果	能准确完成带基础梁节点构造		15	
合计				100	
综合评价	自评（20%）	小组互评（30%）	教师评价（50%）		综合得分

9. 拓展思考题

（1）简述基础梁与柱结合部侧腋配筋节点构造。

（2）条形基础中基础梁配筋节点构造包括哪些内容？

6.5.2.2　基础梁构件钢筋节点构造相关知识点

基础梁钢筋包括底部钢筋、顶部钢筋、侧面钢筋、箍筋、附加钢筋等，构造汇总如表 6-105 所示。

表 6-105　基础梁钢筋构造体系表

构造名称	钢筋名称		节点具体构造名称	22G101-3 页码
梁构件钢筋骨架构造	纵筋	底部贯通纵筋	中间跨纵向钢筋构造	2-23
			端部钢筋构造	2-25
			变截面钢筋构造	2-27
		底部非贯通筋	中间跨钢筋构造	2-23
			端部钢筋构造	2-25
			变截面钢筋构造	2-27

续表

构造名称	钢筋名称		节点具体构造名称	22G101-3 页码
梁构件钢筋骨架构造	纵筋	顶部贯通纵筋	中间跨纵向钢筋构造	2-23
			端部钢筋构造	2-25
			变截面钢筋构造	2-27
		侧面构造筋	基础梁侧面纵筋构造	2-25、2-26
		架立筋	参考框架梁	
	箍筋	箍筋	箍筋构造	2-23
	其他钢筋	附加吊筋	附加吊筋构造	2-23
		附加箍筋	附加箍筋构造	2-23
		加腋筋	竖向加腋筋构造	2-24
			水平加腋筋构造	2-28

1.基础梁纵筋

出于知识梳理的需要,本部分基础梁纵筋包括底部贯通纵筋、顶部贯通纵筋、底部非贯通纵筋,构造及构造要点见表 6-106。

表 6-106   基础梁纵筋构造及构造要点

类型	节点构造及构造要点
基础梁纵向钢筋中间跨构造	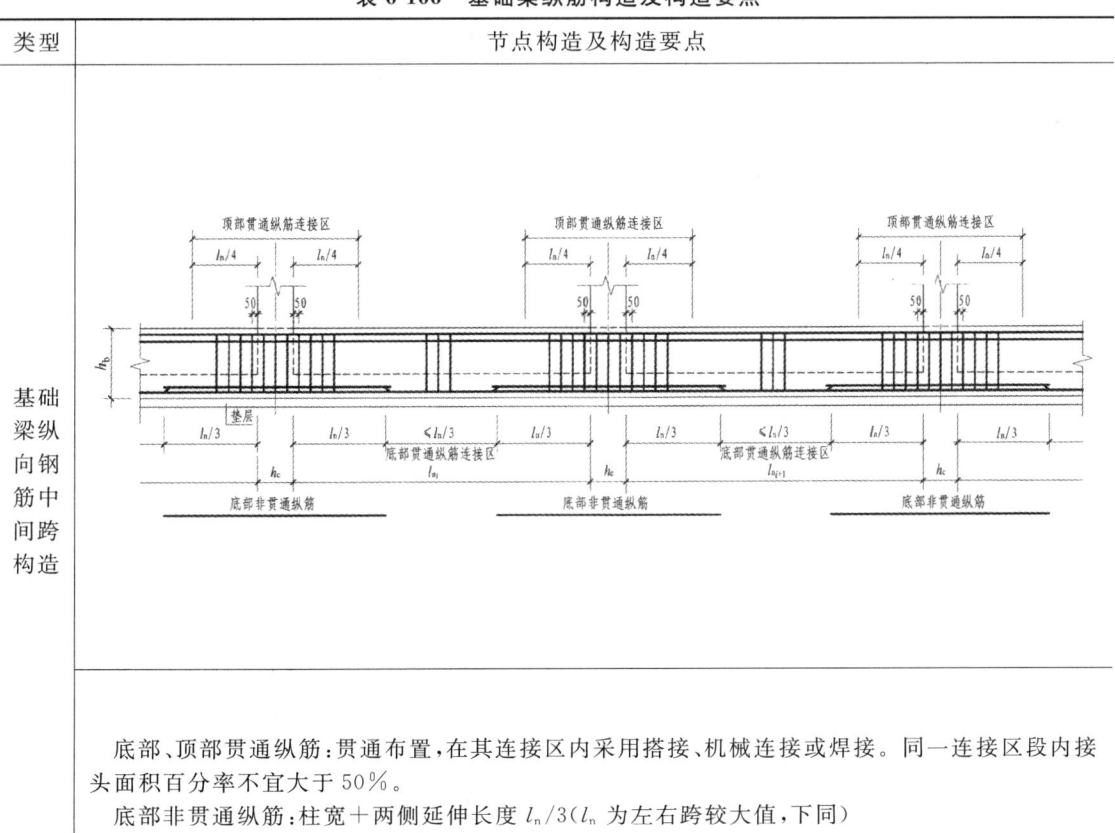
	底部、顶部贯通纵筋:贯通布置,在其连接区内采用搭接、机械连接或焊接。同一连接区段内接头面积百分率不宜大于50%。 底部非贯通纵筋:柱宽+两侧延伸长度 $l_n/3$(l_n 为左右跨较大值,下同)

类型	节点构造及构造要点
基础梁纵向钢筋端部无外伸构造	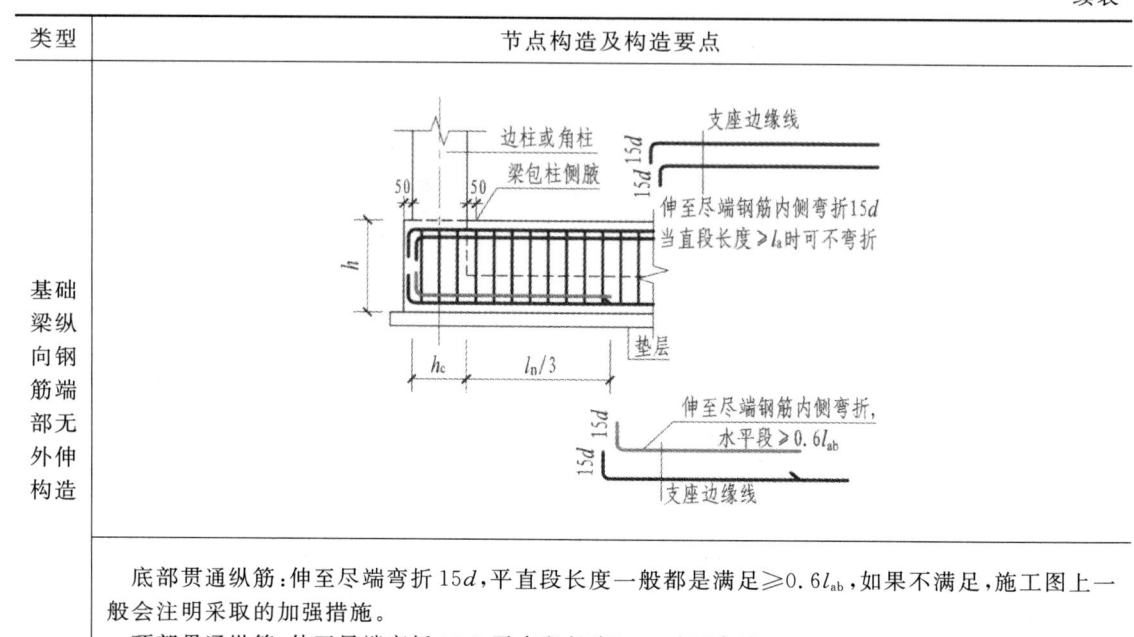底部贯通纵筋:伸至尽端弯折$15d$,平直段长度一般都是满足$\geqslant 0.6 l_{ab}$,如果不满足,施工图上一般会注明采取的加强措施。 顶部贯通纵筋:伸至尽端弯折$15d$,平直段长度$\geqslant l_a$时可直锚。 底部非贯通纵筋:端部构造长度(同底部贯通筋)+延伸长度$l_n/3$
基础梁纵向钢筋端部有外伸构造	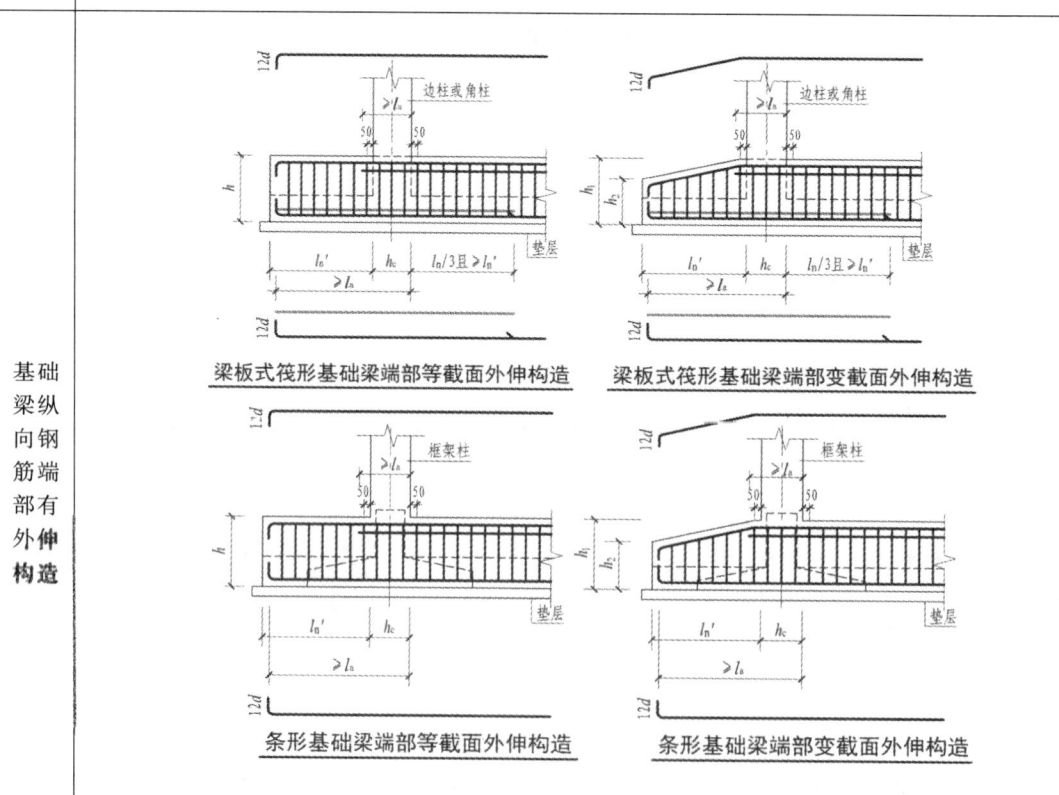底部贯通纵筋:下排钢筋伸至尽端弯折$12d$,上排钢筋伸至尽端不弯折。 顶部贯通纵筋:上排钢筋伸至尽端弯折$12d$,下排钢筋从跨内边伸长大于l_a。 底部非贯通纵筋:外伸段构造长度(同底部贯通筋)+跨内延伸长度($l_n/3$且$\geqslant l_n'$)

类型	节点构造及构造要点
基础梁梁底有高差纵向钢筋构造	 底部贯通纵筋:两侧钢筋伸至高差高点处再加 l_a。 顶部贯通纵筋:在其连接区内采用搭接、机械连接或焊接。 底部非贯通纵筋:变截面构造长度(同底部贯通筋)+两侧延伸长度
基础梁梁顶有高差纵向钢筋构造	 底部贯通纵筋:在其连接区内采用搭接、机械连接或焊接。 顶部贯通纵筋:上排两侧钢筋伸至柱、梁边高差高点处再加 l_a,下排钢筋(高位钢筋)伸至尽端弯折 $15d$,平直段长度$\geqslant l_a$ 时可直锚。 底部非贯通纵筋:柱宽度+两侧延伸长度

续表

类型	节点构造及构造要点

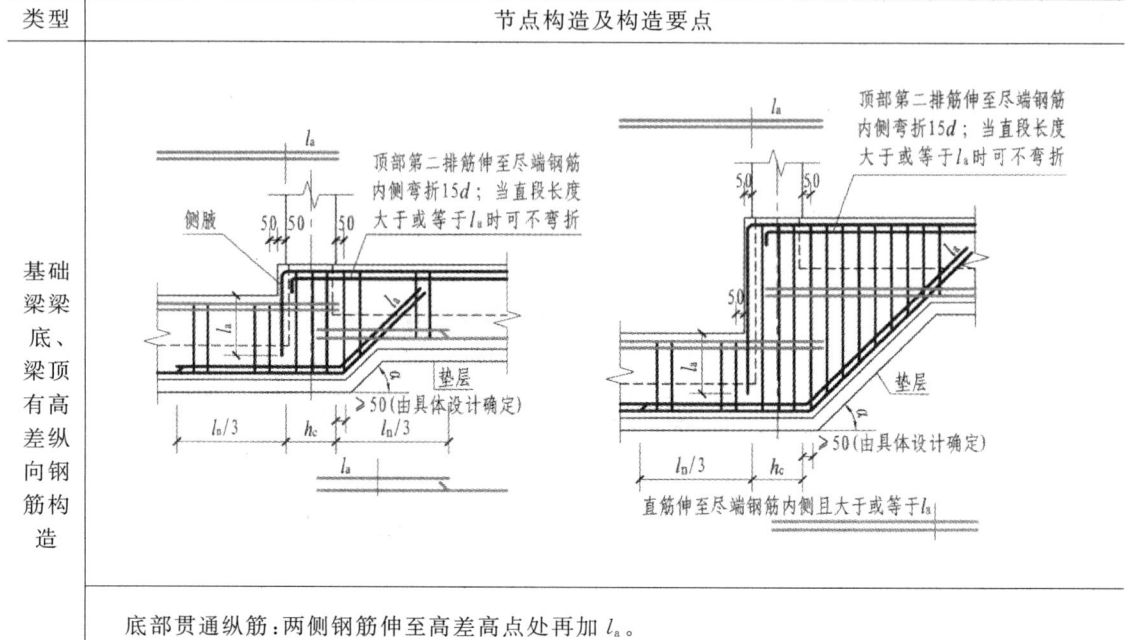

基础梁梁底、梁顶有高差纵向钢筋构造

底部贯通纵筋:两侧钢筋伸至高差高点处再加 l_a。

顶部贯通纵筋:上排两侧钢筋伸至柱、梁边高差高点处再加 l_a,下排钢筋(高跨钢筋)伸至尽端弯折 $15d$,平直段长度$\geqslant l_a$ 时可直锚。注意:低跨顶部各排纵筋构造相同。

底部非贯通纵筋:变截面构造长度(同底部贯通筋)+两侧延伸长度

基础梁两侧梁宽不同纵向钢筋构造

底部、顶部宽出部分贯通纵筋:当直段长度$\geqslant l_a$ 时,直锚;弯锚时,伸至对边弯折 $15d$,且平直段长度$\geqslant 0.6l_{ab}$。

底部非贯通纵筋:柱宽度+两侧延伸长度

2.基础梁侧面钢筋

基础梁侧面钢筋包括构造钢筋和受扭钢筋。其中,构造钢筋的构造要点如下。

(1)基础梁侧面纵向构造钢筋锚固和搭接长度均为 $15d$,有外伸时,无锚固,伸至尽端即可,具体见图 6-56。十字相交的基础梁,当相交位置有柱时,侧面构造纵筋锚入梁包柱侧展内 $15d$(见图 6-56(a));当无柱时,侧面构造纵筋锚入交叉梁内 $15d$(见图 6-56(d))。丁字相交的基础梁,当相交位置无柱时,横梁外侧的构造纵筋应贯通,横梁内侧的构造纵筋锚入交叉梁内 15d(见图 6-56(e))。

(2)梁侧钢筋的拉筋直径除注明者外均为 8 mm,间距为箍筋间距的 2 倍。当设有多排拉筋时,上下两排拉筋竖向错开设置。

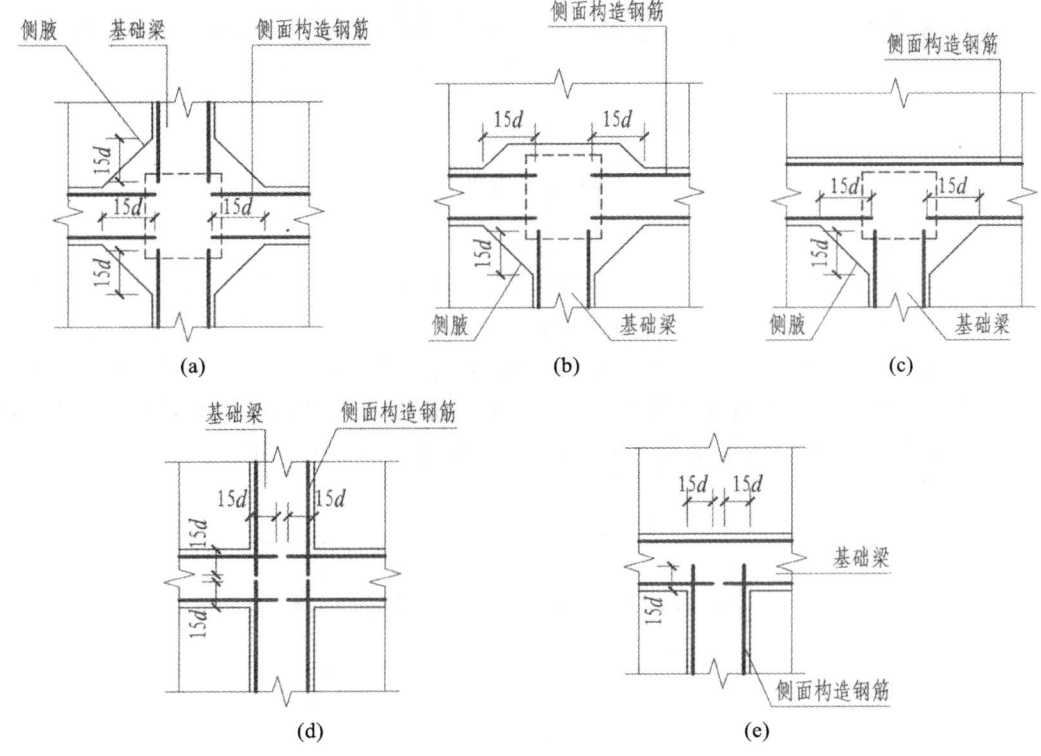

图 6-56　基础梁侧面钢筋构造图

基础梁侧面受扭纵筋的搭接长度为 l_l,其锚固长度为 l_a,锚固方式同梁上部纵筋。

3.基础梁箍筋

基础梁箍筋的长度构造同框架柱、框架梁,这里主要介绍箍筋的布置范围。基础梁内箍筋根据设计需要可以布置一种箍筋(见图 6-57)或两种箍筋(见图 6-58),基本要求为:起步距离为 50 mm;节点区布置箍筋,两向基础主梁相交的柱下区域,应有一向截面较高的基础主梁按梁端箍筋贯通设置;当两向基础主梁高度相同时,任选一向基础主梁箍筋贯通设置。

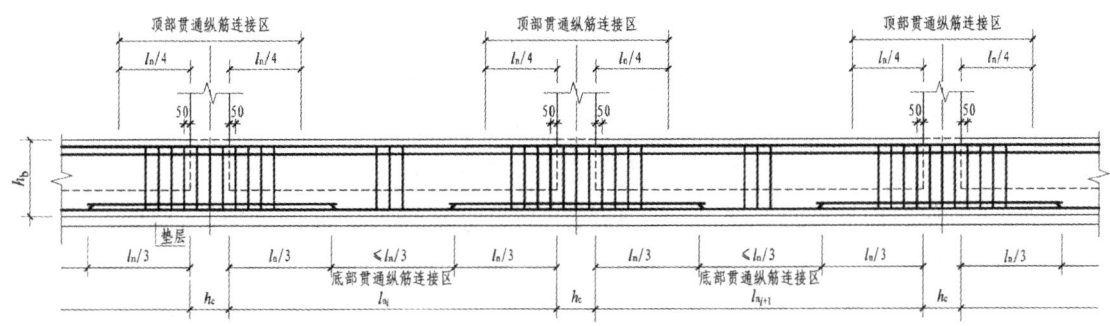

图 6-57　基础梁布置一种箍筋构造

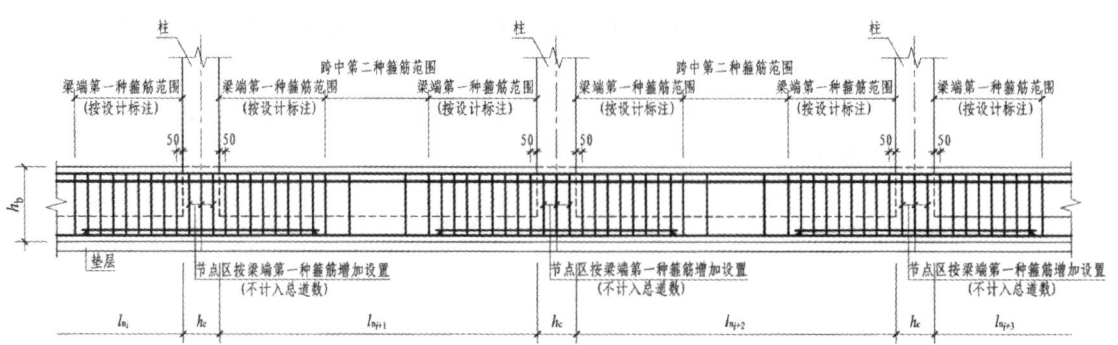

图 6-58　基础梁布置两种箍筋构造

4.附加钢筋

基础梁附加钢筋主要有附加箍筋、附加吊筋、加腋筋。基础梁主、次梁交接处,主梁为次梁的支座,因此在主梁上要设置附加钢筋承担局部应力。可以单独设置附加箍筋或附加吊筋,也可以同时设置。具体构造见图 6-59,附加箍筋的起步距离为 50 mm。特别需要强调的是,相交处附加箍筋是另外增加的箍筋。吊筋高度应根据基础梁高度推算,吊筋顶部平直段与基础梁顶部纵筋净距应满足规范要求,当净距不足时应置于下一排。

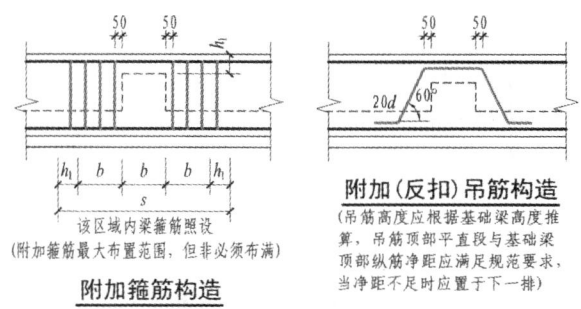

图 6-59　基础梁附加箍筋、附加吊筋构造

加腋钢筋分为竖向加腋和水平加腋。竖向加腋钢筋构造见图 6-60,竖向加腋钢筋与基础梁内箍筋形成钢筋骨架,加腋钢筋两端伸入构件内锚固长度为 l_a。

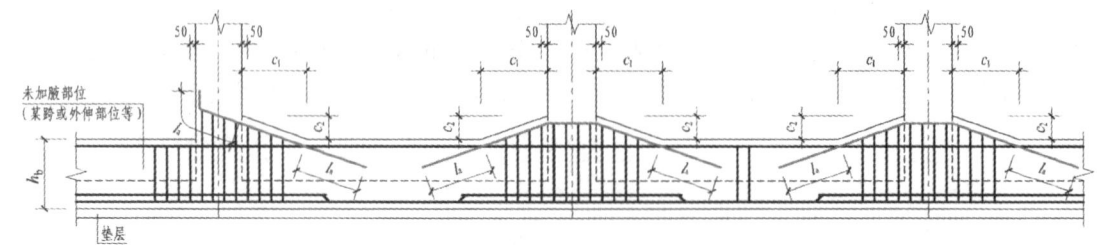

图 6-60　基础梁竖向加腋钢筋构造

水平加腋钢筋构造见图 6-61。水平加腋钢筋与分布筋形成钢筋骨架,加腋钢筋两端伸入构件内锚固长度为 l_a,加腋分布筋为 $\phi 8@200$。

5.基础次梁钢筋

通过系统梳理比较基础主梁和基础次梁钢筋骨架及钢筋构造,基础次梁钢筋构造体系及与基础主梁钢筋构造不同处的构造要点见表 6-107。

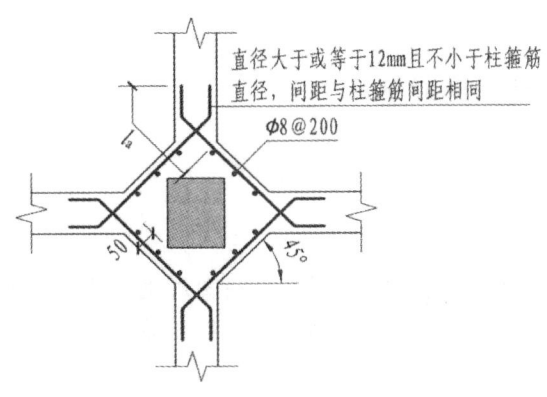

图 6-61 基础梁竖向加腋钢筋构造

表 6-107 基础次梁钢筋构造及与基础主梁钢筋构造比较表

钢筋名称		节点具体构造名称	和基础主梁钢筋构造比较	22G101-3 页码
纵筋	底部贯通纵筋	中间跨纵向钢筋构造	构造相同	2-29
		端部钢筋构造	无外伸构造不同：平直段长度 $\geqslant l_a$ 时可直锚，不满足则弯锚。其他构造相同	2-29
		变截面钢筋构造	构造相同	2-31
	底部非贯通筋	中间跨钢筋构造	构造相同	2-29
		端部钢筋构造	构造相同	2-29
		变截面钢筋构造	构造相同	2-31
	顶部贯通纵筋	中间跨纵向钢筋构造	构造相同	2-29
		端部钢筋构造	无外伸构造不同：支座内锚固长度为 $\max\{b_b/2, 12d\}$；伸至外伸尽端弯折 $12d$	2-29
		变截面钢筋构造	低跨伸入支座内锚固：$\max\{b_b/2, 12d\}$；高跨伸至支座对边弯折 l_a	2-31
	侧面构造筋	基础梁侧面纵筋构造	构造相同	2-25、2-26
	架立筋	参考框架梁	构造相同	
箍筋	箍筋	箍筋构造	构造相同，在净长范围内布置	2-29、2-30
其他钢筋	加腋筋	竖向加腋筋构造	构造相同	2-30

6.5.3　基础梁构件钢筋算量

6.5.3.1　基础梁构件钢筋算量学习引导

1.学习任务描述

按照《混凝土结构施工图平面整体表示方法制图规则和构造详图（独立基础、条形基础、筏形基础、桩基础）》（22G101-3）中有关基础梁构件结构施工图部分知识，完成基础梁钢筋工程量计算。

2.学习目标

（1）能按照图集对梁构件骨架节点进行分析。

（2）能准确对钢筋长度计算公式进行总结。

（3）能结合图纸信息，完成基础梁钢筋长度的计算。

3.任务书

计算某学校图书综合楼基础梁的钢筋工程量，并将结果填入计算书。

4.任务分组

基础梁构件钢筋算量学生任务分配表如表6-108所示。

表 6-108　基础梁构件钢筋算量学生任务分配表

班级		组号		指导老师	
小组	姓名	学号	任务		
组长					
组员					
备注					

5.任务准备

收集《混凝土结构施工图平面整体表示方法制图规则和构造详图（独立基础、条形基础、筏形基础、桩基础）》（22G101-3）中有关梁构件节点构造知识，完成表6-109。

表 6-109 基础梁构件钢筋算量计算公式知识表

学习情境		基础梁构件钢筋算量	
学习成果名称		钢筋翻样计算规则	难易程度	中
参考文献		《混凝土结构施工图平面整体表示方法制图规则和构造详图(独立基础、条形基础、筏形基础、桩基础)》(22G101-3)	
完成时间		____年____月____日____之前提交全部公式明细	
任务说明		结合某学校图书综合楼结构施工图纸和结构基础知识,分析钢筋工程量计算公式中的因素	
任务完成明细	钢筋重量	单根设计长度×根数×钢筋密度	
	设计长度	设计长度=净长+锚固(收头)长度+搭接长度+弯钩长度(一级钢筋) 净长=构件尺寸-相应尺寸(保护层) 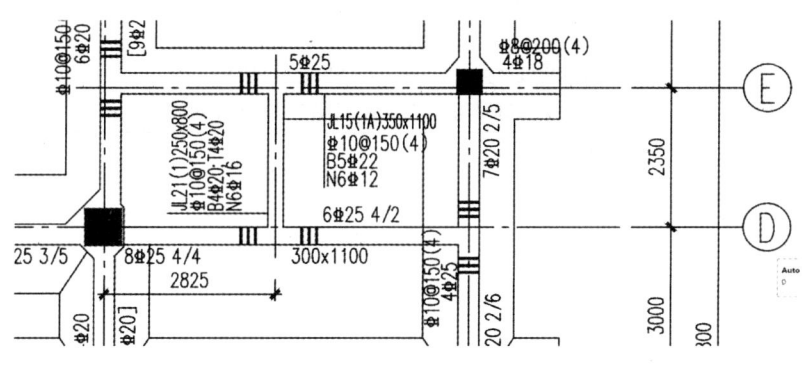	
任务完成明细	根数	相同钢筋数量	
	钢筋密度	$7.85 \times 10^3 \times \dfrac{\pi}{4} \times d^2 \times 10^{-6} \times 1$ $= 0.00617\, d^2$ d 的单位为 mm	

6.任务实施

以课程案例中的 JL15(1A)(见图 6-62)为任务,完成基础梁钢筋工程量的计算。

图 6-62 JL15(1A)平面图

(1)上部通长筋算量。

引导问题1:根据图6-62进行分析,基础梁 JL15(1A)上部通长筋图纸信息为:_____

引导问题2:分析基础梁 JL15(1A)上部通长筋端支座锚固:_____

引导问题 3：基础梁 JL15(1A)上部通长筋长度计算公式是：_____

_____

_____

(2)下部通长筋算量。

引导问题 4：根据图 6-62 进行分析，基础梁 JL15(1A)下部通长筋图纸信息为：_____

_____

引导问题 5：基础梁 JL15(1A)下部通长筋锚固分析：_____

_____

引导问题 6：基础梁 JL15(1A)下部通长筋长度计算公式是：_____

_____

_____

(3)侧面钢筋算量。

引导问题 7：根据图 6-62 进行分析，基础梁 JL15(1A)侧面钢筋图纸信息为：_____

_____

引导问题 8：基础梁 JL15(1A)侧面受扭钢筋支座锚固分析：_____

_____

引导问题 9：基础梁 JL15(1A)侧面受扭钢筋长度计算公式是：_____

_____

_____

(4)箍筋算量。

引导问题 10：根据图 6-62 进行分析，基础梁 JL15(1A)箍筋图纸信息为：_____

_____

引导问题 11：基础梁 JL15(1A)箍筋长度计算公式是：_____

_____

_____

引导问题 12：基础梁 JL15(1A)箍筋的根数计算公式是：_____

_____

(5)编制基础梁 JL15(1A)钢筋工程量计算书(见表 6-110)。

表 6-110　基础梁 JL15(1A)钢筋工程量计算书

构件名称	钢筋名称		钢筋规格	计算公式	根数	总长
JL15(1A)	纵筋	上部纵筋				
		侧面钢筋				
		下部纵筋				
	箍筋					

7.评价反馈

学生进行自评,评价自己是否能完成钢筋算量的学习、是否能完成梁构件钢筋工程量计算、是否能按时完成报告内容等成果资料、有无任务遗漏。老师对学生的评价内容,可对接江苏省"建筑工程识图"技能大赛和"1+X"建筑工程识图职业技能等级证书、关于梁构件评分标准和规范成果,主要包括报告书是否工整规范、报告内容数据是否真实合理、阐述是否详细、认识体会是否深刻、绘制图纸是否规范。

(1)学生进行自我评价,将结果填入表 6-111 中。

表 6-111　基础梁构件钢筋算量学生自评表

班级:		姓名:	学号:		日期:
学习情境		基础梁构件钢筋算量			
评价项目		评价标准		分值	得分
信息检索		能有效利用图纸、图集 22G101-3 查找有效信息;能用自己的语言有条理地去解释、表述所学知识;能将找到的信息有效转换到图纸识读过程中		15	
基础梁构件集中标注识读		能正确识读,准确理解基础梁构件的作用、图示内容及三维模型绘制		25	
基础梁构件原位标注识读		能正确识读,准确理解基础梁构件的作用、图示内容及三维模型绘制		25	
工作态度		态度端正,无无故缺勤、迟到、早退现象		10	
工作质量		能按计划完成工作任务		10	
协调能力		与小组成员、同学之间能合作交流、协调工作		5	
职业素质		全面细致,一丝不苟,树立职业从业意识		10	

(2)学生以小组为单位,对工作过程与工作结果进行互评,将互评结果填入表 6-112 中。

表 6-112　基础梁构件钢筋算量学生互评表

学习情境		基础梁构件钢筋算量										
评价项目	分值	等级							评价对象(组别)				
									1	2	3	4	5	6
计划合理	8	优	8	良	7	中	6	差	4					
方案合理	8	优	8	良	7	中	6	差	4					
团队合作	8	优	8	良	7	中	6	差	4					
组织有序	8	优	8	良	7	中	6	差	4					
工作质量	8	优	8	良	7	中	6	差	4					
工作效率	8	优	8	良	7	中	6	差	4					
工作完整	10	优	10	良	8	中	6	差	4					

续表

评价项目	分值	等级								评价对象(组别)					
										1	2	3	4	5	6
工作规范	16	优	16	良	12	中	8	差	4						
识读报告	16	优	16	良	12	中	8	差	4						
拓展成果	10	优	10	良	8	中	6	差	4						
合计	100														

(3)教师对学生的工作过程与工作结果进行评价,并将评价结果填入表 6-113 中。

表 6-113　基础梁构件钢筋算量教师综合评价表

班级:　　　　　　　　姓名:　　　　　　　　学号:

学习情境		基础梁构件钢筋算量		
评价项目		评价标准	分值	得分
考勤(10%)		无无故迟到、早退、旷课现象	10	
工作过程(60%)	基础梁构件平法识图知识体系	能在图集 22G101-3 中有效定位基础梁构件平法制图页码、明晰基本内容	5	
	基础梁构件集中标注识读	能正确识读,准确理解基础梁构件的作用、图示内容及三维模型绘制	20	
	基础梁构件原位标注识读	能正确识读,准确理解基础梁构件的作用、图示内容及三维模型绘制	20	
	工作态度	态度端正,工作认真、主动	5	
	协调能力	与小组成员、同学之间能合作交流、协调工作	5	
	职业素质	全面细致,一丝不苟,树立职业从业意识	5	
项目成果(30%)	工作完整	能按时完成任务	5	
	工作规范	能按规范要求识读	5	
	读图报告	能正确识读图纸并按照图纸完成读图报告	5	
	拓展成果	能准确完成梁构件截面注写绘制	15	
合计			100	
综合评价	自评(20%)	小组互评(30%)	教师评价(50%)	综合得分

8. 拓展思考题

(1)屋面框架梁与楼层框架梁有何区别?

(2)屋面框架梁上部通长筋工程量计算要点是什么?

6.5.3.2　基础梁钢筋算量

基础梁钢筋算量涉及基础梁底部贯通筋、底部非贯通筋、顶部贯通筋、侧面钢筋等,梳理各构造要点,并总结相关的计算公式,如表 6-114 所示。

表 6-114 基础梁构件钢筋算量公式汇总表

类型	节点构造及计算公式
基础梁纵向钢筋端部无外伸构造	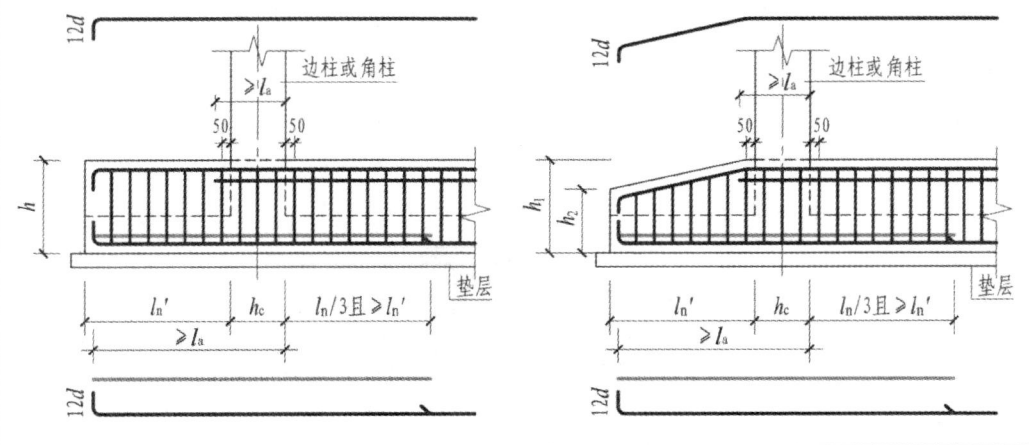

假定上图右侧和左侧对称,钢筋计算公式为:

1.底部贯通纵筋长度:左支座宽度—c+15d+净跨长+右支座宽度—c+15d+搭接长度。

2.顶部贯通纵筋长度:

①直锚:净跨长+2l_a。

②弯锚:左支座宽度—c+15d+净跨长+右支座宽度—c+15d。

3.底部非贯通纵筋长度:左支座宽度—c+15d+$l_n/3$

类型	节点构造及计算公式
基础梁纵向钢筋端部有外伸构造	

假定上图右侧和左侧对称,钢筋计算公式为:

1.底部贯通纵筋长度:左端外伸段净长—c+12d+左支座宽度+净跨长+右支座宽度+右端外伸段净长—c+12d+搭接长度。

2.顶部贯通纵筋:

第一排钢筋长度:左端外伸段净长(变截面为:左端外伸段斜净长)—c+左支座宽度+12d+净跨长+右端外伸段净长(变截面为:左端外伸段斜净长)—c+右支座宽度+12d。

第二排钢筋长度:净跨长+2l_a。

3.底部非贯通纵筋:

第一排钢筋长度=l_n'—c+支座宽度+$\max\{l_n/3, l_n'\}$;

第二排钢筋长度=l_n'—c+12d+支座宽度+$\max\{l_n/3, l_n'\}$

续表

类型	节点构造及计算公式
基础梁梁底有高差纵向钢筋构造	
	底部贯通纵筋长度：两侧钢筋伸至高点长度＋l_a。 底部非贯通纵筋：变截面构造长度（同底部贯通筋）＋两侧延伸长度
基础梁梁顶有高差纵向钢筋构造	
	1. 顶部贯通纵筋： 低位钢筋：伸至柱、梁边长度＋l_a。 高位钢筋：上排钢筋长度＝钢筋弯折至顶部低点长度＋l_a；下排钢筋长度＝钢筋伸至尽端弯折$15d$。 2. 底部非贯通纵筋：柱宽度＋两侧延伸长度$l_n/3$

类型	节点构造及计算公式
基础梁梁底、梁顶有高差纵向钢筋构造	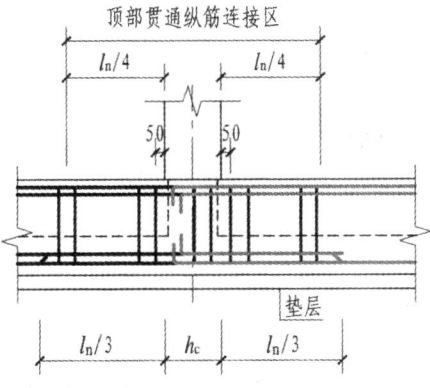 1. 底部贯通纵筋：两侧钢筋伸至高差高点处再加 l_a。 2. 顶部贯通纵筋： 低位钢筋：伸至柱、梁边长度 $+l_a$。 高位钢筋：上排钢筋长度＝钢筋弯折至顶部低点长度 $+l_a$；下排钢筋长度＝钢筋伸至尽端弯折 $15d$。 3. 底部非贯通纵筋：变截面构造长度（同底部贯通筋）＋两侧延伸长度
基础梁两侧梁宽不同纵向钢筋构造	 宽出部分钢筋： 1. 底部、顶部贯通纵筋长度： 右侧宽出部分钢筋（两排长度计算相同）：直锚，钢筋伸至柱边长度 $+l_a$；弯锚，钢筋伸至柱边长度＋支座宽度 $-c+15d$。 2. 底部非贯通纵筋：柱宽度＋两侧延伸长度 $l_n/3$

续表

类型	节点构造及计算公式
侧面钢筋	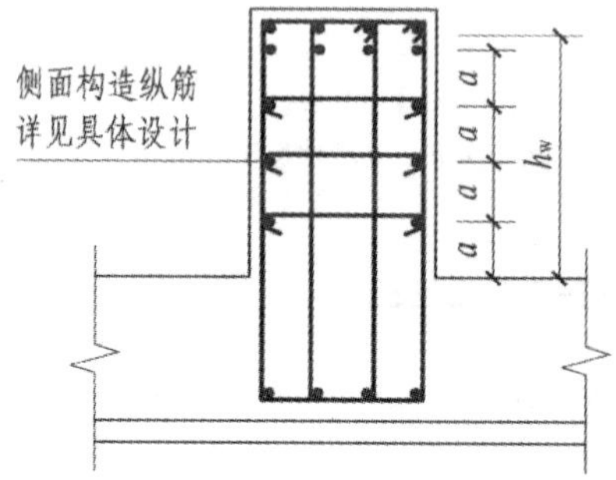 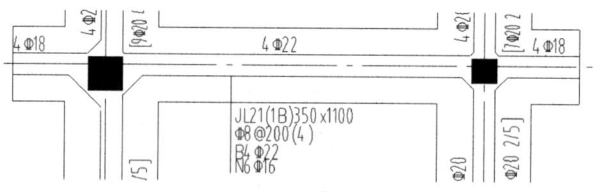
	侧面钢筋可以整根梁通长计算,也可以分跨计算。 侧面构造钢筋长度:梁净长+2×15d+搭接长度(每个接头长15d)。 侧面受扭钢筋长度:梁净长+2×锚固长度+搭接长度(每个接头长l_1)。 拉筋长度:梁宽$-2c+d+2×$(135°弯钩长度)
箍筋	梁跨内布置一种箍筋,箍筋根数=[梁跨净长$-2×$起步距(50)]/布置间距+1。 梁跨内布置两种箍筋,梁端箍筋根数根据箍筋标注数量计算,第二种箍筋根数=(梁跨净长$-2×$第一种箍筋布置长度)/布置间距-1。 整根梁通长布置钢筋(纵横梁交接处布置钢筋),箍筋根数=[梁长$-2×$起步距(50)]/布置间距+1

例 6-8:JL21(1B)见图 6-63,基本条件为:混凝土强度为 C35,采用机械连接,定尺长度为9000。

图 6-63 JL21(1B)平法示意图

钢筋算量如表 6-115 所示。

表 6-115 JL21(1B)钢筋算量

构件名称	钢筋名称		钢筋规格	计算公式	根数	总长/m
JL21(1B)	纵筋	上部纵筋	C22	$550-40+12×d+5525+400-40+12×d=6923$	4	27.69
		上部纵筋(左)	C18	$-40+1225+41×d=1923$	4	7.69

续表

构件名称	钢筋名称		钢筋规格	计算公式	根数	总长/m
JL21(1B)	纵筋	上部纵筋（右）	C18	$-40+1300+41\times d=1998$	4	7.99
		侧部钢筋	C16	$9000-2\times40=8920$	6	53.52
		下部纵筋	C22	$9000-2\times40+12\times22=9184$	4	36.74
	拉筋		A8	$(350-2\times40)+8+2\times(11.9\times8)=468$	72	33.70
	箍筋		C8 小箍	$2\times[(350-2\times40-8)+(1100-2\times40-8)]+2\times(11.9\times d)=2738$	42	115
			C8 大箍	$2\times\{[(350-2\times40-2\times d-25)/3\times1+25+d]+(1100-2\times40-8)\}+2\times(11.9\times d)=2465$	42	103.53

注:图 6-63 左侧柱尺寸为 550×550,右侧柱尺寸为 400×400。

项目 7　板式楼梯平法识图与钢筋算量

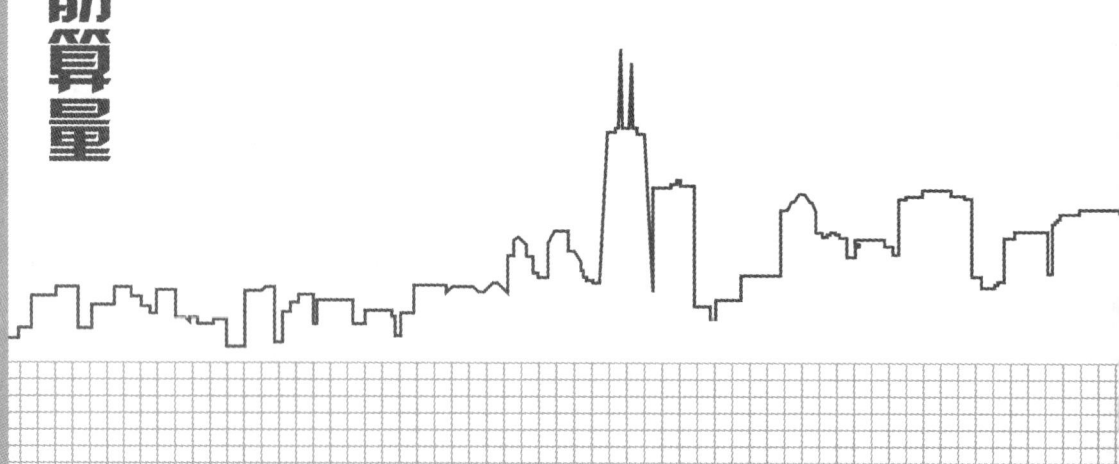

7.1 学习任务描述

7.1.1 项目概况

某学校图书综合楼,主体五层、局部二层,主体结构形式为框架结构、局部结构形式为框剪结构,总建筑面积为 4760 m²。本工程楼梯共有甲、乙、丙、丁四种楼梯,楼梯类型为 ATb 和 CT 型。

7.1.2 项目目标

(1)熟悉楼梯平法施工图的表示方式。
(2)掌握板式楼梯的钢筋节点构造。
(3)掌握板式楼梯钢筋工程量的计算方法。

7.1.3 课程思政

在建筑中,楼梯(见图 7-1)是一个连接构件,解决建筑物各楼层在高度上的差异问题。楼梯一般由梯段、平台、栏杆扶手三部分组成。楼梯各个部分都有相应的尺度要求,如楼梯的坡度,常见坡度为 20°~45°,在 30°左右较佳。楼梯的梯段满足两人通行时宽度为 1000~1200 mm,满足三人通行时宽度为 1500~1800 mm。为保证人们行走或搬运物品时不受影响,楼梯梯段净高一般不小于 2200 mm,楼梯平台净高应不小于 2000 mm。楼梯的踢面高度(h)和踏面宽度(b),设计时通常要满足经验公式 $2h+b=600~620$ mm。楼梯的扶手有高度要求,一般高度为 900 mm,供儿童使用的扶手高度为 600 mm,室外楼梯栏杆、扶手高度应不小于 1100 mm。

图 7-1 楼梯示例

（1）体会建筑中楼梯的作用，感受建筑中楼梯的建筑艺术。

（2）在设计楼梯时要考虑坡度、宽度等尺度要求，引导学生发现数据背后的人性化，确立以人为本、规范先行的思想。

（3）结合楼梯是建筑中的交通要道，在课程内容中适当融入上进心、不忘初心、担当精神、勇往直前的决心等课程思政要素。

7.1.4　项目分析

为完成本项目，基于实际岗位能力要求，设置 3 个任务，理论知识与实践操作在"做中学，学中做"中相互嵌套。板式楼梯平法识图与钢筋算量学习任务课程设计如表 7-1 所示。

表 7-1　板式楼梯平法识图与钢筋算量学习情境设计表

序列	学习任务	学习任务简介	学时
1	板式楼梯平法识图	熟悉板式楼梯类型，阐述平面注写、截面注写和列表注写方式，明确钢筋在图纸中的位置	1
2	板式楼梯钢筋节点构造	掌握板式楼梯的钢筋骨架和钢筋构造，会分析图纸中板式楼梯节点构造，会绘制相关节点	1.5
3	板式楼梯钢筋算量	掌握板式楼梯钢筋工程量的计算方法，完成项目板式楼梯钢筋算量表	1.5

7.2　板式楼梯平法识图

7.2.1　板式楼梯平法识图学习引导

7.2.1.1　学习任务描述

完成某学校图书综合楼结构楼梯施工图识读，按照图集 22G101-2 中有关楼梯构件结构施工图部分梳理知识点，具体学习任务涉及以下三个方面：一是楼梯构件平法制图的表达方式；二是楼梯构件表示内容；三是标注内容如何在图纸中标注与识读。

7.2.1.2　学习目标

（1）能按照图集 22G101-2 对楼梯进行分类。

（2）能梳理板式楼梯构造，能绘制板式楼梯钢筋构造图。

（3）能计算板式楼梯钢筋工程量。

7.2.1.3　任务书

对某学校图书综合楼楼梯甲 ATb2 施工图（见图 7-2）进行平法识读，完成识读报告。

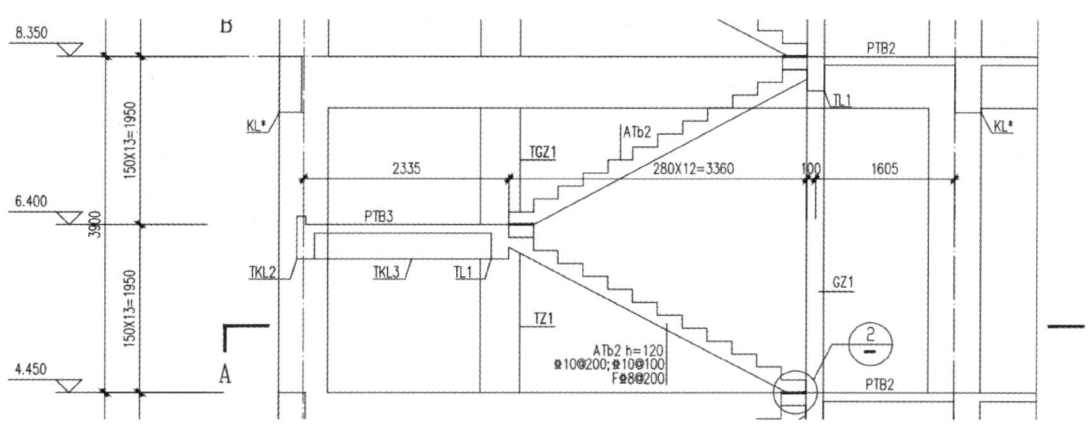

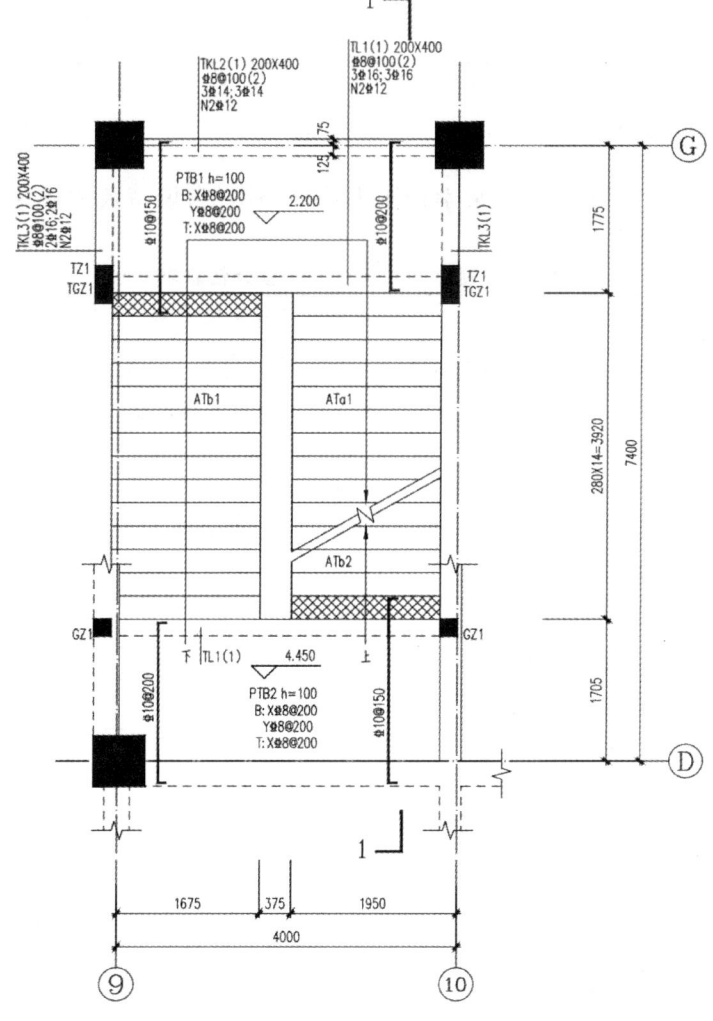

图 7-2 ATb2 楼梯施工图

7.2.1.4 任务分组

板式楼梯平法识图学生任务分配表如表 7-2 所示。

表 7-2　板式楼梯平法识图学生任务分配表

班级		组号		指导老师	
小组	姓名	学号	任务		
组长					
组员					
备注					

7.2.1.5　任务准备

(1)阅读工作任务书，小组识读某学校图书综合楼图纸，填写板式楼梯平法识图基础信息表(见表 7-3)。

表 7-3　板式楼梯平法识图基础信息表

学习情境	板式楼梯平法识图		
学习成果名称	楼梯构件基础知识明细	难易程度	易
参考文献	《混凝土结构施工图平面整体表示方法制图规则和构造详图(现浇混凝土板式楼梯)》(22G101-2)等		
完成时间	____年____月____日____之前提交全部识读明细		
任务说明	结合某学校图书综合楼结构施工图纸和结构基础知识，查取 ATb2 楼梯构件抗震等级、最小保护层厚度等基础信息		
任务完成明细	抗震等级		
	混凝土强度		
	纵筋连接方式		
	保护层 c		
	l_a		
	l_l		
	梯梁宽度 b		
	水平筋起步距离		
	梯板净跨度 l_n		
	梯板净宽度 b_n		
	梯板厚度 h		
	踏步宽度 b_s		
	踏步高度 h_s		

（2）收集《混凝土结构施工图平面整体表示方法制图规则和构造详图（现浇混凝土板式楼梯）》（22G101-2）中有关楼梯构件平法制图部分知识，完成 22G101-2 楼梯构件平法识图知识体系表（见表 7-4）。

表 7-4　22G101-2 楼梯构件平法识图知识体系表

楼梯构件平法识图知识体系		22G101-2 页码
平法表达方式		
平面注写 方式数据项		
剖面注写 方式数据项		
列表注写 方式数据项		

7.2.1.6　任务实施

（1）楼梯构件类型。

引导问题 1：板式楼梯根据图集 22G101-2 有 14 种类型，分别是：_____
_____
_____

（2）楼梯构件识读内容。

引导问题 2：楼梯构件的平法表达方式分_____、_____和_____
三种。

（3）引导问题 3：楼梯平面注写方式包括_____、_____两项内容，前者的
具体内容包括：_____
_____

后者的具体内容包括：_____
_____

（4）引导问题 4：楼梯剖面注写方式包括_____、_____两项内容，前者的
具体内容包括：_____
_____

后者的具体内容包括：_____
_____

（5）楼梯构件识图。

引导问题 5：完成项目综合楼楼梯甲 ATb2 平面注写识读，并填写表 7-5。

表 7-5 某学校图书综合楼楼梯甲 ATb2 平面注写识读表

方式	数据项	表示内容	识图内容
剖面图注写	梯板类型代号		
	梯板厚度		
	踏步段总高度和踏步级数		
	梯板上部纵筋		
	梯板下部纵筋		
	梯板分布筋		
平面图标注	楼梯间的平面尺寸		
	楼层结构标高		
	层间结构标高		
	梯板的平面尺寸		

(6)拓展任务:画出项目 CT1 楼梯板配筋构造图。

7.2.1.7 评价反馈

学生进行自评,评价自己是否能完成施工图识读的学习、是否能完成楼梯构件施工图的识读、是否能按时完成报告内容等成果资料、有无任务遗漏。老师对学生的评价内容,可对接江苏省"建筑工程识图"技能大赛和"1+X"建筑工程识图职业技能等级证书、关于楼梯构件评分标准和规范成果,主要包括报告书是否工整规范、报告内容数据是否真实合理、阐述是否详细、认识体会是否深刻、绘制图纸是否规范。

(1)学生进行自我评价,将结果填入表 7-6 中。

表 7-6 板式楼梯平法识图学生自评表

班级:		姓名:	学号:		日期:	
学习情境		板式楼梯平法识图				
评价项目		评价标准			分值	得分
信息检索		能有效利用图纸、图集 22G101-2 查找有效信息,并完成板式楼梯平法识图基础信息表			15	
板式楼梯知识体系		能正确梳理楼梯构件平法识图知识体系			10	
板式楼梯平法基本规则		能正确理解板式楼梯平法规则			15	
板式楼梯剖面注写		能正确识读,准确完成平面注写内容的填写			25	
工作态度		态度端正,无无故缺勤、迟到、早退现象			10	
工作质量		能按计划完成工作任务			10	
协调能力		与小组成员、同学之间能合作交流、协调工作			5	
职业素质		全面细致,一丝不苟,树立职业从业意识			10	

(2)学生以小组为单位,对工作过程与工作结果进行互评,将互评结果填入表 7-7 中。

表 7-7　板式楼梯平法识图学生互评表

学习情境		板式楼梯平法识图												
评价项目	分值	等级							评价对象（组别）					
									1	2	3	4	5	6
计划合理	8	优	8	良	7	中	6	差	4					
方案合理	8	优	8	良	7	中	6	差	4					
团队合作	8	优	8	良	7	中	6	差	4					
组织有序	8	优	8	良	7	中	6	差	4					
工作质量	8	优	8	良	7	中	6	差	4					
工作效率	8	优	8	良	7	中	6	差	4					
工作完整	10	优	10	良	8	中	6	差	4					
工作规范	16	优	16	良	12	中	6	差	4					
识读报告	16	优	16	良	12	中	8	差	4					
拓展成果	10	优	10	良	8	中	6	差	4					
合计	100													

（3）教师对学生的工作过程与工作结果进行评价，并将评价结果填入表 7-8 中。

表 7-8　板式楼梯平法识图教师综合评价表

班级：		姓名：		学号：	
学习情境		板式楼梯平法识图			
评价项目		评价标准		分值	得分
考勤（10%）		无无故迟到、早退、旷课现象		10	
工作过程（60%）	课前准备	能做好课前准备，完成板式楼梯平法识图基础信息表		10	
	板式楼梯平法识图知识体系	能在图集 22G101-1 中有效定位楼梯构件平法制图页码、明晰基本内容		15	
	板式楼梯剖面图注写方式	能正确识读、填写		20	
	工作态度	态度端正，工作认真、主动		5	
	协调能力	与小组成员、同学之间能合作交流、协调工作		5	
	职业素质	全面细致，一丝不苟，树立职业从业意识		5	
项目成果（30%）	工作完整	能按时完成任务		5	
	工作规范	能按规范要求识读图纸		5	
	读图报告	能正确识读图纸并按照图纸完成读图报告		5	
	拓展成果	能用 CAD 准确完成楼梯构件截面注写绘制		15	
合计				100	
综合评价	自评（20%）	小组互评（30%）		教师评价（50%）	综合得分

7.2.1.8　拓展思考题

(1)楼梯的平面注写方式与剖面注写方式有何区别?楼梯平面注写包括的具体内容有哪些?

(2)AT~ET 型板式楼梯有哪些特征?

(3)FT~HT 型板式楼梯有哪些特征?

7.2.2　板式楼梯平法识图相关知识

楼梯概述

7.2.2.1　现浇混凝土板式楼梯构成

作为建筑物中的垂直交通设施,楼梯起着非常重要的作用。现浇混凝土楼梯由于具有布置灵活、容易满足不同建筑要求等优点,因而是多层及高层房屋建筑的重要组成部分,在建筑工程中的应用颇为广泛。楼梯按照结构形式的不同分为板式楼梯、梁式楼梯、悬挑楼梯和螺旋楼梯等。

现浇混凝土板式楼梯一般由踏步段、层间平板、层间梯梁、楼层梯梁和楼层平板等构件组成,如图 7-3 所示。

(1)踏步段:任何楼梯都包含踏步段,每个踏步的高度和宽度应该相等,其尺寸一般以上下楼梯舒适为准,每个踏步的高度和宽度之比决定了整个踏步段斜板的斜率。

(2)层间平板:两跑楼梯层间的平板,即休息平台。

(3)层间梯梁:起到支承层间平板和踏步段的作用。

(4)楼层梯梁:也起到支承楼层平板和踏步段的作用。

(5)楼层平板:每个楼层中连接楼层梯梁或踏步段的平板。并不是所有楼梯间都包含楼层平板。图集 22G101-2 中的两跑楼梯包含楼层平板,而一跑楼梯不包含楼层平板。

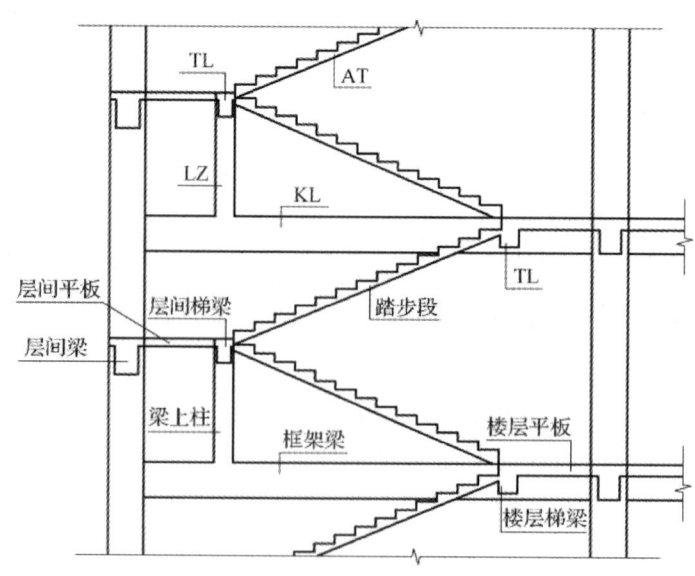

图 7-3　板式楼梯构造图

7.2.2.2 现浇混凝土板式楼梯在平法中的知识体系

板式楼梯平法识图知识体系表如表7-9所示。

表7-9 板式楼梯平法识图知识体系表

板式楼梯平法识图知识体系		22G101-2 页码
平法表达方式	平面注写方式	1-5、1-6
	剖面注写方式	1-6
	列表注写方式	1-6、1-7
平面注写方式数据项	系在楼梯平面布置图上注写截面尺寸和配筋具体数值,包括集中标注和外围标注	1-5、1-6
剖面注写方式数据项	需在楼梯平法施工图中绘制楼梯平面布置图和楼梯剖面图,注写方式分平面图注写和剖面图注写	1-6

7.2.2.3 现浇混凝土板式楼梯的种类

根据图集22G101-2,楼梯共14种类型(见图7-4至图7-15),分为一跑楼梯和两跑楼梯两大类。楼梯编号以 AT ~GT 的字母打头,具体见表7-10。

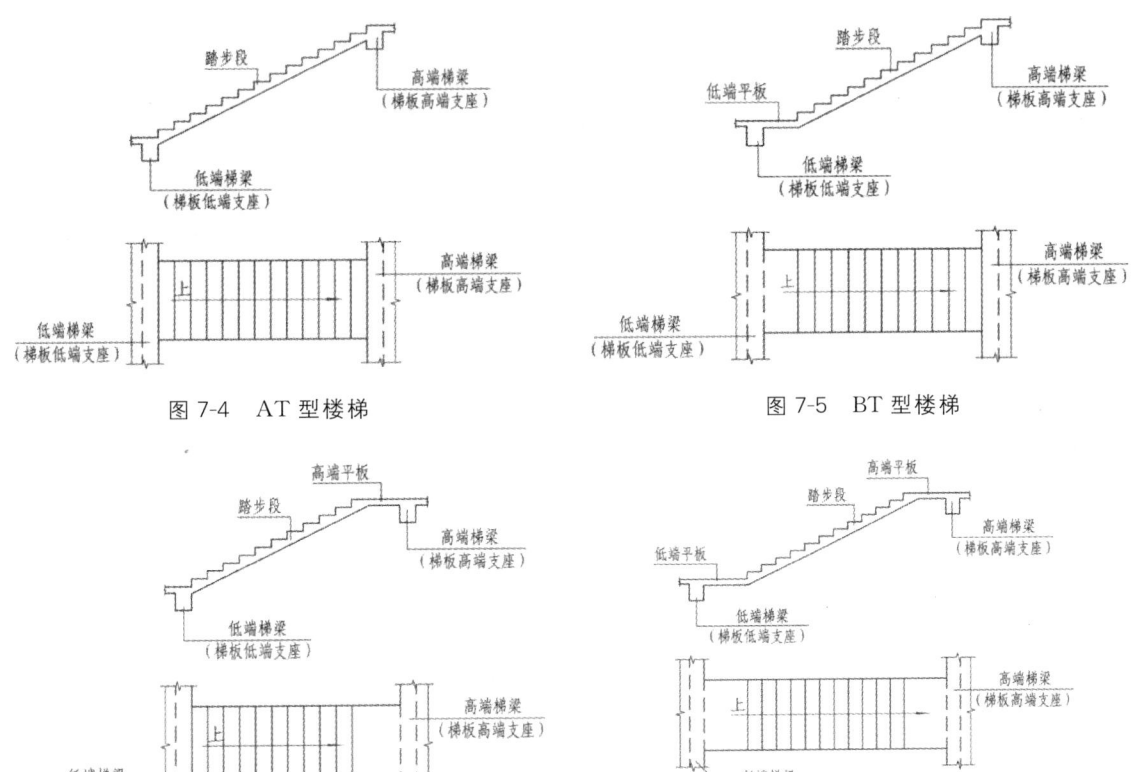

图 7-4 AT 型楼梯   图 7-5 BT 型楼梯

图 7-6 CT 型楼梯   图 7-7 DT 型楼梯

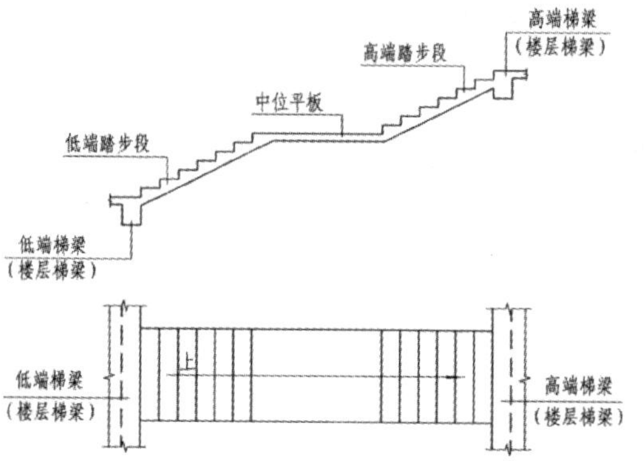

图 7-8　ET 型楼梯

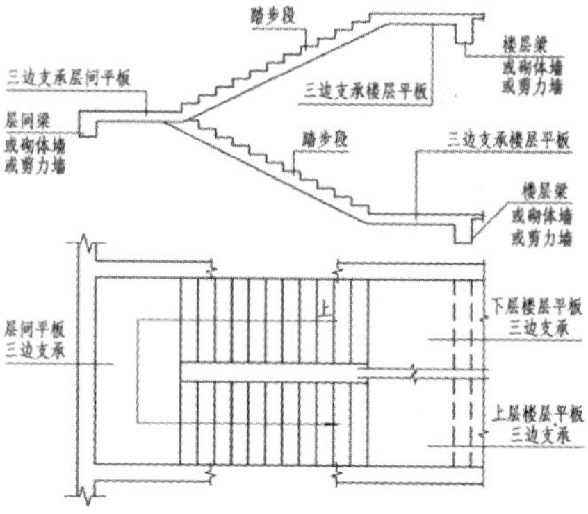

图 7-9　FT 型楼梯

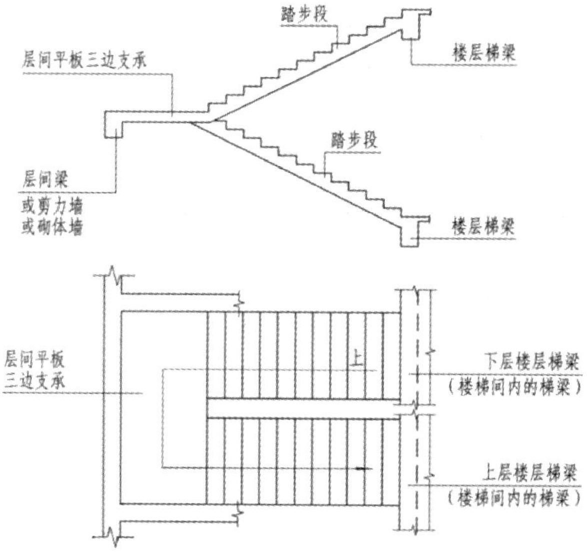

图 7-10　GT 型楼梯

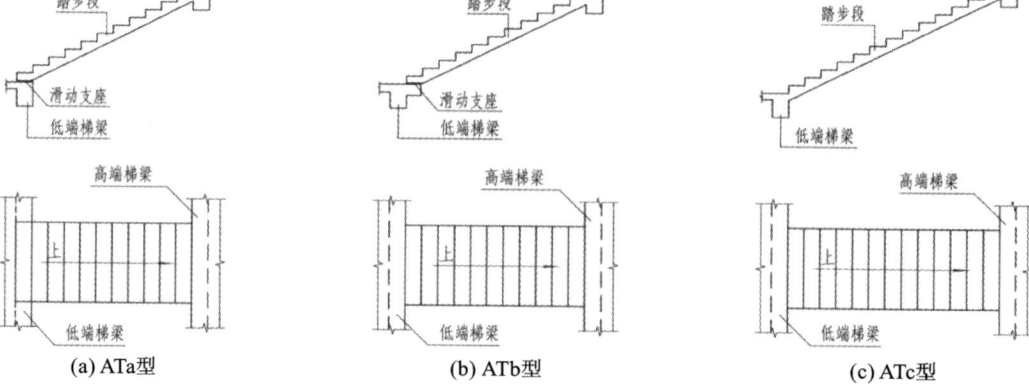

(a) ATa型　　　(b) ATb型　　　(c) ATc型

图 7-11　ATa、ATb、ATc 型楼梯

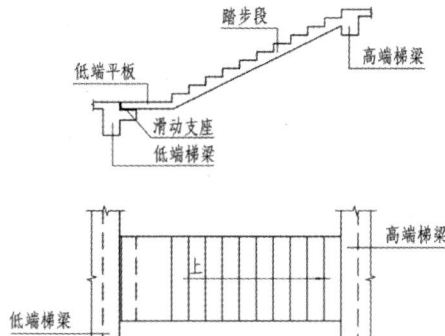

图 7-12 BTb 型楼梯

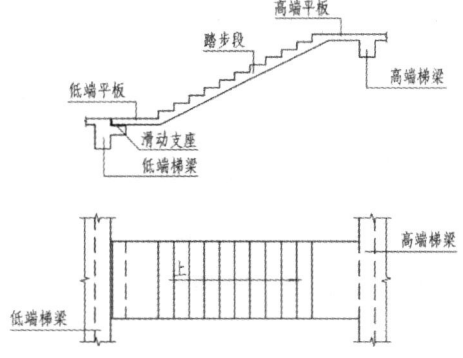

图 7-13 DTb 型楼梯

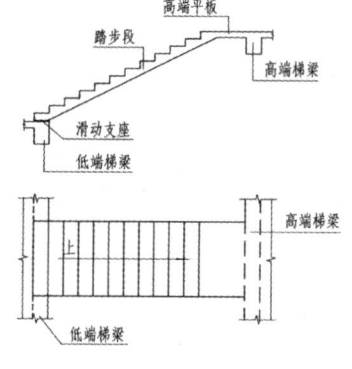

图 7-14 CTa 型楼梯

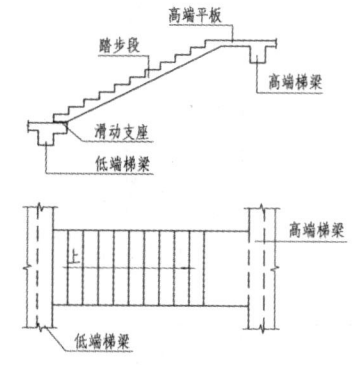

图 7-15 CTb 型楼梯

表 7-10 楼梯的类型

梯板代号	适用范围		是否参与结构整体抗震计算	梯段特征	示意图在图集页码	注写方式及构造图在图集页码
	抗震构造措施	适用结构				
AT	无	剪力墙、砌体结构	不参与	全部由踏步段构成	1-8	2-7、2-8
BT				由低端平板和踏步段构成	1-8	2-9、2-10
CT	无	剪力墙、砌体结构	不参与	由高端平板和踏步段构成	1-9	2-11、2-12
DT				由低端平板、踏步段和高端平板构成	1-9	2-13、2-14
ET	无	剪力墙、砌体结构	不参与	由低端踏步段、中位平板和高端踏步段构成	1-10	2-15、2-16
FT				由层间平板、踏步段和楼层平板构成	1-10	2-17、2-18、2-19、2-23
GT	无	剪力墙、砌体结构	不参与	由层间平板和踏步段构成	1-11	2-20、2-23

续表

梯板代号	适用范围		是否参与结构整体抗震计算	梯段特征	示意图在图集页码	注写方式及构造图在图集页码
	抗震构造措施	适用结构				
ATa	有	框架结构、框剪结构中框架部分	不参与	带滑动支座,支承在梯梁上	1-12	2-24、2-26
ATb			不参与	带滑动支座,支承在挑板上	1-12	2-24、2-27、2-28
ATc			参与	参与结构整体抗震计算,配筋为双层双向,设置暗梁	1-12	2-29、2-30
BTb	有	框架结构、框剪结构中框架部分	不参与	带滑动支座,由踏步段和低端平板构成,配筋为双层双向	1-13	2-31、2-33
CTa	有	框架结构、框剪结构中框架部分	不参与	由高端平板和踏步段构成,带滑动支座,支承在梯梁上,配筋为双层双向	1-14	2-25、2-34、2-35
CTb	有	框架结构、框剪结构中框架部分	不参与	由高端平板和踏步段构成,带滑动支座,支承在挑板上,配筋为双层双向	1-14	2-27、2-34、2-36
DTb	有	框架结构、框剪结构中框架部分	不参与	由低端平板、踏步段和高端平板构成,带滑动支座,支承在挑板上,配筋为双层双向	1-13	2-32、2-37、2-38

7.2.2.4　现浇混凝土板式楼梯平法识图

板式楼梯平法施工图的表示方法

根据图集 22G101,现浇混凝土板式楼梯平法施工图有平面注写、剖面注写和列表注写三种表达方式。实际图纸中,一般楼梯结构采用剖面注写方式,施工图由楼梯结构平面图、楼梯结构剖面图组成。楼梯结构平面图为楼梯的水平剖面图,是表达楼梯各构件平面布置情况、构件代号、尺寸大小、平台板的配筋和板厚,以及平台的结构标高等内容的图样。楼梯结构剖面图为楼梯垂直剖面图,是表达楼梯在竖直方向各构件的布置与构造、梯段板和楼梯梁的配筋情况和构件尺寸等内容的图纸。

按平法绘制楼梯施工图时,与楼梯相关的平台板、梯梁和梯柱的注写编号由类型代号和序号组成。平台板代号为 PTB,梯梁代号为 TL,梯柱代号为 TZ。楼层平台梁板配筋可绘制在楼梯平面图中,也可在各层梁板配筋图中绘制;层间平台梁板配筋在楼梯平面图中绘制。

1.楼梯的平面注写方式

平面注写方式,系在楼梯平面布置图上以注写截面尺寸和配筋具体数值的方式来表达楼梯施工图,包括集中标注和外围标注,如图 7-16 所示。

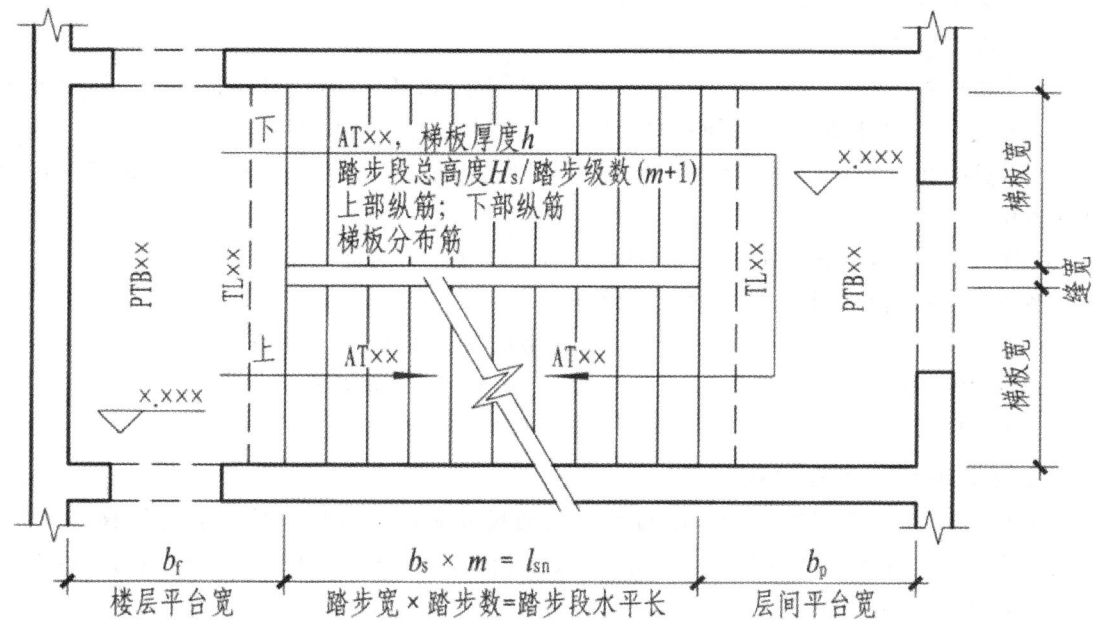

图 7-16 AT 型板式楼梯(平面注写方式)

(1)集中标注。

楼梯集中标注的内容有五项,具体规定如下。

①梯板类型代号与序号,如 AT××。

②梯板厚度,注写为 $h=×××$。当为带平板的梯板且踏步段板厚度和平板厚度不同时,可在梯板厚度后面括号内以字母 P 打头注写平板厚度。

③踏步段总高度和踏步级数,之间以"/"分隔。

④梯板上部纵向钢筋(纵筋)、下部纵向钢筋(纵筋),之间以";"分隔。

⑤梯板分布筋,以 F 打头注写分布钢筋具体值,该项也可在图中统一说明。

例 7-1:平面图中梯板类型及配筋的完整标注示例如下(AT 型):

AT1,$h=120$ 梯板类型及编号,梯板板厚

1800/12   踏步段总高度/踏步级数

Φ10@200;Φ12@150   上部纵筋;下部纵筋

FΦ8@250   梯板分布筋(可统一说明)

(2)外围标注。

楼梯外围标注的内容,包括楼梯间的平面尺寸、楼层结构标高、层间结构标高、楼梯的上下方向、梯板的平面几何尺寸、平台板配筋、梯梁及梯柱配筋等。

2.楼梯的剖面注写方式。

剖面注写方式需在楼梯平法施工图中绘制楼梯平面布置图和楼梯剖面图,注写方式包含平面图注写和剖面图注写两部分。

①楼梯平面布置图注写内容,包括楼梯间的平面尺寸、楼层结构标高、层间结构标高、楼

梯的上下方向、梯板的平面几何尺寸、梯板类型及编号、平台板配筋、梯梁及梯柱配筋等。

②楼梯剖面图注写内容,包括梯板集中标注、梯梁梯柱编号、梯板水平及竖向尺寸、楼层结构标高、层间结构标高等。

③梯板集中标注的内容有四项,具体规定如下。

a.梯板类型及编号,如 AT××。

b.梯板厚度,注写为 $h=×××$。当梯板由踏步段和平板构成,且梯板踏步段厚度和平板厚度不同时,可在梯板厚度后面括号内以字母 P 打头注写平板厚度。

c.梯板配筋,注明梯板上部纵筋和梯板下部纵筋,用分号";"将上部与下部纵筋的配筋值分隔开来。

d.梯板分布筋,以 F 打头注写分布钢筋具体值,该项也可在图中统一说明。

例 7-2:剖面图中梯板配筋完整的标注如下(AT 型):

AT2,$h=120$ 梯板类型及编号,梯板板厚

$\Phi10@200;\Phi12@150$ 上部纵筋;下部纵筋

$F\phi8@250$ 梯板分布筋(可统一说明)

3.楼梯的列表注写方式

列表注写方式,系用列表方式注写梯板截面尺寸和配筋具体数值来表达楼梯施工图。列表注写方式的具体要求同剖面注写方式,仅将剖面注写方式中的梯板配筋注写项改为列表注写项(见表 7-11)即可。

表 7-11   梯板几何尺寸和配筋表

梯板编号	踏步段总高度/踏步级数	板厚 h	上部纵筋	下部纵筋	分布筋

7.3   板式楼梯钢筋节点构造

7.3.1   板式楼梯钢筋节点构造学习引导

7.3.1.1   学习任务描述

按照《混凝土结构施工图平面整体表示方法制图规则和构造详图(现浇混凝土板式楼梯)》(22G101-2)中有关板式楼梯标准构造详图部分知识,完成板式楼梯 AT 型、CT 型、ATb型构造的梳理,绘制某学校图书综合楼 ATb 型楼梯的构造图。

7.3.1.2   学习目标

(1)能按照图集描述各类型楼梯钢筋构造要点。

(2)能够绘制各类型楼梯钢筋构造图。

7.3.1.3 任务书

手绘(或用 CAD 软件绘制)完成某学校图书综合楼 ATb 型楼梯钢筋构造图。

7.3.1.4 任务分组

板式楼梯钢筋节点构造学生任务分配表如表 7-12 所示。

表 7-12 板式楼梯钢筋节点构造学生任务分配表

班级		组号		指导老师	
小组	姓名	学号		任务	
组长					
组员					
备注					

7.3.1.5 任务准备

收集《混凝土结构施工图平面整体表示方法制图规则和构造详图(现浇混凝土板式楼梯)》(22G101-2)中有关节点构造知识,完成表 7-13。

表 7-13 现浇混凝土楼梯节点构造知识体系表

类型		构造部位	图集及页码
非抗震楼梯	AT 型楼梯板配筋构造	上部纵筋、下部纵筋、梯板分布筋	
	BT 型楼梯板配筋构造	上部纵筋、下部纵筋、梯板分布筋	
	CT 型楼梯板配筋构造	上部纵筋、下部纵筋、梯板分布筋	
	DT 型楼梯板配筋构造	上部纵筋、下部纵筋、梯板分布筋	
	ET 型楼梯板配筋构造	上部纵筋、下部纵筋、梯板分布筋	
	FT 型楼梯板配筋构造	上部纵筋、下部纵筋、梯板分布筋	
	GT 型楼梯板配筋构造	上部纵筋、下部纵筋、梯板分布筋	
抗震楼梯	ATa 型楼梯板配筋构造	上部纵筋、下部纵筋、梯板分布筋	
	ATb 型楼梯板配筋构造	上部纵筋、下部纵筋、梯板分布筋	
	ATc 型楼梯板配筋构造	上部纵筋、下部纵筋、梯板分布筋	
	BTb 型楼梯板配筋构造	上部纵筋、下部纵筋、梯板分布筋	
	CTa 型楼梯板配筋构造	上部纵筋、下部纵筋、梯板分布筋	
	CTb 型楼梯板配筋构造	上部纵筋、下部纵筋、梯板分布筋	
	DTb 型楼梯板配筋构造	上部纵筋、下部纵筋、梯板分布筋	

7.3.1.6　任务实施

引导问题 1：板式楼梯钢筋骨架中钢筋的类型主要有：＿＿＿＿＿＿＿＿、＿＿＿＿＿＿＿、
＿＿＿＿＿＿＿。

引导问题 2：总结 AT 型板式楼梯的钢筋构造要点，其中上部纵筋构造要点为：＿＿＿＿＿
＿＿＿
＿＿＿
＿＿＿

下部纵筋构造要点为：＿＿＿＿＿＿＿＿＿＿＿＿＿＿＿＿＿＿＿＿＿＿＿＿＿＿＿＿＿＿
＿＿＿

分布筋构造要点为：＿＿＿＿＿＿＿＿＿＿＿＿＿＿＿＿＿＿＿＿＿＿＿＿＿＿＿＿＿＿＿
＿＿＿

引导问题 3：总结 CT 型板式楼梯的钢筋构造要点，其中上部纵筋构造要点为：＿＿＿＿＿
＿＿＿
＿＿＿
＿＿＿

下部纵筋构造要点为：＿＿＿＿＿＿＿＿＿＿＿＿＿＿＿＿＿＿＿＿＿＿＿＿＿＿＿＿＿＿
＿＿＿

分布筋构造要点为：＿＿＿＿＿＿＿＿＿＿＿＿＿＿＿＿＿＿＿＿＿＿＿＿＿＿＿＿＿＿＿
＿＿＿

引导问题 4：总结 ATb 型板式楼梯的钢筋构造要点，其中上部纵筋构造要点为：＿＿＿＿＿
＿＿＿
＿＿＿
＿＿＿

下部纵筋构造要点为：＿＿＿＿＿＿＿＿＿＿＿＿＿＿＿＿＿＿＿＿＿＿＿＿＿＿＿＿＿＿
＿＿＿

分布筋构造要点为：＿＿＿＿＿＿＿＿＿＿＿＿＿＿＿＿＿＿＿＿＿＿＿＿＿＿＿＿＿＿＿
＿＿＿

7.3.1.7　任务成果

完成某学校图书综合楼 ATb 型楼梯钢筋构造图，填表 7-14。

注：①图例准确；②标注符合楼梯注写要求。

表 7-14　ATb 型楼梯钢筋构造

序号	楼梯名称	截面图名称和截面图
1	ATb 型楼梯	

7.3.1.8　评价反馈

学生进行自评，评价自己是否能完成板式楼梯钢筋节点构造的梳理与学习、是否能完成ATb型楼梯钢筋节点构造的绘制、是否能按时完成报告内容等成果资料、有无任务遗漏。老师对学生的评价内容，可对接江苏省"建筑工程识图"技能大赛和"1＋X"建筑工程识图职业技能等级证书、关于楼梯钢筋节点构造评分标准和规范成果，主要包括报告书是否工整规范、报告内容数据是否真实合理、阐述是否详细、认识体会是否深刻、绘制图纸是否规范。

（1）学生进行自我评价，将结果填入表7-15中。

表 7-15　板式楼梯钢筋节点构造学生自评表

班级：	姓名：		学号：	日期：	
学习情境	板式楼梯钢筋节点构造				
评价项目	评价标准			分值	得分
信息检索	能有效利用图纸、图集22G101-2查找有效信息；能解释、表述所学知识；能完成构造知识体系表			5	
楼梯构造知识点梳理	能用图集22G101-2查找有效信息，总结、梳理、描述楼梯构造知识点；完成任务实施中的相关问题			30	
ATb型楼梯钢筋构造图绘制	能有效利用图纸并正确识读，准确绘制楼梯钢筋构造图			30	
工作态度	态度端正，无无故缺勤、迟到、早退现象			10	
工作质量	能按计划完成工作任务			10	
协调能力	与小组成员、同学之间能合作交流、协调工作			5	
职业素质	全面细致，一丝不苟，树立职业从业意识			10	

（2）学生以小组为单位，对工作过程与工作结果进行互评，将互评结果填入表7-16中。

表 7-16　板式楼梯钢筋节点构造学生互评表

学习情境		板式楼梯钢筋节点构造											
评价项目	分值	等级							评价对象（组别）				
									1	2	3	4	5	6
计划合理	8	优	8	良	7	中	6	差	4					
方案合理	8	优	8	良	7	中	6	差	4					
团队合作	8	优	8	良	7	中	6	差	4					
组织有序	8	优	8	良	7	中	6	差	4					
工作质量	8	优	8	良	7	中	6	差	4					
工作效率	8	优	8	良	7	中	6	差	4					
工作完整	10	优	10	良	8	中	6	差	4					
工作规范	16	优	16	良	12	中	8	差	4					
学习报告	16	优	16	良	12	中	8	差	4					
拓展成果	10	优	10	良	8	中	6	差	4					
合计	100													

（3）教师对学生的工作过程与工作结果进行评价，并将评价结果填入表 7-17 中。

表 7-17　板式楼梯钢筋节点构造教师综合评价表

班级：		姓名：	学号：	
学习情境		板式楼梯钢筋节点构造		
评价项目		评价标准	分值	得分
考勤（10%）		无无故迟到、早退、旷课现象	10	
工作过程（60%）	板式楼梯钢筋节点构造知识体系	能在图集 22G101-2 中有效定位板式楼梯钢筋节点构造页码、明晰基本内容	5	
	板式楼梯钢筋节点构造梳理	能用图集 22G101-2 查找有效信息，总结、梳理、描述楼梯构造知识点；完成任务实施中相关问题	20	
	板式楼梯钢筋节点构造绘制	能有效利用图纸并正确识读，准确绘制楼梯钢筋节点构造图	20	
	工作态度	态度端正，工作认真、主动	5	
	协调能力	与小组成员、同学之间能合作交流、协调工作	5	
	职业素质	全面细致，一丝不苟，树立职业从业意识	5	
项目成果（30%）	工作完整	能按时完成任务	5	
	工作规范	能按规范要求绘制构造图	5	
	读图报告	能正确识读图纸并按照图纸完成楼梯读图报告	5	
	拓展成果	能准确完成拓展任务	15	
合计			100	
综合评价	自评（20%）	小组互评（30%）	教师评价（50%）	综合得分

7.3.1.9　拓展思考题

（1）楼梯里面的钢筋有哪些？如何形成楼梯的钢筋骨架？

（2）BT～ET 型板式楼梯钢筋节点构造要点有哪些？

7.3.2　板式楼梯钢筋节点构造相关知识

板式楼梯钢筋的构造

　　板式楼梯中，可以近似地把梯段斜板看作是两端简支于梯梁上的简支板，如图 7-17 所示。由于梯段斜板与梯梁是整体连接的，考虑梯梁对梯段斜板的约束作用，梯段斜板弯矩图如图 7-17 所示，梯段斜板与梯梁交接处有一定的负弯矩作用。跨中弯矩值小于简支板的弯矩值，近似按照简支板计算跨中弯矩；支座处有负弯矩，

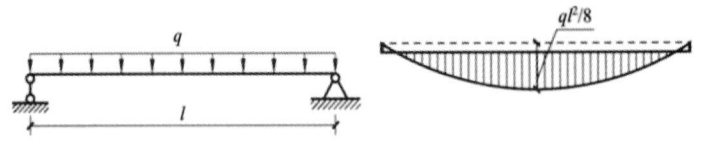

图 7-17　板式楼梯弯矩图

但数值很小且不易确定。因此,梯段斜板下部配置受力筋,两端支座按构造要求配置构造负筋。板内钢筋因受力不同需要将荷载分布并传递给钢筋,分担混凝土收缩和温度变化引起的拉应力,同时固定钢筋的位置,因此需要布置分布筋形成钢筋网。

根据板式楼梯的受力分析,现浇混凝土板式楼梯需要布置上部纵筋、下部纵筋、梯板分布筋等,钢筋通过绑扎形成钢筋网片,如图 7-18 所示。

图 7-18 板式楼梯钢筋网片图

民用建筑中,使用最广泛的是一跑楼梯 AT 型楼梯。下面以 AT 型楼梯和项目案例中的 CT 型、ATb 型楼梯为例说明钢筋构造,其余楼梯类型的构造请读者自行总结学习。

1.AT 型楼梯的钢筋构造

AT 型楼梯板配钢筋构造如图 7-19 所示。

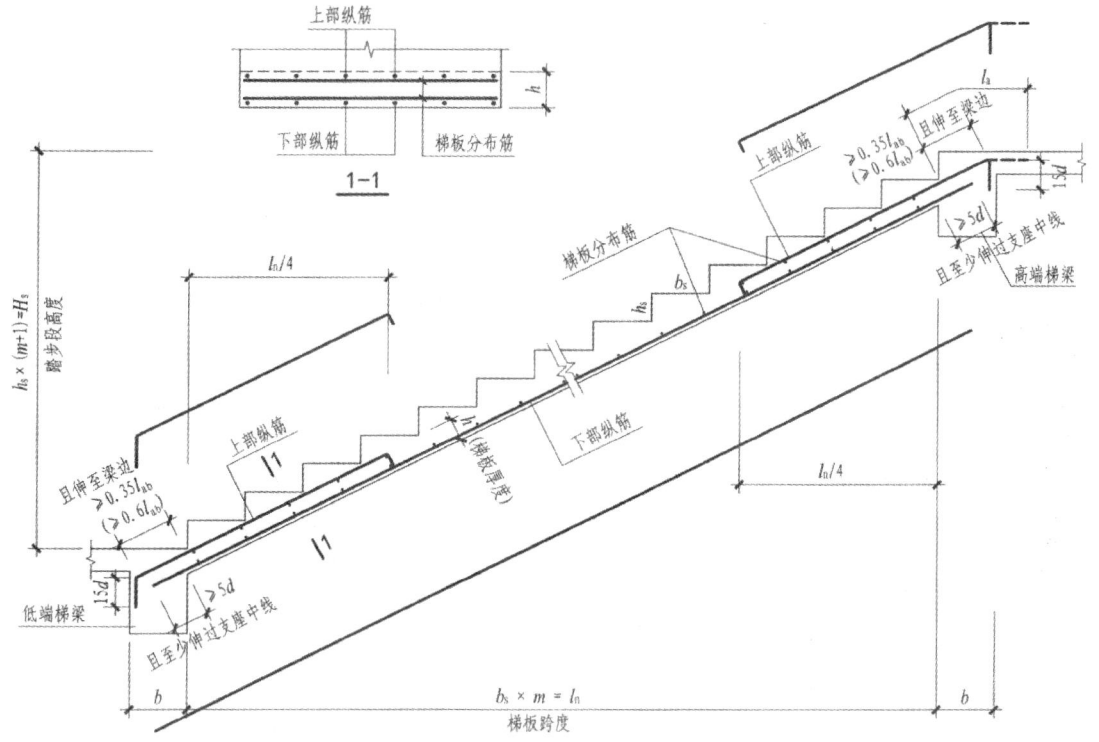

图 7-19 AT 型楼梯板配钢筋构造

构造要点如下。

(1)上部纵筋:上部纵筋锚固长度 $0.35l_{ab}$ 用于设计按铰接的情况,括号内数据 $0.6l_{ab}$ 用于设计考虑充分利用钢筋抗拉强度的情况,在具体工程中设计应指明采用何种情况;上部纵筋需伸至支座对边再向下弯折 $15d$;上部纵筋向跨内的水平延伸投影长度为 $l_n/4$,高端上部纵筋有条件时可直接伸入平台板内锚固,从支座内边算起总锚固长度不小于 l_a。

(2)下部纵筋:下部纵筋在支座的锚固长度 $\geq 5d$ 且至少伸过支座中线。

(3)分布钢筋:设置在纵向钢筋的内侧。

2.CT 型楼梯的钢筋构造

CT 型楼梯板配筋构造如图 7-20 所示。

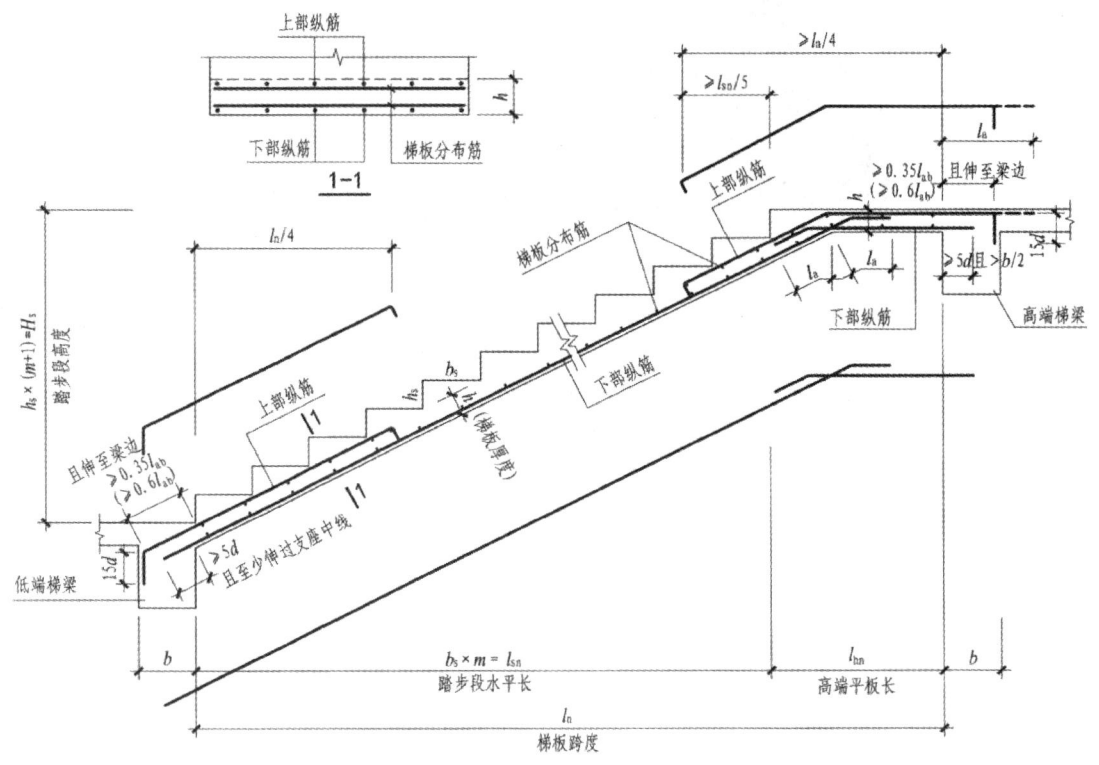

图 7-20 CT 型楼梯板配筋构造

构造要点如下。

(1)低端上部纵筋:低端上部纵筋锚固长度 $0.35l_{ab}$ 用于设计按铰接的情况,括号内数据 $0.6l_{ab}$ 用于设计考虑充分利用钢筋抗拉强度的情况,在具体工程中设计应指明采用何种情况;低端上部纵筋需伸至支座对边再向下弯折 $15d$,向跨内的水平延伸投影长度为 $l_n/4$。

(2)高端上部纵筋:向跨内的水平延伸投影长度为 $l_n/4$(且伸入踏步内的水平投影长度不小于 $1/5l_{sn}$),支座内锚固同低端上部纵筋,有条件时可直接伸入平台板内锚固,从支座内边算起总锚固长度不小于 l_a。

(3)踏步段内下部纵筋:低端在支座的锚固长度 $\geq 5d$ 且至少伸过支座中线,高端伸入平板底部后沿平板水平弯折,伸入高端平板内的总长度为 l_a。

(4)高端平板下部纵筋:低端伸入踏步后沿踏步板水平弯折,伸入梯板内的总长度为 l_a,高端在支座的锚固长度 $\geq 5d$ 且至少伸过支座中线。

(5)分布钢筋:设置在纵向钢筋的内侧。

3.ATb 型楼梯的钢筋构造

ATb 型楼梯板配筋构造如图 7-21 所示。

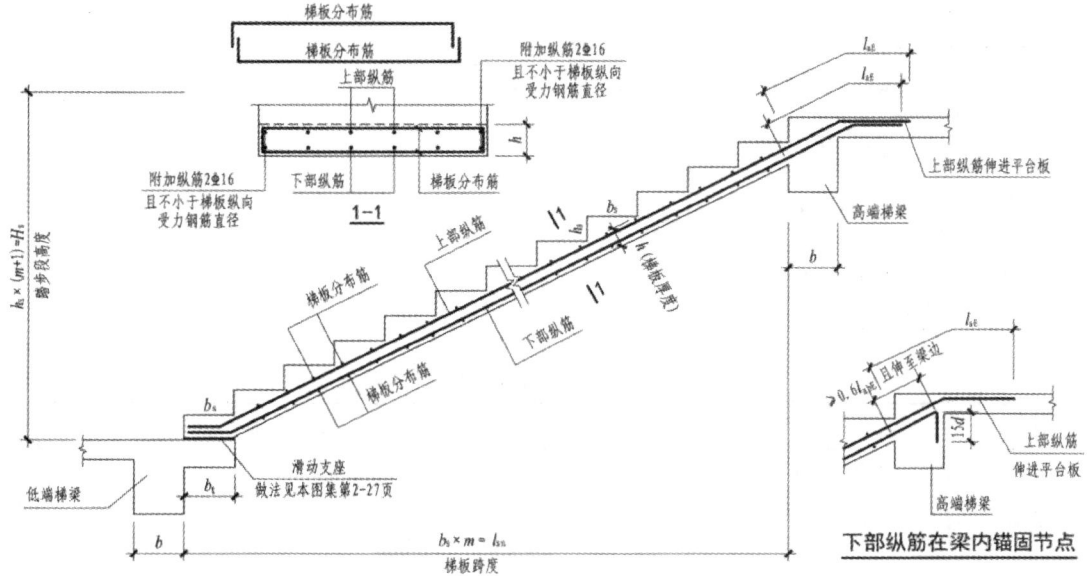

图 7-21 ATb 型楼梯板配筋构造

构造要点如下。

(1)双层配筋:下端纵筋平伸至踏步段下端的尽头,上端纵筋均伸进平台板锚入板内长度为 l_{aE}。

(2)分布筋:分布筋两端均弯直钩,下层分布筋设置在下部纵筋的下面,上层分布筋设置在上部纵筋的上面。

(3)附加纵筋:分别设置在上、下层分布筋的拐角处,直径不小于 C16 且不小于纵筋直径。

(4)当采用 HPB300 光面钢筋时,除楼梯上部纵筋的跨内端头做 90°直角弯钩外,所有末端应做 180°的弯钩。

7.4 板式楼梯钢筋算量

7.4.1 板式楼梯钢筋算量学习引导

7.4.1.1 学习任务描述

按照《混凝土结构施工图平面整体表示方法制图规则和构造详图(现浇混凝土板式楼梯)》(22G101-2)中有关楼梯构件钢筋构造详图部分知识,完成对板式楼梯钢筋工程量计算公式的总结,计算某学校图书综合楼 CT1 楼梯的钢筋工程量。

7.4.1.2 学习目标

(1)能根据图纸收集楼梯尺寸数据。
(2)能总结楼梯钢筋工程量计算公式。
(3)能完成实践项目楼梯工程量计算书的编制。

7.4.1.3 任务书

计算 CT1 的钢筋工程量,并将结果填入计算书。

7.4.1.4 任务分组

板式楼梯钢筋算量学生任务分配表如表 7-18 所示。

表 7-18 板式楼梯钢筋算量学生任务分配表

班级		组号		指导老师	
小组	姓名	学号	任务		
组长					
组员					
备注					

7.4.1.5 任务准备

根据图纸及《混凝土结构施工图平面整体表示方法制图规则和构造详图(现浇混凝土板式楼梯)》(22G101-2),收集 CT1 楼梯基本尺寸数据(见表 7-19)。

表 7-19 CT1 楼梯基本尺寸数据表

学习情境	板式楼梯钢筋算量		
学习成果名称	楼梯构件基础知识明细	难易程度	易
参考文献	《混凝土结构施工图平面整体表示方法制图规则和构造详图(现浇混凝土板式楼梯)》(22G101-2)等		
完成时间	____年____月____日____之前提交全部识读明细		
任务说明	结合某学校图书综合楼结构施工图纸和结构基础知识,查取楼梯下列尺寸数据		
尺寸数据	梯梁宽度 b		
	水平筋起步距离		

续表

尺寸数据	梯板净跨度 l_n	
	梯板净宽度 b_n	
	梯板厚度 h	
	踏步宽度 b_s	
	踏步高度 h_s	
	梯板斜坡系数 k	

7.4.1.6　任务实施

引导问题:根据 CT 楼梯钢筋节点构造,总结钢筋工程量计算公式并填入表 7-20 中。

表 7-20　CT1 楼梯钢筋工程量计算公式表

楼梯类型	钢筋名称			计算公式
CT	梯板下部钢筋	低端下部受力筋	总长	
			根数	
		高端下部受力筋	总长	
			根数	
		下部分布筋	总长	
			根数	
	梯板上部钢筋	低端上部纵筋	总长	
			根数	
		高端上部纵筋	总长	
			根数	
		分布筋	总长/mm	
			根数	

7.4.1.7　任务成果

完成楼梯乙 CT1 楼梯钢筋工程量计算书(见表 7-21)。

表 7-21　CT1 楼梯钢筋工程量计算书

构件名称	钢筋名称		钢筋规格	计算公式	
CT1	梯板下部钢筋	低端下部受力筋	C10	总长/mm	
				根数	
		高端下部受力筋	C10	总长/mm	
				根数	
		下部分布筋	C8	总长/mm	
				根数	

续表

构件名称	钢筋名称	钢筋规格	计算公式	
CT1	梯板上部钢筋	低端上部纵筋	C10	总长/mm	
				根数	
		高端上部纵筋	C10	总长/mm	
				根数	
		分布筋	C8	总长/mm	
				根数	

7.4.1.8 评价反馈

学生进行自评,评价自己是否能完成楼梯钢筋知识的学习、是否能完成楼梯钢筋工程量计算公式的总结、是否能按时完成楼梯钢筋工程量计算书的编制等成果资料、有无任务遗漏。老师对学生的评价内容,可对接江苏省"建筑工程识图"技能大赛和"1+X"建筑工程识图职业技能等级证书、关于楼梯钢筋评分标准,评价计算过程是否规范、计算是否准确等。

(1)学生进行自我评价,将结果填入表7-22中。

表7-22 板式楼梯钢筋算量学生自评表

班级:		姓名:	学号:	日期:	
学习情境		板式楼梯钢筋算量			
评价项目		评价标准		分值	得分
信息检索		能有效利用图纸、图集22G101-2查找信息,填写楼梯基本尺寸数据表		15	
板式楼梯钢筋工程量计算公式总结		能根据图集22G101-2,准确理解构造详图,总结钢筋工程量计算公式		25	
板式楼梯钢筋工程量计算		能根据图纸,准确计算板式楼梯钢筋工程量		25	
工作态度		态度端正,无无故缺勤、迟到、早退现象		10	
工作质量		能按计划完成工作任务		10	
协调能力		与小组成员、同学之间能合作交流、协调工作		5	
职业素质		全面细致,一丝不苟,树立职业从业意识		10	

(2)学生以小组为单位,对工作过程与工作结果进行互评,将互评结果填入表7-23中。

表7-23 板式楼梯钢筋算量学生互评表

学习情境									板式楼梯钢筋算量					
评价项目	分值	等级							评价对象(组别)					
									1	2	3	4	5	6
计划合理	8	优	8	良	7	中	6	差	4					
方案合理	8	优	8	良	7	中	6	差	4					

续表

评价项目	分值	等级							评价对象（组别）					
									1	2	3	4	5	6
团队合作	8	优	8	良	7	中	6	差	4					
组织有序	8	优	8	良	7	中	6	差	4					
工作质量	8	优	8	良	7	中	6	差	4					
工作效率	8	优	8	良	7	中	6	差	4					
工作完整	10	优	10	良	8	中	6	差	4					
工作规范	16	优	16	良	12	中	8	差	4					
计算书	16	优	16	良	12	中	8	差	4					
拓展成果	10	优	10	良	8	中	6	差	4					
合计	100													

（3）教师对学生的工作过程与工作结果进行评价，并将评价结果填入表7-24中。

表7-24　板式楼梯钢筋算量教师综合评价表

班级：　　　　　　　姓名：　　　　　　　学号：

学习情境		板式楼梯钢筋算量		
评价项目		评价标准	分值	得分
考勤（10%）		无无故迟到、早退、旷课现象	10	
工作过程（60%）	信息检索	能有效利用图纸、图集22G101-2查找信息，完成楼梯基本尺寸数据表	5	
	板式楼梯钢筋工程量计算公式总结	能根据图集22G101-2，准确理解构造详图，总结钢筋工程量计算公式	20	
	板式楼梯钢筋工程量计算	能根据图纸，准确计算板式楼梯钢筋工程量	20	
	工作态度	态度端正，工作认真、主动	5	
	协调能力	与小组成员、同学之间能合作交流、协调工作	5	
	职业素质	全面细致，一丝不苟，树立职业从业意识	5	
项目成果（30%）	工作完整	能按时完成任务	5	
	工作规范	能按规范要求识读	5	
	学习报告	能正确总结钢筋工程量计算公式	5	
	拓展成果	能准确完成楼梯乙ATa1楼梯钢筋工程量计算	15	
合计			100	
综合评价	自评（20%）	小组互评（30%）	教师评价（50%）	综合得分

7.4.1.9　拓展思考题

(1)楼梯钢筋算量的思路是什么?

(2)总结 AT 型楼梯的钢筋工程量计算公式。

(3)总结 ATa 型楼梯的钢筋工程量计算公式。

7.4.2　混凝土板式楼梯钢筋算量

7.4.2.1　AT 型楼梯的计算

AT 型楼梯的尺寸数据包括梯板净跨度 l_n、踏步段总高 H_s、梯板净宽度 b_n、梯板厚度 h、踏步宽度 b_s、踏步高度 h_s、斜坡系数 k、梯梁宽度 b。一般踏步高度按下式确定:踏步高度＝踏步段总高度/踏步级数,即 $h_s = H_s/(m+1)$。斜度系数 k 可以通过踏步宽度和踏步高度来进行计算,计算公式具体为

$$k = \frac{\sqrt{b_s{}^2 + h_s{}^2}}{b_s} \tag{7-1}$$

1. 梯板下部钢筋

梯板下部纵筋长度＝锚固长度＋斜直长度＋弯折长度＋弯钩长度(光圆钢筋)

$$= \max\{b \times k/2, 5d\} + l_n \times k + \max\{b \times k/2, 5d\} + 2 \times 6.25d(光圆钢筋)$$

梯板下部纵筋根数＝(楼梯板宽－2c)/间距＋1＝$(b_n - 2c)/s + 1$

分布筋长度＝楼梯板宽－2c＝$b_n - 2c$

分布筋根数＝$(l_n \times k - 2 \times s/2)/s + 1$

2. 梯板低端、高端上部钢筋

梯板低端钢筋长度＝锚固长度＋斜直长度＋弯折长度＋弯钩长度(光圆钢筋)

$$= [15d + (b_n - c) \times k] + (l_n/4) \times k + (h - 2c) + 6.25d(光圆钢筋)$$

梯板低端钢筋根数＝(楼梯板宽－2c)/间距＋1＝$(b_n - 2c)/s + 1$

分布筋长度＝楼梯板宽－2c＝$b_n - 2c$

分布筋根数＝$(l_n \times k/4 - s/2)/s + 1$

7.4.2.2　CT 型楼梯的计算

CT 型楼梯的尺寸数据包括梯板净跨度 l_n、高端平板长 l_{hn}、踏步段总高 H_s、梯板净宽度 b_n、梯板厚度 h、踏步宽度 b_s、踏步高度 h_s、斜坡系数 k、梯梁宽度 b 等。一般踏步高度按下式确定:踏步高度＝踏步段总高度/踏步级数,即 $h_s = H_s/(m+1)$。斜度系数 k 按式(7-1)计算。

1. 上部钢筋

低端上部纵筋＝锚固长度＋斜直长度＋弯折长度＋弯钩长度(光圆钢筋)

$$= [15d + (b - c) \times k] + (l_n/4) \times k + (h - 2c) + 6.25d(光圆钢筋)$$

高端上部纵筋＝直钩长度＋斜直长度＋水平段长度＋锚固长度＋弯钩长度(光圆钢筋)

$$= (h - 2c) + (l_{sn}/5 + b_s) \times k + (l_{hn} - b_s) + (b - c) + 15d + 6.25d(光圆钢筋)$$

$$钢筋根数＝(布置范围－2×起步距)/排布间距＋1＝(b_n－2×s/2)/s＋1$$

2．下部钢筋

低端下部纵筋＝锚固长度＋斜直长度＋锚固长度＋弯钩长度×2(光圆钢筋)

$$＝\max\{5d,b/2\}×k＋(l_{sn}＋b_s)×k＋l_a＋6.25d×2(光圆钢筋)$$

高端下部纵筋＝左锚固长度＋水平段长度＋右锚固长度＋弯钩长度×2(光圆钢筋)

$$＝l_a＋(l_{hn}－b_s)＋\max\{5d,b/2\}＋6.25d×2(光圆钢筋)$$

钢筋根数＝(布置范围－2×起步距)/排布间距＋1＝$(b_n－2×s/2)/s＋1$

3．分布筋

分布筋长度＝楼梯段宽－保护层厚度＋弯钩长度(光圆钢筋)

$$＝b_n－2c＋2×6.25d$$

分布筋根数＝(布置范围长度－2×起步距50)/排布间距＋1

板式楼梯钢筋
的计算实例

例 7-3：项目案例 CT1 楼梯计算条件如表 7-25 所示。

表 7-25　CT1 楼梯算量基础数据

项目	参数
抗震等级	二级
混凝土强度	C30
纵筋连接方式	采用绑扎搭接
保护层 c	板：15 mm。梁：20 mm
l_a	三级钢：$l_a＝35d$
l_l	三级钢：$l_l＝49d$
钢筋定尺长度	8000 mm
梯梁宽度 b	200 mm
梯板净跨度 l_n	3360 mm
高端平板长 l_{hn}	560 mm
踏板段水平长 l_{sn}	2800 mm
梯板净宽度 b_n	1400 mm
梯板厚度 h	140 mm
踏步宽度 b_s	280 mm
踏步高度 h_s	150 mm

由式(7-1)得

$$k＝\frac{\sqrt{b_s{}^2＋h_s{}^2}}{b_s}＝\frac{\sqrt{280^2＋150^2}}{280}＝1.134$$

具体计算如表 7-26 所示。

表 7-26   CT1 楼梯钢筋工程量计算

构件名称	钢筋名称		钢筋规格	计算公式	
CT1	梯板下部钢筋	低端下部受力筋	C10	总长/mm	$L = \max\{5\times10, 200/2\}\times1.134$ $+(2800+280)\times1.134+35\times10$ $=3956$
				根数	$n=(1400-2\times100/2)/100+1=14$
		高端下部受力筋	C10	总长/mm	$L=35\times10+(560-280)$ $+\max\{5\times10, 200/2\}=730$
				根数	$n=(1400-2\times100/2)/100+1=14$
		下部分布筋	C8	总长/mm	$L=1400-2\times15+2\times6.25\times8=1470$
				根数	$n=[(2800+560)\times1.134-2\times50]/200+1$ $=20$
	梯板上部钢筋	低端上部纵筋	C10	总长/mm	$L=[15\times10+(200-20)\times1.134]$ $+(3360/4)\times1.134+(120-2\times15)$ $=1397$
				根数	$n=(1400-2\times100/2)/100+1=14$
		高端上部纵筋	C10	总长/mm	$L=(140-2\times15)+(2800/5+280)\times1.134$ $+(560-280)+(200-20)+15\times10$ $=1673$
				根数	$n=(1400-2\times100/2)/100+1=14$
		分布筋	C8	总长/mm	$L=1400-2\times15+2\times6.25\times8=1470$
				根数	$n_1(低端)=(3360/4\times1.134-2\times50)/200+1$ $=6$ $n_2(高端)=[(2800/5+280)\times1.134$ $+(560-280)-2\times50]/200+1$ $=7$

参 考 文 献

[1] 中国建筑标准设计研究院.混凝土结构施工图平面整体表示方法制图规则和构造详图（现浇混凝土框架、剪力墙、梁、板）:22G101-1[S].北京:中国标准出版社,2022.

[2] 中国建筑标准设计研究院.混凝土结构施工图平面整体表示方法制图规则和构造详图（现浇混凝土板式楼梯）:22G101-2[S].北京:中国标准出版社,2022.

[3] 中国建筑标准设计研究院.混凝土结构施工图平面整体表示方法制图规则和构造详图（独立基础、条形基础、筏形基础、桩基础）:22G101-3[S].北京:中国标准出版社,2022.

[4] 中国建筑标准设计研究院.混凝土结构施工钢筋排布规则与构造详图（现浇混凝土框架、剪力墙、梁、板）:18G901-1[S].北京:中国计划出版社,2018.

[5] 中国建筑标准设计研究院.混凝土结构施工钢筋排布规则与构造详图（现浇混凝土板式楼梯）:18G901-2[S].北京:中国计划出版社,2018.

[6] 中国建筑标准设计研究院.混凝土结构施工钢筋排布规则与构造详图（独立基础、条形基础、筏形基础、桩基础）:18G901-3[S].北京:中国计划出版社,2018.

[7] 中华人民共和国住房和城乡建设部.混凝土结构设计规范:GB 50011—2010[S].北京:中国建筑工业出版社,2011.

[8] 胡敏.平法识图与钢筋翻样[M].北京:高等教育出版社,2017.

[9] 王丹净,陈晖,彭启超.平法识图与钢筋算量[M].北京:科学技术文献出版社,2018.